王天津　田　广　主编

2011年国家社科基金重大特别委托项目
2010年教育部规划基金项目
2009年中央高校基本科研业务费专项资金资助项目
2009年中央民族大学985工程
中国当代民族问题战略研究哲学社会科学创新基地资金支持项目
2008年国家专项资金支持宁夏回族自治区环境保护厅项目

环境人类学

ENVIRONMENTAL ANTHROPOLOGY

U0344016

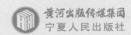

黄河出版传媒集团
宁夏人民出版社

图书在版编目（CIP）数据

环境人类学 / 王天津，田广主编. —银川：宁夏
人民出版社，2012.9

ISBN 978-7-227-05274-6

Ⅰ. ①环 … Ⅱ. ①王 … ②田 Ⅲ. ①人类环境 —研
究—中国 Ⅳ. ①X21

中国版本图书馆 CIP 数据核字（2012）第 225185 号

环境人类学

王天津　田广 主编

责任编辑　李秀琴　马文梅　张国玲
封面设计　晨　皓
责任印制　张国祥

黄河出版传媒集团
宁夏人民出版社　出版发行

地　　址	银川市北京东路 139 号出版大厦(750001)
网　　址	http: // www.yrpubm.com
网上书店	http: // www.hh-book.com
电子信箱	renminshe@yrpubm.com
邮购电话	0951-5044614
经　　销	全国新华书店
印刷装订	宁夏精捷彩色印务有限公司

开　本　780mm×1092mm 1/16		印　张　27　　字　数　458 千	
印刷委托书号　（宁)0012581		印　数　3000 册	
版　次　2012 年 9 月第 1 版		印　次　2012 年 9 月第 1 次印刷	
书　号　ISBN 978-7-227-05274-6/X·17			

定　价　62.00 元

序

　　恩格斯《在马克思墓前的讲话》有这样一段名言："正像达尔文发现有机界的发展规律一样，马克思发现了人类历史的发展规律，即历来为繁茂芜杂的意识形态所掩盖着的一个简单事实：人们首先必须吃、喝、住、穿，然后才能从事政治、科学、艺术、宗教等等；所以，直接的物质的生活资料的生产，因而一个民族或一个时代的一定的经济发展阶段，便构成为基础，人们的国家制度、法的观点、艺术以至宗教观念，就是从这个基础上发展起来的，因而，也必须由这个基础来解释，而不是像过去那样做得相反。"（《马克思恩格斯选集》（第3卷），北京：人民出版社，1995年版。）

　　一个时代的经济基础决定了那个时代上层建筑的面貌，从而又直接影响到人类最活跃的构成因素即思想意识。人的意识、理念和智慧，是人区别于其他生物的最本质的特征。关于理论与人的行为的关系，马克思在《〈黑格尔法哲学批判〉导言》中这样写道："批判的武器当然不能代替武器的批判，物质的力量只能用物质力量来摧毁；但是理论一经掌握群众，也会变成物质力量。理论只要说服人，就能掌握群众；而理论只要彻底，就能说服人。所谓彻底，就是抓住事物的根本。但人的根本就是人本身。"（《马克思恩格斯选集》（第1卷），北京：人民出版社，1972年版。）

　　也就是说，用正确的理论武装人的头脑，是社会进步的首要条件。

　　当代世界正面临着严峻的全球温室效应加剧所造成的环境恶化的挑战，而大量的研究已经证明，这主要是西方工业化国家在生产中长期大量排放以二氧化碳为主的温室气体所导致的气候异常所造成的恶果。西方工业化国家虽然建立了发达的经济体系、享有较高的生活水平，但是其生产方式却一直过度地消耗着环境资源，破坏着地球原本存在的良性生态循环。中国地域广阔，人口众多，因而是地球升温、环境恶化的最大受害国。例如，青藏高原的冰川是养育十多个国家和地区的数十亿人口的江河之源，但那里的冰川由于全球增温正在萎缩，甚至在逐渐消失之中。为此，只有改变那些不适宜时代的生产方式，才能改变人类所处的环境恶化危机。

在组成生产方式的各种因素之中，人是最重要的因素，因而，欲改变陈旧的生产方式，首先要将人的思维方式改变。在 21 世纪全球经济一体化的大背景之中，各国政府和各个民族均要遵循自然规律，自觉地进入合情合理的制度约束框架之中，抛弃过时的思维理念，更新那些已经僵化的行为方式，共同遏制或缓解温室效应。

通过 30 多年的改革开放，中国已经确立了建设一个资源节约型、环境友好型社会的战略目标，改革经济结构的实施方针就是以人为本，解放思想，树立科学发展观，建立科学的生产方式。环境人类学作为社会学科的一个分支，其主要任务之一是不仅需要阐述绿色经济的特点和益处，更需要论述建立绿色经济的人的行为方式是什么。

由王天津和田广教授主编的这本教科书，在建设和发展具有中国特色的环境人类学方面，是一次有意义的尝试，其所提出的理念、方法与建议等都能引导读者进行深入的思考。中国的经济社会发展，特别是西部民族地区经济社会发展的实际状况，非常需要环境人类学的理论研究和现实指导。中国的西部地区，例如青藏高原地带，自然地理环境脆弱，是环境变化的敏感区域，同时又是少数民族人口聚居区域，环境人类学有关的论述对于这个地区的环境保护和经济社会全面发展来说，具有重要的指导意义。

这本环境人类学著作，对于从事环境问题学习和研究的大学生和研究人员而言，是一部系统的教科书和参考书，相信他们都能够从本书中获取新知识和启迪。当然，作为一部先驱性的专著，本书依然需要参与编写的人员继续努力提炼和完善相关的理念，特别是在总结相关的实践的基础上不断在理论上归纳和升华，为提高和完善具有中国特色的环境人类学，为民族繁荣、国家富强作出贡献。

杨圣敏

2012 年 9 月 9 日于北京

前言

当前，无论是在发达国家还是在发展中国家，人们都普遍意识到了以气候变暖为主要特征的环境恶化问题给人类带来的危害，而且正在日益加剧的世界范围内生态循环失衡问题，必将给人类社会的全面发展带来更加严重的危害。面对这种严峻挑战，各国政府正在从不同的方面做出联合性努力，应对并化解因气候变化所造成的不利于人类文明发展的环境危机，以便人类社会能够持续稳定地向前发展。

在社会科学领域，由西方国家的一些学者所建立发展的环境人类学，成为近年来发展最快的应用学科之一。从总体上来讲，这门比较新的边缘学科，在理论体系方面还比较薄弱。在中国，目前环境人类学方面的研究成果和文献数量还比较少，基本上是一篇处女地。尽管如此，我们在社会经济建设实际之中，特别是在对一些疑难问题的处理上，时常需要应用到属于环境人类学范畴的理念与方法。我们认为，中国经济社会发展的实践不仅需要环境人类学发挥特色性作用，在思想理念、政策设计、规范管理等方面给予理论指导，同时也为环境人类学的发展提供了一个强大的学术探索和实验场所。

中国改革开放的良好内部社会条件，以及世界经济一体化快速发展的外部国际条件，使得我们有机会对环境人类学的相关问题进行一些有意义的探索。特别需要指出的是，中国一些富有使命感的学者，已经开始投身于环境人类学的研究，并形成了一些数量不多但却比较有价值的科研成果。我们认为，对这方面的学术成果无疑需要尽快地全面总结，以便将环境人类学这一新的社会科学理论介绍给读者，让其在经济社会发展的实践中发挥应有的作用。

一

本书是一部有针对性的教科书，在书中我们对全球性的环境变化与人类行为研究的成果，进行了比较系统和详细地综述，特别是对这门学科在中国的发展情况进行了描述。我们不仅诠释了环境人类学在中国产生的客观背景，而且对这门学科的理念在经济社会发展过程中具体应用的实例进行了分析。现有科学研究已经清楚地表明，人类的一些不科学的行为，诸如长期随意地大量排放以二氧化碳（CO_2）为主的六种温室气体等，导致了全球气候异常变化的恶果，使得干旱、洪涝、暴雪、飓风等极端天气灾害频率明显增多，人类生命财产损失严重。

中国由于地域广阔，人口众多，因而成为气候变化影响最严重的国家之一。长期以来，中国一方面依靠自己的努力奋斗，克服因为环境恶化而导致的经济困难，另一方面积极地参与国际社会保护环境的很多种重大活动。1972年6月，中国代表团出席了联合国在瑞典斯德哥尔摩举行的人类环境大会，提出了中国关于保护环境的一些建议，为大会的圆满成功作出了贡献。这次大会通过了《联合国人类环境宣言》(Declaration of the United Nations Conference on the Human Environment)，也称为《斯德哥尔摩宣言》(The Stockholm Declaration)。这份宣言指出："人类既是他的环境的创造物，又是他的环境的塑造者"，明确了两者之间相互的关系。这份宣言是一个里程碑式的国际文献，标志着人类环境意识的飞跃。环境问题正式提上了国际社会的议事日程，世界各国人民从此叩开了共同行动、拯救地球的大门。

2009年12月，中国代表团又出席了在丹麦首都哥本哈根举行的联合国气候变化峰会 (United Nations Climate Change Conference 2009, Copenhagen)，这是国际社会公认的自第二次世界大战以后十分重要的全人类会议。中国代表团与其他国家的代表人士一起，共同制定与通过了《哥本哈根协议》(Copenhagen Accord)。其虽然无法律约束意义，但是传达的信息清楚地宣示，人类必须在很大程度上改变那些不适宜保护环境的生产与生活方式，建立低碳经济体系，提倡新思维和推行新生活方式。

本书在诠释环境人类学的同时，还遵循海纳百川的原则，广泛地吸收人类历史上的文化知识。例如，在西方很多国家，最早论述环境变化与人类关系的著作，是那里多数人士崇拜的《圣经》(The Bible)，《圣经》所表述的诺亚方舟(Noah's Ark)的故事至今影响犹存。再如，1948年10月5日，联合国教科文组织和法国政府共同倡导成立了国际自然与自然资源保护联合会(International Union for Conservation of Nature and Natural Resources, IUCN)，其总部设立在瑞士的格朗。这是一个非常特殊且有权威性的组织,成员来自180多个国家,其中包括74个政府成员,110个政府机构,750多个非政府组织组成。1996年10月20日,中国成为该组织的政府成员。目前IUCN有1000多名国际知名的科学家和6个全球性的工作委员会。IUCN的学者们所做出的学术研究结果证明:"人权,公平,发展,森林砍伐和治理,土著人民和当地社区"关系密不可分。美国应用人类学会(Society for Applied Anthropology)的一些分支机构不仅提出了环境人类学的理论,并且提出目前要"研究注重在全球条件下,地方生态环境和人口经济活动对环境变化的反应"。

当代西方工业化国家的政要和学者更是将环境变化作为议论的焦点话题。比如美国第44任总统巴拉克·侯赛因·奥巴马二世(Barack Hussein Obama II)就明确地将减少碳排放与称雄世界的国家战略连在一起,并强调指出:"现在是美国在全球变暖问题上发挥领导力的时候,也是美国开始减少国外能源依赖的时候。"他山之石,可以攻玉。学习与研究国际学术界与政府领导人的论述,可以提高中国应对世界气候变化的能力与效益。

二

中华民族历史悠久,优秀的传统文化传递了丰富的信息,这些知识对于发展环境人类学具有很强的支持作用。例如,中国古代著名学者老子就提出了"道法自然"的理论,其影响传递数千年直至今日。中国藏族千百年传承下来的宗教文化中有"神山圣湖"的理念,反映了藏族民众热爱大自然的观念。学者们对西部少数民族地区环境建设和民族特性关系作了比较广泛的研究,比如,有学者研究了内蒙古自治区毛乌素沙地北部边缘的嘎查草畜承包制度,提出了"自然资本化"观念。再比如,云南省边境的哈尼族建设的梯田申报了世界文化遗产,有学者提出这是"哈尼族人与自然和谐相处的文化特征"。

国务院在"十一五"规划纲要中首次明确提出了建设"生态功能区"的战略目标,西部少数民族地区是重点建设区域。本书的主要论题适应国家重大战略的需求,探讨了少数民族和民族地区长期稳定发展与自然禀赋之间的关系。在哥本哈根全球气候变化峰会召开10天之前,中国国务院公布了国家碳减排目标:2020年与2005年相比,国内单位生产总值二氧化碳排放量将减少40%~45%,显示了负责任的大国形象。目前,急需制定一系列配套政策和提出实施方案。我们的主体研究内容与国家战略紧密结合,提出了建立低碳经济的具体对策。

中国的西部少数民族地区,诸如青藏高原,是"江河源"和"生态源",又是藏族、羌族、土族等少数民族的世居之地。国家已经实施了保护民族地区生态环境的补偿机制,效果明显。我们要抓住当前国际社会普遍关注生态环境的机遇,开展碳汇交易活动,同时弘扬少数民族传统文化中保护环境的优秀内容,让少数民族地区的"清新空气换取真金白银"。将经济活动与环境保护之间的联系,从地面扩展到空中,从国内扩展到国外。由此,我们提出了加快西部民族地区经济发展,开创社会稳定、环境友好、生态文明新局面的战略部署和政策建议。相对国内已经公开发表的同类学术著作,本书的创新内容和特点主要体现在以下几个方面:

1. 提出建立多方参与的环境保护与经济生产双赢运作机制结构的具体思路和建议。依据西部少数民族地区特点,建立区域碳汇功能区,构建低碳经济体系,在新的层面节约能源,减少污染。为此要通过环境交易的方式解决碳失汇问题,开启发展经济的新渠道,让无形生态劳动产品在市场上顺利地实现价值,探寻引导农牧民顺从生态循环规律去实现致富奔小康目标的道路。中国少数民族有些特殊的保护环境的生产与生活方式,发掘这些优秀的民族观念、思想,增强民众的环境权益意识,将有利于环境保护法律的执行。弘扬不同少数民族的环境文化,利于维护生态多样性。

2. 提出弘扬环境保护中的少数民族优秀传统文化与经济发展战略的构想建议。我们认为在应对气候变化的全球行动中,民族文化与经济一体化成为新的发展趋势。相比中国东部地区,西部少数民族地区拥有大片森林草地,区域碳汇资源丰富。要充分利用《哥本哈根协议》,及后来联合国气候变化峰会通过的决议,例如,2010年12月12日的《坎昆协议》(Canc'un Agreement),2011年12月12日的《德班协议》(Durban Agreement),保护性地开发民族地区的自然资源。中国西部少数民族有一些保护环境的特殊方法,效果很好。发掘这些简单高效的环境保护方式,不断提升其中蕴含的经济效益,非常有利于我们贯彻落实国务院2020年碳减排指标,从而为维护全球环境良性生态循环作出贡献。

3. 提出环境资源产业市场经营管理策略。建立产品制造新理念,生产更富有人性化和亲自然的产品,即追寻生态建设项目的产业化和经营化、绿色产品加工的精细化和品牌化,以便保持社会经济与自然的和谐。传统交易是有形劳动经济产品,但是环境交易却是无形生态劳动产品。因此,这类新型的商品不能进入传统的市场和用传统的方式营销,需要建立新型的交易结构,设置交易规则,采用新方式买卖。同时,一些市场经济使用的交易规则,也是适用于碳汇类型商品的交易。

4. 提出环境人类学基本理念。建立有中国特色的环境人类学理论体系,为此提出科学的思维方法,包括概念、理论、结构等。例如,研究通过改变能源结构来影响和引导人们建立与环境和谐的生产生活方式的案例,为减缓全球气候变暖作出贡献。同时,学习北美国家环境保护的好经验,引进一些新观念和新理论,同时吸取一些失败的教训。环境人类学在中国属于一个新学科,虽然以研究中国少数民族地区环境保护建设事宜为其鲜明特色,但也需要学习全人类的文化财富。例如,研究北美大陆环境人类学的研究成果,并且消化、吸收、创新。环境人类学这个新学科的建设和发展,可以从多方面规范人类与自然环境的关系,鼓励人类自觉保护环境的行为。

三

本书是对我们一系列有关环境保护研究课题成果的初步总结,这些课题包括:1. 2011 年国家社科基金重大特别委托项目《西藏特色经济:农牧业、旅游业和矿产业未来五年发展研究》,课题编号 XZ1111;2. 2010 年教育部规划基金项目《西藏区域碳汇功能区建设、碳交易结构设计与实施对策研究》,课题编号 10YJAZH080;3. 2009 年"中央高校基本科研业务费专项资金资助"项目:中央民族大学"新兴与交叉学科研究类"科研课题《未来中国西部少数民族地区环境保护建设与人类学研究》;4. 2009 年中央民族大学"985 工程",中国当代民族问题战略研究哲学社会科学创新基地资金支持项目;5. 2008 年国家专项资金支持宁夏回族自治区环境保护厅项目《黄河宁夏段水资源利用和建设区域碳汇功能区综合研究》,宁环(财)涵〔2008〕06 号。

本书是团队的集体研究成果。在对当代中国西部民族地区的经济社会全面发展与环境问题进行了一些系统性的分析研究之后,我们认为如何正确处理经济建设与环境保护方面的问题,关系到中国西部民族地区能否长期持续稳定与和谐发展。为此,我们提出这样的理念:借鉴、吸收现代西方环境人类学的理论与实践方法,创建和发展富有中国特色的环境人类学,是时代发展的需要。

我们编写本书的出发点在于尝试创建具有中国特色的环境人类学,因此在编写过程中参考了大量的中外文学术资料,并试图努力将最主要的相关学术著作和理论观点都囊括在书中。然而理想的设计与最终的成果还是有差距,虽然我们尽了最大的努力,但我们清楚地知道本书无论在结构上还是在内容上,都有许多不完善之处,这既成为我们在本书完稿之时的莫大遗憾,也成为鼓励我们继续努力工作的动力,以便在现有研究成果的基础上不断提高我们的学术研究水平。本书可以作为普通高校环境人类学的教科书,也可以作为环境经济学、民族经济学和发展经济学等学科的教学研究参考书。

最后,必须强调的是,虽然本书是集体努力的结果,但我们应当对书中的错误承担完全的责任,我们深知,由于自己的水平有限,书中疏漏和不足之处在所难免,恳求各位专家、学者和读者指正。

王天津　田　广

2012 年 9 月 6 日

| 目 录 |

CONTENTS

目录

CONTENTS

|目录|
CONTENTS

|目录|
CONTENTS

第一篇 绪 论

XU LUN

环境人类学在中国是个新兴学科，历史呼唤创建这个学科。环境人类学肩负着探索人类行为与自然环境关系变化规律的重任，要研究未来实现人与自然和谐要采用何种方式的问题。在一片未知的知识海洋中搏击，寻找到达彼岸的途径，这是环境人类学的发展目标。

地球生态环境日益恶化，这是 21 世纪全球面临的最大挑战。大量科学研究结果证明，导致这种状况出现的主要原因是人类一些不科学的生产与生活方式。特别是传统的大机器工业体制是以破坏环境、掠夺资源为代价而运行，而且这种体制的存在具有历史惰性，不会自行消失。然而，人类是地球环境演变的创造物，又是环境的塑造者。地球是茫茫宇宙中迄今为止被科学证明唯一有智慧生命的星球，因而，人类必须保护自己赖以生存的家园。

中华民族是世界上唯一具有 5000 年文明的且发展历史没有中断的民族，中国传统优秀文化中含有的"天人合一"等理念迄今为止依然闪烁着保护环境、和谐发展的光芒。中国主要聚居在西部地区的一些少数民族不仅世代代保护了当地的自然环境，而且，他们创造的生态文化民族特征鲜明、经济效益较好，属于中国特色社会主义理论与实践的重要组成部分。

第一章　导　言

内容提要　深刻分析目前全球存在的严重的环境问题,应用人类学的理论和方法,融合经济学、数学、地球物理学等学科的知识,从事多学科的交叉分析,这门学科就是环境人类学。环境人类学在 20 世纪一些西方工业化国家已经出现,依据当时学术条件下的分类,归属于人类学,特别是在美国,归属于人类学的一个分支学科。更确切地讲,这是一门在美国由发展比较成熟的生态人类学衍生出来的子学科。现代环境人类学继承了生态人类学的传统,但是又有更进一步的发展,主要是逐步、较多地应用自然科学的知识、理论与分析工具,更加深入地分析学科涉及的事物。环境人类学在工业化国家的学术界一直在讨论着两个不同的问题:其一,自然环境怎样成就了不同文化特质和特定的社会群体? 其二,不同的社会群体如何认识、控制并改造其赖以生存的自然环境? 与此同时,可持续发展、全球经济一体化、改造以牺牲环境为代价的传统的大机器工业,建立全球范围的碳汇交易等,这些也成为现代环境人类学研究的重点内容。真正意义上的环境人类学在中国传播与发展,开始于 20 世纪 90 年代。环境人类学在中国兴起,虽然是由于这门学科本身发展的必然,但更多的推动力量来自中国经济社会发展的实际需要。因而,本书的编写目的在于探讨如何创建有中国特色的环境人类学,目标是要为丰富科学知识的宝库作贡献。

环境人类学(Environmental Anthropology)是在世界工业化国家兴起的时间不长的一门跨越自然和社会科学的交叉学科,按照学术界在历史上形成的联系与惯例,这门新兴的学科归属于人类学。进一步讲,人类学是一门以人类为研究对象的行为科学，在国际学术界是一门学派分支很多的交叉学科，其形成的历史较久,跨越了自然科学和社会科学两大学术领域,大致可分为狭义人类学和广义人类学。狭义人类学主要是指对人类体质和体形发展规律的研究,在学术界通常被称为体质人类学。广义人类学的研究范围则非常广泛,可以说囊括了人类社会的各个方面。例如,人类创造并传承下来的技术创新、市场经济交易、社会结构、政治法律、风俗习惯等。广义人类学又可细分为文化人类学或者社会人类学、经济人类学、城市人类学、教育人类学、管理人类学、环境人类学,等等。由于学派的不同,人类学家们对其学科结构的划分与分析也有所不同。迄今为止,学术界普遍承认的是传统的四大人类学分支学科,即体质人类学、文化人类学(社会人类学)、考古人类学与语言人类学。

21 世纪,以施政和解决实际问题为导向的应用研究,即应用人类学的发展引人注目,以至于在美国,许多人类学家将应用人类学列为人类学的第五个分支。应用人类学实际上是一个泛称,其范围包括所有以人类学的方法为手段而进行施政和解决实际问题研究的领域。例如,人们在用人类学方法研究解决经济领域的问题时,这类研究则被统称为经济人类学。同理,当人们将人类学应用于解决工商管理问题的研究时,这类研究可以称为工商人类学,或者称之为商业或工业人类学。按照逻辑思考,人们应用人类学的理论和方法研究、探索、解决目前严峻的环境问题,从学科上讲,就是环境人类学。

第一节 生态人类学缘起

环境人类学是 20 世纪在西方,特别是在美国,得到较快发展的一个人类学分支学科。更确切地说,这门学科借助于发展比较成熟的生态人类学的一些理论和方法创新性地发展起来了,从这个角度讲,也可以归属于生态人类学的一个子学科。生态人类学(Ecological Anthropology)是对人与环境之间复杂关系进行研究的一个学科。当代生态人类学在其发展进程中产生了几种不同的方法论,有两位重要学者脱颖而出:一位是文化生态学专家朱丽叶·斯图尔德(Julian Steward),另外一位是以能源为主的进化论人类学家赖斯理·怀特(Leslie White)。文化生态学方法盛行于 20 世纪 50 年代至 60 年代初期。从事这门学科研究的人员认为,人类的行为方式与技艺形式紧密相连,这些文化包含的一些要素受周围自然环境状态的强烈影响。具体来说,文化生态学关注人类社会或某个族群对其生存依赖的自然环境如何适应的问题,强调人对自然世界的体验能通过文化的媒介形成一些载体,它们包括技艺配置、经济和社会组织等。

弗朗茨·博厄斯(Franz Boas,1858~1942 年)是德国裔美国人类学家,现代人类学的先驱之一,享有"美国人类学之父"的名号。博厄斯于 1887 年出版了《民族学分类原则》(*The Principles of Ethnological Classification*), 他在书中指出,民族学现象是人类特质的产物,而"这个特质是在周围环境影响下发展的产物"。他还表述到,"'环境'是国家的外在条件,也是社会学现象,换言之,表明人与人之间的关系。而且,对现有环境的研究是不够充分的:人群的历史,透过人群的迁移而传递的这些区域的影响力,以及他们所接触的人群,都必须纳入考虑。"无疑,弗朗茨·博厄斯对环境、民众、社会和国家进行着综合研究,并努力寻找其深层次的相互关系。

斯图尔德和怀特在讨论不同文化群体的社会组织差异性核心问题时,两位均遵循了博厄斯的传统。他们同样认为,世界各民族之间在亲属系统、领导系统和为生存而劳作的系统方面有非常多的差异性。造成这种差异性的根本原因在于自然环境、文化因素、生产和生活方式等共同构成了人们的生存系统,这个系统需要维持,这样各个民族才能生存。

斯图尔德借助了进化生物学的"适应"理论明确指出,人们从自然环境中获取了食物,其方式则对社会生活和习惯有着直接的影响。他进一步认为,生态系统是研究人类生产和发展的最主要的核心概念,其特指人类群体与他们生存的自然环境以及其他物种之间的联系,这种联系是相互交织在一起的复杂的关系网络[①]。文化生态学家如同自然生态学家一样,他们对维持系统运转的活力非常感兴趣,力图探寻使得系统既稳定又不稳定的因素。斯图尔德提倡,要进行文化和环境关系的研究,因为文化是人们为了适应特定环境的手段。他虽然在研究中引用了来自然生态学的"适应"和"环境"的概念,但是研究主题不是生物适应环境的过程,而是阐明人类社会通过文化适应环境的过程,所以,这位学者确定的名称是"文化生态学"。依据三个顺序进行研究是文

---

① Moran, Emilio F., *People and Nature: An Introduction to Human Ecological Relations*, Malden, MA: Blackwell Publishing, 2006.

化生态学的主要方法。第一是对生产、开发技术和环境相互作用的分析,第二是对与特定环境中利用特定的技术开发有关的行为方式的分析,第三是对与环境开发相关的行为方式对文化和其他因素的各种影响及影响范围的分析。换言之,就是验证人们利用什么样的技术开发既定的环境,由此从事什么样的生产活动,而这种生产活动产生了什么样的价值观和宗教理念。斯图尔德把生产活动和经济构成中关系最深的各种特征称为"文化的核",把他们作为研究的中心。斯图尔德的研究十分注重立足于生态学,因而,他将文化视为人们适应环境的工具,由此而格外关心特定环境下的特定社会的适应和变迁过程。所以,在文化生态学中,文化与环境虽然是相互作用的,但是环境却起着最终的决定作用。斯图尔德非常强调的一个观点是"多线进化论",即不同环境下的文化可能有着多种的进化路径。

怀特更加专注于进化的一般规律。这位学者的研究以严谨的唯物主义论证而闻名。怀特明确地指出,所有文化都是按一定进程演变的,而这一进程可以依据消费牲畜的头数来计算。他强调,从原始时代开始,人们就在利用这种出自消费牲畜而获得的能量,其结果是文化的演进。怀特进一步将人类学表述为"文化学",提出了一个文化演进的法则:C=E×T,其中 C=culture(文化),E=energy(能量),T=technology(技艺)。这位学者的这一法则被诠释为技艺决定论,即技艺决定思维方式[①]。相比较斯图尔德"多线进化论"的理论表述,怀特提出的这种理论是"单线进化论",两种理论正好相对表述。早在斯图尔德和怀特之前,人类学家在实际研究中就已经开始了关于生态环境和文化关系的讨论。19 世纪末 20 世纪初,一种"环境决定论"曾广泛流传,其就是最早人类学关于生态与文化关系的理论学说。该学说主张,环境对于文化形成和演变具有积极作用,因此,环境是文化的原因。环境决定论以德国地理学家和传播论者拉策尔(Friedrich Ratzel)提出的"人类地理学"为代表,这个学说从气候、地形等环境因素来解释文化的类型和分布。环境决定论对环境与文化关系作简单的、线性的因果解释,然而这种解释在经验世界中很容易被否定,因此很快遭到后来人类学家们的拒绝。然而不久,另一种"环境可能

[①]White,L.,*Ethnological Essays:Selected Essays of Leslie A*,White,University of New Mexico Press,1987;Elman,*Leslie Alvin White*,1900–1975,American Anthropologist 78,1987:612~617.

论"出现了。该理论认为,环境与文化的关系并非如此直接,环境只对文化发挥限制或选择的消极性作用,文化的直接原因还是文化①。对于这个观点,著名学者博厄斯非常赞成。其他赞成这个观点的学者是阿尔弗雷德·路易斯·克鲁伯(Alfred Louis Kroeber,1876~1960年),20世纪前半期美国人类学的领军人物之一,他提出了文化差异(*Cultural Difference*)、跨文化交际(*Intercultural Communication*)等重要概念。此外,克拉克·威斯勒(Clark Wissler,1870~1947年)也持有这种观点,他曾任纽约美国自然史博物馆馆长近40年。他提出了文化区域(Culture Area)的概念,代表著作是《人与文化》。另一位学者凯·米尔顿认为,环境可能论的优点在于不容易遭到驳斥,缺点则在于缺乏分析力,只能在最肤浅的层面上解释文化多样性②。上述这些理念均有积极意义,值得后人借鉴。

自然环境对人类生产的影响极其深远,在过去一段很长的历史时期内甚至是决定性的。因为,深入地研究任何一个人类群体为维持生存进行的经济活动与设立的机制,均可以发现这样的情况:人们需要土地耕作、引水灌溉、烧砖建房等,还要开辟场地囤积物资、交换产品、航海贸易等。无疑,所有上述活动的进行均离不开资源、环境条件。没有适宜的气候,或者不去选择合适的季节从事诸如作物栽培的生产,经济建设将无法进行。使生产活动符合环境变化的规律,这些做法属于生态学中的"适应"理论的要求,他们与马克思主义的"生产方式"理论相似,乃是研究人类生存机制和发展的有效工具。

必须强调的是,生态人类学必须在对社会活动的状况的认知之中,时刻考虑一些经济学所主张的理念。这样的要求并非意味着一种强制,生态人类学必须接受经济学的形式、规则、元素。相反,许多生态人类学家认为,他们并不需要狭隘地使用经济学的理论和方法展开研究,于是,他们也向其他领域学习,比如系统论、人口学、进化论、生物生态学等,通过学习,借鉴一些他们所需要的理论和方法。

在经典的生态人类学研究中,学者们所关注的是系统的理性而不是个人

①Wanklyn, Harriet, Friedrich Ratzel, *A Biographical Memoir and Bibliography*, Cambridge, Cambridge University Press, 1961.

②张雯:《试论当代生态人类学理论的转向》,《广西民族研究》,2007年第4期(总第90期)。

的理性①。比如罗依·拉柏波特(Roy Rappaport)曾于1968年发表了《献给祖先的猪：新几内亚人的生态仪式》，那是一部研究人类生态环境、文化与仪式的经典著作。他成功地把生态学与结构功能主义结合在一起，发展出一个叫做"新功能主义"的领域。他把文化定义为关联着生态系统的机制，因为在他看来，环境与文化综合作用的承载量和资源消耗是生态人类学研究的主要课题。通过在新几内亚进行的田野调查，拉柏波特完成了仪式、宗教、生态的基础系统研究，这项研究又被定义为具有"共时性功能主义"性质的学说。他深刻地指出：一个社会所遵循的规则、习惯和群体文化系统，他们从系统和总体上来看是有意义的，而且他们可能也会与自然世界实现平衡。但是，作为个体的具体的文化参与者，他却并不一定具备这方面的知识。那些参与者并没有意识到，事实上他们也许并不需要知道，正是由于他们的生态系统规范了与其生态系统相适应的人口密度。

拉柏波特多方面表述，通过对文化因素的边缘化而突出人口、生态系统、能量流动、体内平衡等概念，从而使他的研究和理论更接近于生态学，因此学者们将他的理论研究和贡献概括为生态系统论。相反，前述的斯图尔德则不同，他通过对文化概念的强调而与生态学保持距离，所以学者将他的理论研究和贡献概括为文化生态学。深入地评述拉柏波特的理论表现了一种生态系统的整体观，其不再去寻找特定物质文化的环境解释，而是去注意生态系统内部的复杂关系和整体平衡，因而，他的系统生态学同时也被称为"新生态学"和"新功能论"。

随着研究范围的扩大和研究内容的深化，文化生态学家们开始深入地思考所研究的社会。他们认为，那里不再是未受外部世界影响的孤立不变的系统，而是充满了变数，即有着文化变迁的文化系统。尤其是当被研究的群体正在经历着自然环境与生活方式急剧变化时，研究者就会被迫地、更多地直接关注他们是如何作出选择的。这样的情况出现之后，一些生态人类学家便去更加贴近生活地研究，究竟人们是如何认识和联系周围的自然环境。这种趋势也引导着一些生态人类学家探索模式化人类决策的形式逻辑方法。例如一

---

① 张雯：《试论当代生态人类学理论的转向》，《广西民族研究》，2007年第4期，第34~39页。

种"理想搜集理论",其起源于生态学,曾用于研究食物分配如何影响鸟类搜集和社会组织的状况①。与此同时,一些生态人类学家则借鉴了一些其他学科的研究技术和理论,例如经济学、区域地理学和总体系统学等学科,他们试图促使经济人类学和生态人类学走向联合。伊丽莎白·卡史丹(Elizabeth Cashdan)于1990年编辑出版了论文集《游牧与农业经济的风险与不确定性》,该书较好地体现了这种联合趋势。但是,正如中国青年人类学理论工作者张雯所注意到的,经济人类学与生态人类学的联合趋势,受到了一个有关人类本性和人类条件的非常难解的哲学问题的阻挠。对于此点,卡史丹也是毫不回避,她在自己编辑的论文集导言中指出,经济学家和生态学家之间,在一个中心问题上依然存在着差异,即:人们在作出选择的时候试图最大化什么?生态学家和社会生物学家认为,人们试图最大化的是"健康",意味着给下一代作出好的基因贡献。然而,经济学家则认为人们试图最大化的是"效用",通常指的是当前即时的满足②。或许是因为这一点,经济学与生态人类学很难最终走向联合。

特别需要强调的是,在生态人类学领域内,民族生态学占有重要的地位。探讨世代居聚某个地域的民族如何认识自然环境现象,这是民族生态学所涉及的一个学术领域。民族生态学经常把视野放置于那些当地人的等级制度,因为等级划分制度往往暗示了环境状况,例如土壤类型、种植物、动物等。民族生态学关注的一些重点是,生态系统研究、系统机能和能量的流动。这些研究方法需要一些计算项目,例如热量、蛋白质消耗量的评估等。一些学者深入细致地在这些方面思考,形成了一些有别于生物生态学研究的理念,它们包括承载量、环境限定因素、自我平衡和适应制度等。

在20世纪60年代中期以前,民族生态学侧重于具体人与动植物关系方面的研究,一些人类学家花费了大量的时间和精力去创建动植物清单,并且记述其使用状况。虽然这样的研究缺乏理论框架,但是却有助于发现传统社

---

①Ingold,Timothy,*The Perception of The Environment: Essays on Livelihood, Dwelling and Skill*,London: Rutledge,2000. 张雯:《试论当代生态人类学理论的转向》,《广西民族研究》,2007年第4期(总第90期),第34~39页。

②Cashdan Elizabeth(Ed.),*Risk and Uncertainty in Tribal and Peasant Economies*,Boulder, CO: Westview Press,1990.

会民众制定的动植物分类体系的本质。此后,由于受到认知理论的影响,民族生态学研究开始采用其他的一些科学方法,即把个体视作文化生成体和把语言视为信息编码的媒介。在这种趋势的影响下,虽然民族生态学研究的主要内容仍是记述动植物分类及其应用,但其研究目的却依此透视支配人类行为的思维及其深层结构。民族生态学采用了这些方法论的转变,最终的结局是转化形成了一门认知人类学①。然而,事情并没有到此结束。正如中国张雯所指出的那样,民族生态学在一定程度上走到了环境决定论的反面。因为,民族生态人类学家主张,文化对于环境具有决定作用。这种作用通过人们界定环境来实现,即对环境赋予一定的意义和真实性来体现。但是,这样的社会建构论显得有些极端,缺乏足够的实证研究,而且往往难以自圆其说,因此其被视为"非主流"的生态人类学。另外,在 20 世纪 70 年代末,还出现了"过程论"的生态人类学。该理论采用了"行动者模式"的观点,其将分析重点从社会结构转向社会过程,同时引入了马克思主义和政治经济学的一些观点,由此深化了分析与结果。以上两种学说克服了旧生态人类学理论的弱点,这些学说为 80 年代后环境人类学的出现做了铺垫②。

总之,生态学是一个边缘学科,人类学领域里生态系统概念的存在为其理论增加了新的光彩,同时,生态学调查又为人类学注入了不同元素的活力。因此,生态人类学可以说是人类学与生态学的完美组合。一方面,人类学知识推进了生态学的研究;另一方面,生态学的引入也为人类学增添了新鲜的、科学的视野。生态人类学理论对建立人类可持续发展变化模式既提供了有力的理论支持,同时也提供了大量的实证研究资料。由于存在这些历史的学术成果,因而自 20 世纪 80 年代以来,生态人类学在一些西方工业化国家成功地转向为环境人类学。几乎同期,一些人类学家做了不少对原始部落在生态学范畴内的调查研究,他们由此认识到诸多隐秘的关于人与环境相互作用的知识。例如,20 世纪 90 年代,南美洲亚马逊河流域的开发导致了很多问题,对那些问题的研究提升了人类学家们的感知能力,从而为现代环境人类学的全面

---

① Nazarea, Virginia D., *Ethnoecology: Situated Knowledge/Located Lives*, University of Arizona Press, 1999.

② 张雯:《试论当代生态人类学理论的转向》,《广西民族研究》,2007 年第 4 期(总第 90 期),第 34~39 页。

发展奠定了良好的基础。

第二节 现代环境人类学

与早期生态人类学相比,现代环境人类学除了更多地关注环境的理论问题,同时也非常注意对环境问题的应用研究。在社会实践之中,环境人类学家虽然提出的解决问题的直接方法有限,但是他们从地域性观点到全球性视野的研究路径是开放与有活力的,这样有助于把问题的所在和解决问题的线索联系起来,从而对科学地处理人类社会发展与自然环境之间的难题起到积极的促进作用。现代环境人类学还突破了原来的"文化孤岛"的研究方式,从而关注在全球化和现代化的背景下对不同主体的环境话语和实践进行分析,这里的不同主体包括当地人、政府、企业、非政府机构等。现代环境人类学新的研究视角,突破了传统生态人类学探讨的主题,使之不再局限于"环境适应"和"当地智慧"[①]。相反,这门新学科的研究与更多主题的讨论广泛相连,例如,发展主义与现代性、知识与权力的生产、统治与抵制技术、国家和社会的关系等。

在人类发展的历史长河中,环境问题一直伴随着文明的演进而存在。不同的文明时期,其环境问题的表现有所不同。例如,"可持续发展"是现代社会的重要指导理论,这个理论就是人类应用文化的调适作用而研究的成果,也是借鉴了一些生态学的原理,属于新的生态文明理论[②]。"可持续发展"(*Sustainable Development*)概念首次出现在 1980 年的《世界自然保护大纲》(*The World Conservation Strategy*)中,1987 年由世界环境与发展委员会(Worker-Establishment Characteristic Database,WECD,或者称布伦特兰委员会,Brundtland Commission)于《我们共同的未来》报告中正式提出其定义,经 1992 年 6 月的联合国环境与发展大会而为各国所接受。

可持续发展的思想最早源于生态人类学,现已成为世界上许多国家指导经济社会发展的总体战略。可持续发展强调人口、资源和环境这三大方面的

---

①张雯:《试论当代生态人类学理论的转向》,《广西民族研究》,2007 年第 4 期(总第 90 期),第 34~39 页。

②崔明昆:《文明演进中环境问题的生态人类学透视》,《云南师范大学学报》(哲学社会科学版),2001 年第 4 期。

协调与适应,因为这是人类生存与发展的基础。可持续发展研究在对环境危机根源进行探索分析的基础上,提出协调人与自然的关系是解决环境危机的根本方法,因此必须建立一个全新的人与自然伦理关系,人类只有尊重并正确理解自然价值,才能建立一个新的生态观、发展观和价值观,解决日益严重的环境问题。实现人与自然的和谐发展,这是可持续发展观的最终目标,因此,这也是现代环境人类学研究的主体内容①。

环境人类学的理论研究表明,人类社会从农业文明到工业文明再到后工业文明的发展过程中,经济发展不仅仅带来了生产方式和生活方式的改变,而且更多地给人类对物质资料的需求带来了新的欲望和冲动。正是这种欲望和冲动促使工业发达国家利用人类发明的新技术盲目地快速开发、利用本国资源,而当本国的资源不能完全满足欲望时,他们就用欺骗、战争等非市场手段掠夺整个世界的资源。在这个现代物质和技术文明扩散的过程中,一方面,这些工业发达国家把现代工业文明的种子撒到了被他们侵夺资源的广大发展中国家,从而促进了工业化的全球化进程,尽管在许多时候这并非是他们主观上的自觉和自愿;另一方面,他们也把工业化与资源、环境的矛盾带给了世界,使得资源与环境问题日益突出,从而成为整个人类社会所必须面对和解决的世界性难题。这个难题的核心问题就是,在人类无限制的物质欲望下,疯狂地发展经济是否具有可持续性?! 是否会给后代人的发展带来制约和生存环境的艰难?! ②

环境人类学家以及经济人类学家不仅要关心并揭示经济不发达国家的人民应当如何有效地在本地组织起来,正视和应对全球发展不平等的问题,而且要关注和揭示在发展的名义下,人类社会怎样才能创造更多的财富并且比较公平地分配社会财富。现在,富裕发达的国家越来越重视生态平衡,而最不发达的一些国家生态环境失衡严重。其中,一个重要原因是,环境保

---

① [英]杰拉尔德·G·马乐腾著,顾朝林译校:《人类生态学——可持续发展的基本概念》,北京:商务印书馆,2012年。

② Haenn, Nora and Richard Wilk, *The Environment in Anthropology: A Reader in Ecology, Culture, and Sustainable Living*, New York University Press, 2006; West, Paige, *Conservation is Our Government Now: The Politics of Ecology in Papua New Guinea*, Duke University Press, 2006.

护需要大量投资。然而,历史上的奴役与现实存在的不公平损伤了那些最不发达的国家,因为没有足够的资金、技术与资源,那些国家的贫困民众无法像富人那样为环境项目大投入。为了"制造"自己的经济和人口不再疯狂增长的现象,西方工业化国家再次提起限制增长的理论说教。这个所谓的理论最初是在 20 世纪 70 年代由多尼拉·米道斯(Donella Meadows)等人首先提出的。这些所谓的精英们一直担心,无限制的以贫穷者为主的人口膨胀会威胁他们的生存,因而他们提出了限制发展的经济理论观点[①]。经济发达国家目前还有一些动作,他们试图把发展中国家温室气体排放量限制在比美国和欧洲联盟更低的水平。可是,环境人类学的研究认为,这种要求是不合理的,因为大气中大部分已存在的二氧化碳主要是由西方发达国家造成的[②]。

环境经济人类学除了进行与特定环境问题有关的理论研究外,还在一个比较普遍的层面上探索了可持续的生活方式。通过对文化多样性的分析,环境人类学以独特的视角洞察不同群体的人们对世界的不同认识,发现和研究不同群体的文化与他们在现实生活中的行动之间的关系。在人类学的视角下,可持续的生活方式所需要的要素是多元的,因此人们不仅要明确应当怎样对待环境,而且要明确什么样的价值观、信仰、亲属结构、政治意识形态以及仪式传统会支持利于可持续发展的人类行为。随着全球化浪潮的冲击,现代环境人类学家意识到其研究对象再也不可能孤立地自成体系,因为在经济发展全球化的今天,任何文化对环境作用的结果都可能会是全球性的。因此,环境人类学在解释环境恶化问题的原因时注意到了经济全球化的影响,他们自觉地引入了世界体系理论。全球经济一体化最初是由世界资本主义经济体系推动的,其使得世界各种不同类型文化及其能动主体相互流动,目前这种流动已经达到了空前的规模和深度,但是,该流动并没有使全球文化同一化。在某种程度上,全球同质化和地区变异是同时出现的,后者是在本土文化自治的名义下对前者的回应。因此,文化多样性仍是全球化时代的重要特点。在"全球化"背景下,现代环境人类学必须把自己研究的对象或问题放到多元文化背景下来探讨和分析,同时还要关注被研究的文化在多元文化背景下的

[①]Meadows, Donella et. al,*The Limits to Growth*, London: Earthscan,1972.

[②]Haenn, Nora and Richard Wilk, *The Environment in Anthropology: A Reader in Ecology, Culture, and Sustainable Living*, New York University Press,2006.

再生产和创造过程，还有多元化文化与自然和社会环境的互动。因此，人类、环境与文化之间的关系需要我们进行全新的思考①。现代环境人类学的发展方向是明确的，其也能够提供一些进行这种重新思考的理论框架和系统的研究方法。

近些年来，中国生态与环境经济人类学工作者的队伍不断壮大，他们针对国家，特别是民族地区的生态环境现状，进行了大量的细致研究。例如，学者任国英在其关于内蒙古自治区鄂尔多斯市鄂托克旗的生态环境的研究中指出，由于人为因素和自然因素的双重作用，我国牧区草场退化、沙化现象严重，有的地方甚至出现了沙进人退的局面。为了缓解生态环境的不断恶化状况，帮助农牧民脱贫致富，鄂托克旗从2002年起逐步计划并实施了生态移民工程，并且已经取得了一些成效，但是在移民过程中也存在一些问题。任国英的研究结论表明，我国西部很多地区生态环境呈现恶化趋势，不科学地人为活动破坏非常频繁，它们已经严重阻碍了地区经济、社会、生态的和谐发展。而且，生活在生态位置重要、生态环境脆弱地区的人口近年来增长迅速，就地解决这部分人口生存问题的成本已远远高于迁移的成本，面对这种严峻的现实情况，要去实现经济社会全面发展的战略，乃是非常富有挑战性的②。下一节内容，更为详尽、具体的讨论会展示出来，它们包括近年来环境人类学在我国的传播与发展，一些环境经济人类学理论工作者的主要贡献等。

第三节　环境人类学在中国的传播与发展

总体来说，人类学在中国的传播与发展已经有100多年的历史了，而有关人与环境的关系论述，在中国最早可追溯到先秦时代的儒家和道家思想③。不过真正意义上的环境人类学在中国的传播与发展则开始于20世纪的

---

① 胡鸿保、黄娟：《文化多样性与可持续发展——理解环境问题的人类学视角》，《甘肃社会科学》，2007年第1期。

② 任国英：《内蒙古鄂托克旗生态移民的人类学思考》，《黑龙江民族丛刊》，2005年第5期。

③ 轩玉荣：《儒家"天人合一"的生态伦理观解读》，《滨州职业学院学报》，2007年第4期，第17~18页；鄢爱红、王志捷：《简论儒家的环境伦理思想及其现实意义》，《理论学刊》，2000第97期，第109页；张锋、初英娟：《道家环境伦理思想的现实意义》，《山东教育学院学报》，2005年（总第108期），第52页。

90年代。

环境人类学在中国的传播与发展，虽然是人类学学科本身发展的必然，但更多的则是因为中国经济社会发展的实际需要。中国经济建设自1978年以后高速发展，迄今为止已经持续了30多年。在这个阶段，中国曾经出现了较为严重的单纯追求生产量的偏向，即以牺牲环境为代价、掠夺资源式的经济总量增长，结果导致了灾难性的损失。最典型的事例是，1998年6月~8月，中国长江暴发了大洪水，那是全流域性的特大洪水灾害，据各省、自治区、直辖市的统计和新闻媒介报道，成灾耕地面积1306万公顷，受灾人口2.23亿人，房屋倒塌497万间，直接经济损失达1666亿元。

也就是在长江大水灾害之前，中国一些学者从民族学、生态学和经济学等多学科综合角度出发，研究和预测了人们不科学的经济行为的后果，那就是已经引发与继续会引发环境恶化灾难。

这些研究的方式与成果实际上可以视为环境人类学，标志着当代中国环境人类学的兴起。例如，实施"补偿机制"理论，建立"环境资源产业"①。这些理论认为，有着"地球第三极"称谓的青藏高原平均海拔4000米以上，绝大部分位于中国境内，其面积为250万平方千米，藏族世世代代在这片雪域高原生息繁衍。青藏高原孕育了长江、黄河、印度河、雅鲁藏布江—布拉马普特拉河，澜沧江—湄公河等国内外著名江河，其中黄河与印度河流域是人类古代五大文明发祥地中的两个。整个青藏高原的存在和其所具有的巨大的热力与动力的功效是非常重要的，这些直接对北半球的高空西风环流、冬夏季风及大气运行产生着不容忽视的引导、转向、重组的作用，而且，被国际气象学界称为"青藏高压"的气团所产生的行星尺度的影响力向东可以远达北美大陆，向南可以穿过赤道抵达澳洲大陆。青藏高原是地球著名的"江河源"与"生态源"，直接或间接影响着中国乃至亚洲许多国家几十亿人民的生存。这类"江河源"与"生态源"的功能是独有的，可是这些功能又在很大程度上依赖广阔草地、茂密森林的调节。青藏高原森林草地面积是否减少，树草生长是否茂盛，必然

---

①王天津:《青藏高原人口与环境承载力》，北京:中国藏学出版社，1998年。该书于2000年1月获得国家民委社会科学研究成果一等奖;王天津:《西部环境资源产业》，大连:东北财经大学出版社，2002年。该书于2004年5月获得辽宁省第九届精神文明建设"五个一工程""入选作品奖"。

影响到降水、降雪等气候变化过程,从而引起与高原相邻区域和源于高原的江河流经的中游、下游地区生态环境的变化。长期以来,一些少数民族的传统文化、宗教信仰中有一些对大自然的崇拜,它们包括对巍峨山脉、雪峰、森林等的崇拜,还有人与自然和谐共处的生态意识①。由于青藏高原与藏族历史文化具有鲜明的特征,这样的情况在那片区域呈现得十分明显。

　　长期以来,对雪域高原腹地一些大江大河发源区域,藏族人民自古以来就运用了许多美丽的神话传说,描述和解释那里奇特的自然现象,并且由此产生了一些有益于环境保护的理念、习俗与禁忌。这些思想最初产生于藏族对大自然的崇拜思想,因为,在远古时期,在适应高寒缺氧的严酷生存环境的过程中,藏族先民逐步产生了万物有灵的原始宗教,或者是本教意识。例如,在当代社会呈现的藏族传统文化之中,依然有着浓郁的保护"神山"与"圣水"的理念, 这些理念在数千年的历史中客观上保护了原始生态的群山与湖泊,作用巨大②。羊卓雍湖就是藏传佛教的圣湖,严禁任何人污染湖水。喜马拉雅山脉的很多山体支脉被视为神山, 山中的树木和生物不能随便被砍伐或猎杀。藏族民众也于漫长的历史岁月内,在生产生活中自觉地保护着那里的山山水水。于是,西藏的很多大山河湖迄今为止依然保留着原始的无比美丽的状态。因此,藏族的意识行为客观上保护了关系数十亿人生存的环境资源。藏族民众付出了历史性、社会性的广义文化劳作活动,保护了草原、森林,涵养了江河水源,而部分人类劳作物化为源源不断的流水,奔流到中国沿海地区、奔流到中南半岛 5 个国家等。藏族在草原上放牧的牛羊是看得见的,它们可以称为有形经济劳动产品;而藏族保护草原、森林,涵养了水源则是看不见的,它们可以称为无形生态劳动产品。按照马克思主义的劳动价值学说和现代市场经济理论,有形经济劳动产品与无形生态劳动产品均具有性质相等的抽象的人的劳动价值,因而均应当在市场上依据其价值量获得等价交换的利益。因为,那些广大江河中下游地区的民众享用了江河流水,而它们不再是中国唐代诗人李白所说的"黄河之水天上来"的纯天然河水,其中部分是物化了

---

　　①张慧平、马超德、郑小贤:《浅谈少数民族生态文化与森林资源管理》,《北京林业大学学报》(社会科学版),2006 年第 1 期。

　　②康·格桑益希:《向神的顶礼:神山圣湖崇拜》,《西藏旅游》,2002 年,第 3 期;李晓林:《神山之下——西藏边境纪事之三》,《中国民族》,2007 年第 1 期。

的由藏族民众的广义文化劳作的无形生态劳动产品。

江河中下游民众无偿使用这些劳作产品,无疑就是欠下了江河上游区域进行劳作的大众的一种债务。主要由于历史原因形成的社会经济机制不完善,居住在江河中下游的债务人一直没有向居住在青藏高原江河上游的债权人偿还这种无偿占有的劳作价值。市场经济规律告诉人们,等量劳动得不到等额价值,劳动必定不能持久。的确,大自然已经用自己的方式诸如长江暴发大水等,无情地报复了违反客观规律的人们。因而,为了保护青藏高原的"江河源"与"生态源",应当建立"补偿机制"。主要内容包括,确定无形生态劳动产品的交易制度,建立属于绿色经济体系的环境资源产业,拨付保护草原、森林的专项资金等。

上述开创性的理论得到了社会广泛的赞同,更重要的是在生产建设中予以实践。主要的实际应用举例如下。

2010年,国务院审议通过了《西藏生态安全屏障保护与建设规划(2008~2030年)》,将西藏生态安全屏障保护与建设工程确定为国家生态工程。这项规划确定了生态保护、生态建设和支撑保障3大类10项保护工程。生态保护方面共包括5项工程:一是天然草地保护工程,实施退牧还草和鼠虫毒草害治理;二是森林防火及有害生物防治工程;三是野生动植物保护及保护区建设工程;四是重要湿地保护工程;五是农牧区传统能源替代工程。生态建设方面共包括4项工程:一是防护林体系建设工程;二是人工种草与天然草地改良工程;三是防沙治沙工程;四是水土流失治理工程。在支撑保障方面,实施生态安全屏障监测体系工程,建设地面生态监测站和地面观测点。3大类10项保护工程计划总投资155.02亿元,目标是到2030年基本建成西藏生态安全屏障[①]。

十分明确,补偿机制、无形生态劳动产品等理论正在现实中产生巨大的影响,不仅改变了西藏自治区原有的一些陈旧的经济结构,在当地创造了数万个就业岗位,使一些乡村农牧民成为城市产业工人。而且,这项巨大的环境保护工程已经产生了效益,为长江、黄河中下游数亿人口带去了福祉,也惠及

---

①董昌俊:《国家加大对西藏生态安全屏障保护和建设投入》,《西藏商报》,2010年8月18日。

了中南半岛、印度次大陆国家数十亿人口。

建立补偿机制，特别要注重应用科学知识与技能，因为科学技术是第一生产力，能够大幅度增加财富。科技应用是人们运用科学技术来谋求发展的行为与过程，他们增加了财富。为了使广大民众享受到科学技术带来的福祉，以激励更多的人从事科学研究，一些学者认为，应当汲取人类学的一些理念与方法，例如参与式发展的理论及工具等，发现、提炼与升华简单可行、适宜当地生产的实用技术，这样可以较快地获利①。要通过群策群力，将自然资源尽快变成货币商品，这样才能更好地促进科技发展，真正做到以人为本。总之，环境人类学，这个在中国新兴的学科充满朝气，蓬勃向上。

与此同时，还有一些属于环境人类学的研究成果，其从不同的角度阐释了新理念，提出新的政策性建议，为中国经济发展作出了贡献。

例如，学者刘雨林通过建立博弈模型发现，当区域收入不均衡的时候，提供生态环境保护与建设的结果也不相同，高收入者（优化开发区和重点开发区）会承担生态环境保护与建设的责任，而低收入者（限制开发区和禁止开发区）则会坐享生态环境保护与建设的效益。因此，必须运用多种生态补偿的方法，解决跨地区生态环境保护与建设的困境②。又如，学者萨础日娜认为，中国目前实行民族区域自治的少数民族人口占全国少数民族人口总数的75%，民族自治地方行政区域的面积占全国总面积的64%。因此，要从多个方面建立民族地区生态补偿机制的总体框架。例如，建立生态补偿的管理机制，包括科学决策机制、综合协调机制和责任追究机制等。还有，建立生态补偿的保障措施，包括体制保障、政策保障和财政保障等③。

人类的生存是以自然环境所提供的物质条件为基础的，环境条件好的地方居住的人口数量多，生活的质量水平也高。一个国家或地区在可预见到的时期内，利用本地资源及其他资源和智力、技术等条件，在保证符合社会文化准则的物质生活水平条件下，通常只能持续供养该国家或地区一定数量的人

---

①万辅彬、韦丹芳：《科技应用：科技人类学本土化的新走向》，《广西民族学院学报》，2004年第2期。

②刘雨林：《关于西藏主体功能区建设中的生态补偿制度的博弈分析》，《干旱区资源与环境》，2008年第10期。

③萨础日娜：《民族地区生态补偿机制总体框架设计》，《广西民族研究》，2011年第3期。

口。换句话说,环境人口容量不能超过可能承载的数额。一个地方人口数量因为环境恶化而超出了生态承载力,解决问题的方式之一是,实施生态移民。因为环境问题而大量搬迁人口,其性质与前文一样,乃是一种典型的环境人类学领域的项目。例如,宁夏回族自治区的西海固地区,即南部山区的西吉、海原与固原三地共 9 市(县、区),由于历史、地理和气候等方面的原因,当地自然条件恶劣,干旱灾害易发频发,可人口数量规模却很大。自 1949 年以来的 60 多年,这一区域的干旱发生几率为 72.4%,人口数量超过了环境承载力。西海固 9 市(县、区)是国家集中连片贫困地区之一,截至 2011 年,当地 143 万人口中有 100 万贫困群众,其中 35 万人生活在不适宜居住、不适宜发展的恶劣环境里。因而,国家在那里实施了百万人口生态移民工程。新中国成立后,国家在那里相继开展了"三西"建设与"八七"扶贫攻坚,目前已累计异地移民 66 万人。

因为生态恶化而移民,又因为环境变了而开始新生活,环境变化与人类行为密不可分,其中包含了多种秘密,探求它们正是环境人类学的用武之处。学者沙爱霞研究了宁夏回族自治区银川市镇北堡镇人们的生产生活行为,因为那里是生态移民的典型地区。这位学者研究了在移民区后续发展中,旅游劳工的转移情况,认为必须依据影响镇北堡镇旅游劳工转移的四大因素,即为政策、经济、劳动力转移成本和城镇"拉力",据此制定适宜的措施予以实施,解决生态移民的就业问题[①]。学者东梅、王桂芬采用双重差分法评估了生态移民项目实施对移民和非移民的收入及其收入结构的影响,进而认为,搬迁使移民的收入显著提高,已接近非移民的收入水平,但是在收入结构内部,移民的种植业纯收入有所下降。为此,需要采取多种措施,鼓励移民多种粮,满足自己需求,支援国家建设[②]。

人们长期置身于不同环境之中,形成的性格也不一样。例如,中国北方多平原、戈壁,人们总是置身于百里方圆、一览无余的广阔天地里,于是,北方人形成了豪放、耿直、豁达的性格特征;中国南方地形崎岖,丛林密布,十里一个

---

① 沙爱霞:《生态移民区旅游劳工移民转移研究——以宁夏镇北堡镇为例》,《人文地理》,2009 年第 3 期。

② 东梅、王桂芬:《双重差分法在生态移民收入效应评价中的应用——以宁夏为例》,《农业技术经济》,2010 年第 8 期。

天,百步不同景,这样,南方人的性格是细腻、多思、谨慎。北方寒冷,几乎是半年霜雪,长期生活在那里的人冷静、坚毅而刚强;南方气候温和湿润,各种植物花卉争芳斗艳,世代居住在那里的人安然,感情丰富。

一个民族长期生活在一种自然环境中,就会形成本民族的独特的生产及其文化形式,中国哈尼族的历史与发展就是如此。哈尼族主要聚居于云南省,目前总人口超过150万人。哈尼族源于中国古代西北部的羌人,上古时代游牧于青藏高原东部。大约在公元前3世纪,哈尼祖先"和夷"为了躲避战乱,他们先后经过了七次大迁徙,历经艰辛,从中国的西北最终到达了南部的红河两岸定居。经历了如此大的生活环境变化之后,原来是牧羊人的哈尼族先祖们为了生存发展,他们依据当地的自然环境而弃畜牧,改农耕,因地制宜地开创了哈尼族梯田文化。

哈尼族主要聚居于云南省红河哈尼族彝族自治州以元阳县为中心的哀牢山南部。元阳一带崇山峻岭连绵,没有平原,哈尼族民众便在崇山峻岭上花费了千百年时间,开垦出层层梯田种植水稻。他们还科学地利用了当地的一类独特环境资源, 即当地红河的江坝之水在阳光照耀下蒸发升空为云雾,它们遇冷变为阴雨又降落于高山森林之中,从而形成了"山有多高,水有多高"的一种自然现象。解决了田地、水源两大难题,哈尼族开垦了大量的水稻梯田。今日,以一座山坡而论,梯田最高级数达3000级,构成了神奇壮丽的景观。当天光飘荡在层层水波之上,金色的碎片缀满山体,满山流光溢彩①。这种梯田经济不是单一性的,而是形成了一个哈尼民族生产、文化和生存环境混合一体的系统,也可以简单归结为:人类生产与自然环境和谐一致②。

任何人一旦走进哈尼族村寨,举目观看梯田生态系统,就可以清楚地看到这样的生态农业体系特点:每一个村寨之上方,必然矗立着茂密的森林,它们提供着水、用材和薪炭之源,其中以神圣不可侵犯的寨神林为特征;村寨的下方是层层相叠的千百级梯田,那里提供着作为哈尼人生存发展的基本条件——粮食;居于中间层次的是村寨,由座座古意盎然的蘑菇型民居组合而

①朱华:《云南哈尼族梯田申报世界遗产》,《景观中国》,2007年第4期。
②范元昌、何作庆:《哈尼族人与自然和谐相处的文化特征》,《云南民族大学学报》(哲学社会科学版),2008年第6期。

成,它们形成了人们安详度日的场所。这个组合被当代文化生态学家们盛赞为"江河—森林—村寨—梯田"四度同构,表现为林养水、水养村、村养人和人耕田,此乃是一类人与自然高度协调、可持续发展、良性循环的生态系统①。

对此,很多民族经济学家赞叹地评述,在争取天时、地利并与生态环境协调相处方面,没有任何社会集团拿出超过哈尼族梯田的作品。梯田经济支持了一个民族的发展与壮大,梯田也滋养哈尼族创造出精粹的梯田文化。"哈尼族的梯田是真正的大地艺术,是真正的大地雕塑,而哈尼族就是真正的大地艺术家!"法国人类学家欧也纳博士曾这样评价说。层层梯田、民族文化和自然环境组成了一幅壮美绚丽的景观图卷。2004 年,在中国苏州市召开的世界文化遗产大会上,有关哈尼族梯田的专题申请被联合国教科文组织世界遗产中心正式受理②。哈尼族为整个人类创造了一个精妙绝伦的历史作品,一个显示生态文明的奇迹③。

可喜的是经过我国学者多年的努力,一批年富力强的中青年环境经济人类学理论工作者已经成长起来,在学术研究和政策制定、咨询方面作出了优异的成就。例如,西北民族大学的马小平从人类学的角度,以宁夏回族自治区永宁县闽宁镇移民社区为实地考察对象,研究了生态移民的文化变迁问题。根据马小平的研究,20 世纪 90 年代初以来,在国家扶贫资金的支持下,宁夏回族自治区人民政府实施了大规模的生态移民工程。具体做法是,将居住在宁夏南部西海固地区的一部分经济发展落后、生态环境恶劣而无法维持正常生活的群众集中搬迁,移民迁往黄河灌区能够得到便利灌溉的地方,由此开拓了新的经济发展途径。马小平指出,人口迁移是文化变迁的一个重要原因之一,宁夏实施生态移民工程,既促进了移民经济社会发展,也推动了移民群体传统文化发生了巨大变化。主要表现是:那些生态移民们的生产生活方式、社会结构发生了变化;生态移民们在面临自然环境变化、生存空间转移和社

①陈燕:《哈尼族梯田文化的内涵、成因与特点》,《贵州民族研究》,2007 年第 4 期。

②史军超:《对元阳哈尼族梯田申报世界遗产的调查研究》,云南民族学会哈尼族研究委员会;《哈尼族文化论丛》(第二集),昆明:云南民族出版社,2002 年。

③白刊宁、杨增辉、马理文:《元阳哈尼梯田大山里的壮丽文化景观》,《中国文化遗产》,2009 年第 1 期。

④马小平:《人类学视野下生态移民的文化变迁》(硕士论文),西北民族大学,2010 年。

会转型加速的社区重建过程中作出了一系列带有建构意义的调适④。这项研究表明,生态移民是可持续发展的一个重要途径。

西藏大学刘亚成进行了深入研究,探索了"西藏生态补偿制度研究"项目。刘亚成认为,西藏自治区的高原地形复杂多样,生态环境各具特色。那片区域的生态功能作用明显,因而在全国乃至世界都居于重要的战略地位。同时,那片区域资源丰富,但是由于历史、地理等方面的原因而经济发展滞后,在乡村,藏族、门巴族、珞巴族等部分民众尚处于贫困状态之中。所以,保护环境、加快发展与扶贫攻坚既紧密相关又交织着矛盾。在这种情况下,西藏应该走一条什么样的发展道路,这是一个需要认真思考与解决的根本问题。刘亚成提出,西藏自治区发展经济要与环境保护协调一致,为此,必须建立和完善西藏森林、草原、水资源及矿业的生态补偿机制,这样才能加快乡村部分人口脱贫步伐,推进雪域高原人民实现繁荣昌盛①。很多实例也表明,必须在确保生态环境良性循环的情况下开发西藏,唯此才能促使高原经济快速发展。

内蒙古农业大学的洪冬星在类似的领域进行了探索,该项目是《西部地区草原生态建设补偿机制及配套政策研究》。洪冬星认为,中国西部地区草原生态建设和保护发挥着巨大的环境效益,然而由于草原生态系统服务具有公共属性,因而传统市场无法实现其经济价值。必须完善草原现有的承包制度,转变过度放牧的生产方式,合理利用草地资源。他分析了内蒙古自治区目前实施的草原生态建设补偿政策的特征和运行现状,评价了已经实施的草原生态建设补偿政策的绩效,揭示出管理工作中的一些不合理的做法。洪冬星指出,必须制定和应用财政、税收、金融等各项配套政策,才能有效运行内蒙古自治区的草原生态建设补偿机制。具体内容是,构建和完善我国草原生态补偿法律体系,完善各级政府间纵向财政转移支付制度与构建横向转移支付机制,实现政府干预与市场机制的耦合,建立规范的草原产权流转制度等②。事实表明,草原生态建设补偿机制是草原环境保护取得成效的关键。

林宗成博士进行了关于福建省闽江流域南平市樟湖镇民间信仰的个案研究,从一个全新的角度诠释了这样一个结论:特定地区人们的价值观念反

---

①刘亚成:《西藏生态补偿制度研究》(硕士论文),西藏大学,2011年。

②洪冬星:《西部地区草原生态建设补偿机制及配套政策研究》(博士论文),内蒙古农业大学,2011年。

映了精神世界对物质世界的影响,这种影响不会因生存环境的改变而轻易地改变,由此揭示了文化对环境的能动作用。他应用结构主义分析理论中的一个组合公式:a:b::c:d,将樟湖镇人们的信仰、生活与环境归纳为以下象征性关系组合,一是,蛇:人::水:村落,二是,猴子:人::土地:村落。20 世纪 90 年代,樟湖镇由于修建水库,居民们移民搬迁到他处。他通过田野调查发现,搬到新址之后,移民们没有再建祠堂,而与土地和水密切相关的猴王信仰和蛇信仰尽管曾经动摇,但是人们很快地修建了新的猴王庙、蛇王庙。林宗成博士认为,猴王与蛇王崇拜已经与樟湖人对自然与社会环境的感知紧紧相连,也与当地现实生活浑然一体。随着移民迁入新的村落,家族进一步淡化,于是祠堂被留在原地,像旧址一样成为过去的记忆。然而,猴王、蛇王崇拜的活动仪式却继续存在,并没有因搬迁而失去意义。这些理念实际上是他们对命运的理解,表现了他们对生命之源的水土的依恋,还有对人与自然和谐相处的美好向往①。林宗成博士与其他几位学者也认为,一方面人类是实用主义者,选择适应途径;另一方面人类是象征的操纵者,制造了复杂、丰富多变的代码,用于表达对自然的感受②。这些研究证明,文化创造性与生态环境调节之间的关系是双向的相互作用的模式。

　　刘源博士在对青藏高原北部长江源头唐乡的环境保护状况进行了田野调查。他依据事实指出,世代居住在那里的藏族传统文化特征明显,表现为有利于可持续发展的行为和观念与生态环境之间有着很强的相互适应性,而尊重这种本土文化在环境保护工作中是有重要意义的。他记录与分析了发生在唐乡的一些事情,用于表述存在于藏族牧民中的环境文化特征。例如,藏族牧民游牧生产方式的主要特点是,以部落为组织形式,按季节逐水草而畜牧;以小规模家庭为生产单位,多种牲畜混合放牧,追求谨慎适应与合理利用草原。在以佛教的教义为核心、苯教的仪轨为外壳的藏传佛教和民间信仰影响下,一些藏族牧民形成惜杀与惜售,不追求经济增值的传统畜牧业价值观念等。刘源博士认为,一方面,要肯定在藏族传统文化中一些牧民长期实施在不同

---

①林宗成:《樟湖人的精神社区:福建闽江流域的民间信仰解析》,《汇聚学术情缘——林耀华先生纪念文集》。北京:民族出版社,2005 年,第 316~332 页。

②胡鸿保、黄娟:《文化多样性与可持续发展——理解环境问题的人类学视角》,《甘肃社会科学》,2007 年第 1 期。

草地上转场放牧的传统,这种做法使得草原生态系统与牧人之间形成了良性循环,而这种和谐共存的文化链条需要继续发扬光大。另一方面,在维护人与自然良性循环的过程中,要特别注重突出当地民族的文化优先选择权,具体讲就是政府工作人员要倾听藏族牧民的意见,尊重他们的民族自尊心、生产中的自豪感。这样工作的结果是,不仅保证了牧民的繁衍生息,而且使生态环境处于平衡发展状态[①]。总之,文化生存、文化多样性与环境保护及生物多样性常常如此紧密地交织在一起,而丧失其中的一种都会导致两者共同消失。

撮要言之,学者们的研究已经有了很好的成果,这表明,环境人类学在中国发展已经具备了基础条件。再接再厉,深入探索,创建这个新学科,这是本书的目标。

学习思考题

1. 生态人类学的主要发展过程是什么?
2. 生态人类学的主要学术观点有哪些?
3. 现代环境人类学的主要特征是什么?
4. 什么是现代环境人类学的主要研究对象和内容?
5. 环境人类学在中国的传播过程和特点是什么?
6. 中国环境人类学工作者的主要学术贡献是什么?
7. 如何正确理解本书的主要特点和结构?

[①] 刘源:《文化生存与生态保护:以长江源头唐乡为例》;孙振玉:《人类生存与生态环境》,哈尔滨:黑龙江出版社,2005年,第287页~311页。

第二章　环境人类学发展概述

内容提要　现代人的生产生活首先是生物学意义上的一个物种的活动，属于哺乳纲—灵长目—人科—人属—智人种的晚期智人的行为。人科出现于距今 2330~530 万年的中新世，包括 3 个人科：腊玛古猿、南方古猿和人属。人属至少分为三个种：能人、直立人、智人。所有现代人都归为智人，是人属中唯一幸存的一个人种。晚期智人的生存年代始于至今 10 万年前，他们是体质解剖结构上的现代人。地质历史上的全新世的最好温暖期，在中国境内的整个黄河中下游流域，那里温暖湿润，植物繁茂，适宜古人类生存。代表中华人文初始的仰韶文化古人类遗迹就属于那个时代，如今仅在陕西省关中地区发现的仰韶文化遗址就有上千处。

新中国的建立开启了社会主义经济建设的新纪元，特别是改革开放 30 多年的经济大发展，中国的国内生产总值于 2010 年跃居世界第二位。为了全面实现小康社会目标，建立人与自然和谐社会，需要创立具有中国特色的环境人类学，这个任务目前已经历史性地提到了议事日程之上。中国目前处于社会主义初级阶段，在一些地方，环境污染已经较为严重地影响了民众的身体健康。因而，创建环境人类学，推进环境保护工作，意义重大。

环境人类学主要通过在逻辑方面相接的 6 个层次，深入地诠释人与自然的关系，明确提出为了达到人与自然和谐一致的目标，需要通过多种形式的改革途径，转变陈旧的生产方式。

人类是自然环境的塑造者，也是自然环境的创造者。拥有"思维着的精神"的人，在日益广阔的自然和宇宙空间里表现出智慧的生活与行动。因而，各个民族和国家用创造性的思维与技术手段建立了当今世界的文明，而中华文化则

25

为人类发展作出了富有特色的贡献。目前世界各国采取了多种方式遏制全球变暖,中国更是通过改革开放政策凝聚了 13 亿多人民的才智、财力,正在转变不合理的经济结构,建设资源节约型、环境友好型社会,积极地促进人类社会的可持续发展。

第一节　环境人类学的起因

人类(human),地球生物中处于进化最高阶段的生物,是一种极为特殊的地球上最高智慧的生物。人类在各个发展阶段都离不开自然环境,同时,人类在自我进化的过程之中,一直在不间断地改造着环境。

一、人类活动的自然舞台

人类文明的发展史就是一部人与环境的关系史,人与环境的相互作用反映了人类文明的兴起与衰落。1972 年 6 月 5 日,联合国在瑞典首都斯德哥尔摩召开了首次"环境与发展大会",会议通过了著名的《联合国人类环境会议宣言(斯德哥尔摩宣言)》[*Nations Conference on the Human Environment*(*The Stockholm Declaration*)]。这是人类历史上第一份世界性的关于人与环境关系的纲领性文献,它的基本原则至今依然在发挥作用。这份文献提出了 7 个原则与 26 条具体观点,阐述了人类一致同意与推崇的许多关于人与自然的重要理念和做法。

《斯德哥尔摩宣言》第一条是:"人类是环境的创造物,又是环境的塑造者。环境给予人以维持生存的东西,并提供给了他在智力、道德、社会和精神等方面获得发展的机会。由于科学技术发展的速度加快,人类环境的两个方面,即天然和人为的两个方面,对于人类的幸福和对于享受基本人权,甚至生存本身,都是不可缺少的。"①自然环境是一种不以人的意志为转移的客观因素,生态环境的循环影响着人类的各种活动和世界各地经济文化的发展。

(一)宇宙的自然演变

最广义的环境当然是宇宙,它浩瀚无垠,包罗万象。世界上大多数研究宇宙、星系和地球的科学家都主张万物起源的学说:宇宙大爆炸理论(*The Big Bang Theory*),它被认为是迄今为止相对最为完善的科学理论。第一,这个学

---

①联合国环境与发展大会全体会议:《人类环境宣言》,瑞典,斯德哥尔摩,1972 年 6 月 5 日。

说依据大量的科学的天文观测数据,它们包括星系计数、射电源计数和微波背景辐射等实测资料,同时,作为研究宇宙学的前提,宇宙学家建立了一个理论假设(*Working Hypothesis*),这个科学假设就叫宇宙学原理,就是说,在宇宙学尺度上,任何时刻,三维空间是均匀的和各向同性的。第二,这个学说的建立基于两个基本假设,一是物理定律的普适性,诸如万有引力规律,二是宇宙学原理。世界主流物理宇宙学界的学者从不同角度提出的理论表明,在整个复杂的大爆炸过程中,宇宙自然演化遵循的基本规律是万有引力定律,这个定律指引的演变过程是,能量→基本粒子→原子、分子→无机界→生物界→人类。宇宙学原理表明,任何客观存在的具体物质都有自己的结构与形态,都在运动和演化,都处于永恒的产生和消灭之中。

宇宙大爆炸理论虽然是一个科学假设,然而它所阐述宇宙中的一切均来自一个奇点的理论具有难以抵御的魅力,同时,它还从一个方面验证了中外古代思想家们的直觉,那些智慧的思想闪烁其光。

老子(约公元前 571~前 471 年)是中国古代伟大的思想家和哲学家,他在传世至今的总计 81 章的著名的《道德经》第四十二章中提出:"道生一,一生二,二生三,三生万物"[1]的观念。

柏拉图(Plato,约公元前 427~前 347 年)是古希腊伟大的思想家和哲学家,他也提出了"从一发散"的理念。人类作为地球上无数生物中的一个物种,奔跑不及豹,魁梧难敌熊,飞翔比不上鸟……然而,使人类成为"宇宙之精华、万物之灵长"的,唯有在生物界中独领风骚的思维。

马克思主义经典作家深刻地指出:"地球上的最美的花朵——思维着的精神。[2]"思维是赋予人类尊严的灵魂,人类通过复杂的思维活动认识世界,逐渐地掌握世界变化的规律。只有思维着的精神,才会创造一个精彩的世界、理想的世界。思想有多远,人类就能走多远,创造的东西就能飞多远。

(二)人类生存依赖自然资源

比较宇宙、恒星系与作为一个岩态行星的地球内部的环境,对于我们人类来说,地壳表面到大气层的环境、生态和人们的生产、生活更加贴切。人类

①饶尚宽译注:《老子》,北京:中华书局,2006 年,第 105 页。

②恩格斯:《自然辩证法》,《马克思恩格斯全集》(第 20 卷),北京:人民出版社,1971 年,第 379 页。

衣食住行完全依靠多样性的动植物的供给。陆生动植物供给了人类生存所需的绝大部分物质。绝大多数动物依靠植物存活，而陆生动植物的自我生存依靠土壤。风化作用使岩石崩解、破碎形成了结构疏松的风化壳，其上部可称为土壤母质，它们是土壤形成的物质基础和植物矿质养分元素（氮除外）的最初来源。成土母质在气候与生物的作用下，经过上千年的时间，才逐渐转变成可生长植物的土壤。植物大量在陆地上生长并广泛占据地表，这种状况始于距今四亿年左右的古生代中期，因而，土壤是万物生长之母。土壤的形成受自然因素（母质、气候、地形、生物、时间）和人为的耕作制度及具体操作方式等的影响，经过不同的成土过程，土壤形成了不一样的发育层次和剖面形态特征，从而表现为各种各样的土壤。

中国约分布有 61 个土类，231 个亚类，2473 个土种，它们的通俗称谓是黄土、黑土、红土和白土等。

人们的生活水平往往取决于土壤的质量以及依土壤生存的动植物种类、数量和质量，肥沃的土壤是人类社会昌盛文化的重要自然资源之一。对土壤利用和管理不善以及土壤遭到破坏之时，会给动植物生存及生长带来灾难，使人们的生活水平下降，使文化陷入衰落。人类生存所需要的一切诸如土壤、动植物和可以垦殖的农田等，它们从根本上来说都来自于自然环境。自然界中凡是人们需要的都是人类的资源，有些目前就被获得与使用，有些则在未来可以获取和利用。因而，地球是我们的美丽家园，大自然是人类的母亲。

二、人类是自然的一部分

宇宙元素构成了银河系、太阳系和岩质行星地球，因而，存在于地球上的所有动植物体内的宇宙元素种类是一样的，即分别含有宇宙全部元素种类，区别只是量比不同。

（一）人类的自然属性

人的客观存在与各种行为，首先是生物学意义上的一个物种的活动。因而，全体人类，当代学术界在生物学上定义的共有名称是，一种哺乳纲灵长目人科（*Hominidae*）人属（*Homo*）智人种。人科现存只有一种，学名为拉丁文"Homo（人）sapiens（聪明的）"，因而"*Homo sapiens*"的意思就是智人，或者称为现代人。相对于史前人类，现代人经过数千年劳动的实际积累与不懈地探索、追求知识，虽然已经掌控了大量改造自然的方式，但是不同的环境依然塑造或者影响着人类形成不同的生产和生活方式。

现代分子科学测试证明，人体是由元素参与构成的，尤其是矿物质，它参与人体组织构成和功能完成，是人体生命活动的物质基础。人体的化学成分占据主体的是有机化合物，水占 60%，碳占 18%，氮占 3%，钙占 1.5%，磷占 1%等，还有一些微量的铁、铜、锌、硼和硅等。这些元素同样以不同的比量存在于其他植物、动物体内。在宇宙范围内，这些元素也参与构成了所有的物质，无论是有生命的还是无生命的。

世界伟人恩格斯早就深刻地阐明了人与自然的关系，他告诫说："我们必须时时记住：我们统治自然界，决不像征服者统治异民族一样，决不像站在自然界以外的人一样——相反地，我们连同我们的肉、血和头脑都是属于自然界，存在于自然界的……"①

（二）人在不同环境中形成的特色

人是地球上唯一的特殊的高智慧生物。前文已经简单阐述了智人，在考古学范畴中，智人一般又分为两个历史阶段：早期智人或远古智人，晚期智人或现代人。早期智人生活在 20 万年前到 10 余万年前；晚期智人的生存年代约始于 10 万年前，他们的解剖结构已与现代人基本相似，因此又称解剖结构上的现代人。现代人是地球的主宰，因为他们已经创造了其他生物不能生产的物质与精神产品，这些产品统称为文化。

人，当代学术界在文化人类学上的定义是：能够使用语言，具有复杂的社会组织与科技发展的生物，尤其是他们能够制作复杂的工具进行生产，建立团体与机构来达到互相支持与协助的目的。自古至今，人们的生产、协作都是在一定的自然地理环境中进行。人们所处的自然环境、地理地域不同，由此形成的文化形态也不同，人们自身也会在外部世界影响下渐渐地形成不同的民族，而具有差异性的民族在漫长的历史发展中又会形成各自鲜明的民族特征。中国的山区与平原、热带与寒带地域居聚着不同的民族（或者以某个民族为主体的人口），他们在文化方面存在着诸多的差异。例如，蒙古族民众长期

---

①恩格斯：《自然辩证法》，《马克思恩格斯全集》（第 20 卷），北京：人民出版社，1971 年，第 519 页。

生活在"天苍苍、野茫茫,风吹草低见牛羊"的自然环境中,他们骑着骏马在草原上奔腾,四处放牧牛羊,因而形成粗犷、豪放的个性。蒙古族男女喜爱穿长袍,系扎红、绿等鲜艳色彩的腰带,足穿高腰筒靴。这类服装由整块布料缝制,表面少有绣花,具有厚重古朴的风韵。南方处处苍翠、河流清秀。苗族民众居住在蜿蜒的河流两岸或山中小块盆地内,他们在村寨附近开垦一块块田地,引溪水缓缓流过田土,精耕细作,种植水稻,由此形成的性格是温雅、细腻。苗族妇女喜爱穿裙装,有长裙、筒裙和短裙,褶裙在走动起来时伸缩自如,有摇曳飘动之感,人便显得优雅、飘逸。裙子表面有绣花绣朵,色彩缤纷,精细之中尽显风韵。

自然环境塑造着人的情趣、性格。关于这个方面,古人有过很多精彩的描述。例如,《诗经》开篇之作《关雎》云:"关关雎鸠,在河之洲。窈窕淑女,君子好逑。"①脚边是河水轻轻地流淌,耳边听水鸟在河中沙地上歌唱,阳光、春风中走来一对青年男女……水灵灵扑闪的诗句将自然美景和人们欢愉的关系描叙得惟妙惟肖。难怪无数现代读者都说,那一刻,自己似乎飘起来,穿越数千年,进入一个人与自然和谐相融、快乐愉悦的世界。《诗经》不仅是研究中国先秦时期历史的一部珍贵的古代文献典籍,也是研究那个时期的环境地理的颇有价值的第一手材料。

(三)协调统一是重要的客观法则

自然环境直接影响着人类的生存,不同的气候、地形和水源条件决定着人口规模、生产活动和社会组织,影响着人们的习俗、观念、心理等多个方面。中国南方地区气候温和、降雨较多,生长着喜水喜温的水稻,南方人也就以大米为主食。北方地区气候偏低、干旱少雨,生长着旱地作物小麦,北方人则以面粉为主食。青藏高原气候寒冷、植被稀疏,高寒草甸面积广阔,适宜放牧牛羊,藏族民众一日三餐离不开酥油、奶茶。这些生活习俗是人们顺应自然环境而形成的,是人们主动与自然和谐的行为。

长期遵从自然环境,人的肌体形成了对自然界变化的迅速的生理反应。自然界是一个五彩缤纷的世界,当五颜六色照射进人的眼睛,人眼也对由不

---

① (春秋)孔子等编,唐帅整理:《诗经·国风·周南·关雎》,《诗经》,沈阳:万卷出版公司,2010年。

同波长所形成的不同颜色的光产生视觉反应,人体的生理和心理机能都因此发生微妙、神奇的变化。现代社会城乡居民装修房屋,用了赤、橙、黄等色的材料,人们看到后会感到温暖,因为那些颜色类似太阳和烈火;用了绿、蓝、紫等色的材料装饰,人们一看就会感到寒冷,因为那些颜色类似碧空和寒水。因而,艺术家将赤、橙、黄等色称为暖色,将绿、蓝、紫等色称为冷色。心理学家证明,冬天穿暖色调服装,能在心理上产生温暖的感觉,而夏天穿冷色衣服,易于引起凉爽之感。在当前的市场经济社会中,大家都要追求高效益、高利润,因而,巧妙地发掘人与环境之间关系的变化法则,特别是懂得人必须主动与环境条件保持一致的原理,就会获得很好的投资回报。比如:开办一家餐厅,经验丰富的管理者会将墙壁用红色、黄色材料装饰,暖色使人热烈、兴奋,客人在这种气氛中就餐,食欲会高涨起来,吃得津津有味,营业利润自然就会增加。经营一家冷饮店,老练的管理者会将墙壁涂上绿色、蓝色,客人们在炎热的夏天一进门,就有清凉、爽快之感,他们会喜爱光顾这家店面,冷饮销售额自然也会上升。

第二节　创建人与自然关系的诸多动因

人类自原始社会至今一直在自然演变中进化成长,依靠自然资源,通过劳动创新求得生存发展,这是通贯古今的规律。历史实践证明,人类需要不断地以创新姿态与自然和谐共处,不能被动地受制于环境,也不可以自然征服者自居。在改革开放中,人们积极探索,努力开创中国特色的社会主义经济建设与环境保护的新局面。

一、创新是一切文明的初始动力

人类的生产生活与其他动物存活的本质区别在于,人类通过社会化的劳动创造了生活所需。人类探索发明,制造工具,告别愚昧,走出野蛮,进入了文明时代。

(一)人类依靠自然生存探索与工具创造

人类在原始社会自然条件异常严峻的情况下,在原始的狩猎采集中探索创造,发明和使用了石器、弓箭等工具。这些发明最初充满了偶然性,但是人类智慧与创新使得偶然性逐渐成为了系统性的生产活动。恩格斯深刻而细致地以手为例比较了工具制作的重要性,说明这是人与猿类的一种本质区别,他阐述说:"……即使最低级的野蛮人的手,也能做几百种为任何猿手所模仿不了的动作。没有一只猿手曾经制造过一把哪怕是最粗笨的石刀。"原始社会的人类依然在整体上处于依靠大自然赐予才能生存的阶段,但制造和应用工具使得人类能够通过劳动获得生存资料。"劳动是从制造工具开始的。"[①]在那个人类被迫听命于自然统治的阶段内,盲目性和偶然性充斥于人类最初的生活、生产之中,不计其数的失败让人类饱受惨痛牺牲的苦难。然而,失败是成功之母。人类与自然的关系也通过创新工具与劳动发生着绝对被统治—摆脱统治的变化,当然,这个过程非常漫长,经历了500万年。

1. 旧石器时代

旧石器时代分早期、中期和晚期,大体上分别相当于人类体质进化的能人和直立人阶段、早期智人阶段、晚期智人阶段。人类创造工具的目的是满足生存的需求,欲越高程度地实现各类需求,就越要不断地创新,形成物质文化的生产体系。在诸多生存需求中,食物的供给始终居于首要地位。旧石器时代,人们创造工具的能力极其低下,或者说仅表现为能够制造打制石器,因而,人们只能直接地从所处环境范围内的动植物界中获取生活资料。原野上的集体狩猎是人类最经常性的生产活动,牛、羊等野性动物以自然荒野上的青草为生,人们首先制造石箭镞、石斧等工具猎取它们,或者为了能及时获得肉类食物而驯服它们。于是,动物驯养的规模慢慢地扩大,最后,形成了人类历史上第一个生产体系畜牧业,这就是原始形态的游牧业。原始畜牧逐渐地成为了部落的重要生产行业,并且对历史产生了很大的影响,这就是被马克思主义经典作家称谓的划时代的第一次社会大分工。恩格斯对这种伟大的创新发展有过精辟的论述:"在亚洲,他们发现了可以驯服和在驯服后可以繁殖的动物。野生的雌水牛,需要去猎取;但已经驯服的牛,每年可生一头小牛,此外还可以挤奶。有些最先进的部落——雅利安人、闪米特人,也许还有图兰人——其主要的劳动部门起初就是驯养牲畜,只是到后来才是繁殖和看管牲畜。游牧部落从其余的野蛮人群中分离出来——这是第一次社会大分工。"[②]

[①]恩格斯:《自然辩证法》,《马克思恩格斯全集》(第20卷),北京:人民出版社,1971年,第510页、第515页。

[②]恩格斯:《家庭、私有制和国家的起源》,《马克思恩格斯全集》(第21卷),北京:人民出版社,1965年,第183页。

现代社会，生产工具制造水平与它们蕴含的科学技术含量已经很高了，但是，在中国北方内蒙古自治区的大草原、中国西部的新疆维吾尔自治区的宽广草原和西南部的西藏自治区内的广阔草原上，带有浓郁原始特色的草原游牧业依然活跃，人们还能从这种形态的畜牧业中总结一些经验，以利于地方经济的发展①。原因就在于，游牧业在很多方面适宜那些地方的草原环境。必须指出的是，畜牧逐水草的生产方式效益低下，因而必须予以深入的产业改革。总之，第一次社会大分工形成的事实表明，适宜的生态环境有利于人类的创新与生产，而创新又推动了人类文明发展。

2. 新石器时代

自打制石器之后，工具创造进入了磨制石器时代，这个历史阶段也就被称为新石器时代。属于这个时代的仰韶文化（距今约 7000~5000 年前）是中华民族史前发展的典型代表。当代考古学家通过对属于仰韶文化的陕西省西安市灞桥区半坡遗址（距今 6800~5300 年）和临潼区姜寨遗址（距今约 6700 年）出土的孢粉分析后确定，仰韶文化时期中国内地处于地质史上最年轻的地质时期即全新世（自 11500 年前至现在）的最好温暖期。气候的暖湿化造成了适宜的生态环境，这为原始农牧业发展提供了有利的条件，社会人口因此有了较多增长。在考古遗存方面的表现是，仅陕西省关中地区就发现仰韶文化的遗址 1162 处②。

在古人类遗址中出土的属于新石器时代的生活、生产工具式样与数量都大幅度地超过旧石器时代，其中一些彩陶器皿式样较为别致，彩绘花纹中出现了鱼类、花草等艺术形象，创新与发明的因素很强。它们不但反映了古人类对自然环境的某些认识，而且以现代人的视角来看都是较为优美的。

一般说来，当一个地区的生态环境保持良性循环时，较好的气候降雨条件会使当地适宜性的动植物形成多样性繁盛种群。在这种环境状态下，人们创新所需要的外界条件较好，而成功的创新促进了社会生产力，由此带来了更充分的生活资料，人类群体及其文化也就兴盛起来。

①何天明：《北方草原游牧业经济的发展轨迹与基本经验——人类第一次社会大分工的伟大成就》，《阴山学刊》，2010 年第 2 期。
②张宏彦：《黄河流域史前文化变化过程的环境考古学观察》，《考古与文物》，2009 年第 4 期，第 48~52 页。

（二）合理利用环境条件与掠夺资源的错误

新石器时代结束了，表明人类告别了儿童时代，少了些蒙昧意识，进入了更快的成长阶段。作为标志人类本性的高级精神活动的自我意识不仅获得关于自身的知识，更是对自我之外的客观世界有更多的再认识。例如，更多地认识自身之外的自然环境，而且只有顺应自然规律，人类文明才能发展。

中国先祖对自然环境的正确认识，还有对环境保护的重要性的理解，在创造了文字之后，已经有一些记载，值得当代人学习。例如，西周时期，人们对环境保护的重要性已有初步认识。有一个在经典文献中以文字记载的传说，周文王姬昌（公元前 1152~公元前 1056 年）临终前曾告诫儿子周武王对大自然不要进行过度的开发，要按自然规律合理使用。他说："山林非时不升斤斧，以成草木之长；川泽非时不入网罟，以成鱼鳖之长；不麛不卵，以成鸟兽之长。"①周文王认识到，保护环境意义重大。据史料记载，周王朝颁布的《伐崇令》规定："毋填井，毋伐树，毋动六畜，有不如令者，死无赦。"②可以看到，西周时期保护水资源、森林和动物的法令是极为严厉的。后来的朝代也有一些名望很高的官员同样重视环境保护。管仲（约公元前 723~公元前 645 年）曾任春秋战国时期（公元前 770~公元前 221 年）的齐国宰相，他明确地表示："为人君不能谨守其山林菹泽草莱，不可以立为天下王。"③他还进一步指出："山林虽广，草木虽美，禁发必有时；国虽充盈，金玉虽多，宫室必有度；江海虽广，池泽虽博，鱼鳖虽多，网罟必有正，船网不可一财而成也。"（《管子·八观》）④先贤圣哲的智慧闪烁着光芒，可以照耀当代人的生产生活。

新石器时代之后，大约公元前 4000~公元前 1000 年，人类制造和使用了金属生产工具，因而进入了金属文化时代。先是铜器时代，到了公元前 2000 年就进入铁器时代，能用铁制作犁了。金属生产工具的出现，尤其是铁犁被发明之后，传统农耕制度成了数千年封建社会的生产基础。考古研究表明，中国人工冶铁技术大约发明于西周时期，春秋战国时期大量小型

①黄怀信、张懋镕、田旭东：《逸周书彙校集注》（修订本），上海：上海古籍出版社，2007 年。

②（西汉）刘向撰，程翔译注：《说苑·指武篇》，北京：北京大学出版社，2009 年。

③李山译注：《管子》，北京：中华书局，2009 年。

④黎翔凤撰：《管子校注》（上），北京：中华书局，2004 年，第 261 页。

的冶铁炉已经在很多国家出现,牛耕技术也在春秋末期问世。古代先民创新技术方法,利用环境因素协助冶炼。春秋战国时期(公元前 770~公元前 221 年),人们将炼铁炉建在山坡上,冶炼采用自然通风。东汉时期(公元 25~220 年),冶铁技术利用环境资源又得到创新。建武七年(公元 31 年),杜诗在南阳(今河南省南阳市)任太守职位,他经过研究实验后发明了"水排",这是一种以水为动力铸造铁制农具的冶铁炉的鼓风机械。史书典籍《后汉书》精辟评价它"用力少而建功多,百姓便之"。这是世界上最早的水力鼓风机,比欧洲类似机械的制造早了 1100 年。由于这些创新技术出现了,使得"铁犁牛耕"在汉代得到广泛应用①。"铁犁牛耕",这是先祖们利用环境因素去改造自然界的产物,是开创性的中国传统农业的主要耕作方式,是社会生产力不断发展的标志。

农耕经济在人类史上持续了 2000 多年,这种耕作制度是中国封建社会的经济基础。不仅如此,在世界上的很多国家和地方,农耕经济也都是那里的经济制度的主体,甚至一直延续到今日。1765 年,英国英格兰西北部的兰开夏郡(Lancashire)的织工兼木匠哈格里夫斯(Hargreaves,1710~1778 年)发明了"珍妮机(*Jenny Machine*)",以此创新为标示,一系列生产机器相继被发明、制造出来,它们推动织布、动力、运输等行业生产效率的大幅度提高,从而揭开了具有划时代意义的英国工业革命(*The Industrial Revolution*)的序幕。在这个革命的进程中,人类对自然界的认识达到了相当的高度,特别是创造工具出现了前所未有的历史性飞跃,形成了机器大工业。当代社会使用的铁路、汽车、拖拉机等均是工业革命带来的产物,它们奠定了现代社会经济与文化基础。

自工业革命以来,人们在同自然界的交往中有了日益增强的主动性,逐步结束了靠天吃饭的历史,但是也产生了面对自然环境似乎无所不能的错觉,于是开始无视生态环境循环的内在规律,试图凌驾于自然界之上,无休止地掠夺,恣意践踏。人类创造的财富超过了有史以来所创造财富的若干万倍,但人类对自然界的破坏也是有史以来最为严重的。资源越来越短缺,环境越

---

①冯刚、陆浩书:《中国古代"铁犁牛耕"方式的演变》,《中学历史教学研究》,2006 年第 1、2 期。

来越恶化,由此造成地球温室效应越来越严重,暴雨、山洪、飓风、干旱、沙漠化……不断地向人类袭来。温室效应和环境污染使得整个生态受到毁灭性破坏,据此衍生出千奇百怪的细菌、病症甚至瘟疫,使人类的生存环境和条件在某些方面比以往任何时期都更为恶劣。早在1881年恩格斯就提出警示:"我们不要过分陶醉于我们对自然界的胜利。对于每一次这样的胜利,自然界都报复了我们。每一次胜利,在第一步都确实取得了我们预期的结果,但是在第二步和第三步却有了完全不同的、出乎预料的影响,常常把第一个结果又消除了。"[①]人类既不是环境的奴隶,也不是自然的主人,必须同大自然相克相生,和谐共处。

需用提出的是,中国的改革开放激励了创新发展,雄厚的经济实力支撑与推动了国家的环境建设项目。

二、创新是新中国环境建设的推动力量

1949年新中国成立了,全国人民在中国共产党的领导下开始了社会主义工业化经济建设,由此,春秋战国时期出现的以"铁犁牛耕"为代表的农业生产方式开始逐渐向高级阶段转变,这是国家农业经济结构向工业经济结构转型的开端。经过一段时期的曲折发展历程,中国经济建设的速度与规模都得到显著的提升,尤其是自1978年中国共产党召开十一届三中全会之后,神州大地逐步地实施了一系列改革开放政策,中国特色的社会主义获得全面建设与发展,经济增长业绩举世瞩目。国家在初步具备较强综合国力的情况下创新发展,在环境保护方面实现了历史性大转变。

(一)中国经济建设和环境保护的创新发展

改革开放30多年来,中国的国内生产总值(Gross Domestic Product,GDP)每七年翻一倍。国内生产总值是按市场价格计算的国内生产总值的简称,它是一个国家(地区)所有常住单位在一定时期内生产活动的最终成果。2005年,中国的国内生产总值比上年增加16.8%,超过意大利的同类值,成为世界第六大经济体。此后,中国经济大跨越的步子就没有停止。2006年,中国经济规模超过英国,成为仅次于美国、日本和德国的世界第四大经济体。接着,中

[①]恩格斯:《自然辩证法》,《马克思恩格斯全集》(第20卷),北京:人民出版社,1971年,第519页。

国国内生产总值增幅为 13%,又一举超越德国,成为全球第三大经济体。2010 年,日本国内生产总值为 5.474 万亿美元,中国的国内生产总值为 5.879 万亿美元,两国相差约 4050 亿美元,中国首次在全年超越日本,位居世界第二,仅次于美国。作为"十二五"规划纲要实施首年的 2011 年,中国的国内生产总值为人民币 471564 亿元,比上年增长 9.2%,全国经济持续稳步增长,继续保持超越日本的势头[1]。国家财富快速增长了,人均财富也随之增多了。2010 年世界银行(The World Bank)对不同国家收入水平有个分组标准:按人均国民总收入(Gross National Income, GNI per capita)计算,1005 美元以下是低收入国家;1006~3975 美元是中等偏下水平;3976~12275 美元是中等偏上水平;12276 美元以上为富裕国家。世界银行公布的一组数据显示,按照 2011 年的现价汇率计算,中国的经济建设取得了历史性进步。1978 年,中国人均国内生产总值(Real Gross Domestic Product per capita, Real GDP per capita)为 155 美元,相当于世界平均同类值的 7.9%;2000 年,中国人均国内生产总值为 949 美元,使相当于世界平均同类值的比例提高到 17.9%;2009 年,中国人均国内生产总值为 3744 美元,使相当于世界平均同类值的比例进一步提升到 43.6%。依据国际货币基金组织(International Monetary Fund, IMF)2011 年 4 月公布的数据,2010 年,中国内地的人均国内生产总值是 4382 美元,中国香港行政特区的人均国内生产总值是 31591 美元,中国台湾地区的人均国内生产总值是 18458 美元。GNI 与 GDP 的国内外要素收入略有差别,但可用来大致参考富裕程度。[2]国家总体与个人平均国内生产总值大幅度增长,保护生态环境的新政策不断出台,新项目不断开工建设。

环境保护由此一方面有了较为雄厚的资金力量支持,另一方面形成了许多新理念、新举措、新机制。1973~2011 年,国务院先后七次召开全国环境保护会议,集中宣示党和国家关于环保工作的重大理念和重大政策

---

[1]国家统计局:《中华人民共和国 2011 年国民经济和社会发展统计公报》,北京:2012 年 2 月 22 日。

[2]GNI 和 GDP 之间既有区别,又有紧密的联系,相互间存在参考作用。区别是,GNI 是一个从收入角度衡量经济总量的指标,而 GDP 是一个从生产角度衡量经济总量的指标。联系是,两者都是对一国所有常住单位的核算,而且存在着一定的数量关系,这种关系可以用以下公式表示:GNI=GDP+来自国外的净要素收入。——著者注

举措,极大地推动了环保事业发展。"十一五"期间(2006~2010年),党中央、国务院把环境保护摆上更加重要的战略位置,提出了一系列新思想、新观点,主要包括建设生态文明、推进环境保护历史性转变、让江河湖泊休养生息、节能减排是转方式调结构的重要抓手、环境保护是重大民生问题、探索中国环保新道路等,这些理念指导了国家的环境保护工作。人民群众更加关注和积极参与环境保护,绿色环保的观念深入人心,公众环保意识显著增强。"十一五"时期,中央财政对环保工作的支持达到了历史最高水平。全口径中央环保投资达1564亿元,是"十五"时期中央环保投资的近3倍。在环境保护部直接参与安排项目中,能力建设和环境治理方面下达的中央投资约290亿元,是"十五"时期的近7倍。全国各地建立了一些创新机制,启动运行效果显著。例如,重点流域省界断面水质考核制度全面建立,成为重点流域水污染防治的关键抓手。河北省在全省七大水系201个断面实行水质考核,并建立了全流域生态补偿机制。江苏省率先实行"河长制",使太湖水质有所改善。山东省采取"治、用、保"方式,省控重点污染河流全部恢复鱼类生长。区域空气联防联控机制创新建立,在环境保护中实现"统一规划、统一监测、统一监管、统一评估、统一协调"的管理,圆满完成了首届北京绿色奥林匹克运动会、首届上海世界博览会和广州亚洲运动会的空气质量保障任务。"十一五"期间全国经济增速和能源消费总量均超过规划预期,国家二氧化硫减排目标提前一年实现,化学需氧量减排目标提前半年实现。2010年全国化学需氧量排放量较2005年下降12%左右,二氧化硫下降14%左右,双双超额完成减排任务。生态区域面积不断扩大。①目前,"十二五"时期(2011~2015年)环境保护规划正在实施,总体思路和主要目标是:到2015年,单位国内生产总值二氧化碳排放大幅下降,主要污染物排放总量显著减少,生态环境质量明显改善,环境保护体系逐步完善。例如,2011年,全年完成造林面积614万公顷,其中人工造林414万公顷。新增水土流失治理面积3.9万平方公里,新增实施水土流失地区封育保

①环境保护部部长周生贤:《紧紧围绕主题主线新要求　努力开创环保工作新局面——在2011年全国环境保护工作会议上的讲话》,中华人民共和国环境保护部网,2011年1月13日,http://www.zhb.gov.cn。

护面积 2.8 万平方公里。截至年底，自然保护区达到 2640 个，其中国家级自然保护区 335 个。"十二五"规划纲要实施第一年就有好业绩，开局良好。

（二）建立绿化国土、秀美山川的新体制

保护国家生态环境的创新建设工作千头万绪，其中具有非常突出地位的是植树造林、绿化国土，因为森林是陆地上最大和最重要的生态系统。森林在人类生存和发展的历史中起着十分重要的作用，森林覆盖率的指标包含着"生存与毁灭"的深刻的哲理性内容。黄河流域是中华民族的摇篮，前文已经表述，在黄河中游区域出现的史前时期的仰韶文化发展的最鼎盛阶段，正是那个区域有着较为适宜人类生存的自然环境，典型表现是植被茂盛，从而使得土壤肥沃。到了先秦时期，黄河中游区域还是大片森林覆盖之地，仅据《诗经》记载，树木的种类就有松、柏等 43 类之多，野生草类更多达 60 种，这就为飞禽走兽的繁衍生息提供了良好的生态环境。《诗经·国风》描述了先秦人们劳动、思恋、求偶和婚庆等日常生活场景，其中表述了灼灼桃花、苍苍蒹葭、依依杨柳等的唯美姿态，表现出人们用树木花草寄托美好与幸福的真情实感。现代科学技术更是用精确的数据表明森林对人的有益作用，例如，森林中杉、松、杨、桉等植物，它们能分泌出一种带有芳香味的单萜烯、倍半萜烯和双萜类气体"杀菌素"，可杀死空气中的白喉、伤寒、结核、痢疾、霍乱等病菌，保护人体健康。又如，森林中有一种负离子，它能促进人体新陈代谢，使呼吸平稳、血压下降、精神旺盛以及提高人体的免疫力。森林还具有涵养水土、调节空气、产出木材等巨大的生态功能，能在宏观范围内为人类生产生活作出巨大贡献。

植树造林是中国优秀传统文化的组成部分，也是新中国设立的法规。在中国古代社会，人们就有在清明时节插柳植树的习俗，这个传统沿袭至今。1979 年 2 月 23 日，中国第五届全国人大常务委员会第六次会议决定，以每年 3 月 12 日为中国的植树节。这项决议的意义在于动员和鼓励全国各族人民植树造林，绿化祖国，改善环境，造福子孙后代。1981 年 12 月 13 日，全国人大五届四次会议一致通过了《关于开展全民义务植树运动的决议》，这是新中国成立以来国家最高权力机关对绿化祖国山川大地作出的第一个重大决议，从此，全民义务植树运动作为一项法律开始在全国实施。通过深化经济体制改革，国家在林业领域推行了一系列经济体制改革措施，稳定山林权属和完善承包经营责任制，确保林地使用权 50~70 年不变，实行以保护环境、植树种草为根本的西部大开发战略,建立了新的林业产业结构等,将林业的发展与民生幸福更加紧密地联系起来。2006 年是中国"十一五"规划纲要执行的开局之年,在全国开展全民义务植树活动 25 周年的春季,胡锦涛同志指出:"要通过全社会长期不懈的努力,使我们的祖国天更蓝、地更绿、水更清、空气更洁净,人与自然的关系更和谐。"①话语简短精炼,蕴含哲理深刻。保护环境的终极目标是什么呢? 人的生存依赖自然环境,社会主义建设的宗旨是"以人为本",因而,让人民群众生活在优美的环境中,心情愉快、感觉幸福,乃是环境建设的最终目的。这个目标的实现在物质形式上是扩大植树造林面积,绿化祖国大地,在组织动员人力方面是依靠经济体制改革,激励民众焕发出劳动干劲,钻研科学知识,依靠科技创新,这样才能持之以恒地做好生态环境保护建设工作。

国家总体改革措施的实施,林业体制产权、管理方面的制度的进一步完善与优化,这些制度创新释放了大量的社会生产力,产生了显著的效益。第七次全国森林资源清查于 2004 年开始,到 2008 年结束。国家林业局公布的此次清查数据显示,2008 年全国森林面积 19545.22 万公顷,森林覆盖率 20.36%,提前两年实现了这个目标。当年全国森林活立木总蓄积 149.13 亿立方米,森林蓄积 137.21 亿立方米。人工林保存面积 6168.84 万公顷,人工林蓄积19.61亿立方米,人工林面积居世界首位。与 2003 年完成的第六次全国森林资源清查结果相比,在两次清查相隔的 5 年时间内,全国森林覆盖率上升2.15 个百分点,活立木总蓄积净增 11.28 亿立方米,森林蓄积净增 11.23 亿立方米②。在"十一五"期间,全国新建各类自然保护区 192 处,使陆地自然保护区面积占国土面积达到了约 14.72%。一些生态功能重点省区不断强化生态安全保障,例如,西藏自治区安排超过 100 亿元资金建设生态安全屏障工程。在这一时期,国家特别地大力推进以环境保护为重点的西部大开发战略,五个少数民族自治区森林覆盖率增加,生态环境得到改善,自然保护区面积扩大,人民生活水平进一步提高,社会主义制度的优越性得到充分体现。

---

①国家林业局:《胡锦涛同志对造林绿化的指示》,国家林业局政府网,2011 年 12 月 15 日,http://www.forestry.gov.cn。
②国家林业局:《第七次全国森林资源清查结果公报》新闻发布会,国务院新闻办公室新闻发布会,北京,2009 年 11 月 17 日。

第三节　人类活动对地球环境的负面影响

人类本来就是自然的一个组成部分,但是由于一些人陈旧思想的作用与非理性行为的活动,致使在社会上长期存在用掠夺自然环境的方式获得经济增长的做法,结果导致生态循环在很多方面失衡。

一、人类非理性活动恶化地球环境

近百年来,地球气候正经历一次以全球变暖为主要特征的显著变化,这种全球性的气候变暖与人类活动增强而加剧的温室效应密切相关。长期以来,人类一些不科学的意识与非理性的行为活动,人们在某些方面一味地对自然资源强取豪夺,这种做法直接影响了地球上各圈层自然生态原本稳定的循环。

(一)全球环境恶化概括

人类的一些狭隘思想和掠夺行为在一段时期表现得较为突出,这是导致环境恶化的根源。依据联合国粮食及农业组织（Food and Agriculture Organization of the United Nations,FAO,简称"联合国粮农组织"）公布的《2010 年全球森林资源评估》（*Global Forest Resources Assessment* 2010）报告,过去的 10 年,全世界毁林速度每年约 1300 万公顷。主要由于人为砍伐,54 个国家的森林不足其土地总面积的 10%,有 10 个国家或地区根本没有森林。缺少了森林遮蔽,全球每年沙漠化土地达 600 万公顷,受沙漠化威胁的土地面积达 3800 多万平方千米,共有 8.5 亿人正被沙漠化困扰。全球温室气体比例增高的原因是大气中的二氧化碳(CO_2)增多,而绿色森林通过光合作用可以吸收二氧化碳,降低温室气体比例。但是,2005 年以来,全球森林生物质能源中的碳储量每年减少约 5 亿吨,主要原因是森林面积减少了[①]。这份报告公布的信息十分重要,一些地方森林退化情况严重,使得全球变暖的趋势更加明显。

森林和草原植被退化或消亡,导致了十分严重的恶果,主要是温室效应凸显、土地沙漠化与水土流失严重、水资源缺乏、生物多样性减退等,全球性的生态危机日益加剧,影响全人类生存的环境危机不断出现,全球变暖造成

---

①张敏、夏朝宗、黄国胜、陈新云:《2010 年全球森林资源评估特点与启示》,《林业资源管理》,2011 年第 1 期。

的灾害冲击波不断,人类的生存受到威胁。例如,北极冰川消融的速度逐渐加快,2009年夏天,北极冰川覆盖率已降到了历史最低点。大量融冰进入海洋,影响了海洋洋流与大气循环。随着全球变暖的加剧,灾难性气候的厄运降临到了世界许多国家。极端天气频频出现,长时间干旱,酷暑高温,使得世界不少地方发生森林大火。面对熊熊大火,各种灭火手段似乎显得有些无力。希腊2007年森林火灾发生时,史上最强的热浪席卷了欧洲南部。澳大利亚在2009年山火发生时,遭遇了百年一遇的酷暑和干旱。在美国,20年前蔓延范围超过2000公顷的大火较为罕见,然而在过去10年中,出现了200多起蔓延范围超过两万公顷的大火。全球变暖使得大洋上空形成的热带风暴数量大幅度增加,狂暴的飓风频繁袭击美国东海岸,还有英国、德国沿海地区,形成滔滔洪水,造成当地巨大的财产损失与人员伤亡。极地冰川融化,海平面持续上升,使得马尔代夫、基里巴斯、图瓦卢等岛国将面临被淹没的危险。

(二)环境污染影响久远

生命与环境最密切的关系是环境元素建造生命体本身,因此人类生存的基础是自然环境,而以绿色森林被毁灭为典型的环境恶化正在摧毁着自然环境,与此同时,一些非理性的人为经济活动又使工业污染四处扩散,直接损害人体健康或者危及生命。世界卫生组织(World Health Organization,WHO)在2004年曾发表一份公报表述了环境污染对儿童生命与健康的严重危害。该公报指出,当今世界由于工业化、城市人口膨胀、气候变化、化学产品应用和环境恶化等,使得儿童的身体健康遭受着严重威胁。儿童处于身体发育阶段,身体抵抗能力弱,因而成了环境污染最大的受害者。5岁以下儿童人数占世界总人口的10%。由于空气、水源及其他环境污染,导致全球每年有300万5岁以下儿童死亡。世界卫生组织在2007年的一份报告中又指出,化石燃料物质等造成的空气污染日益严重,对人类健康的影响正在加剧。例如,汽车使用的汽油和发电厂使用的煤等化石燃料产生了二氧化碳、可吸入颗粒物和其它污染气体,这些会导致人们过早地死于哮喘、呼吸紊乱和心脏病。空气污染造成的死亡人数在逐年增加,估计到2020年全世界死于空气污染的人数将达到800万人。生命弥足珍贵,人人都要珍惜。当代科学家通过大量研究得知,地球的年龄已经有46亿年了,现代人的生命存在时间则很短。

前文已经简单描述,现代人或者说晚期智人虽然最早的生存活动年代是距今 10 万年前,但是作为现代人最重要的智慧特征,其代表是文字,而考古发掘已经证明,最早的文字发明时间不足万年。利用不同文字世代流传、积累的知识,当代人创造了大量尖端的科学技术,创造了无数商品,观测到了约 150 亿光年的宇宙天体。在浩瀚无际的宇宙之中,蔚蓝色的地球是人类唯一的家园。1 万年,10 万年,46 亿年,150 亿光年,这些数字传达的信息十分明显,而且非常深邃。宇宙演变万分神奇美妙,地球自然环境浑然天成,客观自然规律精妙绝伦。无疑,人类存在与活动的机缘巧合怎么说也不过分,同样,遵循自然规律的意义怎么说也不过分。然而,人类在自我发展中的一些行为极其无知,有些甚至是愚蠢的,简直是自毁家园。马可·奥勒留(Marcus Aurelius,公元 121~180 年)是古罗马帝国唯一的一位哲学家皇帝,也是西方历史上唯一的一位哲学家帝王,著有十二卷本以自己与自己对话形式的旷世哲学名著《沉思录》。马可·奥勒留是古代希腊罗马文化中的晚期斯多葛学派代表人物之一,这个重要哲学派别在西方文化思想史上产生了绵长深远的影响。马可·奥勒留曾说:"寻找吧,你会有所发现。因为,从自然那里,你获得了发现真理的能力。"①保护地球环境,顺从自然规律,从实践中认识发展方向,这些是人类文明持续繁荣的根本所在。违背客观规律,必将招致惩罚。

新中国的社会主义建设是在旧中国半殖民地半封建的制度基础上进行的,而曾经存在了千百年的旧制度的腐朽、落后严重地影响着现代化的建设,加之现代人工作中存在着一些失误,因而当代中国也出现了环境污染的情况。环境保护部环境规划院 2012 年 2 月初公布了一份关于 2009 年中国环境经济核算报告,宣布了一些权威性的数据和情况。报告表述,中国自 2004 年以来基于退化成本的环境污染代价从人民币 5118.2 亿元提高到 2009 年的 9701.1 亿元。2008 年的环境退化成本为 8947.6 亿元。令人焦虑的是,2009 年环境退化成本和生态破坏损失成本合计 13916.2 亿元, 约占当年 GDP 的 3.8%,较上年增加 9.2%,超过 2009 年全国 GDP 增幅 8.7%的数值②。中国经济发展的环境污染代价持续上升,环境污染治理压力日益增大。环境恶化更是直接威胁民众的身体健康、精神愉快。2011 年 9 月 26 日,世界卫生组织首次

①[古罗马]马可·奥勒留著,何怀宏译:《沉思录》,北京:中央编译出版社,2009 年。

②环境保护部环境规划院:《2009 年中国环境经济核算报告》,人民网,2012 年 2 月 1 日,http://www.people.com.cn。

发布了《全球城市户外空气污染报告》(*Urban Outdoor Air Pollution Database*)。这份报告涵盖了 94 个国家的 1086 座城市，使用了一种参数表示空气污染程度，它是 PM10(particles，表示 1 立方米空气中直径≤10μm 悬浮颗粒物的微克数)。报告指出，只要年均 PM10 超过 20μm 就会对人体健康产生危害。这份报告采用中国国家统计局提供的数据，而且做了对比。中国 PM10 的平均浓度为 98μm，在 94 个国家中排例第 80 位。中国城市中空气污染最严重的是兰州，PM10 浓度为 150μm[①]。为了保证人们的身体健康、生活幸福，保持经济可持续增长，遏制空气污染和生态破坏造成的损失，保护环境，治理污染十分重要。

二、陈旧制度是造成环境污染的根源

人类文明正在面临着掠夺资源的生产方式所带来的环境恶化困境，2008 年源于美国华尔街的金融危机加剧了环境保护的困难。改革旧体制，抵御外来冲击，这是中国实施可持续发展的重要途径。

(一)陈旧生产方式弊端重重

追求大量消耗能源的生活方式，为此而过度摄取资源，牟取超额利益，这是当代工业化国家真实的社会经济、文化现实。一些工业化国家为了达到这个目标，他们极力维护建立在以过度消耗资源为代价的经济制度，他们甚至使用战争手段企图在全世界强制推广这种制度，同时还要强行输出反映这个制度的价值观念。美国和欧洲是世界上主要的资源消费国家，人口占世界的少数，消耗占世界的多数。世界石油资源消耗不断增加，地球被过度利用，国际石油市场随之快速的变化。美国、英国为了获得中东石油，主导发动了两次战争，另一些工业化国家则向盛产石油的利比亚开战。对石油资源的争夺已经毁坏了世界的和平与稳定，而且继续引起动荡和扩张。他们实行的资本主义制度、生产方式与消费习惯，导致了无休止的牟利和争夺，负面影响很大。由制度问题导致环境的压力越来越重，环境退化、气候变化、土地和可用水资源不足，使得整个世界都面临着稀缺资源的地缘政治问题。环境恶化，干旱、暴雨等极端天气出现的频率越来越高，威胁人类生存，造成大量由生态恶化引发而出现的人口贫困与社会动荡。不符合客观规律的制度扼杀了生产力，

---

①资料来源:世界卫生组织网站:http://www.who.int/en.

阻碍社会发展。马克思主义经典作家对此早就有过深刻的理论阐述,如《资本论》就揭示了资本主义制度扼杀生产力而必然灭亡的历史趋势。现代资本主义社会的一些学者对此也提出了某些理念,而且形成了一个学术流派——制度经济学(*Institutional Economics*)。20 世纪 60 年代,制度学派最重要的代表人物是约翰·肯尼斯·加尔布雷思(John Kenneth Galbraith,1908~2006年),他曾揭露资本主义制度的现状与矛盾,提出要从结构方面进行改革的设想或方案①。一个制度形成之后,改变这个制度绝非轻易之事。过度消耗资源、无限地追逐利润的资本主义制度虽然有不少技术创新、发明,社会管理方面也积累了一些好方法,但是,构成这个制度经济基础的贪婪资本的本质很恶劣,其无孔不入地掠夺自然财富,结果必然造成了资源浪费与环境污染。换一个角度,这也是一种自然界发出的警示,即资本主义追捧的发展模式的最终结局是"过度利用——全面崩溃"。

令人担忧的是,过度利用的陈旧生产体系在最终崩溃前不会自行停止运转,目前仍然在为人们制造灾难。例如,世界气象组织(World Meteorological Organization,WMO)认为,自 18 世纪末以来,地球大气中二氧化碳(CO_2)含量增长了 35.4%,这主要与人类大量使用煤炭、石油等化石燃料和土地利用方式有关。为了减少二氧化碳排放,国际社会以 1992 年《联合国气候变化框架公约》(*United Nations Framework Convention on Climate Change*,UNFCCC)相应的组织为指导思想与活动机构,几十年来从多个方面努力地减缓温室效应,然而最终效果却令人遗憾。全球碳计划(Global Carbon Project)在 2011 年 12 月底公布的研究分析显示,1990 年是《京都议定书》(*Kyoto Protocol*)设定的基准年,20 年后,全世界化石燃料在 2010 年造成的碳排放比基准年增加了49%。2000~2010 年,化石性燃料的碳排放量平均每年上升 3.1%,这是20 世纪 90 年代同类量上升速度的 3 倍,全球总体排放量在 2010 年首次达到了100 亿吨碳②。可以说,在环境退化与破坏对世界经济和 21 世纪文明造成的影响面前,军事威胁显得黯然失色。

---

①[美]约翰·肯尼斯·加尔布雷思著,沈国华译:《加尔布雷思文集》,上海:上海财经大学出版社,2006 年。

②G.P. Peters,G Marland,C Le Quéré and T Boden,etc,*Rapid Growth in CO₂ Emissions after the 2008–2009 Global Financial Crisis*,Nature Climate Change,online,December 4,2011.

（二）金融危机造成的悲惨世界

在当代，全球经济已经形成了一个整体，一个国家或者地方表面上看似与环境建设无关的经济活动出现紊乱，也能给世界性环境保护造成巨大的危害。2008年，由于美国金融体制存在巨大漏洞，金融监管机制形同虚设，以次贷危机为导火索，纽约市华尔街发生了严重的金融危机。这一危机迅速蔓延，从一个国家到另一个国家，成为狂扫世界、带来巨大灾难的金融海啸。美国经济体制弊端引发的金融危机席卷全球，使得世界经济出现连年的衰退，迄今为止世界经济依然动荡。源自美国华尔街的金融危机影响到卫生和社会支出，尤其使得发展中国家蒙受灾难，那里失业率上升、社会保护安全网失能和卫生开支出现下降，人们的健康情况在一些国家变得更糟。世界卫生组织于2009年1月召集了高级别协商会议，专门商议应对金融危机给全球卫生事业带来的冲击，并且公布一份专门报告。这份报告指出，金融危机肆虐，世界经济衰退，直接殃及一些国家的卫生事业，"已受到经济衰退影响国家的卫生总支出趋于减少"，而且"有些例子是显而易见的"。公共卫生属于国家财政支持的产业，但是受金融危机的冲击，国家"总支出下降影响了卫生支出的构成。因此，已报告的影响迹象显示，工资收入保持不变，但基础设施和设备方面的费用也减少了。"卫生、教育关系到每个家庭的幸福，也关系到一个国家或地区的未来。但是，金融危机使得国家财务状况恶化，赤字上升，支付短缺，"支出的减少影响到卫生和教育，最终也会影响到家庭安乐和整个社区的发展"。因为，"大量减少挽救生命措施方面的支出会抬高死亡率"[①]。一个制度内部填满了唯利是图型的构建组块，依靠这个制度的金融大鳄们贪得无厌，其最终结果必然是人民受苦受难，人命遭到践踏的悲惨情景也就不可避免。

中国经济成功地抵御了金融危机带来的危害，中国政府实施以人为本的政策，公共卫生方面的投资没有减少。中国经济增长与扩大公共卫生支出，这些引起了世界人士的关注与研究，作为立于经济基础之上的中华文化更是引起各国人士的兴趣与学习，孔子学院在很多国家的建立就是典型的例证。为发展中国与世界各国的友好关系，增进世界各国人民对中国文化的理解，为

[①]金融和经济危机与全球卫生问题高级别协商会：《金融危机和全球卫生》，世界卫生组织，日内瓦，2009年1月16日。

各国汉语学习者提供方便、优良的学习条件,中国国家对外汉语教学领导小组办公室已经在世界上有需求、有条件的若干国家建设了以开展汉语教学为主要活动内容的"孔子学院"。2004 年 11 月 21 日,全球第一所孔子学院正式在韩国首都首尔挂牌成立。截至 2012 年 1 月,"孔子学院已经在世界五大洲的 105 个国家和地区开设了 358 所学院和 500 个课堂,注册学员数有 50 多万人,还有 76 个国家的 400 多个机构焦急地等待与中国合办孔子学院(课堂)"①。孔子主张人与自然和谐,"天人合一",享受大自然,身心得健康。古代文献典籍记载,孔子和 4 个弟子曾在春天里坐在一起休闲、议论,其中一位弟子名叫曾皙,也被孔子亲切地称为"点",他"鼓瑟"助兴。孔子让曾点"言其志也"。曾点弹琴正接近尾声,他弹出一声铿锵高音后放下琴,站起来说:"暮春者,春服既成,冠者五六人,童子六七人,浴乎沂,风乎舞雩,咏而归。"夫子喟然叹曰:'吾与点也。'"②曾点说话不多,孔子更是言简意赅,欣赏与感叹。对话虽然简单,可是闪烁着智慧的光芒。他们不仅描绘出了一幅春光烂漫、生意盎然的游春图,而且蕴含着深刻的人与自然和谐的思想。人的生活时时刻刻都离不开环境,迎着春风吹拂,沐浴清清河水,在田野欢歌起舞,享受大自然的良辰美景,身心愉悦,这是多么幸福啊!现代社会的物质供给远比 2000 多年前强百倍,然而,崇尚绿色,回归自然,这是当代世界性的时尚。越是工业化国家的摩登都市人,越是千方百计地返回大自然的怀抱。孔子思想,中华文化,源远流长,博大精深。

　　面对全球资源紧缺和生态严重恶化的现状,面对一些社会的生产方式陈旧凌乱、一些文化价值混乱无序,全人类的生活都受到严重影响,甚至危及人类文明的发展进程。各界人士纷纷反思,探寻新的出路。法兰西科学院院士克洛德·列维·斯特劳斯(Claude Lévi-Strauss,1908~2009 年)是国际著名的人类学结构主义大师,他的研究及其成果首先将音位学中的结构分析法移植到了人类学研究中,最终形成了被学术界称谓的人类学结构主义学派(Structuralist School)。努力在社会文化、经济和人们行为等诸表现中寻求统一的秩序性,再从混乱的社会现象中找出秩序,这种秩序即社会的无意识结构,它们不能从

---

①沈卫星、靳晓燕、沈耀峰(孔子学院):《向世界的一声问候》,《光明日报》,2012 年 1 月 5 日。
②张燕婴译注:《论语》,北京:北京燕山出版社,2006 年,第 166 页。

现实社会中被直接观察到,需要建立概念化的模式来理解社会结构,这是西方人类学和民族学界人士应用结构主义学派基本方式阐述的中心议题。克洛德·列维·斯特劳斯曾经明确指出:"我们伟大的西方文明创造出这么多我们现在在享受的神奇事物,但在创造出这些神奇事物的同时,也免不了制造出相应的病象出来。西方世界最有名的成就是它所显现出来的秩序和谐和,在其中孕育着一些前所未见的复杂结构,但为了这个秩序与谐和,却不得不排泄出一大堆有毒的副产品,目前正在污染毒害整个地球。"克洛德·列维·斯特劳斯表述,自己要从一些经济并不发达的区域社会寻找本土文化正在沦失的道德文明,寻找纯净而没有被现代文明污染的异域世界。他表示说,希望"能活在能够做真正的旅行的时代里,能够真正看到没有被破坏,没有被污染,没有被弄乱的奇观异景的原本面貌"①。一位法国学者坚守正义,明确指出一些人迄今为止依然傲慢、自诩地夸大了的西方文明业绩,说明了真理的力量是无敌的。毫无疑义,人们现在已别无选择,必须"跨越"西方的发展模式,正确认识宇宙,正确认识地球,在全球领先一步发展可持续的经济。改变世界,改变表面先进但是包含陈旧的模式,营造一个美好的环境,是人们所期盼的。身在苍翠碧绿,绿色遍地,没有烟尘的环境,你会骤感舒适,疲劳消失。城市居住地区的绿色不仅给大地带来秀丽多姿的景色,而且它能通过人的各种感官,作用于人的中枢神经系统,调节和改善机体的机能,给人以宁静、舒适、生机勃勃、精神振奋的感觉,能在一定程度上减少人体肾上腺素的分泌,降低人体交感神经的兴奋性,能使人平静、舒服,这就是人们进行物质财富创造的真正目的。

第四节 信息时代人类行为与生态演变

建设资源节约型与环境友好型社会,这是中国在 21 世纪现代化发展中需要完成的新的重大任务,为此,必须科学合理地做好顶层设计,而环境人类学的理论建设就是属于这个设计范畴。环境人类学的建设涉及较多的学科门类,因而,需要集中人类以往创造的智慧成果,吸收多种学科知识,使自身体

---

① [法]克洛德·列维·斯特劳斯著,王志明译:《忧郁的热带》(列维·斯特劳斯文集 15),北京:中国人民大学出版社,2009 年,第 30~38 页。

系不断完善。

一、认识环境现状,从根本上实施综合治理

环境恶化的重要缘由来自人们不科学的生产方式,因而在中国,改革传统滞后的经济结构是保护环境的首选途径。这项工作唯有最充分地调动民众的积极性,合理规划与设计,统筹协调各方面的利益,才能全面推进环境友好型社会建设。

(一)深化改革,转换经济结构

20世纪后半期,科学技术迅速发展,人类由此进入了崭新的信息时代。信息技术使得工业生产规模空前扩大,使得广阔的地球成为了"地球村"。同时,前所未有的大规模资源开发引出了环境问题,从物质方面来看,此是粗放式的经济结构、生产方式不适宜自然环境,从指导方向上来说,乃是人们狭隘、征服的偏激意识导致行动背离了客观规律。人为的随意排放二氧化碳使得气候变暖,不断加剧的温室效应让极地数万年的冰层融化,生态循环被扰乱,气候异常使得暴雨旱灾频繁出现,环境恶化超越了国界。当前,资本主义制度酿造的金融危机又使得工业化国家经济遭受重创,在重塑资本主义的大旗之下,试图挽救危机的一些"药方"如新自由主义也不灵验。然而,人们朝着优美环境中幸福生活目标的奋斗努力却没有消退,还表现出更加的渴望,付出了更多的探索。

中华民族的复兴运动自1978年以来进行得轰轰烈烈,尤其在经济方面取得的成功举世公认。当前,中国经济发展已经进入一个历史性的节点,随着经济总量跳跃式地上升为全球第二,生产过程中遇到的环境问题突出地表现出来。以往曾经实行的总量庞大、技术低端的生产方式日益显得陈旧,经济结构不合理的弊端越来越多地暴露出来。而且,人们也日益认识到,遏制二氧化碳排放,治理环境恶化,减缓温室效应,绝非是一个行业、一个国家可以完成的事情,需要全人类的共同努力。中国要为人类发展作贡献,中国民众首先要在国内经济结构方面加大改革力度,继续完成、完善中国特色的社会主义市场经济体制建设,同时也要大力吸纳其他国家的思想观念、资金、技术。中国实现环境保护与经济建设双赢目标,目前遇到一些涉及深层次事物的阻力,改革进入了深水区,为此必须开启和进行全局性的结构改革。这条道路并不平坦,需要面对国内外错综复杂的疑难问题。但是,只有继续深化改革,才能破除一些陈旧的生产方式与不适宜的体制所造成的问题。面对环境压力,中国需要考虑如何将自身的结构性改革与全球为实现再平衡而进行的变革联系起来,有效地处理好社会主义建设中的各种事物,最充分地调动劳动人民的积极性,保证社会主义国民经济持续增长。

(二)深化改革,建设资源节约型与环境友好型社会

21世纪第二个十年,中国面对新的形势,经济建设规模扩大需要的资源量大幅度增加,环境保护面临着诸多复杂的新问题,国际市场竞争更加激烈。然而,挑战和机遇同在,要通过改革克服困难。由于中国人口多、底子薄、重要资源人均占有量低等原因,中国仍处于并将长期处于社会主义初级阶段的基本国情没有变,人民日益增长的物质文化需要同落后的社会生产之间的矛盾这一社会主要矛盾没有变,中国是世界上最大的发展中国家的国际地位没有变,因而,继续稳定地发展仍然是解决中国所有问题的关键。要实现可持续地发展必须在制度方面完善现有的市场经济体制,依靠体制生成的力量动员、组织和管理人财物力,加快进行一些还处于初始阶段的攻坚性的改革,创新发展。因为,中国人口规模不断扩大,市场需求数量成倍增加,然而,开采资源,增加产品,不能仅仅采用索取的方式,而是要给自然以一定的补偿。要在经济建设中顺着生态环境循环路径,生产商品,供给市场,满足人们的需求。为此,必须建设创新体制,认识自然规律,解除一切束缚生产力发展的桎梏。

2005年10月8日至11日,中国共产党十六届五中全会首次确立了一项国民经济与社会发展中长期规划的新战略,即加快建设资源节约型、环境友好型社会,大力发展循环经济,加大环境保护力度,切实保护好自然生态[①]。资源节约型社会是,以能源资源高效率利用的方式进行生产、以节约的方式进行消费为根本特征的社会,其核心是节约使用能源和提高能源资源利用效率。环境友好型社会是,以人与自然的和谐相处为目标,以环境承载能力为基础,以遵循自然规律为核心,以绿色科技为动力,坚持保护优先、开发有序、合理进行功能划分、倡导环境文化和生态文明,追求经济、社会、环境协调发展的社会体系。实施建设这种两型社会,需要的指导方针包含了宏观和微观两

---

①《中国共产党第十六届中央委员会第五次全体会议公报》,北京,2005年10月11日。

个方面。宏观含义是,环境保护是国家重要的基本国策,人们在进行工业化、现代化的经济生产中,不能再一味地从自然界摄取物质财富,应当将建立人与自然界的伙伴共同体作为居于关键地位的目标。微观含义是,保护国家的生态环境,珍惜点滴的自然资源,这是每个单位、每个公民都要做的事情。党的十七大报告对此有个高度概括的表述:"必须把建设资源节约型、环境友好型社会放在工业化、现代化发展战略的突出位置,落实到每个单位、每个家庭。"两型社会概念的提出与应用,明确地规定了中国经济发展的途径、模式和方向,对实现国民经济又好又快发展具有重要意义。

建设美好的环境需要人来做,提高人的意识,改变行动方式,这很重要。在环境建设中,政府工作人员的作用是关键,而他们行为的差错负面影响也很大。例如,由于地方政府官员任期限制造成的地方政府官员的代际结构与人口学意义上代际结构的不一致性,从而导致了地方政府的短期行为;由于代际责任追溯机制和代际补偿机制的缺失造成了企业排污动机强烈而污染减排激励不足;作为与后代人有着天然密切联系的代理人,当代公众虽然能在一定程度上缓解政府和市场在环境问题上的"双失灵",但由于"搭便车"行为动机等因素的限制,也难以充分发挥积极作用。因此,要避免地方政府环境规制过程与公众利益和代际公平原则的偏离,有必要通过一系列政策措施协调当代三方供给主体的关系:建立有效的地方政府生态环境政绩考核体系,建立和完善地方官员的责任追溯机制;加强企业环境管理,注重对企业服从环境规制行为的激励和政策引导;提高公众的环保参与意识,充分发挥对地方政府和企业的监督和督促等。

(三)突出民生为本的顶层设计

中国人民经过历史上漫长岁月的艰难困苦的奋斗,目前正在全力以赴建设富裕文明与和谐幸福的国家,目标是保证人民安居乐业,而环境保护与建设则是实现这个目标的必须具备的基础条件。目前,中国已有的经济结构在一些方面不适宜生态环境演变的客观规律,因为,粗放式的生产方式、低端层次的经济结构造成了环境恶化。一些地方空气质量下降、土地沙化严重,还有田野土壤含有过多的重金属,使得食品质量令人担忧。发展归根结底要回到为人民谋幸福上来,发展要以人为本,以民生为本。发展本身是以人为本、全面协调可持续的发展,其过程与内涵都是复杂深邃、博大精深的,任何对之片面的理解都是一种肤浅。经济发展不能以牺牲人民的幸福为代价,不能以总量增产为理由,让一些影响人民幸福的突出矛盾和问题长期存在。

一些地方环境恶化,企业排污长期得不到治理,乱砍滥伐森林植被不能遏制,其中,关键问题是利益纠缠。从这几年的改革实践看,由于改革触及分配领域,在盘根错节的利益关系的制约下,一些局部领域的改革虽然推出了,但是没有最终解决问题。实施"改革顶层设计和总体规划",这是深入改革,解决环境与人关系问题的重要方式①。"顶层设计",它本是源于系统科学的一个概念,是指用系统、全面的视角,审视系统建设中涉及的各个方面、各个层次和要素之间的关系,实现统筹、协调发展的目的。解决环境和人的问题,就要实施改革顶层设计,统筹规划,系统性地梳理与解决改革中出现的诸多社会经济问题。特别是坚持以人为本,在提高人民群众生活水平的同时,实现经济、社会与人口、资源、环境的统一。只有搞好顶层设计,才能确保改革成果为民众共享,社会才能长治久安。要强调的是,必须进行最关键、最根本、最基础、最重要的制度性变革,从最高层次进行全面设计,立足长远。

毋庸置疑,改革的顶层设计是战略性设计,其目的是解决事关中国可持续发展的全局性问题。因此,改革顶层设计应当高屋建瓴,首先把握具有全局性的难点问题,对这些问题进行改革设计。这既是提出改革顶层设计的本意,也是改革顶层设计的必然选择。环境是公共产品,这时需要进行顶层设计,政府作为公共法人,代表最广大人民群众的利益去保护环境。当然,顶层设计,不是政府自行其是,要"尊重群众首创精神",以人民利益为最大利益。中国公共利益部门化有愈演愈烈之势,一方面和政府进入经济活动过多有关,另一方面与体制转型期间相关制度建设滞后有关。强调顶层设计,就是要为最广大人民群众利益服务。

改革顶层设计,不能自以为是,这样必定违背自然规律。因为人类的发展一直与环境变化息息相关,不能任意凌驾于环境之上,这个道理也曾在世界范围内传播、普及。例如,世纪伟人查尔斯·罗伯特·达尔文(Charles Robert Darwin,1809~1882 年)就曾撰写并于 1859 年 11 月 24 日出版了《物种起源》

---

① 新华社:《中共中央关于制定国民经济和社会发展第十二个五年规划的建议》,北京,2010 年 10 月 27 日。

(*On the Origin of Species by Means of Natural Selection*)。他在这部划时代的巨著中论述了生物进化中自然选择的重要作用，说明了自然环境与物种之间的密切关系。达尔文强调，物种必须接受自然界的挑战，自然选择塑造了生物的形态。物种必须朝着适应环境的方向进化，适者生存，不适者被淘汰。恩格斯将"进化论"列为19世纪自然科学的三大发现之一，给予高度评价。继承与弘扬人类一切智慧的思想财富，善待环境，考虑环境的承载能力，必然需要采用综合、配套的方式，系统谋划、顶层设计，用于制定保护环境的方针政策。创新可以提升科学技术，使之从生产力体系中的直接因素变为主导因素；创新可以改变资源的利用方式和提高资源的利用效率，进而推动和促进经济的健康发展，保障可持续发展及综合国力的提升。

达尔文说过一句名言："我始终努力保持自己思想的自由，我可以放弃任何假说，无论是如何心爱的，只要事实证明它是不符。"思索伟大科学家的名言，考虑继续进行中国深化经济体制改革的方式，可以有豁然开朗的感觉。依据当前中国现实需要，必须扬弃产生于封建社会的"天朝大国"的陈旧思维，认真地思考与处理中国环境与人口的关系，开创改革的新方法。为了实现可持续发展目标，必须停止一切掠夺性开发环境资源的错误行为，要让自然界按照原来的方式自我循环，恢复生机勃勃的环境景观状态。这样，人们的一些利益会受到暂时的影响，一些人就会产生抵触情绪。因而，需要不断创新，处理好不同利益间的关系。一些难度大的问题，可以采用弹性改革方式，分阶段实现预期目标。

二、创建环境人类学基础理论与方法

环境人类学是一个有着多层次结构和形态的学科，是一个产生于全球环境恶化危机与人们普遍崇尚绿色时尚时代的新思想理论。历史已经证明，一个新学科的产生、发展如同一次思想的闪电，能呼唤社会的创新性动力。环境人类学属于新兴的学科，其创新性十分明显。

（一）环境人类学逻辑分析

环境人类学是一门新兴学科，其从社会文化变迁的全部领域内研究人类和环境的相互作用关系，涉及的范围自早期的人类社会直至当代全球化系统。更进一步讲，环境人类学自身是有多个层次结构和形态，基本上可以分为6个层次。它们一方面各自具有独立的特性，另一方面又有内在的相互联系,而且不断地演进、升华。

第一层次是主要概念。环境人类学最基本的单元和形式是,人们对生态环境与人类联系的相关事物的本质认识,这类认识从生动的直观到抽象的思维,由此形成一系列概念。这些概念表现为名词、术语,它们包含着对事物内涵与外延的规定。这些概念的真理性通过了实践的检验,更深刻、更正确、更全面地反映出了客观现实。

第二层次是基本理论。环境人类学的基本理论是,对影响人类文明发展的环境变化现象或事物进行科学解说和系统解释。它们是一个经过严密论证而组成的知识体系,包括三个基本要素:概念、基本原理和逻辑结论。这些基本理论包含着一些科学假设,预测着复杂的环境变化的未来发展趋势,进而揭示未知的自然事物,由此更加深刻地表述了生态变化的规律。这些理论具有不同的抽象—具体程度,可以显示为宏观理论和微观理论。它们的表现形式有文字描述,也有图表和数学方程。

第三层次是结构体系。环境人类学的概念与理论按照一定的逻辑结合在一起,构建出独特的组成形态,显现出一个具有某种功能的有机整体,能够清楚地表达一些重要的内容。此外,若干要素也不分散,它们以一定结构形式联结构成。

第四层次是系统运动。环境人类学的学科构成的有机整体不是静止的,而是动态的。科学理论源于客观实际,将实践中的经验总结、提炼为规律法则,这些学术思想便能带有预测性功能,能为未来的行动指明方向。

第五层次是外界条件。环境人类学形成的第一个外界因素是,自然环境作为人类生活的外界条件具有基础性和强盛性的作用,客观存在需要理论阐述。第二个外界条件是,前人探索、积累的相关知识较为雄厚,因而,新学科的发育、成长有着丰厚的养料供给。

第六层次是综合应用。环境人类学起始于以人为本的社会发展的根本宗旨,依据不同事物在环境约束条件下的特征,设计出一些针对性的方案。这些能够指导社会经济建设与环境保护的实践,调节不适宜的经济体系运动方式,有效提高工作绩效。

环境人类学的上述 6 个特性有的时候是单独显示,有的时候是集体显示。创建一个人与自然和谐的新世界,这是在当前全球变暖、环境恶化大背景下的伟大的历史使命。这一使命的完成需要新思想、新理论、新方法,用于开拓人的思维,发挥人的潜能,使人能够正确地认识环境,应对发展中的各种挑战。马克思于 1843 年曾用德国历史变迁为例评价了新思想的作用:"思想的闪电一旦彻底击中这块素朴的人民园地,德国人就会解放成为人。"①环境人类学提出的一些新理论和新方法,这些属于学术界中的新思想的范畴,其将开拓人们的视野,利于人们去解决环境污染、生态破坏等深层次的问题,而且一些理论指导下的实践及其业绩已经表明,这个新学科的创建、应用与未来发展的正确性与适用性十分明显。

环境人类学主张,当今时代需要确立无形生态劳动产品的概念,建立能使这类产品生产与交易的环境资源产业体系,探寻利于这个体系顺利运作的理论,并且从逻辑关联方面进行阐述与推出有科学说服力的结论。一个典型的事例是,通过解放思想,深化改革,中国自 2000 年起在西部地区实施了以生态环境建设为主体的西部大开发战略。西部大开发的行政区划包括 12 个省、自治区、直辖市和位于东部、中部省份的 3 个少数民族自治州,西部地区面积占全国国土总面积的约 71%,国家绝大多数的森林、草原都在这个区域;西部地区居聚的少数民族人口占全国少数民族总人口总数的 75%左右。在过去很长一个阶段,人们开发森林、草地的主要目的是获取木材、牧养牛羊,它们是有形经济劳动产品,即具有可见形态的含有抽象劳动价值的人造产品。森林、草地的另外一类实际的产出是调节气候,因为,绿色植被在光合作用下能吸收二氧化碳,生产氧气。人们大量投入劳动去保护与扩大森林、草地面积,可以获得调节气候之后的风调雨顺的收益,还有在城镇居民生活中能使幸福指数提高的清新空气,因而,它们实质上也是人造产品,可以称为无形生态劳动产品,即形态看不见、摸不着,但包含抽象劳动价值的人造产品。遗憾的是,受传统守旧的一些生产制度的制约,无形生态劳动产品的价值在传统的市场交换中难以直接实现,于是这类产品长期被忽视甚至遗忘。需要建立特殊的渠道,进行这类产品的间接交易。通常所说的绿色国内生产总值核算体系,就是等量的无形生态劳动产品获得等价交易的有效途径。实施西部大

---

①马克思:《黑格尔法哲学批判》(导言),《马克思恩格斯全集》(第 3 卷),北京:人民出版社,1956 年,第 467 页。

开发战略,已经在很大的程度上使得无形生态劳动产品的价值得到了市场实现。仅在 2000~2009 年,国家林业局的林业投资总额为 2150.64 亿元,包括西部 12 个省、自治区、直辖市,共安排退耕还林任务 1580 万公顷和天然林资源保护工程完成造林面积 1247 万公顷,还有三北及长江流域等防护林体系建设工程、野生动植物保护及自然保护区建设工程、湿地保护与恢复工程等。到 2012 年,"退耕还林"等工程带来的生态"红利"在西部地区已逐渐显现,那片区域可在很长一段时间享受这些"红利"①,正所谓"十年打基础,百年得实惠",子孙后代都能得到利益惠顾。

(二)有关环境人类学的研究及成果

环境人类学理论与方法的提出不是空穴来风,国内外一些学者已经探讨了这方面的议题,产生了一些公开出版的学术成果。一些中国学者诸如杨庭硕等在研究人与环境的关系中,提出了一种长链条式的理论,即"地球生命体系——人类社会——寄生性存在——生态隐忧——生态人类学三大立论公设——超大尺度——民族文化——制衡法则"②。他们借鉴海外学术界推出的生态人类学(Ecological Anthropolog)理论,提出了一些新观念。有的学者诸如李宏煦提出要重新审视人类在生态系统中的社会活动,认为环境机制既是一种支撑人类文明的力量,也是一种很强的制约力量③。他们主张重新审视人类赖以生存的自然与生态环境,主张运用社会科学知识认识、处理人与环境的问题。

海外学者研究人类与环境的著作相对较多,有些学者直接提出了环境人类学(Environmental Anthropology)的理念。一些美国学者诸如诺艾·海恩(Nora Haenn)和理查德·威科(Richard Wilk),他们广泛地探讨了环境与人类的关系,强调综合性地考虑环境保护方面的问题,它们包括人口增长、大规模发展、生物多样性保护、环保和可持续管理、原住民团体、消费和全球化④。这

---

① 通讯:《12 年西部大开发 "退耕还林"带来生态"红利"》,《经济参考报》,2012 年 1 月 10 日。

② 杨庭硕等:《生态人类学导论》,北京:民族出版社,2007 年。

③ 李宏煦编:《生态社会学概论》,北京:冶金工业出版社,2009 年。

④ Nora Haenn and Richard Wilk (Editors), *The Environment in Anthropology: A Reader in Ecology, Culture, and Sustainable Living*, NYU Press, U.S.A., 2005.

两位学者主张的是一种平衡理论，这是目前治理生态失衡时常用的指导观念。有的美国学者诸如帕特斯·汤森德（Patricia Townsend），他研究了内陆地区植物、动物和人类的关系，提出环境与人类的生存息息相关，认为目前出现的生物多样性丧失、疾病和贫穷等，它们彼此之间在局部和全局方面有相互作用，这些对人类健康与社区有负面的影响①。他的观念是，一个地区居民需要在物理和生物方面适应他们周围的自然环境。当代中外学者们已有的研究成果均闪烁着智慧的光芒，引导更多的后来者继续在这个领域探寻众多未知的学术奥秘。

（三）学习与借鉴环境经济理论

中国现在已经到达发展道路上的一个转折点，目标任务是管理好从中等收入到高收入国家的转型，其中充满挑战性。在未来可预见的一段时间，全球环境很可能仍然不确定，而且跌宕起伏，因而中国的转变战略就显得更加重要。

学习国际社会流行的经济理论，推进环境保护工作，这是一项很重要的任务。为此，要学习环境产品交易理论，例如"庇古税"和"科斯定理"。前者强调使用行政手段遏制污染，后者主张使用市场方法保护环境。实践证明，学习这些理论，有利于完成向市场经济的转型。因为，解决环境问题，必须加强企业、土地、劳动力和金融部门改革，加强民营实力，开放市场，促进竞争和创新，确保机会均等，以此形成新经济增长结构②。中国的环境困难与体制、权利、分配等深层次的问题连在一起，解决环境问题又要同全球经济发展、贸易稳定连在一起，因而需要依靠多边框架来实施环境保护，将国家治理与塑造全球治理议程联系在一起。因为，良好的生态环境和充足的自然资源，这是经济增长的基础和条件。经济增长的最终目的是富民强国，提高人民的生活水平。良好的环境是高质量生活的必要条件，而环境污染和生态破坏有悖于促进经济增长的初衷。环境污染和资源短缺反过来会影响经济增长与获得高质量，甚至是严重地制约一些产业的发展。所以，必须牢固树立越是落后地区越要思想观念先行的理念，放远眼光、放宽思路、放开胸襟，坚决冲破一切阻碍

①Patricia Townsend: *Environmental Anthropology*(2 edition), Waveland Pr Inc, U.A.S., 2008.
②世界银行与国务院发展研究中心：《2030 年的中国：建设现代、和谐、有创造力的高收入社会》，北京，2012 年 2 月 27 日。

发展的思想观念、陈规陋习、体制弊端,主动拥抱开放合作潮流,推动大开发、大发展。思想观念是行动的先导,思维方式、价值观是支配行为的深层动因。向先进生产力靠拢,首先要向先进的思想观念、先进的文化靠拢。

中华民族从远古时代就对自然生态环境有着一种神秘而崇拜的敬畏。人民生活在这片土地上,朝朝暮暮、年复一年生活劳作在大自然的怀抱里,他们和大自然进行零距离亲密接触,农耕生活的安宁、祥和与温馨使得人们对其产生强烈的依恋情怀。现代社会,美好环境同样对人影响很大。绿色植物,它们在形式上对一个人有着美和愉悦的震撼,同时在人的心中,又有着植物世界相互激荡而产生的性灵的脉动。面对自然,人们感到一种永不枯竭的生命力。人们在山风里的呼吸,在雪雨中的飘落,感受山川河流的灿烂神秘。清新空气是无形的,人们看着蓝天充满喜悦,看着鲜花充满爱意。自然环境能够教育人、鼓舞人。中国人民会在未来的改革中,继续破除横亘在改革开放道路上的一些陈旧僵化的阻力,完善有中国特色的社会主义市场经济体系,实现人与自然和谐,构建社会主义和谐社会。

学习思考题

1. 环境人类学产生的历史与社会原因是什么?

2. 古今中外表述人与自然关系的理念有哪些?如何认识这些理念?

3. 人类活动对地球环境的负面影响的主要表现是什么?

4. 请阐述信息时代人类行为与生态演变过程。

5. 农业活动造成人类环境污染的外在及内在原因是什么?

6. 造成环境污染的原因是什么?

7. 我们应当采取什么措施来扼制环境污染的恶性蔓延?

8. 请系统阐述环境人类学6个研究方面的逻辑关系。

第三章　环境开发思想史

内容提要　从人类进入文明时代开始，人类对于大自然以及自身的研究就从未间断过。环境思想随着人类生存状态的演变而变化，这类意识理念一直在影响着人类的生存方式，因而，环境思想的历史在一定程度上也是人类生存境况变迁的历史。马克思主义经典作家指出，人与自然相互关联，由此建立了科学的环境理论。中国的环境思想源远流长，内涵较为丰富的人与自然和谐的理念散发着浓郁的华夏文明的气息。儒家思想中的"天人合一"，道家讲的"道法自然"，还有佛家的"众生平等"，这些均是中国古代环境思想的集中体现。这些环境思想不断完善、不断成熟，直到现在仍然影响着人类的环境观，尤其是为人类处理人与自然、人与社会和社会与自然之间的关系奠定了坚实的基础。现代西方工业化国家的环境思想也经过了几千年的变革，期间形成的各种环境思想流派都为人类作出了巨大贡献。不管是"环境决定论"，还是"人类中心论"、"环境报复论"，或者是"生态中心论"，这些都代表着西方学者对人与环境关系的不断探索。直到现代，一个环境思想——可持续发展观才成为了人类的共识，这是人类不断探索人与环境关系的共同结果，是人类行为的共同准则，其标志意义是，环境思想史因此进入了新的历史篇章。

在人类浩瀚的历史长河中，环境思想史是一颗璀璨的明珠。一种环境思想的形成往往取决于当时人们的生活状态。原始社会的环境思想是以当时人们的生活状态为基础，当代的环境思想则牢牢地把握着当代人的生活状态这个基本前提。不管是中国环境思想的传承，还是西方环境思想的沿袭，他们都有一个共同特点，即环境思想是随着人类生存状态的变化而变化，是一段时期、一定区域内人类对自身与环境关系认识的理论总结。

第一节 环境思想变迁的轨迹

人类的自然观与生存观密切相联,生存观决定自然观,而自然观又反过来影响生存观,并且,这些思想观念的变化与人类生存状态的变化之间也是互相影响和相互印证的。人类在不同生存阶段的生存观念不尽相同,这些生存观决定着人类的自我意识。因此人类自然观念变迁的历史在一定程度上也代表着人类生存境况变迁的历史,同时也是自我意识变迁的历史。

一、人类自我意识的不断觉醒

人类对自身与环境之间关系的认识一直在变化,这种认识的变迁是一个漫长的历史过程,它随着人类生存状态的变化而变化。

(一)马克思主义经典作家的环境思想

马克思与恩格斯共同提出了关于人与环境关系的理念,这些科学理念对当代中国各族民众实现建设和谐社会的目标有着指导意义。在马克思主义思想发展史上,马克思与恩格斯合著的《德意志意识形态》是一部里程碑式的重要著作,历史唯物主义的基本原理在这部著作中被第一次系统阐述了。马克思与恩格斯在《德意志意识形态》第一章中就指出:"全部人类历史的第一个前提无疑是有生命的个人的存在。因此,第一个需要确认的事实就是这些个人的肉体组织以及由此产生的个人对其他自然的关系。当然,我们在这里既不能深入研究人们自身的生理特性,也不能深入研究人们所处的各种自然条件——地质条件、山岳水文地理条件、气候条件以及其他条件。任何历史记载都应当从这些自然基础以及它们在历史进程中由于人们的活动而发生的变更出发。"①马克思和恩格斯首先强调自然环境是人类生存的基础,人类所有的活动都不能脱离这个基础。

马克思主义经典作家还深刻地指出,自然环境并不能完全决定人类活动,相反,人类的经济生产、文化思想等活动可以改变环境的状况。恩格斯曾经表述了这样一个理念:"自然科学和哲学一样,直到今天还完全忽视了人的

---

①马克思、恩格斯:《德意志意识形态》,《马克思恩格斯文集》(第 1 卷),北京:人民出版社,2009 年,第 519 页。

活动对他的思维的影响；它们一个只知道自然界，另一个又只知道思想。但是，人的思维的最本质和最切近的基础，正是人所引起的自然界的变化，而不单独是自然界本身；人的智力是按照人如何学会改变自然界而发展的。因此，自然主义的历史观（例如，德莱柏和其他一些自然科学家都或多或少有这种见解）是片面的，它认为只是自然界作用于人，只是自然条件到处在决定人的历史发展，它忘记了人也反作用于自然界，改变自然界，为自己创造新的生存条件。"恩格斯以日耳曼民族为例明确指出："日耳曼民族移入时期的德意志'自然界'，现在只剩下很少很少了。地球的表面、气候、植物界、动物界以及人类本身都不断地变化，而且这一切都是由于人的活动，可是德意志自然界在这个时期中没有人的干预而发生的变化，实在是微乎其微的。"①论述人与自然对象性关系的形成首先取决于人类自身活动的特点，这就是恩格斯的科学理念。

总之，马克思主义经典作家们既肯定自然界作用于人，人的生存离不开自然界，同时，也肯定人能反作用于自然界，改变自然界，为自己创造新的生存条件。换句话说，人与自然协调一致，人类文明才能繁荣昌盛。

纵观人与自然的关系变化，从古代到近代，再到当代，人与自然关系的认识发生了三次重要的变迁。

（二）古代人与自然的关系

人类在历史发展的早期即原始社会和农业社会形态的时代，人们对于自然界乃至于自身的认识都很有限。但是，人类自身求发展的冲动、信念和实践中磨炼出来的坚韧始终起着激励、坚持的作用，人们也往往曲折地通过占卜来猜测、探知面前千变万化的世界。在中国远古时期，人们就是在占卜中创造了文字，推演了历法，建立了人伦、社会，国家的建设也与占卜有关。《易经》是古代中国以占卜形式传世至今的大成之作，依据现代考古发掘，诸如商代（公元前 1766~公元前 1111 年，共 655 年）殷墟甲骨文字判断，这部典籍表述的内容大约产生于新石器时代，那是后来华夏民族历史发展的起点，因而，该典籍是华夏五千年智慧与文化的结晶，被誉为"群经之首，大道之源"。古人通过

---

①恩格斯：《自然辩证法》，《马克思恩格斯全集》（第 20 卷），北京：人民出版社，1971年，第 573~574 页。

《易经·象传》对人与社会发展的规律作了精练的概括:"刚柔交错,天文也;文明以止,人文也。观乎天文以察时变,观乎人文以化成天下。"①"文明"一词在中国文字中最早的出处,就是在这里。到了春秋战国时期,随着社会生产力不断提高,文化领域百家争鸣,各种学术流派竞相出现,各自提出了对人与自然关系的理念。儒家学派是中国历史上居于主流地位的学派,孔子、孟子是这个学派的创始人物。孔子曾对学生提问:"天何言哉?"接着他明确解释曰:"四时行焉,百物生焉,天何言哉?"(《论语·阳货》)②孔子的理念很明确,环境季节与人和其他生物紧密相连,不可分离。孟子继承了孔子的思想,并且进一步地深化之。孟子曰:"夫君子所过者化,所存者神,上下与天地同流,岂曰小补之哉?"(《孟子·尽心上》)③这个表达说上下,谈天地,讲人伦,将天、地、人共和的理念阐述得很明确。所以,儒家学派主张"天人合一",这个理论起源于孔子、孟子。老子是道家学派的代表人物,他强调:"人法地,地法天,天法道,道法自然。"(《道德经·第二十五章》)④道家学派更加坚定地认为,"自然"法则是最高的原则"道",世界万物都要遵循这个规律,人的行为绝不能违背客观的自然规则。总之,"天人合一"思想在中国整个封建社会是主导思想,内容由简单到繁杂,受历史局限性制约,其中也包含有僵化、腐朽的观点。

(三)近代人与自然的关系

到了近代,人类社会发展迅速,生活方式也随之发生了巨大变化。生活状态的变化又促使人类改变了对自然以及人类自身的认识,从而形成了以人类自我为中心的"主体意识"。以下例举两个海外实例。

1. 笛卡儿的"我思故我在"

古希腊人曾说:"认识你自己。"这是"自我意识"的原始表达,但那时的"自我"更多的是众神旨意的化身。到了中世纪,基督教文化在欧洲取得了万流归宗的地位,"自我"则成了上帝的法则,人是上帝的仆人。文艺复兴运动兴起后,上帝从人们心中渐渐隐去,人们更加注重人的价值和个体自由,于是出现了笛卡儿提出的"我思故我在"的主张,其内含着主张人性、反对神性

---

①王辉编著:《易经》,昆明:云南人民出版社,2011年。
②张燕婴译注:《论语》,北京:中华书局,2006年,第272页。
③万丽华、蓝旭译注:《孟子》,北京:中华书局,2006年,第294页。
④饶尚宽译注:《老子》,北京:中华书局,2006年,第63页。

的光芒。

法国哲学家勒内·笛卡儿(Rene Descartes,1596~1650 年)是西方社会近代资产阶级哲学奠基人之一,他本人深受文艺复兴思想的熏陶,他的哲学思想则对历史的影响较为深远。笛卡儿将"我"认定为思维的主体,而不是客观上的肉体。"我思"指的是存在于人头脑中的"思维的规定性","我在"指的是"人的本质存在","我思"是"我在"的存在前提。"我思故我在"要表达的内涵为:人的本质就是人的头脑之中先天地存在着的某些思维规定。这种理论的表述一方面开拓了新的知识领域,另一方面则扩大了人类生活的境界,使人们开始以自己为主体来看待世界。可以说,笛卡儿开启了近代西方哲学的知识化与理性化时代。

2. 康德的"人为自然立法"

笛卡儿的主体性的思想协助性地解放了人类的思想, 改变了人类的思维模式,同时,社会以及科学技术的发展也极大地促进了人类对于自然的认识,于是,急速膨胀的对自然的控制欲要求一个理论的支撑和思想上的进一步解放。德国思想家与哲学家伊曼努尔·康德 (Immanuel Kant,1724~1804年) 在这个时刻顺应历史地提出了"人为自然立法"的观点。康德是德国古典哲学的创始人, 也是欧洲启蒙运动的主要思想家①。康德思想中的"自然",乃是指我们心中表象的总和,其中的"法",是指自然界的普遍法则。因而,"人为自然立法" 即知性不是从自然界中获得自己的规律, 而是人为自然界颁布规律。康德坚持自然和人是统一的,思维和存在是统一的,它们之所以统一,关键在人。这个理论正好符合当时人们的心态,反映了人类在发展过程中对于自然的控制欲。

(四)当代人与自然的关系

到了当代,社会的发展又呈现出另一番景象。工业革命将人类带入工业化时代,社会在短短两百多年里的变化远远超过了人类之前变化的总和。然而, 社会经济高速发展背后所带来的环境问题也使人类不得不反思当下的生活环境。于是,人们的"生存意识"的愿望十分强烈,成为这一时期的某种思想特征。

---

①康德著,邓晓芒译:《纯粹理性批判》,北京:人民出版社,2004 年。

1. 生存意识的表达

康德的主体意识好像有魔力一般将禁锢人类几千年的思想瞬间释放,人类开始以自我为中心向自然"宣战"。然而随着人类社会以前所未有的速度向前迈进,社会的发展却走向了反面。人类倾向于把一切都变为征服的对象,也把一切都变为利用的材料。由此,过度的掠夺终究酿成了无法估计的后果,大自然开始对人类"实施报复"。例如,从1930年的"马斯河谷事件"出现之始,世界接连发生了"八大公害事件",全球人类为之震惊。面对生存环境的不断恶化,人们表达了对现实的、当下人的存在状态的深切忧虑,还有对人类未来发展的自我关切和自我认同。于是,近代环境思想中所倡导的主体意识逐渐隐去,"自我意识"与当今世界的状况紧密相连,并且赋予了其时间的概念。

2. 控制自然与控制人的理念

随着人类在科学技术领域的进步,对当代人来说,"控制自然"已不再是遥不可及的梦想,而是近在眼前的现实的实践活动过程。从表面上看,当代人"控制自然",这是人类全面战胜自然的体现。然而,随着环境恶化对人类生活的影响越来越严重,"控制自然"的本质也发生了变化。这种变化反映出的是人类深层次的生存危机问题,是人与人之间矛盾关系危机化的体现。"如果控制自然的观念有任何意义的话,那就是通过这些手段,即通过具有优越的技术能力———一些人企图统治和控制他人。"[1]因为,现实表现是:不论是出于生存目的的考虑,还是出于需求满足的要求,占有环境资源就等于占有"他人","控制自然"的权力就等于"控制他人"的权力。在"控制"的含义下,"控制自然"与"控制人"其实是相通的[2]。换句话说,一些当代人正在用向后代人"借贷"的方式来满足自己的享受欲望,其实质是扼杀后代人的生存权利。

二、世界图景的不断变化

随着人与自然关系认识的不断变化,人类看待世界的方式也发生着变化,因而世界在人类眼中的图景也会不断更替。人类在与自然界的互动中不断进步,不断改变着自己的思想。

---

①②林兵:《环境伦理的人性基础》,长春:吉林人民出版社,2002年,第44页。

（一）"天人合一"时期的客观世界

在原始文明与农业文明时期,人类对大自然以及人类自身的认识都很有限,人类将自己与自然界同置于一个价值体系中,他们与动植物、山川、河流以及森林在价值体系上是同等的。"天人合一"中的"天"即大自然,因为,当时人类眼中的大自然即世界,整个大自然统治着万物,也就包括了人类。人类作为大自然中的一员,没有任何优越的权力。因为,"人"作为自然界的产物在这里是以自然形态存在着,而不是社会形态,因此人需要服从自然界存在的普遍规律。所以,"天人合一"是一种宇宙观,也是一种道德观。"天道"统治着大自然,违反了大自然的规律就会受到"上天"的惩罚,所谓的"天人合一"所表达的道德观就是人要顺从大自然,而不能去违抗大自然的旨意。

（二）"人类中心主义"时期的主观世界

社会发展到近代,随着工业文明进程的加快,人类的自然观念从传统的"顺从"意识中挣脱出来,理性意识上升并成为主导。在人与自然关系上,一些人认为,人类在本体这个层次上处于宇宙的中心,宇宙的万物都围绕着人类这个中心而展开。整个世界是意识的外化,世界的存在与否取决于人的意识。从笛卡儿的"我思故我在"到康德的"人为自然立法"的命题,均是从肯定和推崇人的理性立论的,都表明了理性是世界的根基。无疑,这种理性认识具有正面意义。弗兰西斯·培根(Francis Bacon,1561~1626年)是英国著名的唯物主义哲学家和科学家,他在文艺复兴时期的巨人中被尊称为哲学史和科学史上划时代的人物。培根是第一个提出"知识就是力量"的人,这个理念鼓励人们用科学知识去改造自然,去为大众的利益服务①。但是,后来一些人加以夸大地发挥,将人的作用推到了一个很高的层次,表现出人类中心主义的意识②。这里需要表述两个问题,第一,夸大地阐述培根观点中关于人在改造自然中的作用,这实际上是一种曲解。第二,正是在世界工业化初期与中期阶段的背景条件下,人类中心主义借助科学技术的力量出现了。在主客观因素的共同作用下,一些人甚至认为,世界只是人类意识的外化,其存在的意义就是为了满足人类的需要,离开了人,大自然的存在就变得毫无意义。显然,这种思想十分偏激,十分错误。

①[英]费兰西斯·培根著,许宝骙译:《新工具》,北京:商务印书馆,1984年,第8页。
②贺新春:《现代人类中心主义的伦理审视》,广西:广西师范大学,2004年,第7页。

（三）可持续发展观时期的文化世界

到了当代，工业化和城市化的进程明显加快，人类对自然资源的开发强度不断加大，从而导致的环境污染和生态失衡也日益严重。于是，人类对自然和人类自身有了全新的认识，新的生态自然观以挑战者的身份向"人类中心主义"理论发起猛烈冲击。人类开始承认，一方面，大自然无法主导人类的行为；另一方面，大自然的存在也不受人类意识的控制。为了实现人类的整体利益，人类努力寻求一种既能保护自然生态环境，同时又能使人类社会得以健康发展的战略，这就是今天众多国家所接受并实施的可持续发展战略。这样，世界的图景又一次发生了根本性的变化，这个世界是以存在大自然和人类客观存在为前提的，这个世界要求人类尊重大自然，尊重其他生命，因而，这是一个以可持续生态文明观念为主导的世界。

第二节　西方主要的环境思想

人类认识环境的历史源远流长。例如，一些欧洲国家的学者在公元 1 世纪便开始探索环境问题，两千年的历史中产生了各式各样的环境思想，主要可以归结为以下几类：环境决定论、人类中心论、环境报复论和生态中心论。

一、环境决定论

1859 年，著名生物学家查尔斯·罗伯特·达尔文在划时代的巨著《物种起源》中阐述了生物进化的原因，提出了知名的"自然选择"理论，科学地论证了生物进化与环境的关系[①]。他详细地表述了自然选择中的"生存竞争"规律，分析了发生在生物之间的关于为自身生存和繁衍后代而出现的进化斗争的重要意义[②]。他还深刻地表述了"适者生存"的含义，诠释了竞争优势在大自然中的重要作用[③]。达尔文的理论得到了广泛传播，启发了人们的思维，促进了社会进步。后世一些人将达尔文的这种思想称为"环境决定论"，并将其理论逐渐演绎到人类与自然环境的关系上。

（一）环境决定论的含义

18 世纪是一个不平凡的时代，工业革命在西方国家蓬勃发展，并且一举

---

①[英]查尔斯·罗伯特·达尔文著，钱逊译：《物种起源》，重庆：重庆出版社，2009 年，第 4 章。
②同上，第 3 章。
③同上，第 4 章。

将西方从手工业时代带入机械工业时代，世界发展也呈现一个不平衡的局面。于是，思想家开始探索社会发展不同步的原因，一个全新的理论——"环境决定论"悄然诞生。孟德斯鸠（Montesquieu，1689~1755年）是18世纪法国启蒙时代的著名思想家、法学家，也是近代欧洲国家比较早的系统研究古代东方社会与法律文化的学者之一。他是第一个较系统地提出"环境决定论"的学者，认为世界各地的气候不同，因此造成的各民族性格和心态的不同，而这些不同又造成了不同的政治法律制度。孟德斯鸠曾说："人们在寒冷气候下，便有较充沛的精力，有较强的自信、较大的勇气，炎热的气候使人心神萎靡。"①他还将这个理论运用于对亚洲和欧洲社会历史的比较和解释，认为亚洲没有温带，"和严寒地区紧接着的就是炎热的地区，如土耳其、波斯、莫卧儿、中国、朝鲜和日本等"，所以一个民族势必为被征服者，另一个民族势必为征服者②。这个理论仅仅从地理环境方面来阐述环境对人类的作用，并未深入分析环境对人类社会的影响机制，明显地存在着不合适的成分。然而，其综合性地将环境因素纳入到社会问题的分析之中，因而显示出一种新的分析事物的思路。

曾任德国莱比锡大学教授的弗里德里希·拉采尔（Friedrich Ratzel，1844~1904年）既是一位达尔文理论的拥护者，也是一位人类学家，他在《人类地理学》著作中完善了"环境决定论"。拉采尔认为，人是地理环境的产物，地理环境是人地关系的主导因素；地理环境决定人的生理、心理以及人类分布、社会现象及其发展进程。爱伦·丘吉尔·辛普尔（Ellen Churchill Semple，1863~1932年）是拉采尔的学生，她是美国第一位杰出的女性地理学家，国际地理学界公认的"地理环境决定论"的突出代表。辛普尔在著作《地理环境的影响》中指出，人类历史上的一些重大事件是由特定的自然环境造成的。环境对人类的影响首先从地理环境开始，地理环境影响一个国家或地区的生产力，从而使每个国家的社会经济的发展就呈现出了不同状态，国家也就有了强弱之分。

（二）评　价

在环境思想史上，"环境决定论"具有很重要的地位，因为，这个理论抛弃

---

① ［法］孟德斯鸠著，张雁深译：《论法的精神》（上册），北京：商务印书馆，1959年，第270~271页。

② 李学智：《地理环境与人类社会——孟德斯鸠、黑格尔"地理环境决定论"史观比较》，《东方论坛》，2009年第4期，第93页。

了以往的人在环境面前无作为的错误思想。在"环境决定论"中,大自然不再是控制人生存的主宰者,环境对人类社会所起的作用仅仅是由地理环境的影响来完成的,地理环境的不同决定着人类各个地区发展的不同。从这个意义上来说,"环境决定论"具有很大的进步性。然而,这个理论也存在着很大的局限。虽然地理环境的好坏可以对社会政治制度产生影响,自然环境的优劣可以制约社会发展的程度,但决定社会发展方向和社会制度性质的,则绝对不是自然环境。因为,在人类社会发展的过程中,人是作为内因存在的,而自然环境仅仅只是作为一个外部因素而存在着。"环境决定论"的缺陷就在于,其将环境这个外部因素当成了人类发展的决定因素来看待。从另一个层面来看,"环境决定论"给出了社会发展不平衡的原因,却也给西方列强发动殖民战争找到了借口,例如,孟德斯鸠的理论曾是西方国家征服其他各国最好的托辞。

二、人类中心论

从人学会处理人与自然关系的历史来看,人类中心主义并不算一个完整的理论体系,历史上也不存在一个真正意义上的人类中心主义学派。人类中心主义只是因人类对自身在宇宙中的地位的思考而形成,又随着时间的变化而变迁。

(一)人类中心论的思想演变及其含义

在人类生产力不断发展, 并且逐步摆脱大自然带来的生存困扰的情况下,人类中心主义应运而生。随着人类社会发展状况的巨大变化,它经历了由古典人类中心主义、近代人类中心主义与现代人类中心主义的历史演变。

1. 古典人类中心论

度过了原始社会,人类的生产力得到了一定的发展,于是,一些思想家开始重新考虑自身在大自然中的定位,以自我为中心的自然观逐渐形成。"古典人类中心主义"作为一个学说出现,起始于古希腊著名的哲学家普罗泰戈拉(Protagoras,约公元前 490 或 480~公元前 420 或 410 年),他是"智者学派"的主要代表人物。普罗泰戈拉提出的著名命题是"人是万物存在的尺度,是存在者存在的尺度,也是不存在者不存在的尺度"。他将感觉看成是真理的标准,认为事物的存在是相对于人的感觉而言的, 人的感觉怎样,事物就是怎样。不过,这种理念自身并没有对人与自然的关系有清楚的表述,因为,该观念中的主体、客体依然模糊,人的主体性、能动性和创造性并未得到真实的陈述①。可以确定地评价,这一学说在本质上是怀疑主义的,并且其根据的基础是感觉的"欺骗性"。当然,普罗泰戈拉哲学理念的出现有其客观性,因为,那个时代,社会的生产力水平仍然滞后,结果使得当时的社会思想无法更进一步向真理前进。

古典人类中心论主要有两种历史形态,一种是"宇宙人类中心主义",另一种是"神学人类中心主义"②。"宇宙人类中心主义"的主要论点是人类在位置上处于人类的中心,主要受当时人们对宇宙的认识所影响。例如,古希腊学者克劳狄乌斯·托勒密(古希腊语:Κλαύδιος Πτολεμαῖος;拉丁语:Claudius Ptolemaeus,约 90~168 年)就曾提出过"地球中心论",这个错误的理念正是"人类中心论"理论的原型。不过,"神学人类中心主义"则带有神学背景,当时的人类无法真正认识大自然,于是神学便大行其道。苏格拉底(Socrates,公元前 469~公元前 399 年)是古希腊著名学者,他的一些理念具有神秘主义色彩。苏格拉底认为,人不仅在位置上处于宇宙的中心,而且在"目的"意义上也处于宇宙的中心。万物皆由上帝掌管,上帝创造人类就是为了派人类来管理万物,即"人是万物存在的尺度"的说法。

1543 年,具有划时代意义的不朽巨著《天体运行论》公开出版了,对于这部书的问世的意义,时代伟人恩格斯欣喜地赞扬说"……哥白尼那本不朽著作出版……从此自然科学便开始从神学中解放出来",而"科学的发展从此便大踏步地前进"③。波兰伟大的天文学家尼古拉·哥白尼(Nicolaus Copernicus,1473~1543 年)撰写了这部著作,他是"太阳中心说"的创始人、近代天文学的奠基人。人们认识到哥白尼论证的"太阳中心论"的伟大意义之后,才明白教会宣扬的自己是宇宙中心的教义有多么荒诞。人类,只是地球生物进化的产物。

2. 近代人类中心论

17 世纪以后,近代科学技术迅速发展,启蒙运动兴起,人道主义思想和理

---

①赵晓红:《从人类中心论到生态中心论——当代西方环境伦理思想评介》,《中共中央党校学报》,2005 年第 4 期,第 35 页。

②贺新春:《现代人类中心主义的伦理审视》,广西:广西师范大学,2004 年,第 6 页。

③恩格斯:《自然辩证法·导言》,《马克思恩格斯全集》(第 20 卷),北京:人民出版社,1971 年,第 362~363 页。

性主义思想广泛传播。尤其是工业革命带来了社会的变革和人类思想的解放,于是,"人类中心主义"便得以进一步发展并迅速传播。笛卡儿将人们从当时的神学主义中解放出来,"我思故我在"的思想将人与自然一分为二,确立了人的主体性。康德发展了这个理论,提出"人为自然立法"的观点,认为人与自然的统一,关键在于人,人是大自然存在的目的。在康德的理论中,人不仅具有主体性,还具有能动性。继而由培根提出的"知识就是力量"将理论提到实践层面,人类开始以这个理论为指导来开发大自然,向大自然索取。"近代人类中心主义"的实质就是从人与自然的主客观二元对立出发,认为人是生态系统的中心,强调人是实践的主体。"近代人类中心主义"也是一种价值观,是为了维护人类利益所作出的理性假设:人是自然的最高产物,承认人的利益是一切实践活动的基础。

3. 现代人类中心论

从人类历史角度看,私有制的兴起导致了利益的分化,人类的整体利益并不被重视,人类更看重的是个人利益或群体利益。由于各个国家和民族为了各自的利益发展社会,于是到了 20 世纪,这种以"个人中心主义"和"群体中心主义"为基础的发展模式使环境状况迅速恶化。这样,人们便开始寻求一种新的发展模式,在发展社会的同时又能维护人类整体利益,即不仅包括当代人的利益也包括了人类的未来利益。在这个背景之下,"现代人类中心主义"产生了。这个思想流派的主要观点是,人类是自然的主人,是自然的管理者和受益者;人类比自然界具有更高价值,是道德关怀的主要对象;利益是人类行为的始点和终点。"现代人类中心主义"强调人类要保护大自然,因为保护自然的价值就是保护人类在大自然中的整体利益。

(二)评 价

"人类中心主义"思想在历史上具有重要地位,其随着人类对自身在宇宙中的定位的思考而产生,并且随着人在改造自然活动中不断变化的自然观而改变理论心态。这个理论具有一定的先进意义,同时也具有一定的局限性。

1. 人类中心论成为人类向自然掠夺的借口

"古典人类中心主义"没能确立人的主体性,在认识人与大自然的关系上模糊不清。"近代人类中心主义"解决了主体性问题,并且提出了人的主动性和创造性。然而,在确立了人至高无上的权力之后,人类便按照自己的个人意愿无止境地向大自然索取。然而,生态环境因此遭到了破坏,自然环境便反过来威胁到了人类的生存,人类因此而深深地陷入了"人类中心困境"里①。"现代人类中心主义"意识到了这个问题,并且提出了人类要保护自然的口号。然而,其理论主体却未脱离人类中心这个理论核心,它强调人类的行为必须符合自身的整体利益和长远利益,不符合人类利益的物种消失了也无妨。显然,这是错误的。

2. 人类中心论的进步性

"人类中心主义"的发展经历了漫长的历史,引领了人类对自身与自然关系的认识。正是在"人类中心主义"的指导下,人类才能从被自然的"奴役"中解放出来。由于确立了人的主体地位,人类才能发挥出自己的创造力,大胆地开发大自然,由此推动了社会的巨大进步。"现代人类中心主义"作为"人类中心主义"的一种新范式,更是确立了人与自然和谐相处的理论,也由此改变了人类社会的发展方式。

三、环境报复论

随着近代社会的高速发展,科学技术也得到迅速发展,人类向大自然的索取已经远远超出了大自然的负荷,因社会发展所带来的环境污染更是愈发严重。于是,遭到破坏的自然环境开始反过来影响人类的生存和健康。这样,一种理论认为,不断发生的环境公害事件是环境对人类肆意污染环境的"报复"。

(一)环境报复论的产生和含义

工业革命带来了社会的巨大进步,不幸的是,一些人盲目地崇拜自己对大自然的控制和主导,对自然进行掠夺性的开发。因此,环境问题越来越严重,资源匮乏、能源危机、气候恶化、物种灭绝、臭氧空洞等生态环境问题不断出现。20 世纪 30 年代到 40 年代相继发生了马斯河谷事件、多诺拉烟雾事件、洛杉矶光化学烟雾事件、伦敦烟雾事件、四日市哮喘事件、水俣病事件、骨痛病事件和米糠油事件,这些就是震惊全球的"八大公害"事件。层出不穷的环境污染使人们开始意识到,那种无止境地掠夺大自然的做法行不通。前文已

---

① 赵晓红:《从人类中心论到生态中心论——当代西方环境伦理思想评介》,《中共中央党校学报》,2005 年第 4 期,第 36 页。

经简述,恩格斯早在 1881 年就指出,对于人类破坏环境的这种做法,"自然界都报复了我们"。①更多的学者在这方面进行了研究,形成了"环境报复论"学派。

一些"环境报复论"学者提出了"技术负进步"的论点。他们认为,所谓技术的进步只是让人类对大自然的开发更进了一步,人类可以完成以前所不能完成的事情, 而完成这些事情所导致的结果就是人类的生存环境更加恶劣,相比之下,人类的发展却因此而退步了。更有甚者认为,尽管从工业革命开始,人类的工业化取得了前所未有的成绩,然而如果将自然环境考虑在内,人类其实一直在倒退。在这个时期, 法国哲学家阿尔贝特·施韦泽(Albert Schweitzer,1875~1965 年)提出了以"敬畏生命"(*Reverence for Life*)为核心的生命伦理学,其是当今世界和平运动、环保运动的重要思想资源,他于 1952 年获得了诺贝尔和平奖,也被称为"非洲之子"。从生命伦理学的角度出发,施韦泽对近代欧洲一些人鼓吹的那种掠夺式的工业化观念提出了尖锐的批评,他提出的警示是,人类认为自己有权力毁灭大自然中其他的生命,那么,人类总有一天会走到毁灭与自己类似的生命或自我毁灭的地步。欧洲近代出现的一些思想的根本错误是,使世界成为生命意志自我分裂的残酷战场:一部分生命只有通过毁灭其他生命才能持续下来。他针对这类行为严正指出:"知识和能力的成就与其说给他带来了好处,毋宁说成了他的厄运。"②无疑,这些思想对于民众理解今天的世界形势仍然有启发意义。

(二)评 价

"环境报复论"的提出使人类意识到环境问题的严峻性,也使人类意识到自己无法按照自己的方式来主宰大自然,从而使得人类提出了保护环境的口号。因此"环境报复论"成功地对人类起了警示作用,在保护生态环境上也就起到了实质性的作用。

然而,这类理论在一些人的演义、解释中也出现了很多偏差。盲目承认"自然报复论"必然得承认"万物有灵论"。这样的话,人类为了生存向自然的

---

① 恩格斯:《自然辩证法》,《马克思恩格斯全集》(第 20 卷),北京:人民出版社,1971 年,第 519 页。

② [法]阿尔贝特·史韦泽著,陈择环译:《敬畏生命》,上海:上海社会科学院出版社,1995 年,第 99 页。

正常索取就成了剥夺自然界其他生物存在的权力。"环境报复论"的实质是将属于人类的价值主体扩大到整个生物界,是价值观的泛化①。此外,"环境报复论"所提出的"技术的负进步"是一种技术悲观主义。科学技术虽然是一把双刃剑,不仅对环境具有"利"的一面,也对环境具有"害"的一面,但是,科学技术是第一生产力,可以保护环境。环境恶化的根本原因是,人类没有遵从大自然的客观规律。盲目地坚持"环境报复论",只会影响科学技术的发展,反而不利于环境问题的解决。

四、生态中心论

从农业文明到工业文明,人类都没有离开"人类中心主义"论调,然而,随着人类行为使环境变化,一种新的思想即"生态中心主义"在这一时期应运而生。

（一）生态中心论的发展及含义

20世纪70年代以后,人类爆发了保护生态环境运动,"生态中心主义"作为一种新的思想进行了一场范式革命。

"生态中心主义"起始于奥尔多·利奥波德（Aldo Leopold,1887~1948年）,他是美国著名生态学家和环境保护主义的先驱,被誉为"美国新环境理论的创始者"。他提出"大地伦理"的概念,呼吁人们以谦恭和善良的姿态对待土地。奥尔多·利奥波德于1949年出版了《沙乡年鉴》,他在书中写道:"对我们这些少数人来说,能有机会看到大雁比看电视更重要,能有机会看到一朵白头翁花就如同自由谈话的权利一样,是一种不可剥夺的权利。"美国学者霍尔姆斯·罗尔斯顿（Holmes Rolston Ⅲ,1933~）是当代最负盛名的非人类中心主义环境伦理学家,被誉为"环境伦理学之父"。他不仅继承了利奥波德的大地伦理思想,并且将其拓展为一种以"自然价值论"（*Natural Value Theory*）为中心的整体性的环境伦理体系,《环境伦理学》是他的代表作②。在这部很有影响的著作中,他阐述了自然界价值的多样性,它们包括支持生命的价值、经济价值、科学研究价值、基因多样性价值、历史和文化价值、治疗价值、哲学价值、艺术价值和娱乐价值等,这些理念为人类对自然界的深刻认识和道德关怀拓

---

①王现伟、李全喜:《对自然"报复"论的思考》,《前沿》,2009年第2期,第103页。

②陈也奔:《罗尔斯顿环境伦理学的客观价值理论》,《环境科学与管理》,2012年第2期。

展了更为开阔的思路①。他还发展了一种环境美学,在其撰写的《从美到责任:自然的美学与环境伦理学》一文中,他甚至提出了美学走向荒野的观念。

"生态中心主义"的基本前提就是彻底抛弃把人类当做事物中心的看法,强调整体及整体内部的相互联系,从而保护了生态的整体性与和谐性。生态中心论的核心思想是:把生态系统的整体利益作为最高价值,而不是把人类的利益看做最高价值,把是否有利益维持和保护生态系统的完整、和谐、稳定、平衡和持续存在作为衡量一切事物的根本尺度。实现人与自然的和谐统一,这是生态中心论思考环境问题的出发点和归宿点。

(二)评　价

"生态中心主义"成功地推翻了单纯以人类为中心的价值观,赋予了大自然内在的价值,同时也承认了环境为人所用的工具价值。人类处于大自然的系统中,但是人类依然具有利用自然的权利,只是这个权利的使用要符合生态系统的整体利益。生态中心主义者提倡人类与大自然和谐相处,共同发展。这个理论正是当代社会状况与环境形势下所需要的,它很好地契合了当前国际上盛行的可持续发展理念。

第三节　中国主要的环境思想

中国经历了五千年的浩瀚历史,这个位于东方的大国有其独特的文化内涵,因而,中国的环境思想具有自己的特色。儒家、道家和佛家深刻地影响着中国人的生活与文化,他们的环境思想也非常具有代表性。

一、儒家环境思想

儒家思想由孔子创立,并经历了一代又一代儒家学派的继承和发扬,其思想广播四方。

(一)儒家环境思想的产生

中国是一个古老的农业文明国家,拥有得天独厚的地理环境。农业为人们的衣食住行提供了基础,同时也孕育了博大精深的中国传统文化。中国独特的自然环境、自给自足的农业经济结构和文化传统,而这些与儒家环境思

---

①赵晓红:《从人类中心论到生态中心论——当代西方环境伦理思想评介》,《中共中央党校学报》,2005 年第 4 期,第 37~38 页。

想的产生密不可分。在一个农业文明的国度里,由于生产生活离不开山水田园,人类对于大自然便有一种亲切感,容易将自己置身于大自然的整个和谐系统之中。小农经济为主导的经济结构使人民倾向于自我生产、自我满足需求,而这种生产又过于依赖大自然,因为,任何大自然的一个灾害都能毁灭一个家庭,人们因此对"天"有一种盲目崇拜。古代社会又有神灵说的流传,这些又影响着当时人们的认识。儒家学派"天人合一"的思想就在那个时期诞生。天命思想不仅符合了统治者维护政权的需要,同时也道出了环境思想的准则。

(二)儒家环境思想的含义

儒家环境思想有着深刻的内涵,它不仅包含"天人合一"的观点,还是仁爱思想向自然界的延伸。

1. "天人合一"主导的环境价值观

"天人合一"是儒家环境思想的核心观念,经过孔子、孟子、荀子、董仲舒、朱熹直到王阳明的传授,它已经达到了相当高的水平。有关天命的思想最早出现在殷商时期,其核心是"君权天授"和"以德配天"等观念,这个思想提出的缘由是统治者需要维护自己的权利。孔子和孟子继承了天命思想,认为"人道"与"天道"是一致的,天不仅是自然万物的主宰,也是道德和义理的根据,因此人要知天、敬天。孔子没有正式表述"天人合一"概念,但是他说出一句话"知者乐水,仁者乐山。"[1]其含义是将人与自然放入一个道德体系来看待,并且以审美观念来欣赏,这就使自然界进入了人的精神领域。真正提出"天人合一"的是孟子,他把自然视作与人同样的生命存在,把对人世的普遍关怀推广到宇宙万物,这就是儒家环境思想最核心的内容[2]。无论是荀子的"明于天人之分,则可谓至人矣[3]",还有董仲舒的"天人感应"、张载的"诚明"思想,抑或是王阳明的人心是宇宙这一整体"发窍之最精处"等,这些均体现了"天人合一"的观念。儒家文化理论立足的基础是中国古代哲学,其比较崇尚对立面的统一,这与中国政治体系和思想体系的高度统一有关联。所谓内圣外王,政权、君权、神权的一体化,这些促使人们形成了一体化观念。在天与人、理与

---

①张燕婴译注:《论语》,北京:中华书局,2006 年,第 80 页。

②郜爱红、王志捷:《简论儒家的环境伦理思想及其现实意义》,《理论学刊》,2000 年第 97 期,第 109 页。

③安小兰译注:《荀子》,北京:中华书局,2007 年,第 109 页。

气、心与物、体与用、文与质等诸组范畴的关系之上,中国人不主张强为割裂,而习惯于融会贯通地加以把握,寻求一种自然的和谐①。

2. 儒家环境思想中的仁爱

仁爱思想是儒家文化的核心理念之一,其要求人们要互相爱护。儒家将其从家庭推崇到社会,也就成为维护封建等级制很好的武器。而将这种思想延伸至自然中,则体现了儒家思想中众生平等的思想,这些既是当时统治者的需要,同时也是当时社会的需要。孔子首先界定了"仁"的内涵:"夫仁者,己欲立而立人,己欲达而达人。"②孟子进而主张"亲亲而仁民,仁民而爱物"③。这些观点的含义是,要将原本只适用于人类社会的情感和道德扩展到无限广大的宇宙万物,将对人类的仁推及到对所有生命甚至所有事物的爱。而人类特有的情感和道德在超越了人类社会而贯注于宇宙万物之时,便具有了生态伦理的蕴含。儒家的仁爱思想具有特有的推理逻辑与方法论原则,其中包含着深刻的生态智慧。

(二)评 价

儒家思想作为中国两千年来的正统思想,影响着中国整个封建社会,其环境思想是人与社会思想的延伸,也反映了当时社会民众的生活状态。儒家环境思想提出人与大自然同存一个体系内,强调人的主体性,同时又不把大自然看做人类发展的工具,提倡人与自然和谐相处,共同发展。同时儒家学者们将"仁爱"观延伸到自然界,认为每个生命都有价值,都有其存在的权利,把万物都作为人类道德关怀的对象。在当代社会处理发展和环境问题之际,人们正需要这种和谐观以及推及万物的仁爱观理念。1988 年 1 月 23日,在法国首都巴黎举行的第一届诺贝尔奖获得者国际大会的新闻发布会上,诺贝尔奖获得者汉内斯·阿尔文表示:"人类要生存下去,就必须回到2500 年前,去汲取中国孔子的智慧。"④儒家思想受到世界有识之士的赞赏,这是不争的事实。

---

①轩玉荣:《儒家"天人合一"的生态伦理观解读》,《滨州职业学院学报》,2007 年第 4期,第 17~18 页。

②张弱婴译注:《论语》,北京:中华书局,2006 年,第 83 页。

③万丽华、蓝旭译注:《孟子》,北京:中华书局,2006 年。

④《诺贝尔奖获得者说要汲取孔子智慧》,《堪培拉时报》,1988 年 1 月 24 日。

二、道家环境思想

道家是中国浩瀚思想史上一颗璀璨的明珠，其深刻的思想中包含着无比珍贵的生态观。道家环境思想也以"天人合一"为主体，但其核心是"道"。

（一）道家环境思想的含义

道家学派的思想家没有一个是政治家，也从不参与政治，他们从旁观察世局，认真思索宇宙的真相，描述天道与人事变化的法则。道家思想并不像儒家思想那样具有社会性，而主张人在社会中应有"无为"的思想，其体现的是一种宇宙观、自然观。道家创始人老子认为，"道"是宇宙的本源，是统御万物运动的根本法则。他说："万物负阴而抱阳，冲气以为和。"[①]人与自然万物都是自然系统的组成部分，彼此之间互为依存，具有共生共荣的关系。除人之外，地球上各种有生命或无生命的物质，他们不仅有着独立存在的价值，而且对人类都有积极意义，乃是人类赖以生存的基础[②]。在处理人与自然的矛盾关系上，老子提出了"道法自然"的思想。他说："人法地，地法天，天法道，道法自然。"[③]就是说，要处理好人与自然的矛盾关系，就必须与自然和谐共处。在人与自然和谐相处的方式上，道家提倡"无为而治"，而所谓的"无为"实为认识自然规律，顺应自然规律，在因势利导中求得人的发展。

（二）评　价

在道家的环境思想里，"道"高深莫测，它隐隐约约，又无处不在，是无限宇宙里支配万物发展的根本力量。道家认为，人与万物处在一个系统里，受"道"的支配，人应该保护自然界中的动植物，应该与它们真诚相待，不要去破坏这种和谐。英国经济学家弗朗斯瓦·魁奈（Francois Quesnay，1694~1774 年）是重农学派创始人，他曾认为道家的"无为"思想实际上是尊重自然的主张，于是，他将其翻译为"自由放任"，由此"无为"的思想在世界各地广泛传播[④]。道家的环境思想反映了世局观察者对人与自然关系的探索，排除了儒家环境

---

①饶尚宽译注：《老子》，北京：中华书局，2006 年，第 105 页。

②张锋、初英娟：《道家环境伦理思想的现实意义》，山东教育学院学报，2005 年第 108 期，第 52 页。

③饶尚宽译注：《老子》，北京：中华书局，2006 年，第 63 页。

④徐平：《道家环境伦理思想及其当代价值》，《郑州大学学报》，2010 年第 5 期，第 96 页。

思想中掺杂的社会性,而单纯讲述人地关系。人类要建立一个人、社会和自然和谐发展的理论,道家的观点具有很大的借鉴意义。从一定意义上说,道家的环境伦理是彻底的自然主义,这就向长期以来被当做环境思想范式的"人类中心主义"观点发起了挑战,也为正确处理人与自然、人与社会和社会与自然之间的道德关系奠定了共识性的基础。

三、佛家环境观点

佛教起源于天竺(古代印度),进入中国后便与中国的玄学结合,取得了巨大的发展,于是,佛教文化成为中国传统文化的重要一脉。佛家以"缘起"说为根基,认为世界万物是互相联系、不可分割的。建立在"缘起"说基础上的"无情有性"认为,万物皆有佛性,这样,就揭示了自然生态系统的整体性。正因为万物都有佛性,于是众生皆平等,而且需要慈爱众生,普度众生。这些环境伦理是农业文明下的素朴生存经验与道德体悟,不仅构成了古代文明传承的精神力量,也可成为当今环境伦理建构的理论资源。

(一)佛教环境思想的含义

佛家具有丰富的生态智慧,其环境思想中的自然观和生命观蕴含着深刻的佛家文化。

1. "无情有性"的自然观

"无情有性"说的理论依据来自于"缘起",而"缘起"说是佛家哲学思想的基石,体现着佛家对宇宙、人生的根本看法。佛家经典《杂阿含经》卷十二里对"缘起"有这样的表述:"此有故彼有,此生故彼生,此无故彼无,此灭故彼灭。"[1]佛家认为,宇宙是由各种原因及条件会集而成的,每一个存在都互为原因,且互相影响。这些说明的是,人与其他生物是互相依存、互相联系的整体,任何一部分都不能孤立存在,而任何一部分的变化都会引起整个生态系统的变化。在"缘起"的基础上,佛家提出"依正论",正报是个人行为所导致的结果,依报则是集体、集团乃至整个人类的善恶行为导致的结果。"依正不二"的含义是,要把生命主体同生命环境看做一个不可分割的有机整体。"无情有性"的"性"指的是佛性,其包含的理念是,没有情感认识的山河大地、花草木石等无情物都是清净佛性的体现。总之,这些理论表现了生命与环境的不可分

---

①高楠顺次郎:《大正新修大藏经》,东京:日本大正一切经刊行会,1934年,第67页。

割性^①。

2. "平等慈悲"的生命观

佛家生命观主张众生平等，认为众生皆有佛性，众生都有可能成佛。佛家把世界分为六道，成佛就是这六道之间进化的最高境界。由于众生皆有佛性，都有成佛的可能，因此众生都有可能成为"人道"，都有可能成佛，在这个意义上，佛家认为众生平等。在这一基础上，佛家提出不杀生的生命实践，主张人类应以慈悲之心保佑众生。佛家讲，人要"慈悲"，实际上就是怜悯、同情，就是爱。慈悲的根本精神是普度众生，即帮助一切众生，使其离苦得乐。动物包含于众生之中，自然是拔苦得乐的救度对象^②。平等是对其他生命的尊重，而慈悲则是对其他生命的关怀。对于保护生态环境进而建立和谐社会来讲，这一思想有着重要的意义。

(二)评　价

佛家的生态观认为万物皆有佛性，都有内在的价值，并且万物存在于自然之中，他们形成了一个互相平等、互相联系的整体。人是大自然的一部分，和万物平等地存在于自然之中。佛家生态观指出人应该平等对待众生，珍爱生命。人类要按照自己的意愿主宰任何一种生物，这样必然会引起整个生态系统的变化。对于当代生物保护运动，佛家的这种生命观颇具启迪意义。这种观念极大地影响了中国民间社会，影响了传统社会中老百姓的日常生活。佛家主张戒杀生、众生平等、因果轮回等，这些信念与中国民间既有的敬畏自然，不能暴殄天物等道理一样，已经成为维持一般生活秩序的重要思想资源。

第四节　可持续发展观

可持续发展观是人类在发展过程中反思自身与环境问题的结果，也是环境思想史的延续。可持续发展观指出人与自然对立的关系是环境危机的罪魁祸首，它希望通过对自然价值的正确理解，从而建立一个新的生态观、发展观和价值观。可持续发展观的全球化引领着人类走向和谐的发展之路，这是符

①张有才：《论佛教生态伦理的层次结构》，《东南大学学报》，2010年第2期，第19~20页。

②张有才：《论佛教生态伦理的层次结构》，《东南大学学报》，2010年第2期，第20页。

合当下也是顺应历史潮流的生态观、发展观。

一、可持续发展观的形成

从 20 世纪 70 年代开始，人类就思考发展中出现的环境问题，通过几十年的不断反思和研究，逐步地探索出一条可持续发展道路，"可持续发展观"也因此而逐渐形成了。

（一）全球环境的恶化

可持续发展思想形成的最直接原因是全球环境问题的严重化，它们包括人口的急剧膨胀、自然资源的减少、环境污染的加重、生物多样性的减少等。工业化文明给人类创造了大量的物质与精神财富，同时它的一些现实表现也破坏了环境，其根本原因是人类充满欲望的扩张与人类缺乏理性的开发。这样，人类一方面享受了物质文明，另一方面也受到了环境恶化所带来的生存危机的威胁。

1998 年，巴西亚马逊森林大火、中国长江流域的特大洪灾、欧洲的狂风暴雨和席卷美洲的"米奇"飓风，这些均给人类带来了深重的灾难。同时，世界人口规模持续膨胀。截至 2011 年 10 月 31 日，全球人口总量达到 70 亿人。在最近 400 年内，全球人口增长了近 9 倍。人口的急剧增长已使地球不堪重负。同时，自然资源短缺也日益严重。第一，水资源减少与淡水消耗量大。1940 年全世界用水量约为 0.82 亿立方米，而到了 2000 年已增至 6 亿立方米，这给本来就供应紧张的淡水资源带来了新的危机。第二，可利用土地面积减少。因为人类使用不当，全球土地面积每年要损失 600 万公顷。此外，全球沙漠化和受其影响的土地数量增多，已经达到 2800 多万平方千米。第三，森林覆盖面积减少。与历史上的记载相比，世界森林资源的基本趋势是减少的，从历史上的 70 亿公顷下降到了目前的 20 亿公顷。第四，能源减少。全球消耗的不可再生能源数量越来越大，主要的煤炭资源越来越少，而石油危机则时刻都有可能发生。第五，生物多样性急剧减少。在地球历史上，曾经有 40 亿种动植物，但是现在只剩下 150 万种。因为人为因素所造成的物种灭绝远远超过因自然规律淘汰掉的自然灭绝，大量的基因由此而消失。

大量事实表明，环境问题已经严重威胁到人类的生存。无疑，工业文明背后所带来的环境污染值得我们深思。

（二）可持续发展观的提出

在 1972 年于瑞典首都斯德哥尔摩召开的联合国人类环境会议正式开幕之前,受联合国人类环境会议秘书机构的委托,英国经济学家巴巴拉·沃德和美国微生物学家雷内·杜博斯合作,在 58 个国家 152 位专家组成的通信顾问委员会的协助下,编写完成了书籍《只有一个地球:对一个小小行星的关怀和维护》。巴巴拉·沃德和雷内·杜博斯指出:"人类生活的两个世界——他所继承的生物圈和他所创造的技术圈——业已失去了平衡,正处在深刻的矛盾中。"[①]这本为会议提供背景资料的著作影响深远,迄今为止依然光芒灿灿。这次大会提出了" 连续的或持续的发展"概念,其标志着人类开始关注发展中的环境问题。国际自然保护联盟(the International Union for Conservation of Nature,IUCN)是目前世界上最大、最重要的环境保护组织,受联合国环境规划署委托,又在世界野生生物基金会(World Wildlife Fund International;现更名为世界自然基金会,World Wide Fund for Nature,WWF)支持和协助下,于 1980 年制定了《世界自然保护策略——为了可持续发展的生存资源保护》。这份国际重要文件将"可持续发展"作为术语提出,这是世界上的首次标志性的理论进步。1987 年,经联合国授权成立的世界环境与发展委员会公布了报告《我们共同的未来》,其阐述了"可持续发展"的定义:"是能满足当代人的需要,又不危及后代人满足其需要的能力的发展。"[②]1992 年在巴西首都里约热内卢召开的联合国环境和发展大会上通过了《里约环境与发展宣言》(*Rio Declaration*),简称《里约宣言》;又称《地球宪章》(*Earth Charter*),其明确指出:"人类应享有以与自然和谐的方式过健康而富有生产成果的生活的权利,并公平地满足今世后代在发展与环境方面的需要。"[③]从此,"可持续发展"成为了一种新的思想,在全球范围内广泛传播。目前,"可持续发展"已成为人类为了生存而必须采取的共同行动。

二、可持续发展观的主要观点

可持续发展倡导,通过建立一个全新的人与自然伦理关系,从而设立一

①[英]巴巴拉·沃德、[美]雷内·杜博斯:《只有一个地球》,北京:石油工业出版社,1981年,第 15 页。
②世界环境发展委员会:《我们共同的未来》,吉林:吉林人民出版社,1997 年,第 52 页。
③《里约宣言》,《迈向 21 世纪——联合国环境发展大会汇编》,北京:中国环境科学出版社,1992 年。

个新的生态观、发展观和价值观,最终用于解决紧张的环境问题。

（一）人与自然和谐相处的价值观

可持续发展观指出,传统大机器工业用掠夺的方式去征服自然,这是导致环境问题的根源。可持续发展观认为,必须摒弃"人类中心主义"。人是自然的一部分,是宇宙进化和生物进化的结果,因而,人应该学会尊重自然。大自然为人类提供了生存的物质基础与精神基础,人类所有的生存和生产活动都需要以自然所提供的物质为基础,人类无法在大自然之外建立一个独立系统而实现自己的存在。人类必须自觉地约束自己对自然的干预行为,既去做符合自己利益的事情,又不去破坏生态系统。约束对自然的干预不等于降低人类的主体性,而是更深层次地了解大自然规律,把握自然,协调自然。

（二）环境、经济和社会可持续发展的技术观

可持续发展观提出,必须变革现代技术的一些方式,发展能够保证环境、经济和社会协调一致的新技术。"环境报复论"所提出的"技术负进步"虽然有些不妥当,却也有些道理。因为,一些陈旧的生产方式割裂了生态系统的内部联系,不符合自然演变的规律。人们需要大力发展生态技术,这种技术建立在以生物学、生态学的基础上,强调生态整体的协调。科学技术是第一生产力。就是讲,要发展保护自然和维护生态整体平衡相协调的技术,使得生产活动遵循自然规律进行。生态技术也是一种人性化技术,它保证人在使用技术时获得全面发展。

（三）控制人口增长的人口观

世界人口目前已经突破了 70 亿人大关,而且增长的势头依然强劲,因而人口问题已成为困扰人类发展的全球性问题。1972 年,罗马俱乐部发表了《增长的极限》,这是一份关于人类困境的报告。这份报告指出,世界人口和经济如按照当时的增长速度继续下去的话,用不了 100 年,地球上的大部分资源会枯竭,人类可能遭到毁灭。可持续发展观认为,地球的承载力是有限的,人口的过度增长会给环境、经济和社会带来严重的压力。环境、经济和社会的可持续发展是以人口的适当为前提的,当人口超出地球的承载力时,地球的自然资源将面临着枯竭的危险,而环境、经济和社会的发展也将失衡。可持续发展观主张控制人口的增长,这样有利于促进其他生命的多样性。

三、可持续发展观的基本原则

可持续发展观包含两大类关系:一是人类与自然的关系,要求人与自然

的相互适应与相互协调;二是人与人之间的关系,要求人类自身之间要相互尊重,相互协调,公平对待,最终达到人的全面发展。

(一)公平性原则

可持续发展观中包含着两个公平性原则:一是一部分人的发展不应损害另一部分人的利益;二是满足当前需要同时又不危及后代满足其需要的能力。也就说,可持续发展的公平即包括代内公平,同时也包括当代人与后代人之间的代际公平。代内公平强调,当代人在利用自然资源、满足自身需求上机会是均等的。地球的资源是有限的,没有哪个个体或者国家、地区可以无限制地自由发展。任何个体或者国家、地区的发展都不能损害其他个体或者国家、地区的利益。代际公平还强调,当代人在利用自然上过少考虑后代人的生存发展,实际上是对后代人生存权的剥夺。因而,当代人有义务要保存能源资源,努力开发可替代能源,控制人口的增长,保证人的生存与发展权,以实现人的全面发展。

(二)道德原则

可持续发展所坚持的道德原则是人与人之间的道德关怀,还有人对自然的道德关怀。在自然资源的开发利用上,不能损害其他人的利益。在日益紧张的环境问题面前,每个人的生存、发展都可能影响到其他人的利益,因此,每个人在生存权和发展权方面都对其他人以及后代具有不可推卸的道德责任。同时,人类需要给予自然以道德上的关怀。大自然为我们提供了生存的物质与精神基础,然而它不是人类的奴隶。人类需要承认大自然为人所用的工具价值,同时也必须承认大自然的内在价值和系统价值。

(三)可持续原则

可持续发展自身就是一项最基本的原则,而且其已经上升为世界道德。可持续发展观以人与自然的和谐统一为基础,认为人的活动要以自然生态系统的可持续生存为最低道德要求。可持续发展观将人与自然作为一个统一体,它承认了系统内每个生物自身具有的固定价值,即自然需要人的道德关怀。因为,发展的可持续性是将人内置于自然之中,而且作为一个统一的整体去讨论。其含义是,人类的发展必须保证生物的多样性,同时还要保持生态系统的完整性且不受破坏。

(四)共同性原则

可持续发展是为了保证人类的整体利益,这里的"整体利益"不仅包括了当代人的利益,同时也包括了人类未来的利益,因此,可持续发展是有关整个人类的课题。要实现环境、经济与社会的可持续发展,就要所有人共同努力。要实行可持续发展战略,实现人与人的和谐是前提,所以,所有人均必须共同行动。同时,由于地球生态系统的整体性和导致全球环境退化的各种不同因素,各国对保护全球环境负有共同责任。但是,由于导致环境问题的因素不同,各国负有共同的又有区别的责任。对于这些不同的责任,人类内部需要率先协调。

四、可持续发展观的现实意义

事实与预期均表明,人们必须应用可持续发展理论去处理发展中的矛盾,这样就能获得最大化的多元效益。

(一)创造"绿色文明"

人类曾以"黄色文明""黑色文明"来形容农业文明和工业文明。于是,"绿色文明"自然成为了可持续发展的应有之义。"农业文明"时代,人类发展处在初级阶段,社会生产仅停留在简单的物质改造上。"工业文明"时代,人类将发展的眼光只停留在经济和社会领域,仅仅在经济和社会领域里探讨经济和社会发展的规律,把经济再生产过程同自然再生产过程分割开来,没有看到经济与社会的发展对人口、自然资源和生态环境的深切依赖关系。"绿色文明"是坚持以可持续发展观为基础的,在推进人类发展时,这种文明没有局限在经济和社会范围内,而是展示了经济与社会对自然环境的密切依赖关系,深刻表现出环境资源的宝贵性质。在其框架内,自然生态能得到很好的保护,由此,经济不断发展,人和社会不断全面进步。在"绿色文明"的环境中,人类社会是政治、经济、文化、环境等各方面协调发展的物质文明和精神文明高度统一的和谐社会。

(二)促进人与自然和谐共处

在对环境危机进行反思的基础上,可持续发展观表明,工业文明所产生的科学技术控制和征服自然的价值观,乃是导致环境问题的根源。可持续发展观表明,人是自然的一部分,是宇宙进化和生物进化的结果,人应该学会尊重自然。人类与所有生命生活在同一个体系中,大自然为人类提供了生存的物质基础与精神基础,人类所有的生存和生产活动都需要以自然所提供的物质为基础,人类无法在大自然之外建立一个独立系统并依此而存在。人与自然的和谐,这是人与自然关系的一种理想状态,但是,这种状态不可能自然而然地实现。从人类的发展历程来看,早期是自然奴役人类,后来是人凌驾于自然之上。汲取历史教训,今后人类在发展过程中要遵从自然规律,同时要发挥主观能动性,改造自然与保护自然相结合。可持续发展观的主体所追求的内容是,在不超出生态承载力的情况下,提高人的生活质量;可再生资源的消耗速度不大于修复速度;不可再生资源的消耗不高于可替代资源的开发速度;向环境的排污量不大于环境自净的容量,同时推行清洁生产和可持续消费;发展循环经济;保证水资源不枯竭,生态系统良性循环。在可持续发展观的指导下,人与自然才能和谐相处。

（三）促进人与人的道德关怀

可持续发展要求,一部分人的发展不应损害另一部分人的利益,满足当前需要同时又不危及后代满足其需要的能力。可持续发展观表明,人类要平等地享用自然资源的权利,保证人人享有生存权和发展权。因此,在坚持整体利益的情况下,任何人都不能作出自私的决定,所以,人类要给予彼此道德上的关怀,要尊重他人的生存权与发展权。只有坚持可持续发展观,人与人的关系才会更加和谐。实现了人与人的和谐,才能实现人与自然的和谐。

学习思考题

1. 阐述人类自我意识变迁的过程?

2. 世界图景是如何随着自我意识的变迁而变化的?

3. 中国主要环境思想有哪些?

4. 西方主要环境思想有哪些?

5. 人类中心论的主要内容是什么?

6. 可持续发展观包含哪些主要观点?

7. 可持续发展观的基本原则是什么?

第四章　人口与环境

　　内容提要　环境因素塑造了人口的基本结构,人们的劳动改造并创造了新环境。人口与环境相互作用的目标要和谐,这是中国思想文化史中一个重要的概念,对于当代世界上人口最多的中国来讲,人与环境和谐更加具有现实意义与深远的历史意义。为了这个和谐目标,需要全面研究人口与环境的诸多关联事物,例如,人口数量增长与环境承载力、人口迁移和流动与城市化、人口结构变动与人口素质等。由于历史、信仰等多种原因,在世界范围内,当代的人口规模与自然环境容量处于不和谐的状态,人们赖以生活的淡水、森林、土地等自然资源稀缺,而且生态环境也因为人为的行为破坏而日益失衡。可以说,失衡的环境因素越来越多的制约着人类的发展,威胁着人们的健康。因而,中国在建设小康社会的历史进程之中,尤其需要处理好人与环境的关系,使之协调一致。为此,要坚持马克思主义经典作家的人口理念,学习毛泽东和邓小平的人口思想,从新中国建设实践中不断总结经验,创立符合中国实际的新的人口政策,这是未来的一项伟大任务。

　　人与环境的研究所关注的是抽象的人与环境的关系,这类抽象的人不仅是同质的,而且行为方式经过适当的简单化之后也呈现出相同的模式特征,它们包括人类活动对环境的改造与环境对人的自然选择。而人口与环境研究关注的则是环境系统中具体的人,具体的人存在的数量和质量的差异,还有深入地探讨涉及人口要素及其变动与环境的相互影响等。

第一节　人口思想及对环境承载力的认识

人类社会与自然环境应该建立什么样的关系，这是关于人类文明发展的重大问题。特别是在当今世界，一方面气候异常变化，环境污染现象十分严重；另一方面，人口规模十分庞大，人口与环境的关系以及如何使这类关系的演变符合客观规律，这个问题显得尤其重要。从古至今，社会各类人士不断探索、研究人口与环境的关系，提出了很多观念，其中一些理念在人类发展史上曾产生了不同的重大影响。在中国古代社会，一些哲人贤者在距今2000多年前就表述了很有特色的人口与环境关系的思想。近代社会，马克思主义经典作家深刻地揭示了人口与环境关系的实质，阐述了在今天依然闪烁着睿智光芒的理论，而且这些理论的核心内容对人类文明的未来发展都有指导意义。

一、马克思主义人口理论

马克思主义经典作家虽然没有专门论述社会人口与自然环境的著作，然而，他们提出的相关理念深刻而精辟，迄今依然充满睿智。

大自然千变万化，天有不测风云；人们的劳动生产、家庭活动有很大的自由度，各国都有一些特色，似乎难以统一。因此缘由，社会人口与自然环境的关系充满了变数，难以用简单的条文概述。然而，马克思主义经典作家高屋建瓴，首先论述了人与自然关系的客观事实，揭示了事物的本质特征。一方面，马克思在《1844年经济学哲学手稿》中明确指出："人靠自然界生活。这就是说，自然界是人为了不致死亡而必须与之处于持续不断的交互作用过程的、人的身体。所谓人的肉体和精神生活同自然界相互联系，不外是说自然界同自身相联系，因为人是自然界的一部分。"[1]文字不多，形象生动。恩格斯提出了同样的观点，他说："我们连同我们的肉、血和头脑都属于自然界"[2]。另一方面，马克思还赞扬了人类进行"劳动这种生命活动"的伟大意义，"这种生产是人的能动的类生活。通过这种生产，自然界才表现为他的作品和他的现

①马克思：《1844年经济学哲学手稿》，《马克思恩格斯全集》（第42卷），北京：人民出版社，2002年，第95页。
②恩格斯：《自然辩证法》，《马克思恩格斯全集》（第20卷），北京：人民出版社，1971年，第519页。

实"①。自然创造人,人又改变自然,这就是马克思主义关于人与自然关系实质的观点。

马克思主义经典作家还更加注重从社会历史的发展中论述这类关系,从而使思辨的表述更加深刻。因为,自然环境虽然是人类生存与发展的物质前提,但是,人类通过社会化的生产组织和长期创新劳动,才使地球上出现了农田、楼宇、公路等辉煌的文明图景。立足于这个立场,马克思明确指出:"自然界的人的本质只有对社会的人来说才是存在的;因为只有在社会中,自然界对人来说才是人与人联系的纽带,才是他为别人的存在和别人为他的存在,只有在社会中,自然界才是人自己的人的存在的基础,才是人的现实的生活要素。只有在社会中,人的自然的存在对他来说才是自己的人的存在,并且自然界对他来说才成为人。因此,社会是人同自然界的完成了的本质的统一,是自然界的真正复活,是人的实现了的自然主义和自然界的实现了的人道主义。"②赞扬人的创造力,关心科学技术进步,科学地开发自然等,这些就是马克思提出命题的根本原因。

马克思主义经典作家还深刻地分析了社会生产力与自然和历史的关系,并明确指出,因为,人们周围的自然界"绝不是某种开天辟地以来就已经存在始终如一的东西,而是工业和社会状况的产物,是历史的产物,是世世代代活动的结果"③。因此,自然界与人的现实的历史关系,说到底就是人的物质生产过程。所以,人口诸如数量、质量与自然环境的关系便是一种社会历史性的关系,而且,这是一种变动着的关系,因为历史本身就如同河流一样不停地奔腾、变化。

马克思主义经典作家还认为,社会历史的发展是以一定数量的人口为前提,而人口规模与经济生产密切相关。对于这种关系,恩格斯深刻地阐述了一个理念:"根据唯物主义观点,历史中的决定性因素,归根结底是直接生活的

---

①马克思:《1844年经济学哲学手稿》,《马克思恩格斯全集》(第3卷),北京:人民出版社,2002年,第273~274页。

②马克思:《1844年经济学哲学手稿》,《马克思恩格斯全集》(第3卷),北京:人民出版社,2002年,第301页。

③马克思、恩格斯:《德意志意识形态》,《马克思恩格斯全集》(第3卷),北京:人民出版社,1960年,第48页。

生产和再生产。但是,生产本身又有两种。一方面是生活资料即食物、衣服、住房以及为此所必需的工具的生产;另一方面是人类自身的生产,即种的繁衍。一定历史时代和一定地区内的人们生活于其下的社会制度,受着两种生产的制约:一方面受劳动的发展阶段的制约,另一方面受家庭的发展阶段的制约。"①目前世界人口总量已经突破70亿人大关,而"两种生产"的思想对于解决庞大规模的人口带来的一些问题很有启示,它们主要包括粮食供给、环境保护、社会福利、卫生保健等。

依据马克思主义人口理论,社会发展决定于社会生产方式,人口增长不是社会发展的主要力量,人口增长不能说明社会面貌和社会制度变革的原因。相反,人口发展也要由社会生产方式的发展来说明。但是,人口增长对社会发展有促进或延缓的作用。马克思主义人口理论既反对人口决定社会性质、决定社会面貌的资产阶级观点,同时也反对忽视人口在社会发展中的作用的形而上学观点。马克思主义人口理论还认为,人口现象本质上属于社会现象,人口的发展变化过程是以人的生理条件和其他自然条件为基础的社会过程,人口规律是受生产方式制约的社会规律。生产方式对人口的运动、发展和变化起决定性作用,社会生产方式决定人口的增殖条件和生存条件。每一种特殊的、历史的生产方式都有其特殊的、历史作用的人口规律。马克思主义人口理论反对离开社会制度、离开生产方式抽象地解释和说明人口现象,反对把人口规律说成是永恒不变的自然规律。人是生产者和消费者的统一,作为生产者,人能创造社会财富;作为消费者,人需要消费社会财富。人在社会经济生活中有这种两重作用,这是正确认识人口与社会经济相互关系的出发点。

撮要言之,马克思主义人口理论十分丰富,对于在当前亟须处理复杂的人口与自然环境问题之际,这个理论的指导意义十分明显。

二、中国人口思想发展史

中国历史悠久,历朝学者们提出了很多人口发展的理论,其中有一些堪称精华的理念,这些思想传承了千年直至今日。

---

①恩格斯:《家庭、私有制和国家的起源序言》,《马克思恩格斯全集》(第21卷),北京:人民出版社,1965年,第29~30页。

（一）中国传统人口思想

中国传统的人口思想贯穿于各种哲学、政治和文化之中，而且这种人口思想极其丰富，它们主要包括增殖人口观、适度人口增长和限制人口增长等理论。同时，中国传统人口思想具有浓厚的政治色彩，那些学说不仅多强调人口为立国之本，而且阐明人口众寡乃是衡量君主是否德政和国家是否繁荣的标志。

增殖人口的思想源自于农耕经济，前文曾简单阐述了中国先秦时期的"铁犁牛耕"作业情况，这种传统的且在中国长期存在的耕作制度需要大量的人口。因为，有了人就有了劳动力，他们就能耕作，国家就可以增加税赋、增加兵源和增强国力。当时社会战争相对频繁，战乱致使大量人口死亡，战乱又使田地沦为荒漠，所以增殖人口的思想关乎国家的兴衰和生存。先秦时期"人口增殖"思想常常表现为儒家学派倡导的"孝"的理念，这种理念鼓励人们追求子孙繁衍。孟子曾明确地提出"不孝有三，无后为大"[①]，这不仅仅是一种大量增加人口的观念，也在实际上极大地推动了社会人口增殖。增殖人口的思想和行为是与当时的社会环境和生产力相适应的。一方面，那时候人口总量较少，环境承载能力相对充足；另一方面，战争比较频繁，人口死亡率很高。人口增殖思想与行为具有深远的影响，其构成了中华民族传统文化的重要内容。

随着社会的发展，诸侯争霸，资源相对扩张的需求使得资源呈现出稀缺性，自然灾难引起大范围内的饥荒、疾病，人们不得不考虑人口与环境的相互协调。商鞅（约公元前 390~公元前 338 年）是战国中期的著名政治家、先秦法家代表人物，他就提出了适度人口增长的思想。他认为，人口与土地的数量应该保持平衡，当人多地少的时候要大力开垦土地，人少地多时要增加人口。他还计算出"先王制土分民之律"，即可耕地与人口数量具有一定比例的关系，方圆百里土地可容纳居住五万耕作的农夫[②]。战国时期法家思想的集大成者韩非子（约公元前 280~公元前 233 年）根据当时人口数量增长、社会财富不足与人民生活贫困的社会状态，提出了"人民众而财货寡，事力劳而供养薄，故民争"的思想[③]。为解决这类矛盾，韩非子提出了发展生产、增加财富与减少人口的"适度人口"思想。不过，他也提出为了减少人口甚至可溺

---

①万丽华、蓝旭译注：《孟子》，北京：中华书局，2007 年，第 167 页。
②（战国）商鞅等：《商君书》，上海：上海人民出版社，1974 年，第 48 页。
③陈秉才译注：《韩非子》，北京：中华书局，2007 年，第 269 页。

杀女婴的观点,这是非常错误的。综合而论,适度人口思想的提出使人们正确地认识了人口增长与环境承载能力之间的相互协调关系,指出了人口发展要与自然环境相适应的观念。

封建社会后期,中国人口逐渐增多,反对人口过快增长的思想盛行。清代翰林院编修洪亮吉(1746~1808 年)是个有名气的经学家、文学家,他明确提出要注意人口增殖带来的社会压力。洪亮吉生活的时代正是清朝"乾嘉盛世"时期人口迅速增长的年代,中国人口总量达到了前所未有的地步。据史书记载,清代顺治八年至十八年(1651~1661 年)人口不过 1 亿人左右,到乾隆五十年至五十六年(1785~1791 年)却猛增至 3 亿人,131 年间增长率约 200%。[1]面对急剧增长的人口,洪亮吉曾写过《治平篇》,在这篇文章中,他计算说,户口"则视三十年以前增五倍焉……"但是,田地、房屋"亦不过增一倍而止矣……"他认为解决的办法,一是"田地调剂法",即任凭水旱疾病天灾减少人口;二是"君相调剂法",即由统治者采取措施,例如,鼓励开荒、移民,限制兼并,实行减税、救济与发展生产等[2]。洪亮吉对解决人口问题的前景持悲观态度,这是基于清代人口快速增长、社会问题比较突出的社会条件下产生的,其比后来西方社会的马尔萨斯《人口原理》的出版要早。这就说明,人口增长对环境的压力是世界范围内的一个共性问题,因而,人口的发展必须与环境相适应。

(二)中国近现代人口思想

中国近现代人口思想泛指自 1840 年鸦片战争以后,那些基本观点和主张大都围绕着人口过剩问题来分析,探讨它与中国社会经济发展状况的关系,并且寻求解决的根本途径。

清末人口日多,特别是浮民、惰民日增,于是,学者龚自珍(1792~1841 年)认为这是"衰世"的表现,因为,浮民众多是社会动乱的原因。中国人口学家、经济学家陈长蘅(1888~1987 年)于 1928 年出版了《中国人口论》,他在书中强调:"吾国今日之黑暗现象,多以贫字为胚胎。我国同胞贫穷之原因甚多,生育太繁,乃其最大原因,故迟婚减育,实救贫最要之一术也。"[3]他提出缓解人口压力的根本途径在于须提倡比欧美各国更加健全和彻底、以节育和优生为内

---

[1]姜涛:《人口与历史:中国传统人口结构研究》,北京:人民出版社,1998 年。
[2]洪亮吉、刘德权:《洪亮吉集》,北京:中华书局,2001 年。
[3]陈长蘅:《中国人口论》,上海:商务印书馆,1928 年,第 104~105 页。

容的"生育革命"。这一革命须由国家干预，并通过各专门机构宣传优生知识，推广不悖人道、不伤身体、普遍实用的"自然节育法"。这种思想是封建士大夫为维护封建统治而提出的，他们把国家的残弱归咎于浮民、惰民，而不从体制和官僚腐朽方面进行改革，仅仅归因于人口众多和素质不高，这显然是不合理的。不过，他们提出了控制人口的思想，无疑，这种理念对社会的发展具有进步的意义。

19世纪末，世界范围内的人口增长迅速，其引起世界范围内对人口压力的大探讨，西方和国内部分学者也对中国众多的人口提出了种种非议。也就在这个时代，一批中国革命的先驱者登上了历史舞台。梁启超（1873~1929年）是中国近代史上戊戌变法（百日维新）领袖之一，也是近代文学革命运动的理论倡导者。梁启超注重提高人口质量，反对早婚。他明确表示："吾以为今日之中国，欲改良群治，其必自禁早婚的。"①他从五个方面进行分析，具体说明早婚对提高人口质量的危害。辛亥革命的伟大领袖孙中山（1866~1925年）十分关注中国人口状况，提出了"移民拾荒，合理分布人口"的思想。他还主张通过"平均地权""节制资本"来解决民生问题，用于国家增强政治力与经济力，振兴中华②。这些中国历史人物深入地研究了当时国家的状况，由此而提出的一些人口思想十分宝贵③。学习前辈深刻的思想理念，对于今日国家的发展具有重要的借鉴意义。

新中国成立之后，如何指导社会民众进行社会主义建设，乃是新中国成立初期的首要任务。中国当代经济学家、教育学家、人口学家马寅初（1882~1982年）经过深思熟虑，率先提出了一个论点，即社会主义社会存在人口增长过快的问题。他于1957年发表了《新人口论》，旗帜鲜明地阐述了基本的人口思想：中国人口繁殖太快，人口多、资金少，已经影响了工业化的进程，也影响到人民生活水平的提高，应该控制人口。马寅初的主要观点如下：第一，掌握人口数据是制定政策的关键。客观地估计中国人口的增长情况，这是建设社会主义国家的重要领域。第二，人口增长与社会发展之间存在矛盾。人口增长

①梁启超著，吴松等点校：《饮冰室文集》（第二卷），昆明：云南教育出版社，2001年。
②孙中山：《孙中山选集》，北京：人民出版社，1981年，第194~202页。
③马楠：《梁启超、孙中山、廖仲恺的人口思想概述》，《金卡工程：经济与法》，2011年第3期。

过快,引起了五个方面的矛盾。它们是,人口与资金积累、人口与劳动生产率、人口与工业原料、人口与生活水平以及人口与科学事业。第三,解决人口问题的建议。他指出,一是要进行新的人口普查;二是要大力宣传,修改婚姻法,实行晚婚、少生孩子等政策;三是在节育的方法上,主张避孕,反对人工流产。1957年底,马寅初的《新人口论》被打成"马尔萨斯的人口论",他本人与他的思想均遭到错误的批判。改革开放之后,马寅初的理念受到了人们的赞扬,中国的人口研究也在新的历史条件下复兴了。遵循实事求是、有错必纠的基本原则,1979年6月,马寅初以及他的《新人口论》得到公开平反。几年之后,北京大学又为这位学者树立起一尊铜像。

三、西方人口思想

西方学者在研究人口问题时往往重视人口与社会经济的联系,同时,除了传统的政治、经济、文化视角外,他们还从其他不同角度,比如身体、心理、环境等角度对人口问题进行了纵横交错的深入分析,从而形成了人口思想的两大特点,即经济色彩和视角的多元化。

早期重商主义、重农学派和古典经济学派,他们是对西方国家经济发展影响很深的学术流派,他们分别论述了自己的人口经济思想。重商主义和重农学派都强调人口与财富增长之间的关系,重点从流通领域论述了人口增长对财富积累和国家强盛的重要性。重商主义者认为,人口是国家劳动力的重要来源,又是进行武力掠夺、殖民扩张的兵源。因此,他们主张增加人口,限制人口外流,同时鼓励外国人口,特别是引导有熟练手艺和有科学技术的人才移入本国。古典学派经济学家分析了经济变量与人口之间的关系,他们主要是经济增长、收入、工资、地租等[1]。西方社会早期人口经济思想有不少真知灼见,但是也有一些糟粕,需要区别对待。

例如,英国经济学家马尔萨斯(Thomas Robert Malthus,1766~1834年)的人口思想在早期工业化初期的西方社会有不小的影响力,他于1798年出版的《人口学原理》是一个典型代表。马尔萨斯提出,人有食、色两个需求,从而产生两种级数。人口成几何级数增加,生活资料成算数级数增加。他由此得出了三个结论:一是人口必然受生活资料所限制;二是生活资料增长必然使人

---

[1]任保平:《西方经济学说史》,北京:科学出版社,2010年。

口增长;三是人口增长必然会使抑制人口增长的三种力量出现,从而使之与生活资料保持平衡,这三种力量(即三种抑制)就是道德、贫困、饥饿与罪恶(包括战争与瘟疫)。最后,马尔萨斯得出结论:贫困是自然规律所致,无法克服;贫困与罪恶也是自然规律造成的;人的情欲是必然的,只有私有制才能提高道德与节制生育等。马尔萨斯人口思想虽然有一些独到见解,但是其总体基调是错误的。

目前阐述与研究人口理论,目的是要在促进社会文明发展高度上协调统一,即人口、社会与自然的均衡关系得到完善,以此为社会的进步与发展提供良好的人口与环境条件。

四、人口与环境承载力

由于人口增长和人类生活水平的提高,人口问题已经构成对自然资源和生态环境的巨大压力并正在产生严重的后果。出于对人类自身发展前途和命运的关心,不同领域的研究人员和社会工作者对人口、自然资源与环境问题进行了越来越多的探讨,正是这方面的研究不断拓展着人类研究的视野,而且人们研究的重点正从传统人口经济学向人口、资源与环境经济学转变。这种转变是人类进步的体现。

人口问题研究的重点之一是自然环境承载力,主要指自然资源,例如,新鲜空气、水、食物及矿产资源等,要计算清楚,这些自然资源最多能供养多少人? 20 世纪末以来,由于人口爆炸所带来的自然资源短缺、环境污染、就业等问题不断尖锐化,人们对"地球到底能养活多少人"这类问题持续关注。20世纪中叶以来,学者们提出不少观点,归纳起来主要有两种:

一是以新马尔萨斯主义为代表的极限论观点,也称悲观论观点。极限论是 20 世纪初以马尔萨斯作为典型而提出来的,后来不少学者继承和发展了这一理论。1972 年,非正式的国际协会罗马俱乐部(The Club of Rome)公开发表了《增长的极限:罗马俱乐部关于人类困境的报告》,该书由美国麻省理工学院斯隆管理学院教授丹尼斯·梅多斯(Dennis L.Meadows,1942 年~)主笔。梅多斯等人的分析试图说明:由于人口按照指数增长,引起了对粮食需求的指数增长,同时经济增长,主要是工业产量的指数增长,它们引起了不可再生资源消耗率的指数增长,而上述这些因素的指数增长又导致环境污染也按指数增长。这样,人类不需要经过太长的时间就可能达到"危机水平"。他们甚至认为,早在2100年到来之前,人类社会将要"崩溃","世界末日"将要来临。

二是乐观论观点。乐观论是20世纪60年代产生的,其代表人物是美国经济组织决策管理大师赫伯特·亚历山大·西蒙(Herbert Alexander Simon,1916~2001年),他是1978年的诺贝尔经济学奖获得者。还有美国经济学家西奥多·威廉·舒尔茨(Theodore W. Schultz, 1902~1998年),他于1979年获得诺贝尔经济学奖。这些曾获得诺贝尔经济学奖的大师们认为,地球的可利用率是无限的,关键是科学技术与创造发明。由于技术进步,产业活动将主要是自动化的,许多产品将更加耐用,能源利用将更有效,同时,生物技术将有重大突破。这样,人们将有较多的时间用于娱乐、个人发展和环境保护,目前出现的环境问题、不平等问题、地区差异矛盾、贫困问题都能得到解决。他们认为,通过努力持续地致力于改善人的生活,每一代人应当将一个生产力更加发达的世界移交给下一代。

较之悲观的"零增长"理论,乐观主义者关于发展的必要性的论述显得更加理性。乐观主义者将人视作"最后的资源",高度评价技术进步在克服环境、资源制约方面的作用。但是,他们也低估了全球环境污染可能造成的长期危害,这是乐观主义理论的薄弱环节之一。后来的学者综合乐观主义关于发展的主张与资源环境论者对资源利用与环境保护的关注,从而逐渐地形成了理性的可持续发展的观点。

第二节 人口问题与环境

人口是社会系统的核心,是发展的原动力和终极受益者,是社会经济发展的关键因素之一。在人类影响环境的诸多因素中,人口是最基本的问题。中国是世界第一人口大国,人口问题和环境问题也面临着重大挑战。控制人口数量,提高人口素质,这是中国必须长期坚持的一项基本国策。

一、人口增长与环境

人口与环境的关系极为密切,人口数量变动对环境具有很大影响,同时,环境质量也对人口数量产生重要影响。

(一)人口增长概述

人口是生活在特定社会、特定地域、具有一定数量和质量,并在自然环境和社会环境中同各种自然因素和社会因素组成复杂关系的人的总称。在人类发展历程的绝大部分时间内,人口数量的增加都是十分缓慢的。一定资源条件下土地的承载量和人口分布状况,这些是与人口数量关联的重要数据,一些研究项目据此对历史人口进行了测估。距今 100 万年前,世界人口仅为 12.5 万人。随后岁月的人口增长非常缓慢,在 2.5 万年前达到约 334 万人,1 万年前达到 532 万人左右。到公元元年,全球人口达到约 3 亿人,其年平均增长率为约 0.05%。18 世纪到 20 世纪初的相当一段时间里,世界人口以每年 0.5% 的速度增长。1950 年前后,人口年增长率从每年 0.5% 提高到 1%,此后更达到年均 2% 的惊人速度。在这样的高增长率之下,世界人口倍增所需要的时间缩短到 35 年左右[①]。1820 年左右,世界人口达到 10 亿人。人类达到第一个 10 亿人,其间耗用了人类历史的绝大部分时间。依据全球范围内权威性的联合国人口基金(United Nations Population Fund,UNFPA)公布的统计数据显示,世界人口从 10 亿人增长到 20 亿人用了一个多世纪,从 20 亿人增长到 30 亿人用了 32 年,而从 1987 年开始,每 12 年就增长 10 亿人。

总之,随着工业革命的开展,人类在财富快速积累的同时,人口数量也以前所未有的速度急剧膨胀。美国斯坦福大学教授保罗·艾里奇(Paul R· Ehrlich)于 1993 年获得了世界生态学奖,他与生态学家康默纳(W.Comnoner)共同研究并于 20 世纪 70 年代提出了 IPAT 模型:I = PAT。该模型表明,人类承受的生态环境的压力(impact)等于人口数(population)、人类的富裕程度(affluence)以及技术(technology)的乘积。这一公式明确指出,人口数、人口的消费力(或需求)、技术和社会政策,这些决定着人类对资源、环境的影响。该模型显示,即使人口零增长,由于人均消费增加、技术服务的提高,对环境资源的索取还是会增加的。

(二)人口增长对环境的主要影响

人口增长过快的结果是造成水资源紧缺和污染。水是生命之源,珍惜水资源就是珍惜生命。然而由于地球水资源分布不均,加之工业污染严重,污水处理不合理,全世界水资源持续地严重紧缺。据联合国统计,全世界用水量平均每年递增约 4%,城市用水量增长更快。用水量的增加导致工业和生活污水

---

①杨云彦、陈浩主编:《人口、资源与环境经济学》,武汉:湖北人民出版社,2011 年,第 16 页。

的排放量大幅度增加,致使水的污染日趋严重,而且形成了恶性循环。中国是世界水资源大国,全国水资源总量居世界第六位,但是由于国土面积广阔,人口众多,因而人均水资源占有量只相当于世界人均水资源占有量的1/4,位居世界第110位。中国水资源分布也存在着不均等困难,水资源人均水平也远远低于世界人均水平①。人口众多,从而需求加剧,这些是中国、世界水资源紧缺的最主要原因之一。

　　人口增长过快造成土地资源稀缺。土地是人类获取资源、创造财富的基础,生活之根本。一方面,人口膨胀,加之不合理开发土地,导致大量的耕地被毁,生态平衡被破坏,使得自然灾害频繁,导致了许多发展中国家土地退化。另一方面,盲目推进城市化及工业化,致使出现很多不合理的土地开发,结果造成了湿地、耕地退化与生态破坏。中国土地资源中耕地大约占世界总耕地的7%,但人均占有的耕地面积相对较少,约为世界人均耕地面积的1/3。目前,中国每公顷耕地平均养活12人,耕地承载量与30年前相比增加了一倍,实际的耕地面积减少了约一倍②。严格禁止毁坏耕地,这是保障人民生活的重大事务。

　　人口过快增长造成了森林、草地资源破坏。森林和草地是人类生存和发展的重要屏障,它们覆盖着世界土地面积的4/5。森林和草地的生态功能作用广泛,它们主要是涵养水分、防治水土流失、防沙固沙、净化大气、调节温度、减低噪声、保护野生动物等。世界人口大量迅速增加,人类为了开垦耕地和建设房屋,供给生活燃料和商业木材,致使消耗森林资源十分厉害。再加上出现的乱砍滥伐、过度放牧造成土地荒漠化等,最终导致了森林和草地面积的急剧减少。

　　(三)地球环境对人口的承载能力

　　人类社会所规定的人口生活水平标准不同,地球环境对人口的承载能力也不同。如果把生活水平的标准定得很低,甚至仅维持在生存水平,那么人口环境承载力或人口环境容量就可认为接近生物学上的最高人口数;如果生活水平的目标定得恰当,人口环境容量即可认为是经济适度人口。国际生态学

---

①水利部编:《中国水资源公报》,北京:水利水电出版社,2011年。
②王强:《中国人口分布与土地压力》,北京:中国农业科学技术出版社,2008年。

界将世界人口环境承载力定义为:在不损害生物圈或不耗尽可合理利用的不可更新资源的条件下,世界资源在长期稳定状态下所能供养的人口数量的大小。这个定义强调的人口环境容量的前提是,不破坏生态环境的平衡与稳定,保证环境的永续利用。

地球是人类栖息的场所,然而,地球陆地表面积是有限的,其提供给人类的物质、能量也是有限的,因此,探求适度人口数量和适度增长率,这些对社会经济发展战略的使用具有重要意义。

近些年来,世界各国在人口问题上的意见越来越接近,适宜人口增长的理念被很多民众接受。1994年9月,在埃及首都开罗举行了第三次联合国国际人口与发展大会(International Conference on Population and Development,ICPD),这是联合国关于人口问题的最高级会议,每10年举办一次。第三次ICPD会议有包括中国在内的179个国家和地区的总计1.5万名代表参加,大会通过了《关于国际人口与发展行动纲领》(International Conference on Population and Development,简称 Programme of Action),这个纲领认为,人口过速增长和生育率过高必然阻碍经济发展,因而各国要加强在人口与发展领域的合作,改善发展中国家的经济环境,这样将有利于人口计划的实施。

二、人口迁移分布与环境

人与环境相互影响的最明显的体现就是人口迁移。一方面,人类要追寻气候舒适、地理位置良好、自然资源丰富的地方定居繁衍;另一方面,不同的环境基础逐渐形成了人类人体形态和社会结构的不同特点。这就是说,人类改造利用环境,同时,环境塑造了人,影响着人类社会的发展。1968年生态学家霍利(A·Hawley)在其《生态学:人类生态学》一书中指出:"人类会通过生命过程变动(出生和死亡率变动)达到迁移变化,再分布自身,以求得人口规模和生存机会之间的平衡。"[①]依据迁移生态学理论,一些形式的迁移是人类对生态变化作出的一种反应。

(一)人类迁徙发展概述

人类发展的历史就是人类不断迁徙和扩散的历史。人类的具体起源地国际学术界意见不尽相同,有些说法还有待于考古人类学家考证,但可以肯定

---

①李静能:《现代西方人口理论》,上海:复旦大学出版社,2004年,第149~150页。

的是,人类在狩猎采集时期的迁移和再分布非常活跃,因为采集狩猎生活需要根据季节和人口的变化而不断地更换居住地点,因此这样的活动范围是不断变化的。但是在相当长的时期里,人类活动范围还主要是在非洲、亚洲和欧洲的热带和亚热带地区。后来由于人类使用了火,原始人类的长途迁徙才成为可能。由于第四季冰期(大约始于距今 200~300 万年前,结束于 1~2 万年前)末期的出现,浅海大陆架裸露出来了,于是各个大洲基本都有大陆架相连,从而使人类向各个洲扩散成为可能①。进入农业社会,人们开始定居,因此出现了聚落,后来又形成了城市。农业社会的主要生产活动是农业生产,因此农业生产条件是限制人口分布的一个重要因素。世界文明的几大发源地都是在大河的两岸或河谷,因为原始人群要依靠这类优越的自然条件做生产的基础。

随着资本主义的兴起,世界经济的迅猛发展,新大陆的发现和垦殖,还有交通运输工具的进步,人口移动和迁徙由此达到了空前规模。近代以来,人口迁移的几个主要流向是:欧洲人口向南北美洲、非洲南部和澳大利亚等地移民,非洲人作为奴隶被强制向南北美洲移民,印度人迁往非洲东南部和东南亚,中国人迁往东南亚和北美洲,日本人迁往夏威夷、美国和拉丁美洲②。

在国家内部,城市化成为工业革命的一个重要指标,也促进了人口迁徙。早期发生工业革命的国家率先实现人口由农村向城市转移。英国在 1851 年城市人口比重超过50%,成为世界上第一个城市人口超过乡村人口的国家。二战之后,随着经济的发展,发展中国家内部也开始出现大规模的人口由乡村迁往城市的城市化浪潮。总之,自然环境对人口变迁起着促进和阻碍的作用,这种作用在人类社会的早期尤为突出。然而,随着生产力不断提高和自然资源的开发,人类社会与其周围自然界的联系日益密切,同时,人类对自然界的影响也日益增强。

(二)中国人口迁徙流动对生态环境的影响

中国实施改革开放政策之后,特别是 20 世纪 80 年代中期以来,国家人口的迁移和流动急剧增加,特别是快速地城市化与农村人口大规模向城市及沿海地区迁移和流动,这对社会、经济和生态环境产生了深远影响。根据 2010

---

①②邬沧萍、侯东民编:《人口、资源、环境关系史》,北京:中国人民大学出版社,2010年,第 30 页。

年 11 月 1 日零时为标准时点进行的第六次全国人口普查, 居住地与户口登记地所在的乡镇街道不一致且离开户口登记地半年以上的人口为 26139 万人, 其中市辖区内人户分离的人口为 3996 万人, 不包括市辖区内人户分离的人口为 22143 万人。同 2000 年人口普查相比, 居住地与户口登记地所在的乡镇街道不一致且离开户口登记地半年以上的人口增加了 11700 万人, 增长了 81.03%, 其中不包括市辖区内人户分离的人口增加为 10036 万人, 增长了 82.89%[1]。其中的主要原因是, 多年来我国经济快速发展及农村劳动力加速转移, 这些促进了流动人口大量增加。

学者们对此类现象的阐述褒贬不一, 总结起来认为不利观点包含以下几种: 其一, 大量劳动力外流, 其对迁出地社会经济产生了不利影响。其二, 大量劳动力流动给迁入地造成了各种严重的社会问题, 内容包括就业压力、社会治安维持难度加大、住房紧张等。其三, 大量劳动力进入迁入地, 加剧了那里的资源短缺、生态环境破坏和环境污染等问题。这些论点总的倾向是, 人口迁移流动和城市化只能进一步造成资源短缺、环境污染和生态环境破坏。

然而, 也有学者研究认为事实并非如此。例如蔡林认为, 人口迁移和流动对生态环境具有有利的影响[2]。它们主要表现为以下 4 个方面: 其一, 部分人口外出, 有利于迁出地生态环境的恢复和保护。其二, 人口集聚效应有利于社会化大生产的发展, 有利于生产效率和资源利用效率的提高。其三, 人口的集中有利于污染物的处理, 此外还有利于资源的综合利用及循环经济的发展。其四, 迁入地人口素质提高了, 增强了环境保护意识。

三、人口增长与城市化及城市环境

人类社会生产增长的重要条件就是人口从乡村居聚于城镇, 因而, 城市化是现代化的标示之一。

(一)城市化

城市是一个由非农业活动人口组成, 占有一定空间的人口聚集地。而城市化是随工业化、商品化而来的。城市化的特征主要是: 农业经济向工商业、

---

[1] 国家统计局:《2010 年第六次全国人口普查主要数据公报》(第 1 号), 北京, 2011 年 4 月 28 日。

[2] 蔡林:《人口迁移和流动对生态环境的有利影响分析》,《生态经济》, 2006 年第 6 期。

服务业经济发展;农村人口向城镇迁移,农村价值观念、生活方式、行为模式向城市价值观念、生活方式、行为模式转化;城市不断增多,城市规模不断扩大等。

大规模的人口迁移和流动加速了城市化的进程。第六次全国人口普查显示,我国居住在城镇的人口为 66557 万人,占总人口的 49.68%,居住在乡村的人口为 67415 万人,占 50.32%。同 2000 年人口普查相比,城镇人口比重上升 13.46 个百分点。这些表明,2000 年以来我国经济社会的快速发展极大地促进了城镇化水平的提高①。但是中国还处于城市化的初期,不仅城市化水平低,而且城市发展不平衡、不协调,需要在发展中不断协调与完善。

(二)"人—城市—环境"协调共生

快速的城市化推动了经济快速发展,同时,也带来了许多的环境问题,例如,城市拥挤、城市生活废弃物排放、城市环岛效应等。为了克服这些问题,人们目前越来越多地注重城市规划和生态城市建设。例如,1993 年,联合国在日本东京召开了"大城市管制"国际研讨会,参会的很多学者将可持续发展原则用于城市发展,提出了一个具有共识性的原理,即追求人口、经济、资源、能源、环境的协调发展,建设"人—城市—环境"协调共生的"可持续发展城市"。

具体实施可持续发展原则,建设宜居城市是项重要行动。宜居城市指的是:具有良好的空间环境、人文社会环境、生态与自然环境与清洁高效的生产环境的居住地,能够满足居民物质和精神生活需求,适宜人类工作、生活和居住。狭义上的宜居城市是指:气候条件宜人、生态景观和谐、适宜人们居住的城市。广义的宜居城市则是指:一个由自然物质环境和社会人文环境构成的复杂系统,其中,自然物质环境包括自然环境、人工环境和设施环境三个子系统;社会人文环境也包括社会环境、经济环境和文化环境三个子系统。各子系统有机结合、协调发展,共同创造出健康、优美、和谐的城市人居环境,构成宜居城市系统。随着环境保护意识不断增强,越来越多的城市把生态环境建设放在宜居城市建设的首要位置,强调经济、社会、文化、环境的协调发展。

---

①国家统计局:《2010 年第六次全国人口普查主要数据公报》(第 1 号),北京,2011 年 4 月 28 日。

四、人口老龄化

人口结构中,年龄分布是一个重要的指标。少年、青壮年、老年三个年龄结构的组成比重是衡量一个区域人口质量和发展态势的关键。三个年龄部分的比重是动态变化的。由于社会、经济、政治、文化等的影响,从 20 世纪后半期,世界普遍进入了"低生育、高老龄化"阶段,人口金字塔由成长型转变为稳定型和衰退型。

人口老龄化是指这样的状态:65 岁及以上(占总人口 7%)或者 60 岁及以上(占总人口 10%)的人口占总人口的比例不断增加,同时,14 岁及以下的人口占总人口的比例则逐渐缩小。2010 年第六次全国人口普查资料显示,0~14 岁人口占 16.60%,比 2000 年人口普查时下降 6.29 个百分点;60 岁及以上人口占 13.26%,比 2000 年人口普查时上升 2.93 个百分点,其中 65 岁及以上人口占 8.87%,比 2000 年人口普查时上升 1.91 个百分点[1]。我国人口年龄结构的变化说明,随着我国经济社会快速发展,人民生活水平和医疗卫生保健事业得到巨大改善,生育率持续保持较低水平,同时老龄化进程则逐步加快。

(一)人口老龄化的影响

人口老龄化是社会发展的一个阶段,为此,不仅要重视老龄化对经济发展的影响,同时要重视老龄化的社会影响,因为老龄化带来了社会角色变化、老年心理变化、家庭周期变化等各种社会问题。阿尔弗雷·索维(Alfred Sauvy,1898~1990 年)是法国著名的人口学家,他于 1956 年出版了很有影响力的《人口通论》[2]。他在书中指出,老年人是非生产人口,因此,老龄化社会面临着增大的对老年人口的社会和家庭负担。美国人口学家罗伯特·L·克拉克和约瑟夫·J·斯彭格勒于 1979 年合著出版了《个体老化和群体老化经济学》,两人就老龄化对经济发展的影响做了详细分析。他们认为,劳动年龄人口的比重相对下降,劳动力资源相对缩减,这是人口老龄化带来的最大经济影响,由此削弱了社会劳动者的创造力和生产力,并且会影响生产力发展。此外,人口老龄化还会对社会消费、储蓄与投资等造成影响。

---

①国家统计局:《2010 年第六次全国人口普查主要数据公报》(第 1 号),北京,2011 年 4 月 28 日。

①[法]阿尔弗雷·索维著,北京经济学院经济研究所人口研究室译:《人口通论》,北京:商务印书馆,1983 年。

（二）健康老龄化和积极老龄化战略

基于对未来劳动力短缺的担忧,还有老年人社会保障支出占国民生产总值比重提高等方面的考虑,人们重新审视了老年人问题与发展问题的关系。2002 年,第二次老龄问题世界大会提出了健康老龄化和积极老龄化战略,这个理念获得了广泛的认同。

健康老龄化是指通过改善老年人的健康状况,提高老年人的自理、自立能力,以便增进老年人福利的过程和战略。健康状况的改善不仅能直接提高老年人的生活质量,而且还可以减少老年人在医疗和长期照料方面的费用,从而增加老年人参与经济活动的能力和机会,这样有利于经济增长。健康老龄化战略包含的政策大体上涉及以下四个方面:其一,改进医疗卫生体制,满足老年人医疗和保健方面的需要。其二,消除妨碍健康老龄化的社会和环境因素,包括改善居住环境、降低老年人孤独感、加强老年人食品和保健品的管理等。其三,培养健康的生活方式,提倡整个生命周期的健康生活。其四,促进老年人积极参与经济和社会活动,充分发挥他们的"余热"。在第二次老龄问题世界大会上,欧盟列举的积极老龄化政策受到与会代表的广泛重视,它们包括终身学习、延长工作年数、推迟退休和逐步退休、促进和提高能力建设等。

第三节　人口发展与环境问题

人类活动和生产的实质是人与自然之间进行的物质、能量和信息交换,人为了生存和发展不断地适应、改善和创造自己的生存条件,同时,又把经过改造和使用的自然物和各种废物返还给自然界,期望获得循环性恢复。然而,自然界的自身净化和自我恢复能力也是有限度的,实际上存在着一个动态的范围和阈值。当人类的行为没有超出自然界所允许的阈值时,自然界通过自我调节机制可以恢复生态系统平衡;但是当干预和破坏超出了一定的阈值,自然界就不能通过自我调节机制恢复生态平衡,人与自然的关系就处于不协调的状态。所以,环境问题的实质是人与环境关系的逆向变化,是人对自然规律的忽视和不尊重,是人与自然关系不协调造成的对生态平衡关系的破坏。只有从"人—自然"这个系统的整体出发,才能全面地认识问题并争取解决问题。

一、环境问题深度阐述

人类传统的工业化大生产已经给环境带来了超负荷,从而在一定程度上造成了环境的破坏。一般的分类可以将环境问题划分如下:资源短缺与耗竭、生态破坏与环境失衡和自然灾害。

(一)资源短缺与耗竭

资源短缺与耗竭是由于人类不合理的开发和利用自然资源所致,大规模的传统工业生产和经济活动使得人类向环境索取自然资源的速度远远超过了资源本身的再生速度。

自然资源可分为不可更新性、可更新性和恒定性资源,无论哪类资源都存在稀缺问题。其一,不可更新性资源,顾名思义,以不可更新、不可循环为特点,例如,各种金属和非金属矿藏开采利用之后不能复得。其二,土地、森林、渔业等是可更新性资源,但其更新的速度和规模不能适应人口膨胀的压力,过度开采利用已经使得很多这类资源衰减。其三,太阳能、风能等是恒定性资源,尽管数量巨大,但是由于一定的时间、空间和技术条件的限制,只能利用其中的一小部分。

资源短缺或者资源耗竭是相对特定区域而言,区域资源短缺是供求失衡的表现,具有明显的时空差异。区域资源短缺有两种状况,它们是区域资源绝对短缺和相对短缺。区域资源短缺引起的区域环境问题,其突出的一种表现是,区域性缺水导致超采地下水形成了地面沉降,进而引发了地裂缝。例如,中国广大的华北平原地区,从20世纪70年代开始,由于城乡一些机构长期超采地下水,这就破坏了地下水平衡,致使地下水位大幅度降低。这类降低由点到面,由浅层水到深层水,结果形成了大面积的地下水降落漏斗区。再如,内蒙古自治区境内的鄂尔多斯高原,由于牧草与饲养牲畜的供求不平衡,在畜群长期超载的状态之下失调,它们造成了区域型牧草短缺,结果导致牧草被牲畜严重啃食,影响到牧草的正常生长和繁殖,久而久之,造成了草地的退化,进而诱发了土地沙漠化和水土流失。

(二)生态破坏与环境失衡

在一定时期内,生产者、消费者和分解者之间都保持着一种动态的平衡,这种平衡就称作生态平衡。生态平衡的各项指标如生产量、生物的种类和数量等,这些均不是固定在某个水平上的,相反,它们是在某个范围内变化的。人类不科学的活动作用于自然生态系统,他们能造成生态系统结构的显著改变和功能退化,生态系统对于环境污染和人类干扰的承载能力由此而下降,于是构成了生态破坏和循环失衡。

人类对生态系统的破坏性主要表现在三个层面：其一，粗暴、大规模地把自然生态系统转变为人工生态系统，由此而严重地干扰和损害了生物圈的正常运转。其二，过度使用生物和非生物资源，结果导致生态平衡遭受严重破坏。其三，向生物圈超量输入人类活动所产生的物质和废物，例如，化肥、农药和工业"三废"等，从而严重污染和毒害了生物圈的自我调节、净化能力。联合国有关机构曾对荒漠化地区 45 个点进行了调查，结果表明：由于自然变化（如气候变干）引起的荒漠化占 13%，其余 87%均是人为因素所致。中国科学院曾对现代荒漠化过程的成因类型做过详细调查，结果表明，在我国北方地区现代荒漠化土地中，94.5%为人为因素所致。荒漠化的原因主要是，人口激增和自然资源利用不当而带来的过度放牧，还有乱砍滥伐、不合理的耕作和粗放管理、水资源的不合理利用等。同时，由于人为因素所致，目前生物多样性保护的紧迫性也十分突出[1]。由于人口快速增加、资源不合理开发以及环境污染等现象的加剧，致使许多物种灭绝或处于濒危的境地。

（三）自然灾害

自然灾害是由自然环境自身变化而引起的，主要受自然力的控制，在人类失去控制能力的情况下，能使人类生存和发展的环境遭受损害，一般称之为原生环境问题或第一环境问题。如今，人类的一些大型工程建设、武器试验等也会引发类似的灾害，例如，水库建设会引发水库地震，堤坝损毁会造成洪涝灾害，核试验能引发地震等。虽然人类很难避免自然灾害的发生，但是可以采取一些措施来减少灾害带来的损失。例如，灾害预报、提高建筑抗灾能力、灾害中紧急救助、灾后疾病控制和灾区重建等。同时，人们能利用所掌握的规律，避开灾害多发地段，普及防灾救灾知识等。

二、环境与人类健康

世界卫生组织（World Health Organization，WHO）报告指出，全世界每年死亡的人口中，有 3/4 是由环境疾病所致的。全球 70%城镇人口呼吸的空气不符合卫生标准，每年约 30~70 万人因此过早死亡，有 5000 万咳嗽病例发生。发

---

[1]杨志峰、刘静能等编著：《环境科学概论》，北京：高等教育出版社，2010 年，第 82~83 页。

展中国家约 3/5 的人很难获得安全饮用水,由此导致每年 100 万人丧生和 10 亿人患各种疾病①。此外,噪声、光化学等环境问题导致的环境疾病也在不少国家出现和蔓延……环境疾病是自然界向人类发出的严厉警告,是自然通过折磨人类的肉体向人类施加的报复。

(一)环境污染对人体健康的危害

影响人体健康的环境因素大致可分为三类:化学性因素,如有毒气体、重金属、农药等;物理因素,如噪声和振动、放射性物质和射频辐射等;生物性因素,如细菌、病毒、寄生虫等。大气污染物对人体的危害主要表现为引起呼吸道疾病,同时也对气候产生不良影响,如能见度降低、减少太阳辐射,这些能够导致城市人群的佝偻病发病率增加。另外,在大剂量照射下,放射性对人体和动物存在着某种程度的损害,且这些损害经过 20 年左右才表现出来,其症状主要表现为各种癌症,例如,白血病、骨癌、肺癌及甲状腺癌等。生物性污染主要是指寄生虫卵、细菌立克氏体、病毒病原体,它们随着粪便、痰、飞沫等排泄物排入环境,污染空气、土壤和水源等,由此造成寄生虫病和某些传染病的流行。

(二)气候变化对人体健康的影响

全球气候变化会干扰地区的天气形式和生态平衡,影响许多传染病的传播过程,由此造成对人体健康多方面的损害性影响。全球变暖使海平面和海面温度上升,增加经水传播疾病的发病率,同时高纬度地区疾病也会增多。全球性气候变化还会影响区域性降水,形成区域暴雨和干旱,不利于生产和生物繁衍生存,从而造成生态破坏。全球变暖近些年来对环境的影响日益显著,它们主要包括三方面:一是导致海平面上升,使得许多临海城市将会被海水淹没而消失,也使土壤盐渍化;二是干扰大气循环变化,影响降雨、台风分布等;三是对农业的影响,气候反常,异常的干旱、洪涝等导致了更多的自然灾害,也使得病虫害流行等。

(三)居住环境与人体健康

人的一生大约有 2/3 的时间在居室内度过,因而,居民们的居住水平和居住环境质量直接影响着居民们的身体健康,所以,居住环境是衡量一个国家或地区人民生活水平的重要指标之一。地理环境是居住环境的主体因素,

---

① 杨志峰、刘静能等编著:《环境科学概论》,北京:高等教育出版社,2010 年,第 85 页。

它们与人体健康密切相关。其中,与生命直接相关的一些化学元素的分布和类型又与地理环境联系密切,不同的环境存在着一些不同的化学元素,其中有些元素对人是有负面影响的,从而形成了地方病。例如,中国分布最广的地方病有三种,即地方性甲状腺肿、克山病和地方性氟病。这些病都是由于在特殊的地理环境条件制约下,特定地区内存在着相对应的某些化学元素,它们使人患病。

居室环境污染也是一种使人患病的病源。从污染源来看,主要有空气污染、建筑装修材料和生活用品的化学污染、家用电器的放射性污染和噪声污染、生活垃圾污染等,其中尤以空气污染的危害最为严重、最普遍。医学研究表明,由于建筑装修材料和生活用品等造成的化学污染是呼吸系统疾病、心血管疾病和癌症的重要诱因,必须予以高度重视。

(四)环境荷尔蒙与人体健康

人类对环境的作用范围越来越广,同时形成了许多隐性的不利影响,其中环境荷尔蒙就是一个非常典型的例子。当产业化浪潮给人类带来丰富的物质文明之时,人们发现了一些存在于生物机体之外的激素。一些人为了追求经济利益,擅自将这些激素广泛应用于农业生产和人们的日常生活中,正是这些极端自私的手段对人体及环境设置了潜在的严峻的危害。例如,为了使牛羊多长肉、多产奶,一些人给牛羊体内注射大量雌激素;为了让鱼虾迅速生长,一些养殖户添加了"催生"的激素饲料;为了促进瓜果蔬菜提前进入市场且色彩鲜艳,一些种植者不惜喷洒或注射一定量的乙烯利、脱落酸等"催生剂"。这些具有人体和生物内分泌激素作用类似的物质被科学界称为环境荷尔蒙[①]。

环境荷尔蒙对人体的危害是,含有这种激素成分的物质被人食用之后,能引起人体产生一些不良的体能反应。环境荷尔蒙进入人体之内,它们能以假乱真,让人体内分泌系统误认为这是天然荷尔蒙而加以吸收。这些假冒物质占据了人体细胞正常荷尔蒙的位置,从而引发内分泌紊乱,造成人体正常激素调剂失常。环境荷尔蒙的主要危害表现为:其一,干扰和降低人体免疫机能,导致神经系统功能障碍、智力低下。其二,影响正常胎儿发育,导致胎儿

---

①吴春笃、石光辉主编:《环境保护与可持续发展》,南京:江苏科学技术出版社,2010年,第95页。

畸形。其三,严重影响人体机能,导致不育症高发。

因此,必须采取行政、经济、法律等多种措施,保障人民身体健康,消除环境污染的危险。

第四节　人口与环境可持续发展

正如上一章所述,可持续发展是在经济增长、城市化、人口老龄化、资源稀缺、环境破坏等压力下,人们对"增长=发展"这一模式的反思,并且经过全球共同协商提出的一种新的人对环境的认识。可持续发展理论把人类生存与环境的认识推向了新境界,引导人们实现人口与环境的协调一致。

一、中国人口可持续发展战略

人口问题是实现可持续发展最为重要的约束性因素,在协调人口数量与质量方面,新中国经历了曲折的发展过程,有一些经验与教训。

（一）毛泽东的人口思想

前文已经简单表述了马克思主义经典作家的人口理念,这些观点对后人深刻认识人口变化的规律具有指引作用。毛泽东同志是中国共产党和新中国第一代领导集体的杰出代表人物,他不仅在一些重大理论问题上继承和发展了马克思主义人口理论,而且也为实施这个理论提出了实现的途径。毛泽东的人口思想主要内容包括:科学分析了旧中国的人口结构和人口问题,明确了中国革命的依靠力量和革命的对象;深刻批判了唯心主义的人口观,指出了解决人口问题的根本途径是革命加生产;正确分析了人在社会历史发展当中的作用,指出世间一切事务中,人是第一个可宝贵的;深刻分析了人多这一基本国情,提出要控制人口增长;重视人的素质的全面提高,提倡男女平等[1]。1957年2月27日,毛泽东在最高国务会议第十一次（扩大）会议上的讲话中指出:"我们这个国家有这么多的人,这是世界上各国都没有的。要提倡节育,要有计划地生育。……中国六亿人口,增加十倍是多少?六十亿,那时候就快要接近灭亡了。……关于这个问题,政府可能要设一个部门,或者设一个节育委员会,作为政府的机关。"1960年5月11日,毛泽东同志在郑州同河南省委负责人吴芝圃、杨蔚屏谈话之际,得知河南人口是5100万人时,毛泽东同志

---

①成伟:《毛泽东人口思想论析》,《白城师范学院学报》,2007年第1期。

严肃地说道:恐怕要提倡一下节育,多印一点避孕的书,制造避孕的药品和器具。1962 年 12 月 18 日,中共中央、国务院发出的《关于认真提倡计划生育的指示》指出:在城市和人口稠密的农村提倡节制生育,适当控制人口自然增长率,使生育问题由毫无计划的状态逐渐走向有计划的状态,这是我国社会主义建设中既定的政策。事实说明,新中国成立后,毛泽东同志是努力提倡节育和计划生育的。愈到后来,他的这个思想愈坚定。我国的计划生育工作也在实际中取得了显著成绩。城市人口从 1964年开始呈现下降趋势(包括出生率和自然增长率)。1965 年,全国城市出生率已较 1963 年下降了 15.5 个千分点。全国人口自然增长率从 1965 年的28.5‰下降到 1974 年的 19‰左右[1]。应当说,这是很有成绩的。1975年 2 月,毛泽东再次强调:人口非控制不行。诚然,计划生育工作在具体实施之中也出现了曲折,对于历史的经验教训必须汲取。

(二)邓小平的人口思想

党的十一届三中全会以来,在以经济建设为中心,改革开放的大好形势下,邓小平同志从中国实际情况出发,继续坚持和发展了毛泽东人口思想,从很多方面表述了自己的人口理念。他不仅把人口问题与社会主义现代化建设的成败、经济发展战略目标和总任务能否实现联系起来,还把解决人口问题提到社会主义本质的高度来认识,把人口问题与社会主义制度的巩固、社会发展与政治稳定紧紧联系起来[2]。人多是中国最大的难题,邓小平同志对这个现实有清醒、务实的认识。1979 年 3 月 30 日,邓小平曾对中国人口总量、资源环境和生产水平之间的关系作过一次深刻的评述:"现在全国人口有九亿多,其中百分之八十是农民。人多有好的一面,也有不利的一面。在生产还不够发展的条件下,吃饭、教育和就业就都成为严重的问题。我们要大力加强计划生育工作,但是即使若干年后人口不再增加,人口多的问题在一段时间内也仍然存在。我们地大物博,这是我们的优越条件。但有很多资源还没有勘探清楚,没有开采和使用,所以还不是现实的生产资料。土地面积广大,但是耕地很少。耕地少,人口多,特别是农民多,这种情况不是很容易改变的。这就成为

①曹前发:《"错批一人,误增三亿"说之历史误读》,《百年潮》,2009 年第 12 期。
②国家计划生育委员会编:《邓小平人口思想学习纲要》,北京:人民出版社,1999 年。

中国现代化建设必须考虑的特点。"①中国是一个人口大国,人口问题始终是经济、社会发展中一个极其重要的问题,而底子薄、人口多是基本国情。因而,学习邓小平人口思想,实施符合实际的人口政策,这是全面实现小康目标的重要保证。

(三)中国人口政策的实际效果

为了有效控制我国人口过快增长的势头,1980 年 9 月 25 日,中共中央发出了《关于控制我国人口增长问题致全体共产党员共青团员的公开信》。这封公开信指出:"为了争取在本世纪末把我国人口总数控制在十二亿以内,国务院已经向全国人民发出号召,提倡一对夫妇只生育一个孩子。这是一项关系到四个现代化建设的速度和前途,关系到子孙后代的健康和幸福,符合全国人民长远利益和当前利益的重大措施。"用公开信的形式向党员团员发出号召,这在中国共产党的历史上还是第一次,表明中共中央对计划生育工作的高度重视。由于国家实施了正确的人口政策,使得全国人口增长与社会生产力的发展相适应,使经济建设与资源、环境相协调。联合国人口司司长哈妮娅·兹罗特尼克曾在 2009 年的一次谈话中表示,通过实行计划生育政策,中国为世界人口控制作出了重要贡献,同时也为其他国家树立了榜样②。

联合国统计资料显示,世界人口目前平均每年增长约 8000 万人。中国自实行计划生育 30 多年来,少出生约 4 亿人,使 2011 年 1 月 31 日的"世界 70 亿人口日"的到来推迟了 5 年。中国占世界人口的比重从改革开放初期的 22%下降至 2010 年的 19%。如果不实行计划生育,中国目前的人口规模可能会超过 17 亿人。目前,我国经济增长速度高于其他国家,人口增长率低于世界平均水平。国民人均受教育年限提高到 9 年,婴儿死亡率、孕产妇死亡率降低,指标均处于发展中国家的最低水平。人口平均预期寿命提高到 73.5 岁,达到了中等发达国家水平③。中国人口政策适合国情,全国人口发

①邓小平:《坚持四项基本原则》,《邓小平文选》第 2 卷,北京:人民出版社,1994 年,第 164 页。

②顾震球、王湘江:《专访:中国计划生育政策为世界树立榜样——访联合国人口司司长哈妮娅·兹罗特尼克》,新华社,2009 年 9 月 9 日。

③《我国计划生育政策使"世界 70 亿人口日"迟来五年》,《人民日报》,2011 年 10 月 27 日。

展形势总体稳定。

二、未来中国人口发展战略

正确处理经济建设中的人口、资源、环境的关系,在建设社会主义市场经济新形势下,开创综合性人口管理工作的新局面,这是未来人口发展战略的核心内容。

(一)正确认识未来人口发展中的问题

中国人口在未来 10 年至 20 年是在一个新的环境下发展,这个背景的内容有环境资源状况、社会文化条件、人口数量与结构,这些均与 20 世纪末期大不一样。针对新情况,国家已经采取了一些积极的政策与措施,应用综合性的方式,全面稳妥地解决人口发展中出现的新问题。例如,实施人口与发展的综合决策。作为一个占世界人口 1/5 的发展中大国,人口问题始终是影响国家经济社会发展的关键因素。未来一段时期,中国人口总量会持续增长,因为,人口数量增长的转折点还没有来到,预计在 2050 年人口增长将达到峰值。中国将始终坚持人口与发展的综合决策,实行计划生育基本国策,而且国家已经从人口控制过渡到人口管理,这样有利于创造更和谐的家庭和社会。又如,不断提高总体的人口素质,这是国家的大战略。近些年来,中国出生缺陷监测总发生率不断攀升,这不仅直接影响家庭的幸福,也将影响未来中国劳动力的储备。根据卫生部发布的数据,中国仍然是出生缺陷高发国家,1996 年的人口出生缺陷发生率是 87.7/万人,2010 年的同类值是 149.9/万人,增长幅度达 70.9%。为减少出生缺陷的发生风险,自国家开始实施免费孕前优生健康检查起,已经累计为 220 个试点县的 108 万人提供了孕前优生健康检查,人群覆盖率平均达到 68%。2015 年,全国所有的县都要开展这一检查。再如,继续调整人口结构。经过多年的努力,中国出生人口性别比升高的势头得到了初步遏制,但总体仍然偏高,因而,调整人口结构问题突显起来。针对出生人口性别比偏高问题,国家人口计划生育委员会、公安部、卫生部等六部门联合,开展集中整治,打击非医学需要的胎儿性别鉴定和选择性别的人工终止妊娠行为。还有,近些年来,中国人口流动速度加快,大约 2 亿多农民工外出就业,导致这类人的家庭的老年人照料、子女教育均出现新的情况和问题。目前,国家和相关部门针对流动人口生存发展状况的新变化,推进了流动人口基本公共服务均等化,对社会管理和公共服务实行了更高、更多的新管理方式①。总之,控制人口和计划生育工作已经写进中国宪法,定为基本国策。各地正在宣传与开展"创建幸福家庭活动",实施帮扶救助、生育关怀,提高家庭发展能力,改善民生和全面做好人口工作。

(二)创建新型的环境建设体制

人类与自然的发展史告诉我们,人类只有在认识、改造自然的过程中尊重自然,并且建立协调的关系,人类和环境的发展才是可持续的。为此,需要建立新型的环境建设体制,从思想认识、组织管理等五个方面做好环境保护工作。其一,人类活动必须同地理环境容量相适应,人类开发利用自然必须顺应自然环境的发展规律。其二,人类必须从自然环境的整体性出发,对自然环境实行综合利用和治理,使其整体上达到最优化,保证自然资源优势得到持久发挥。其三,各地区的经济结构必须同自然环境与资源结构大体相吻合,发挥地区优势,实现劳动地区合理分工,防止自然资源浪费或掠夺性开发。其四,加强对自然环境与资源保护方面的投资,提高环境质量,鼓励资源高效利用技术研发。其五,加强环境与资源保护方面的立法和执法。其中,要特别做好两个方面的工作:

1. 建立完善的环境经济制度

环境经济制度是环境保护与经济建设全面共同发展的体制保障,这些制度内容有很多方面是针对经济主体的行为而设定的,它们包括企业、消费者乃至整个国家的不同层次的政策措施,合理的创新制度,诸如激励、纠正和引导经济主体的行为、实现环境外部性的内在化、合理的补偿机制等,从而提高效率,实现经济与环境双赢。

主要的环境经济制度具体包括:罚款和赔偿机制、排污收费制度、资源环境产权制度、排污权交易制度、生态补偿机制等。要积极地促进环保型产业发展,为此需要做到以下三点:一是在制定产业政策与产业规划时,要把各种产业与各种产品的资源消耗及环境影响作为重要的考虑因素;二是推行清洁生产工艺,实现工业增长方式的转变,大力发展环保型工业;三是加大产业结构调整中的环境管理力度。

---

① 胡浩、张莺:《中国致力解决人口发展五大问题》,新华社,2011 年 10 月 11 日。

2. 大力发展绿色技术

为了解决环境问题，人类需要超越现代技术，寻求一种新的技术体系——绿色技术体系，以实现人类的可持续发展。所谓绿色技术，是指能减少污染、降低消耗、治理污染或改善生态的技术体系。绿色技术包括清洁生产技术、治理污染技术和改善生态技术。绿色技术是由相关知识、能力和物质手段构成的动态系统。有关保护环境、改造生态的知识、能力或物质手段只是绿色技术要素，只有三个要素结合在一起，相互作用，才构成现实的绿色技术。这意味着，环保和生态知识是绿色技术不可缺少的要素，绿色技术创新是环保和生态知识的应用。体现一种新型的人与自然关系，这是绿色技术的本质特征。

人口发展与环境建设保持协调一致，这是未来的发展方向。坚持马克思主义的人口思想，依据中国的国情，设计创新人口发展战略。这就是将控制人口数量、提高人口素质、调整人口结构有机地结合起来，促进和实现人口与资源、环境、经济、社会的可持续发展[①]。这样，中国不仅能使自身繁荣昌盛，而且将继续为世界人口发展作贡献。

学习思考题

1. 什么是马克思主义经典作家的人口思想？

2. 毛泽东、邓小平人口思想的核心是什么？

3. 如何看待环境承载能力？

4. 人口增长对环境的主要影响是什么？

5. 环境如何影响人口发展？

6. 中国古代与现代人口发展的主要特征是什么？

7. 当代中国人口迁移的特点是什么？

8. 当代人口老龄化的特征是什么？

9. 怎样认识人口与环境的可持续发展？

---

①田雪原:《中国人口政策 60 年》,北京:社会科学文献出版社,2009 年,第 363 页。

第五章　民族文化与自然禀赋利用

　　内容提要　静态来看，由于早已形成的民族地区环境与文化的相互作用，使得民族地区的文化具有显著的特点。动态来看，随着民族发展和环境变化，民族地区的文化一方面不断演变，另一方面其自身具有很强的主动性。有效地发挥这些特性的作用，同时进一步通过克服某些历史惰性，再通过强化政府和市场混合作用力的影响，最终达到民族地区环境与文化和谐的目的。

　　中国少数民族的历史源远流长，他们主要居聚于西部地区，那里幅员辽阔，环境形态多样，资源宝藏丰富。依据自然环境的多样性，各个少数民族创造了适宜环境、效率较高的一些独特的生产劳动方式，建设了民族特色鲜明的历史文化城镇、古色古香村寨，解决了衣、食、住、行等需要。同时，也由于自然环境不同，各少数民族历经千百年的生活、生产实践，形成了风格各异、五彩缤纷的民族文化，构成了人类文化史上的绚丽篇章。

第一节　民族地区环境与文化的交汇及效用

　　人类与环境有着密不可分的联系，这是一种不断演变、协同进化的关系。因为，人类在认识自然环境的过程中创建了生产、文化系统，用来适应环境，获取物质财富与精神财富，同时也用来改造环境，创建更高形态的文明。中国自古以来就是一个统一的多民族国家，新中国成立后，通过识别并经中央政府确认的民族共有 56 个。中国当代著名社会学家、民族学家和中国人民政治协商会议第六届全国委员会副主席费孝通（1910~2005 年）认为，各个民族共同生活在多种生态环境的神州大地，共同创建了中华民族多元一体文化。中华民族多元一体格局使得中国社会延绵、传承数千年，成为世界人类历史上唯一的统一多元文化持续发展而没有中断的中华民族文化①。中国汉族人口在总人口中所占比例最大,其余壮族、蒙古族、回族、苗族、藏族、维吾尔族等55个民族人口比例相对较小,因而,汉族以外的55个民族习惯上被称为"少数民族"。中国当代少数民族人口、聚居地域、生活文化特色十分丰富,呈现出五彩缤纷的情景。2010年第六次全国人口普查的统计数据表明,在中国内地31个省、自治区、直辖市和现役军人的人口中,汉族人口为1225932641人,占总人口比例的91.51%;55个少数民族人口为113792211人,占总人口比例的8.49%。同2000年第五次全国人口普查相比,汉族人口增加66537177人,增长5.74%;各少数民族人口增加7362627人,增长6.92%②。中国内地实行少数民族区域自治政策,行政区划主要分为三级,自治区(第一级)、自治州(第二级)、自治县[旗](第三级),中国民族区域自治的法律基础是《中华人民共和国宪法》和《中华人民共和国民族区域自治法》。依据宪法和法律,截至2011年8月底,中国共建立了155个民族自治地方,其中包括5个自治区、30个自治州、120个自治县(旗)。此外,还建立了1100多个民族乡和数量庞大的民族村。民族自治地方面积广大,约占全国国土总面积的64%。中国少数民族在历史进程中,创建与发展了本民族的语言文字。截至2011年8月底,中国55个少数民族之中,53个民族有自己的语言,共使用72种语言;29个少数民族有本民族的文字。与此同时,民族自治地方制定的现行有效的自治条例和单行条例780多部③。土地面积辽阔和生态环境复杂多样,不同的民族语言文字特性鲜明,这些就是中国少数民族文化的重要特征。

一、民族地区的生存环境和文化

中国地域辽阔,各地的自然生态环境复杂多样,各个民族生活于不同的地理环境之中,在长期的对环境的适应和改造的历史进程中,均创造出了各具特色的文化。自然环境影响人类文化,这种事例自人类社会建立之初就清楚地表现出来。路易斯·亨利·摩尔根(Lewis Henry Morgan,1818~1881年)是

---

①费孝通主编:《中华民族多元一体格局》,北京:中央民族大学出版社,2003年。

②国家统计局:《2010年第六次全国人口普查主要数据公报》(第1号),北京,2011年4月28日。

③国务院新闻办公室:《中国特色社会主义法律体系》(2011年10月),北京,2011年10月27日。

美国著名人类学家、考古学家,伟人恩格斯对他的学术贡献有高度评价。摩尔根曾将人类文化的发展分为 7 个阶段,包括蒙昧社会、野蛮社会和文明社会等。每个文化阶段的标志是:人类对自然环境的认识和改造环境的文化成果。在分析了低级蒙昧社会的情况后,摩尔根指出:"这时候,人类生活在他们原始的有限环境内,依靠水果和坚果为生。音节分明的语言即开始于这一期。"他还比较了地球的东半球与西半球所具有的不同的资源环境,分析了它们所产生的不同影响。"对于东半球,我们以饲养动物作为分界标准;对西半球,我们所选定的分界标准是用灌溉法种植玉蜀黍等作物以及用土坯和石头来建筑房屋。这两个标准足以说明由低级野蛮社会过渡到中级野蛮社会的进步历程。"① 摩尔根阐述的人类活动与环境变化的紧密关系一直存在,持续至今。在中国少数民族的发展历史进程中,自然环境与民族文化的关系同样紧密相关。

(一)影响生产、生活的两种环境

人类在漫长的历史过程中对待自然环境采取的方式,基调是适应、改造、创新。这是因为,一方面,自然环境提供了人类生产活动所必需的各种物质基础;另一方面,它们也决定了各种生产活动的内容。最关键的一点是,在适应的基础上,人类发挥了积极的创造能力,改造了生态环境。农耕时代自始至终就是草原宜牧、平原宜农、河湖宜渔、山地宜林的人类文化创造过程。

1. 北方草原畜牧业环境

中国内地北部的北纬 40~45 度之间有一片辽阔的地带,这就是内蒙古大草原。那里海拔 1000 多米,地势连绵起伏,一望无垠。全年降水自东部向西部由 500 毫米递减为 50 毫米左右。冬季漫长而寒冷,多数地区冬季长达 5 个月到半年之久。其中 1 月份最冷,月平均气温从南向北由零下 10℃递减到零下 32℃;夏季温热而短暂,多数地区仅有一至两个月,部分地区无夏季。冬春季多大风,年平均风速在 3 米/秒以上。虽然寒冷、干旱的气候不适宜小麦、谷物等生长,但是却适宜一些禾本科、菊科与豆科植物的生长,此类植物品种中有 1000 多种牛、羊、马、驴、驼牲畜饲用的植物,其中饲用价值高的牧草有羊草、

---

① [美]路易斯·亨利·摩尔根著,杨东莼、马雍、马巨译:《古代社会》,北京:中央编译出版社,2007 年。

羊茅、冰草、无芒雀麦、黄花苜蓿、披碱草、野黑麦、野豌豆与野车轴草等。依据中国史书典籍记载，炎帝与黄帝是中华民族的人文始祖，而依据现代民族学的研究，炎帝与黄帝实际上代表的是原始社会的部落联盟。根据现代考古发掘，炎帝与黄帝时代为仰韶文化时期，大约距今 6500~5000 年。在那个久远的年代，就有游牧部落在那样的北方草原环境之中生产生活。《史记·五帝本纪》明确记载："于是舜归而言于帝，请流共工于幽陵，以变北狄……迁三苗于三危，以变西戎"。舜、帝时代，"北狄"与"西戎"均是氏族部落，社会经济形态皆为游牧生产阶段。新中国成立之后，考古学者在今内蒙古自治区巴彦淖尔市境内的阴山山脉之中，发现了大量人工敲凿或磨刻在悬崖峭壁上的一幅幅优美图画。这些岩画最早的形成年代属于旧石器时代晚期至青铜器时代中期，岩画以生动的艺术形式表现了原始氏族部落的狩猎游牧活动[1]。岩画中表现了一些出牧图、倒场图和满天星式牧羊图，这些放牧方式在今日的内蒙古自治区草原畜牧业中仍然比较流行。

2. 黄河中下游农耕生产环境

中国长城以南、青藏高原以东的大片地带，尤其是平原地区，新构造运动上升幅度不大，海拔超过 2000 米的山岭不多，有广阔的冲积平原。那片区域气候属于东部季风影响显著地域，降水较丰富，有较多的河流湖泊，雨热同期，这种自然地理环境有利于作物栽培。例如，在黄河中下游平原，西周时期那片区域的平均温度比当代高 2℃，1 月最低温度为 3℃~5℃，属亚热带气候，地势低平，湖泊众多，河网密布，土壤肥沃。生活在这片地域的原始社会的民众顺应了这种自然条件，探索出适应环境的谷物栽培技术。依据史书记载，这些原始社会民众属于炎帝与黄帝时代的中华民族的先民。渐渐地，农耕种植业通过先祖们从黄河流域传播出去，向南越过长江，再翻越南岭，拓展到达海南岛。在那个久远时代的南方地区，有现代民族学家考证、确定的"九黎"部落联盟。古代典籍《史记·五帝本纪·集解》孔安国曰："九黎君号蚩尤。"[2]同样依据古代典籍记载，蚩尤为首的九黎部落联盟与炎帝和黄帝为首的两个部落

---

① 北方民族大学、内蒙古河套人文学院编纂：《阴山岩画》，上海：上海古籍出版社，2012 年。

② 孔安国是西汉时期（公元前 202~公元 9 年）的儒学家，孔子第十一代孙。他是中国著名的大历史学家司马迁的古文经学老师。——著者注

联盟发生了冲突,蚩尤在涿鹿(今河北省涿鹿县)战败。随后,九黎部落联盟的一些人员与炎帝和黄帝部落联盟民众融合为一体,当然,也有部分九黎人员退回南方地区。后代学者的共同认识是,这是一个中华民族形成史上的重大事件。依据古代典籍的记载与现代民族学知识的双重考证,起源于南方地区的九黎与蚩尤,他们是现在中国苗族最早的先祖。苗族主要聚居在湖南省湘西苗族土家族自治州,还有邵阳市城步苗族自治县等地。湖南省气候温暖,降水量大,河湖溪流较多,适宜水稻生长,因而,苗族的传统生产方式就是农耕稻作经济。

综合以上两点,不管古代的畜牧业和种植业的生产方式有多么不同,有些氏族部落居住于北方草原,四处游牧;有些氏族部落居住南方水网地带,定居耕作。这两种经济制度的产生都不是随意的,它们受着自然环境和地域差异的强烈影响,均是人类活动与自然环境因素紧密结合的产物。

(二)生存环境问题背后的文化因素

显著差异的自然环境导致产生了两种不同的重要产业——游牧业与种植业。然而,不同自然环境对经济活动的影响又非机械式的,在很多方面人类文化能够对自然环境进行积极的改造。这些表现在以下两个方面:

1. 牧业与农耕经济的历史性变化与影响

中国北方草原的居民自古以来就是游牧民族,自远古时代,有北狄、匈奴、敕勒、鲜卑、契丹等部族,从元代时期到现代主要是蒙古族。这些民族顺应草原生态环境的特点,发展了畜牧业经济和灿烂的草原文化。例如,中国北魏时期的敕勒族属于原始游牧部落,自号狄历,先秦时代称为鬼方,春秋时期至魏晋南北朝时期称赤狄、丁零、高车、铁勒等。高车的称谓源于这个民族发明的一种适于草原环境的由牛、马、骆驼拉动的运输工具。那种畜力拉动的高车适于草地环境,便利运输。时至今日蒙古族依然承袭和发展了此种传统的交通运输工具,他们称之为"勒勒车"、"哈尔沁车"与"牛牛车"等。学术界人士一般都认为,丁零、高车、铁勒、敕勒等部族的一些民众在公元四世纪以后远行向西迁移,到达了中国现在的新疆地区。《新唐书》卷217《回鹘传》记载:"回纥,其先匈奴也,俗多乘高轮车,元魏时亦号高车部。"今日新疆维吾尔自治区聚居生活的维吾尔族先民就是"回纥",农业耕作是维吾尔族的主要经济形态。这就是说,昔日的游牧民族为了适应新的自然环境,他们改变了原先的畜牧生产方式,逐渐发展了农业耕作。大自然造就了人类,人类的劳动又改造了自然,实现了自身发展的目标。环境变化与人类变化相互影响,在和谐发展之中,人类最终创造了灿烂的社会文明。

2. 民族文化的确立、巩固与扩散

一个民族在千百年的历史进程中首先发展了基于自然环境的经济生产方式,同时也创造出了立足于他们经济基础的上层建筑,即本民族文化。这种文化贯穿于民族的精神世界及其现实社会生活之中,反过来又指导着这个民族的经济生产活动。由于社会历史、经济十分复杂,民族文化对民族生产指导的实际效果具有很大的差异,一些文化的表达方式显示了对自然的敬畏,指导着人们对环境资源实施保护与合理利用。白族文化形态就是这方面的典型。

白族主要居聚在云南省大理白族自治州,他们集中在洱海苍山一带生产生活。洱海是云南省第二大淡水湖,位于大理市区的西北,湖面面积256.5 平方千米,最大湖深20 米。洱海水质优良,水产资源丰富,有土著鱼类20 种,外来鱼类11 种。洱海之畔是著名的苍山,十九座山峰构成了绮丽的风光。每峰海拔都在 3500 米以上,最高的马龙峰达 4122 米,峰顶积雪千年不化。苍山上生长着茂密的松、栎、冷杉等林带,也是野生动物的乐园,至今还生活着鹿、麂、岩羊、野牛、山驴、野猪、狐、雉鸡以及珍稀动物"四不像"。白族民众十分热爱美丽的洱海苍山,处处保护这些自然瑰宝。洱海苍山在白族民众心中是圣洁之物,而且已经演化出很多民间故事。例如,苍山演化为一个美丽少女的故事,其广为流传。这个少女为了铲除危害大理民众的瘟疫鬼怪,外出学得一些绝技。她回到故乡后将瘟疫鬼怪都撵到了苍山顶上,让大雪冻死。她还变作雪神,永远镇住苍山上的瘟鬼。于是,苍山雪人峰就有了千年不化的白雪。洱海演化为天宫公主手中的宝镜,它沉入海底,变成了金月亮放着光芒,将鱼群照得一清二楚,好让渔民们能打到更多的鱼。"风花雪月"是白族最具代表性的民族文化标志, 也是如今大理白族自治州发展旅游业的招牌景观,"苍山雪"与"洱海月"美景就是其中的两处风光[①]。2011 年,大理白族自治州共接待海内外旅游者 1545.03 万人次,同比上年增加 15.49%,旅游业总收入达到 138.41 亿元,同比上年增加 20.35%。旅游收入迈入百亿元时代,取得突破性发展。该

①何文章、马金钟主编:《大理白族自治州旅游志》,昆明:云南大学出版社,2010 年。

州政府、社会与民众各界已经制定了新的旅游规划,实施了新的措施,要在
"十二五"期间加大各项投入,更大规模地发展以"风花雪月"为标志的旅游经
济,加速实现全面建设小康社会的目标①。源于自然环境的民族文化具有深厚
的力量,它们凝聚起本民族的团结精神,推动了本民族的经济社会的发展。

3. 民族人文生态环境文化的主要特征

自然环境、社会环境和文化环境在历史进程中不断地相互融合,于是,一
种新的复杂化、高势能的事物出现了,这就是人文生态环境文化。这种人文生
态环境文化是一类新形态,是一个地域内居民顺应环境变化、积极改造自然、
自我创新发展、彰显民族习俗、不断提升文明程度的复合文化系统。这个系统
有实体形态,诸如生产方式,也有虚拟形态,诸如歌曲、故事,它们在久远的历
史时间中诞生,一直沿袭和继承到今日,而且继续向未来发展。大理白族自治
州民族人文生态环境文化的形态有鲜明的特征,其他民族自治区域内的少数
民族在此方面也有一些特色,同时还拥有一些相同的事物。

第一,相似的人文生态环境文化类型。对一个族群的物质、制度、精神和
科技文化及社会组织与民族性格等,生态环境都能对他们产生重大影响。例
如,在中国内蒙古自治区区域内从事游牧的蒙古族,在新疆维吾尔自治区伊
犁哈萨克自治州区域内从事畜牧的哈萨克族,两个民族相距遥远,但是这些
民族周围的自然生态基本相同,所以他们的经济产品十分相似。两个民族都
习惯于居住在现代称谓的帐篷之内,因为它们易于搭卸和搬迁。在著名的《史
记》、《汉书》等汉语古代典籍之中,这种帐篷被称作"毡帐"或"穹庐"。现代蒙
古语称之"奔布格格日"或"蒙古勒格日",意为圆形或蒙古人的房子;哈萨克
族语称之为"毡房",其上部为穹形,下部为圆柱形。一般来说,相似的自然生
态会形成相似的文化类型。生态环境是因,文化类型是果。这类因果在物质、
经济方面均有效益,而且在人文生态文化方面表现尤为明显。

第二,人文生态环境文化的物理与空间形式。在人类文化形成和发展初
期,由于各地的氏族部落相对封闭,不同地区的族群很少联系或没有联系,所
以,生态环境对各族群固有的、早期的传统文化影响很大。现代社会,人们在
更多地、更大规模地营建生活环境,这既是一个为了生存而获取物质利益的

①资料来源:云南省大理白族自治州旅游局,大理,2012 年 1 月 17 日。——著者注

阶段,也是一个创造文化的过程。人们在适应自然的过程中改变了物质的一些物理特性,创造了物质财富。自然环境也因此脱离了原始状态,产生了新的形态,蕴含了一些新象征、新意义。于是,作为人类生存必须依托的自然环境也就完成了一些变化,在一定的程度上成为人类必须经营的现实世界,一种人文生态环境文化的物理形式和空间形式。

第三,民族经济发展实践中形成的人文生态环境文化。由于历史、地理与气候等方面的原因,主要分布在祖国西部的少数民族区域自治地方,社会经济发展相对滞后于东部沿海地带,诸如一些民族自治地方依然存在原始的生产方式,农业方面是撂荒耕作,畜牧业方面是四处游牧。因此,发展民族自治地方经济,需要采用一些特殊形态。例如,在青海省跨越玉树藏族自治州、果洛藏族自治州、海西蒙古族藏族自治州等地的 17 个县(市)内,建立了保护长江、黄河和澜沧江三大河流发源地的 "三江源国家级自然保护区", 总面积1523 万公顷,是我国面积最大的湿地类型自然保护区。国家在三江源保护区内一方面实施了大规模的生态移民, 另一方面又大力发展人文生态旅游经济。目前,环境保护与生态旅游得到了共同发展,显示出双赢局面。

二、科学地改变损害环境友好的意识与行为

1992 年,联合国在巴西首都里约热内卢召开了"环境与发展会议",该会议通过了《21 世纪议程》(*Agenda* 21),其中,正式提出了"环境友好"(*Environ-mentally Friendly*)的理念。随后,环境友好技术、环境友好产品、环境友好服务等理论与实践逐步得到了发展。中国政府签署了《21 世纪议程》,全国人民在社会主义建设中又创造性地实施了保护生态环境与推进经济发展的多种项目。例如,2006 年 3 月 16 日,《中华人民共和国国民经济和社会发展第十一个五年规划纲要》正式由新华社公布于众,其中包括《第六篇 建设资源节约型、环境友好型社会》,以后各项中长期发展战略均含有相同的内容。中国各个民族实施这类发展规划纲要,乃是汲取了历史发展的经验与教训,如今依然在克服一些历史的惰性,探索环境保护与经济建设的双赢之路。

在漫长的历史进程中, 中华民族大家庭成员们的发展不是一帆风顺的,各个民族在开发环境、积累物质财富的过程中均走过了一条曲折的道路。一些少数民族群众在生存奋斗中的境遇非常恶劣,因而,他们在资源开发中的劳作十分艰辛,所创造的物质与精神财富远没有达到理想状态。例如,刀耕火种生产方式是人类在原始社会发明与使用的一种经济作业，其效益十分低下，而且，这种生产方式是以毁灭环境为代价的，他们在原始社会阶段的存在有其无法避免的历史必然性。然而，人类社会有着巨大的历史惰性，人们的行为有时是非理性的。人类的历史惰性含义是，人们习惯于或者陶醉于其固有的经济、生活形式，满足于眼前的利益，不愿意冒险进行创新，自觉或不自觉地维持缺乏活力的经济、社会形态。与人类的历史惰性作斗争，这是现代人需要做的一项沉重而艰巨的工作。一个典型的事例是，在 21 世纪的中国，刀耕火种式的落后农耕制度并没有绝迹，依然存在于一些少数民族地区。其原因是，那些少数民族群众还在困境中艰苦奋斗，一些传统习俗与思想尚难以在短时期内得到转变。这些少数民族乡村民众艰难地探索着如何获得富裕的途径，他们在经济战线上的拼搏是一幅复杂的场景：有悲壮的苦斗，也有无奈的叹息，更有盲目的活动。他们的活动与意识既受久远历史文化因素的影响，同时也受到现代改革开放新思想、新技术的引导。事实表明，一个民族要达到人与自然的和谐相处，需要经历长久的磨难。

（一）对传统生产方式的思考与分析

中华民族在生存发展之中，先祖们开天辟地，在混沌中创立了最初的生产方式。新石器时代，中华民族先民已经在黄河中下游一带生存耕耘，他们发明了以烧火垦辟山林而为田地的方法，古籍对此有些记载。原始农耕作业的出现无疑有着历史必然性，是中华民族先民点燃的文明之火。然而，刀耕火种制度的落后性、破坏性也非常明显，其经济效益十分低下，创造的财富总量非常少，而且，其大规模破坏森林植被，造成了严重的水土侵蚀、土地沙化、滑坡和泥石流等自然灾害。当代经济发达国家和地区研制与发展了现代农业，完全禁止或者淘汰了原始的刀耕火种。由于历史、地理等方面的原因，特别是人类的历史惰性存在，直到 20 世纪 40 年代，中国的云南省西南地带刀耕火种制度依然特别盛行，因而，一些学者称那片地区为"滇西南刀耕火种带"。在这一地带内，生活着独龙族、拉祜族、怒族、基诺族、德昂族等少数民族，他们在经济制度方面都属于较为典型的刀耕火种民族[1]。由于生产方式极其落后，在

---

[1] 王燕玲：《浅析刀耕火种民族社会中生态环境对土地私有制的影响》，《西南边疆民族研究》，2003 年第 2 期。

那个年代,独龙族、拉祜族、怒族和基诺族等少数民族的社会经济还停留在原始社会父系氏族末期历史阶段。

由于历史积淀过于沉重,人类历史惰性难以轻易消除,甚至到了 21 世纪初,云南省怒江傈僳族自治州管辖的贡山独龙族怒族自治县还存在着刀耕火种制度,该县独龙族村寨的村民称之为"火烧地"。这类土地的特征是,通常一年种植一季谷物,接着轮歇 6 年以上才能再次在这块土地上种植谷物。贡山独龙族怒族自治县一些村寨的村民认为,火烧地是独龙族文化的一个重要组成部分,这种耕作制度不仅与独龙族以互助合伙形态表现的生产方式紧密相连,而且与独龙族的饮食文化、宗教观念密切相关。一些独龙族村民还认为,年轻一代没有按照传统的方式进行生产,他们也不了解独龙族文化。有的村民说:"这些如果不知道怎么算是独龙族?"①的确,火山地耕种以及传统作物品种对独龙族的民族认同及传统文化有重要意义。然而,可以说任何一种源自于地域环境的耕作制度,都必然存在某些优势和劣势,优势可能加快社会发展的速度,劣势可能限制或延缓社会的进步。刀耕火种代表的生产方式是原始落后的,完全不符合现代农业标准,劣势远远大于微小的优势,其不是表现了一种进步性和创造力,恰恰相反,而是反映了一种人类的历史惰性和现实的虚妄,因而必须淘汰这种生产方式。即便因为客观条件限制,暂时不宜全面否定,也不能任其自由发展,必须遏制有些人想恢复刀耕火种的冲动。需要教育村民,解放思想,提高认识,全面改革滞后的耕作制度,抱残守缺,这是没有出路的。

(二)全面推进环境友好型文化

世间任何事物都不是单一性的,均具有多重性。因而,必须消除人类的历史惰性,发展适宜环境的生产方式,建设环境友好型社会。中国各个民族在这个方面的努力也在持续不断地进行着。而且,努力实现环境友好型社会的伟大目标,当代中国人的这种奋斗与历史上流传下来的民族文化的一些优秀传统有密切关系,他们包含有大量深厚的继承与弘扬因素。一般来说,自然环境是民族文化形成和发展的物质基础,或者说,自然环境是决定民族文化的特点及地理分布的重要因素。但是,带有浓郁环境因素的人文生态环境文化一旦形成,这种文化就具有了保护生态环境的功能。使用这些功能,推进环境友

---

① 龙琼燕:《独龙族传统农作物品种的"退"与"进"》,《云南日报》,2010 年 12 月 7 日。

好型社会建设向前,就是一项重要的任务。例如贵州省黔东南苗族侗族自治州、玉屏侗族自治县和广西壮族自治区三江侗族自治县等民族区域自治地方。这些地区气候温和、降雨量多、山清水秀,尤其是很多侗族村寨,依山傍水的自然环境是那些村寨的一个突出特征。这个特征显示,侗族民众在营建村落时,他们将本民族的历史生动地融合于环境形态,即源于身边的环境格局,又用民族知识与技术驾驭于环境变化。侗族民众认为,村落不是一个抽象的概念,乃是由田园、山水、林木、道路、坟场、木楼、鼓楼等构成的物理空间,同时也是一个顺应环境变化的生态演变系统。因而在侗族山乡,每个村寨的建筑物都有一些民族文化寓意,都属于这个民族文化的隐喻形式和表达形式,也都有环绕四周的自然生态系统,表示出这些建筑是受自然制约和规范的。侗族民众的生产生活很有特色,既是一种由自然生态所环绕的文化存在,也是一种属于自然生态系统的一个人文生态系统。另外,在侗族人聚居地区,有河必有桥。桥梁全都建筑在山脉、河流地形中的最佳地点,使得环境演变与生产活动达到协调一致的地步。桥上建有长廊,有带长凳的栏杆、中央亭阁与多重的阁楼檐顶。这类桥形如游廊,即可供路人通行,又可供行人休息、观赏,还可供人们躲避风雨,故称"风雨桥"。长廊、亭阁内绘有精美的侗族图案,檐口和瓦脊上也有彩绘或吉祥动物塑像,因而也称"花桥"。这类桥均是托架支梁式木桥,建筑时不用一钉一铆和其他铁件,大小柱子、枋、椽、檩、板、凳、栏杆、扶手等,皆使用质地较有耐力的杉木并经凿榫衔接而成。风雨桥还凝结着古代一个恩爱夫妻被花龙救护的动人传说,同时,这座桥又是现代社会年轻人谈情说爱的场所。风雨桥是侗族村寨人民智慧的结晶,一些风雨桥被列为国家重点文物保护单位,例如广西壮族自治区三江侗族自治县建设于 1916 年的程阳桥等[①]。简而言之,风雨桥具有精湛的工艺,完美的形式,因而在侗族人心中,这座桥就是"天人合一"的代表,能够保佑他们年年风调雨顺、五谷丰登、吉祥幸福。每一座桥都在以特有的方式讲述着自己的过去与未来,桥下的流水或蝉鸣声能让路人深切地沉浸于美妙与祥和之中。认同了风雨桥,也就认同了村寨,认同了族群[①]。概括地讲,科学地思考与分析传统的诸如刀耕火

---

①石开忠:《侗族风雨桥成因的人类学探析》,《贵州民族学院学报》(哲学社会科学版),2010 年第 4 期;唐虹:《侗族风雨桥的艺术人类学解读》,《广西师范学院学报》(哲学社会科学版),2011 年第 3 期。

种的生产方式及其残留形式的缺陷,继续弘扬诸如风雨桥所代表的人与自然融合的经验,能够有力地推进环境保护与经济共同向前发展。

第二节　民族发展与环境变化的复杂关系与影响

自然环境对民族文化有着深刻的影响,同时,民族文化也有很强的自主功能,能够改造自然环境。一些少数民族诸如侗族、藏族创建了地域性的生产方式,体现了人与自然的融合。然而,由于现代化是一个内容广泛的变革,而一些少数民族尚不能在中国的经济腾飞中大步跨越向前。因而,作为社会代表的政府就要承担引导与推动责任,通过加强商品市场基础建设、规范资源利益补偿制度等方式,发挥民族地区的一些诸如对外贸易的优势等,让民族地区的经济增长与环境建设得到共同发展。

一、民族经济、生态循环在演变中的复杂关系

中国西部少数民族自治地方的一些生产、生活方式具有鲜明的特性,表现了一种人类为适应自然环境、获得财富而积累的经济认识与经验,它们是一代又一代人生生不息的文化传承。在这里,生态环境对人类而言,不是一个单纯的物理空间,而是人类文化认同的依托。

（一）源于自然的环境文化

中国民族文化的创立与应用,毫无疑义地首先是与自然环境紧密相关的,因为在人类文化的进程中,无一不包括自然环境因素的巨大作用。前文阐述了位于贵州省和广西壮族自治区等地的侗族文化与村落环境的事例,虽然侗族村落建设是村民主观的抉择,但是,侗族村落的布局却受到自然环境的制约。于是,主观指导的村寨建设和客观存在的环境融合在一起,共同出现于现实世界,此时,侗族村落环境就属于一个人文生态系统了。在侗族乡村,每个村寨都构成一个独立的存在,都有环绕自身的经济生产方式,也有适宜的自然环境。直观的表现是,村寨与村寨之间保持着恰当的生态距离,村民都自由地从事着自我选择的作物栽培。埃文斯·普理查德（E .E .Evans-Pritchard,1902~1973 年）,英国社会人类学家,曾任牛津大学教授,他曾认

---

①余达忠:《侗族村落环境的文化认同》,《北京林业大学学报》(社会科学版),2010 年 9 月第 3 期。

为,"土地的自然条件决定着村落的分布,并因此也决定着它们之间的距离"。他还认为,这种"生态距离是社区间的一种关系,这些社区是以人口密度及其分布状况来界定的,同时也与水源、植被、野兽以及虫害等情况有关"①。侗族村落布局与自然环境关系的密切相关是不容置疑的,其他民族诸如苗族、傣族、蒙古族和藏族等少数民族,他们的村庄、苏木等也与生态环境密切关联。乡村的状况是这样,城市的情况同样如此。人类学对于少数民族地区人类和环境相互关系的研究表明,当人们在一个地方居住数百年以后,人们和当地的环境之间会发展一种文化联系②。云南省昆明市的滇池美景世人皆知,昆明市的市民对滇池的认识和感情十分深厚,那是几代甚至数十代人的文化传承与积淀的结果,凝结着当地汉族、白族、彝族、苗族等各个民族居民的共同情感。人们居住在滇池周围,不仅热爱滇池,而且通过很多亲近滇池环境的行为表现出来,包括他们在滇池周围休闲、体育锻炼、旅游和采集水生食物等,还通过更加抽象、更加热烈的方式展现,如文学、音乐与绘画等。

宗教是民族文化中最具特性的事物,是一种在形式上完全与客观世界背离的主观世界,然而,客观的自然环境同样对这个主观的抽象世界产生巨大的影响。中国很多少数民族有着各自不同的宗教信仰,但是,绿色的景象在一些宗教中非常明显。在西藏自治区,藏族民众视高耸的雪山为"神山",辽阔的湖泊为"圣水"。这种宗教意识形式上是虚幻的,实质上是有实效的,因为,藏族民众在这类宗教意识之下,自觉地保护了雪山和湖泊,保留了原生态,那些地方正是长江、黄河与澜沧江—湄公河的发源地。

(二)人文生态文化的积极推动力

尽管文化变迁的一个外部因素是生态环境的改变,但是一种自觉的文化变迁是有很强的主动性的。其既是根据环境的客观要求而改变,也是按照文化自身变化的规律而变迁,或者说,通过具体民族文化创造和演变,改变原有的环境条件,让一种文化沿着自身应当发展的方向前进,最后会形成一种新的文化形态。例如侗族的村落环境就是作为一种空间物理形态出现,结构布

---

① [英]埃文斯·普里查德著,褚建芳等译:《努尔人》,北京:华夏出版社,2002年,第20~63页。

② 郑晓云:《当代的环境问题及其文化背景》,云南社会科学,2008年第5期,第76页。

局是按照侗族的生态观和文化观营建的。村落环境一方面受制于营建地的自然环境,是一种生态物理形式;另一方面,村落环境也是营建族群的一种文化选择和文化表达的方式与依托,风雨桥也可以视为一个体现民族意义与象征功能的符号。因为,侗族在营建村落环境之时,他们将自己的文化形式诸如绘画、雕塑、传说等融入木桥之中。所以,风雨桥集合了民族文化、村寨环境与经济功能,成为一种人文生态环境文化的作品。自然,这样富有魅力的珍贵作品当然被尊贵为国家级的文物保护单位了。在云南省西双版纳傣族自治州,一些傣族、布朗族村寨附近都有面积大小不等, 用来祭祀神灵的原始森林,傣族、布朗族人民将这种山称为"龙山"。这种民族文化虽然夹杂着相当比例的原始宗教成分,然而,他们以主动的姿态对生物多样性、森林资源进行了有效保护与管理。

（三）克服人类的历史惰性的影响

人类的历史惰性作为一种存在,是影响继续深入地改革经济体制、推进环境保护建设的消极因素之一。因为,一些确凿的事实表明,不少地方的人们为了获得眼前的利益,不惜以掠夺自然、牺牲环境为代价发展生产,满足短期需求,刀耕火种制度在贵州省和广西壮族自治区的存在即如此。村民沿袭传统的"赶山吃饭"的习俗,使民族文化传统陷入了盲目性,他们焚林开荒得到的只是一年或两年的收成,可还是习惯于自我禁锢在这种生产方式中,不愿意冒着风险去探索出路。还有一些在青藏高原、内蒙古草原上生活的民族,他们迄今为止依然用原始游牧方式散养牛羊,视牛羊群的数量多少为财富的唯一标准,长期过度地畜牧牛羊,却不去追求牛羊出栏率、周转率等市场化的经济指标,始终惜杀这些牲畜。单纯比牛羊数量,忽视市场化指标,无疑是思想认识滞后的表现,也是一种人文生态文化的失衡。改革这种意识,需要花费很大的气力,需要改变固有的思维模式,需要为了长远利益而放弃眼前利益等,这些变革往往具有颠覆性的特征。人们从事这些变革,必须历经脱皮蝉变式的痛苦,必须耗费时间、资金,而且最终的结果还包含大量的不确定性。由于历史进程的复杂性、艰难性等因素的存在,加之一些村民或者牧民自身文化水平有限,因而,他们便依赖人类的历史惯性,结果使得山区刀耕火种的地方水土流失,使得草场超载过度的地方草原退化、沙化,生态环境遭受到严重破坏。生态环境的退化对民族经济、民族文化的影响极大,因为,恶化的环境意味着农牧业生产条件恶劣,而恶劣的生产条件必然是低效益的。农牧业生产低迷,农民、牧民生活水平就很低,或者陷于贫困之中。经济贫困使得人们没有多少资金、技术投入到再生产之中,也没有办法改善自然环境,为了生存只能再去从事一轮刀耕火种、超载放牧,自然环境由此愈加恶化,经济效益更加低下,也就更没有能力去投入到再生产之中。于是,一个恶性循环出现了,恶劣的影响也就更加扩大了。

这种恶劣影响不仅限于物质层面,更可怕的是能毒害人们曾有的健康思维。因为,事实表明,人们身处恶劣的环境与贫困之中,往往会做一些极端的事情。牧区的一些贫困牧民会不顾一切地超载放牧,一些山区的贫困农民会频繁地焚烧林木垦殖。这类行为就是一种环境友好的反向行为,在当代中国的城市化过程中普遍存在。因为,不利于环境的观念、行为在人类学的视野里,同样是一种文化,但这种文化是一种和环境友好相反的文化。一般来讲,反环境友好行为对建设和谐社会的负面影响更大,因而更加需要遏制、改变。

二、政府弘扬人文生态文化的途径

中国西部民族地区诸如青藏高原具有"江河源"与"生态源"的势能,因而科学开发那里的资源意义重大。政府是社会公共利益的代表,因而,行政部门负有开发环境资源、弘扬人文生态文化的责任。

(一)政府因子在民族地区环境资源上的体现

民族地区自然禀赋的一个重要方面是自然资源具有重大、特殊的势能,藏族、羌族、门巴族和珞巴族等民族世代居住的青藏高原就是一个典型。青藏高原孕育了众多的国际国内著名的大江大河,诸如长江、黄河、澜沧江—湄公河、雅鲁藏布江—布拉马普特拉河等,既养育了中国高原民众,同时又满足了广大中部地区各族人民的需求,还是南亚次大陆、中南半岛亿万人民生存与发展的重要物质保证。青藏高原也是地球北半球气候生成与变化的启动区,在高原上空形成的独特大气流云,向东漂移可以到达北美大陆,向南移动能够穿越赤道进入南半球,影响那些地方的雨雪形成,从而惠及更多的国家和各族人民。现代科学研究成果显示,出自青藏高原的这些流水祥云全部无一例外地深受地面绿色植被的调控,地面草原森林的状况如何,直接影响到江河流淌、大气流动。换句话说,中国西藏自治区、青海省的环境保护效果如何,在很大程度上决定着世界数十亿人民的生存安危。在当今世界深陷于温室气体排放等造成的全球环境恶化的严峻情况下,保护青藏高原具有的"江河源"和"生态源"功能自然、持续地发挥作用,这是中国人民对整个人类的伟大贡献。在这个方面,中国青海、西藏两省区的各族民众在党中央、国务院的正确领导下,已经取得了举世称颂的业绩。

例如,西藏自治区在"十一五"规划纲要实施期间(2006~2010 年)植树造林 11.47 万公顷,防沙治沙 4.27 万公顷,退耕还林 3.9 万公顷,退牧还草394.7万公顷[①]。在进行这些工程项目时,国务院制定了一系列特殊政策,给予了西藏自治区大力支持。2009 年 2 月,国务院常务会议审核并通过了《西藏生态安全屏障保护与建设规划(2008~2030 年)》,决定利用 5 个五年规划的时间,投入资金155 亿元,实施 10 项生态环境保护与建设工程,基本建成西藏高原国家生态安全屏障。沿海地区一些省、直辖市也对西藏自治区实施大力支持,包括确立"援藏项目",选派优秀干部和施工队伍进驻西藏。在国务院和沿海地区省、直辖市的支持下,西藏自治区在全国率先启动草原生态保护奖励机制试点,建立了森林生态效益补偿制度,积极构建国家生态安全屏障,取得了喜人业绩。同样,"十一五"期间,青海省通过完成营造林、退耕还林、"三北"防护林建设等工程建设,森林总面积扩大到了 5550 万亩,活立木总蓄积量增加到5406 万立方米,森林覆盖率提高到了 5.2%,实现了森林面积和蓄积量的双增长[②]。总之,在政府大量投入的支持下,青藏高原生态建设、资源保护、产业发展等各方面取得了显著成绩。今后十年或者二十年,民族地区环境保护与经济建设方面的任务更加繁重,因而,政府的指导与支持作用需要更大地加强。

(二)多种形式弘扬民族传统文化中的环境思想

民族地区的环境资源诸如青藏高原的"江河源"与"生态源"势能拥有难以估量的巨大价值,而且这类环境资源千百年来一直受到在当地世代居住民族诸如藏族、羌族和土族等民族的保护,这些民族的生产生活方式、文化艺术、思想信仰等均包含有浓郁的高原因素。例如,四川省阿坝藏族羌族自治州和四川省绵阳市北川羌族自治县等地,那片区域位于青藏高原东部边缘地带,那里是羌族人口的主要聚居地区。羌族保留着浓厚的原始自然崇拜活动,

---

①白玛赤林:《2011 年西藏自治区政府工作报告》,拉萨,2011 年 1 月 10 日。

②罗连军:《"十一五"期间青海省森林面积和蓄积量实现双增长》,《青海日报》,2011年 5 月 5 日。

典型表现为将树林尊为森林天神和生命之神。历史上,羌族聚居区内的村寨均有自己划定的"神树林",而且,羌寨每年的祭山大典均须在神树林中举行,届时各寨羌族民众家家户户均要在门前栽插象征生命意义的绿色长青枝,还要在寨头立一根高高的"迎神树",也就是"祭祖桩"。祭祀桩上的枝丫按九、七、三呈三层分布,这与羌人所认为的"三、山"相谐的朴素的"三界观"思想有关,更与羌人感念天神为人间赐福"九杨七柳三柏"直接关联。祭山大典由"释比"(汉语称"端公")主持,他事前需要以燃柏香熏身。祭山大典举行之时,"释比"领头向山林敬献面牛面羊,高诵经文,并且带领参加活动的男性羌民转山。唱文大意为:神树林威力无边,人若不敬他,就会禾苗不生,五谷不丰,人畜不安;人若不听神林话,就会天塌地陷遭天杀……祭山之后,羌族村寨均严禁去林中砍柴、挖药和狩猎①。实际上,古代羌族民众的这些祭典活动表达出崇尚自然、热爱自然的纯美情感,这种带有神灵色彩的祭山大典对后人起到了保护森林和注重生态意识的教化作用。如今,在羌族民众中还广为流传着一些崇敬树神的说法,例如,"古时敬神均在森林""天地之后神树林为大"等。羌族人口聚居的村寨附近依然有一片苍翠的树林,当地居民皆称之为"神林",即神灵栖居的地方,亦为羌族祭神的场所和神的标记。汲取传统民族文化中的保护环境精华,通过群众喜闻乐见的传统习俗和文化形式,继续动员、组织与引导民众保护环境,同时将优美环境资源的存在转化为经济实力,这是民族区域自治政府的一项重要工作内容。

(三)将民族地区环境文化转变为经济发展的推动力量

民族地区拥有丰富的环境资源,这些是产生经济效益的物质基础。充分发挥民族地区政府的力量,有效地开发民族地区的环境资源潜力,将资源力更多地转化为经济实力,这是目前一项紧迫的任务。一些民族地区通过发展旅游产业,将人文生态资源转化为经济资源,取得了喜人业绩。云南省是一个少数民族的族别众多、少数民族人口聚居省份,同时那里有着得天独厚的自然风光、异彩纷呈的风土人情、古老浓郁的民族文化,这些是发展人文生态旅游的宝贵资源。"十一五"期间,云南省加快推进旅游综合改革发展试

---

①倪震:《羌族的树神崇拜》,《文史杂志》,1997年第4期;郑文:《论羌族的原始信仰》,《新西部》(下半月),2009年第10期。

验区建设,全面实施旅游大项目带动大发展战略,加快旅游重大重点项目的开发,推动旅游小镇和特色旅游乡村建设,促进旅游开发建设不断取得新的成效(见附表)。

"十一五"规划纲要实施期间云南省旅游状况

项目	2005 年	2006 年	2007 年	2008 年	2009 年	2010 年	年均增长率
旅游总人数	70011.02	7902.30	9207.62	10500.40	12306.59	14165.96	15.1
国内旅游人数	6860.74	7721.30	8985.72	10250.00	12022.10	13836.81	13.1
海外旅游人数	150.28	181.01	221.90	250.40	284.49	329.15	17.0
旅游总收入	430.1	499.8	559.2	663.0	810.73	1006.83	18.5
国内旅游收入	386.15	447.10	497.74	595.0	730.66	916.82	18.9
旅游外汇收入	5.28	6.85	8.60	10.08	11.72	13.24	20.2

资料来源:

1.云南省旅游局:《云南省领导干部经济工作手册》(2006~2011),昆明,2011 年。

2. 表中单位——旅游人数:万人次;旅游总收入和国内旅游收入:亿元人民币;旅游外汇收入:亿美元;年均增长率:%。

2010 年与 2005 年相比,云南省接待国内外游客总数增长了1.02 倍,其中,接待国内旅游人员数量增长了 1.02 倍,接待海外旅游人员数量增长了1.19 倍。整个"十一五"期间,云南省旅游总收入累计达到 3539.8 亿元,比"十五"期间同类值增长了 141.1%。其中,旅游外汇收入累计达到 50.2 亿美元,增长了 141.8%;国内旅游收入累计达 3184.1 亿元,增长了 115.2%。

西部其他一些少数民族自治区域同样拥有风光秀丽的美景、四季宜人的气候,依据这些丰富的旅游资源,一些地方的旅游经济同样获得了大发展。同时,也有一些民族区域自治地方由于存在管理方面的缺陷,旅游经济没有很好地得到开发。因而,需要借鉴云南省开发环境资源、发展旅游经济的经验,在以下三个重要方面作出改进:

第一,全面建设旅游环境。地域辽阔的民族地区拥有多种天然与人文旅游资源,民族区域自治的地方旅游、基建等有关管理部门应当采用多种方式,保护自然环境,保留民族文化的原生态性,将自然风光与人文古迹巧妙地融合为一体,据此全面营造旅游氛围,更多地考虑游客的需求,以便吸引游客前来观赏。第二,遵循当地少数民族居民的意愿。旅游景区生产生活的少数民族居民是人文生态旅游能够实施的关键要素,因而,开发那里的旅游资源,必须尊重少数民族群众的风俗信仰。有个别地方将传统的民族文化风情和神圣的祭祀仪式用很不恰当的方式叫卖,导致了少数民族文化的庸俗化和民俗风情的失真。这样的做法是违反民族法律与习俗的,必须制止。第三,规范资源利益分配结构。民族地区的人文生态旅游是依靠当地的物质、文化力量而发展的项目,因而,旅游收入必须合理地分配给当地的少数民族群众。在一些民族自治地方的山地、草原旅游景区,地方行政部门的公共利益和开发公司的商业投资利益,这两种利益代表的实体单位有时过度利用行政与资金优势,垄断性地摄取了旅游景区的经营收入,少数民族农民、牧民却得到很少比例的分配收入。这样的做法是非理性的,也是违反法律法规的,必须予以改正。要确立利益力量良性推动的和谐关系,兼顾行政部门、商业公司和当地少数民族群众三方面的利益要求,促进环境资源势能顺利地转化为经济效益。

第三节　政府与市场合力的作用

目前,全国经济体制基本转型为社会主义市场经济形态。保护环境,发展生产,均要在市场框架内进行。依据中国的实际,政府与市场是配置资源、推动生产的两种基本力量。由于民族地方存在复杂的自然与多样化的文化,因而,民族区域自治政府与经济市场两种力量并没有完全协调一致,制度方面的矛盾依然普遍存在。因此,需要采用政策、经济、民间等多种手段,使两种力量更好地融合,推动社会向前跨越。

一、合力的交汇

由于历史、地理等方面的原因,西部一些民族区域自治地方经济发展相对滞后,生态环境存在着多方面的恶化现象。新中国成立之后,政府主导的社会主义经济建设大规模地开展起来,民族地方的情况得到了很大的改善。特别是国家实施改革开放政策之后,经济建设与环境保护项目在很多民族地方投入了实际运作,很多项目已经完成,而且正在发挥作用。为了获得更大的社会进步,继续完善政策,进一步调动民众积极性,乃是非常重要的事务。

（一）政府力量是对市场势能的部分引导和协助

在我国许多偏远的民族地区,自给自足的农牧业仍然占据着重要的位置,市场或者处于缺失状态,或者只具备雏形,因而环境文化产品的生产与销售都很低迷。依据国际流行的经济学原理,经济效益最高的交易形态是"完全市场假设"。综观民族自治地方,那里的市场状况与"完全市场假设"的要求差距是比较大的,存在着较多阻碍运行的因素。这类状况主要表现在以下重要方面:

首先,民族自治地方企业数量少。依据国家民族事务委员会的统计,我国少数民族人口分布最集中的地方有 8 个省、自治区①。截至 2008 年,8 个民族省区拥有的全部国有及规模以上非国有工业企业总数是 18779 家,占全国同类值的 4.41%。其次,民族自治地方企业规模小、产值低。8 个民族省区规模以上工业企业总产值 29861.67 亿元, 只占全国规模以上工业企业总产值的 5.88%,仅相当于广东一省的 45%。再次,民族自治地方企业竞争力不强。在每年一度的全国科技企业 100 强和《福布斯》中国企业创新 100 强评选中,民族自治地方一直没有企业能够入选。在 2010 年全国企业 500 强中,8 个民族省区一共只有 25 家,只占总数量的 5%,其中宁夏回族自治区、西藏自治区均没有企业入选②。基于民族地区特殊的社会条件,民族区域自治政府在促进民族地区发展过程中的作用很大,这只"看得见的手"可以对民族地区经济社会发展过程进行引导和调控,实施大量理性、可控的行为来推动民族地区实现跨越式的赶超发展。同时,也要推动建立和完善市场机制,通过"看不见的手"来推动民族地区的经济社会发展。

在开发人文生态产品中,政府力量对市场势能的引导和协助主要表现为两个方面:一种是进行产业选择,另一种是对企业进行扶持。

1. 产业选择

产业选择的含义是,人们根据区域环境资源、人力资源等综合与独特优势,合理选择区域所要发展的产业,确定主导产业、相关产业和配套产业,从而形成有效的生产人文生态环境产品的产业链。在成熟的市场经济体制下,产业选择一般是通过市场的价格机制来实现的,即通过价格信号反映出的供

①它们分别是,内蒙古自治区、广西壮族自治区、宁夏回族自治区、新疆维吾尔自治区和西藏自治区,还有少数民族人口较多的青海省、贵州省和云南省,它们通常也称为 8 个民族省区。——著者注

②李俊清:《民族地区政府与市场关系的定位与调适》,《中国行政管理》,2010 年第 11 期。

求关系引导资本的流向。由于民族地区经济整体相对滞后,例如,教育、交通、通讯等基础条件发展缓慢,市场信息传播的灵敏度比较低,而且生态环境脆弱,因而,民族地区的市场自身难以进行有效的产业选择。因此,民族地区的行政部门便肩负着对本地区经济发展进行合理规划的重任,负有进行产业选择的义不容辞的责任。通过不断地出台政策、提供资金、培养人才和信息服务等措施,地方政府对市场势能进行部分引导与协助,从而建立起适宜本地区环境资源的优势产业,这也就奠定了进一步发展经济的基础①。

2. 企业扶持

企业是市场活动的主体,需要自己在市场竞争中寻求生存和发展的机遇,而政府不应该任意地干预企业的运营。但是在民族地区,由于区位、交通、市场环境等方面的限制以及技术、人才和经营管理的落后,企业在参与全国乃至全球市场竞争时,他们大部分都缺乏足够的生产能力。因此,政府需要运用公共资源,在两个方面扶持本地企业和增强他们的竞争力。其一,为企业发展提供政策便利。民族地区政府需要采取有力措施,在税收、监管和服务方面给企业提供便利,由此而为企业创造宽松的发展环境,降低企业在贷款、用地、用人、原料获取等方面的活动成本。其二,适当地保护本地企业。企业的竞争力形成需要一个较长的阶段,而目前民族地区企业竞争力普遍较弱,他们很容易在残酷的市场竞争中被淘汰出局。因此,民族区域自治地方政府需要通过与中央政府和其他地方政府的协调,为本地企业争取适当的保护,使其能够不断发展壮大,增强参与市场竞争的能力①。

(二)政府干预要有度

虽然民族自治地区需要政府力量和商品力量的同时存在,并且在一定阶段,政府力量需要发挥比较大的作用,但是这样可能导致在那里的政府与市场关系定位中出现偏差,即政府作用突出而市场机制作用相对较弱的局面,从而引发出许多问题,例如效率低下、权力寻租、政府利益与社会利益脱节、有关规划和管制措施缺乏足够的科学性等。因此,政府干预市场的各种行为要适度,不能一味干预,超出界限。其一,明确干预的目的。干预的目的是完善

①李俊清:《民族地区政府与市场关系的定位与调适》,《中国行政管理》,2010年第11期。

市场,而不是否定市场。民族区域自治政府干预行为需要尽可能地遵守市场经济规律,不能以市场存在缺陷为由全面管制经济社会发展事务,否定市场机制。其二,适时退出市场。政府力量是对市场势能的协助,是追求短期非常规发展效益的权宜之计。一旦这类协助措施促进了企业发展到成熟状态,那就应该将他们交还给市场,而不应该长期介入市场进行干预。其三,遵循经济法制规范。政府干预市场的行为需要在法治的框架下开展,遵纪守法。离开法治,政府对市场的干预很可能会取得相反的效果,造成社会经济发展的紊乱。

总之,在妥善处理政府干预行为可能出现问题的基础上,民族区域自治政府更需要积极鼓励和支持市场主体的成长,保障市场主体在本地区按照市场机制的要求开展各类经营活动并为之提供良好的公共服务。政府应尽可能地避免干预那些市场机制能够有效发挥作用的领域,从而使市场机制在良好的政策环境下不断发育成熟[1]。

二、合力的作用力

西部少数民族地区环境资源丰富,民族文化异彩纷呈。当地少数民族群众通过经济建设实践认识到,要使本地经济、文化得到更快地发展,完成历史赋予的使命,就必须通过民族区域自治政府的指导与市场势能的推动这两种力量的作用,去有效地克服前进道路上的阻力与困难。世界工业化国家的经济发展实践也证明,纯自由市场和强政府干预均有优缺点。由于存在这类双重缺陷,于是在社会经济发展实际需求的刺激下,很多国家实施了"混合型"的经济发展政策。在国际经济学界,自 19 世纪末至 20 世纪 20~30 年代,被称为瑞典学派又称北欧学派或斯德哥尔摩学派的一些学者提出了"混合经济体制"理论(*Mixed-economy System*),这是对当今西方世界尤其是北欧有重要影响的经济学流派之一。例如,阿瑟·林德贝克(Assar Lindbeck,1930 年~)是瑞典学派的著名代表人物,他是瑞典首都斯德哥尔摩大学国际经济研究院教授,1980 年至 1994 年担任诺贝尔经济学奖委员会主席。林德贝克认为,瑞典的混合经济体制是理想的经济形态,这个体制能够较为合理配置与高效利用稀缺的资源。因为,在基本经济制度既定的条件下,混合经济体制是由一系列

---

[1]李俊清:《民族地区政府与市场关系的定位与调适》,《中国行政管理》,2010 年第 11 期。

有机联系并相互制约的机制、制度、组织、决策等方式而形成的复合体,所以,能够处理纯粹单一的经济形式不能解决问题①。当前世界各国在经济建设中,均实施了主要由市场与政府力量结合在一起的经济政策。很多实践事例都已证明,综合性的经济政策效果最好。在中国,旅游业是开发西部民族地区人文生态资源的适宜产业,而政府与市场两种力量的混合使得民族地区旅游业得到了大发展,效益良好。

(一)发展民族地区旅游业

人文生态旅游产业是近些年来一些少数民族自治地方全力发展的支柱产业,这个产业能够将那里的自然环境、民族文化优势充分发挥出来,能够积累建设资金推动地方经济发展,从而提高少数民族群众的物质生活和精神生活水平,从而加快实现各民族的共同繁荣。西藏自治区位居有"地球第三极"美称的青藏高原主体地域,地球之巅的这片处女地圣洁神秘、纯真自然,藏族民众古朴、虔诚而凝重的心灵令人动容,藏族人居文化与大自然的水乳交融,这些均给人们制定现代化发展规划以启示。那里有布达拉宫、扎什伦布寺和巴松措等8个国家4A级旅游景区;羌塘自然保护区、雅鲁藏布大峡谷自然保护区和色林措自然保护区等6个国家级自然保护区;日光城拉萨、历史文化名城日喀则及英雄城江孜等文化胜景之地。环境资源得天独厚,藏族历史文化丰富多彩,这些是发展人文生态旅游的宝贵资源。2011年11月,国家旅游局与西藏自治区人民政府签署了《关于共同加快推进西藏重要世界旅游目的地建设合作协议》,要使用政府与市场双重力量,加快把西藏建设成为重要的世界旅游目的地。"十五"期间,西藏自治区五年中接待中外游客550万人次。然而,在"十一五"期间,西藏自治区五年间接待中外游客2088万人次,是"十五"时期的2.8倍;全区实现220亿元的旅游总收入,是"十五"时期的2.5倍。2010年,西藏自治区全年旅游收入达到了67亿元,超过"十五"期间共五年63亿元的总和②。如今,西藏自治区正在全力培育旅游市场主体,做大做强做精特色旅游业,促进旅游企业向市场化、品牌化和集约化方向发展。

---

①裴小革:《瑞典学派经济学》,北京:经济日报出版社,2008年。
②资料来源:西藏自治区旅游局,拉萨,2011年。——著者注

（二）促进民族地区与其他地区文化的融合

旅游活动本身不仅是一种个人的经济行为，而且也是其他地区与民族地区文化的碰撞和交融的过程。因为，游客的观光与对目的地的自然和人文生态均会产生不可忽视的影响，游客自身会带着已有的文化元素，在看似短暂的游乐过程中，通过持续的作用，会给旅游目的地的居民和文化留下深刻的印记，最终成为目的地居民新环境的组成部分。同时，随着游客前往旅游目的地已成为一种常态，旅游目的地的文化也会对游客给予有力的冲击，使他们感受到纯天然的生态环境所带来的心身愉悦，并且陶醉于不同民族文化形成的美轮美奂的绮丽场景中[①]。事实表明，不同的文化类型在各自独特的自然生态和人文背景中孕育产生。因此，无论是旅游地居民还是游客都代表着各自不同的文化类型，通过旅游活动，接待者与参观者彼此沟通、相互交流，大家均能感知差异带来的刺激，同时品味相互吸引造就的魅力。所以，"民族旅游中文化互动的过程是一个社会良性运行的过程，在这个过程中，各传播要素之间相互整合，减少冲突，从而实现了一种良性传播"。更重要的是，此类良性传播不仅是一种单纯的技术形式，"这种由跨文化的民族旅游带来的良性传播能够很好地促进一个具有文化多元性和差异性的和谐社会的建构。"[②]从全球化的视角观察，跨文化的民族旅游的意义更加伟大。因为，当今世界范围内的竞争更深层次地表现为文化和文明的竞争，而最有生命力的文化是那些具有开放心态且能够与其他文化进行沟通和交流的文化。跨文化的民族旅游提供了一个平台，使得不同国家与不同民族的人们彼此接触、交流，在大自然的明媚春光里，在绚丽的民族文化节日里，不同意识形态的人们直面相对，大家就能在相互接触中产生相对包容、宽宏、开放的态度，这样能够促进世界和平，推动人类文化的共同繁荣。总之，通过政府引导与市场力量相结合的方式，加大投入做好一些具体的旅游市场开发工作，例如，推进旅游饭店连锁店、景区集团化、旅游运输联合化和导游服务规范化、市场竞争有序化等，这样能逐步形成统一、开放、竞争、有序的旅游市场环境，如此不仅可以获得经济收益，而且能够推进和谐社会建设，从而加强中国与世界各国的友好往来。

---

①张晓萍编：《民族旅游的人类学透视》，昆明：云南大学出版社，2010年。

②胡晓、王飞霞：《民族旅游中跨文化传播与和谐社会建构》，《中南民族大学学报》（人文社会科学版），2010年第4期。

第四节　民族经济持续发展的有效途径

西部地区社会主义建设需要民族经济快速发展,这种发展不能仅仅依靠自然科技与工程项目,发展人文生态文化也是推动地方建设持续稳定向前的好方式。因为,这类环境文化不仅有着悠久的历史积淀,而且环境文化也是民族地区社会基础的组成部分。

一、推动民族与环境和谐的内在力量的兴起

西部民族地区的文化多样性是其长期以来所具有的优势,而这些文化产生于人与环境的相互作用,这类人文生态类型的文化多样性在很大程度上决定了人们的生存。因此,这种多样性的文化活动不仅仅限于保护已经存在的事物,而且还包括改造自身的新方式,还有理解自身与外界的新观念。尊重和认同这些多样性的人文生态文化是一个区域可持续发展的关键。对于整个人类的发展而言,这类人文生态文化也是非常重要的活力因素。因为,人类的命运就在于是否坚持可持续发展。

(一)民族文化对环境的塑造作用

人是自然的一部分,属于自然生物圈中的一个类存在物,因为大自然为作为一个生物物种的人类的生存提供了资源,也为人类的进化发展提供了可能。同时,作为地球上具有最高智慧的物种,人类正是在大自然这个巨大的空间内进行独有的文化创造。人类文化创造的成果包括各种物质与精神的财富,而这些则使得地球充满了生机。假如没有人类创造的文明,地球将会和宇宙间其他无生命的星球一样死寂。因而,人类文化实践具有颠覆作为客观对象的伟大意义,即改造自然环境,使其更适合人类的生存。正如时代伟人马克思所说:"人不仅通过思维,而且以全部感觉在对象世界中肯定自己。"它们包括的内容是,"最美的音乐"、"能感受形式美"等,这些是"人的本质客观地展开的丰富性,主体的、人的感性的丰富性"[①]。所以,自古至今,人们认识自然环境、开发自然资源的活动就从没有停止,而且为了获得此类活动的高效益,人们创立了文字,制定了规则,提出了方案,通过不同的文化形式来保障资源开发的效益。在当代社会,保障达到高效开发环境资源的目标不仅只是技术,位

---

①马克思:《1844年经济学哲学手稿》,《马克思恩格斯选集》(第3卷),北京:人民出版社,2002年,第305页。

于最深层次的保障力量应是内涵丰富的文化。历史表明,现代工业社会的基础源自于欧洲文艺复兴,而人文主义精神是文艺复兴运动的核心,这个精神动摇了封建王朝的统治。一个又一个富有民族精神的艺术家、思想家、科学家站到了社会变革的最前沿,他们用自己惊世骇俗的艺术作品促进了社会进步。例如,几百年来,意大利文艺复兴巨匠列奥纳多·达·芬奇(1452~1519年)的传世名画《蒙娜丽莎》以其"永恒的微笑"倾倒世人。这位图画中的佛罗伦萨市女性用优美动人、含义无穷的微笑呼唤着人性的觉醒,表现了人类共同的追求幸福、祥和、友爱的哲理。中华民族作为世界上唯一的血脉文化传承5000年而没有中断的民族,民族传统优秀文化同样魅力无穷。例如,壮族是中国人口众多的一个少数民族,壮族民众一向有爱唱民歌的习俗,广西壮族自治区素有"歌海"之誉。在壮族历史文化中,美丽神奇的壮族歌仙刘三姐的山歌传颂了千百年,刘三姐甜美的歌声、不屈的精神倾倒了无数崇拜者和喜欢民歌的人。刘三姐唱山唱水,歌颂环境优美的八桂大地,歌唱勤劳致富的壮族民众的生产生活。国家实施改革开放政策以后,广西壮族自治区从1993年起举办"民歌节",各民族人士以歌会友,共同抒发对美好生活的向往和热爱,团结合作建设家乡。1999年,这个民歌节日更名为"南宁国际民歌艺术节",每年的11月在南宁市举行。于是,民歌成了飞架于广西各民族与全国各兄弟民族及世界民族之间的彩虹。在民歌节期间,南宁市和其他一些地方还举办时装大赛、壮族节日联欢、全国少数民族孔雀奖声乐大赛、旅游美食节、广西山歌擂台赛等,同时还举办有商品交易、技术交流、吸引海外资金等各类经贸洽谈会活动。历届艺术节举办以来,在国内外受到了广泛赞誉,影响力不断扩大。世纪伟人恩格斯曾这样赞誉文艺复兴:"这是一次人类从来没有经历过的最伟大的、进步的变革,是一个需要巨人而且产生了巨人——在思维能力,热情和性格方面,在多才艺和知识渊博方面的巨人的时代。"[1]壮族歌仙刘三姐就是一个巨人,她既是勤劳勇敢的壮族人心目中美与爱、智慧与才能的化身,也是创造历史的壮族人民的真实存在。民族文化对资源开发、社会发展、民众生活快乐的巨大作用力难以估量,这种势能在壮族刘三姐这位不朽的典型形象上得

---

[1]恩格斯:《自然辩证法·导言》,《马克思恩格斯全集》(第20卷),北京:人民出版社,1971年,第361页。

到淋漓尽致的展现。

(二)创新保障发展的民族精神文化

自然环境提供了人们生存的物质基础,而人们也在生产、生活中不断利用环境资源,处理遇到的环境问题,这些内容包括如何利用环境、改造环境以获得生存的资源和更多的利益,如何平衡自己的利益需求与环境、资源可持续利用之间的关系,如何正确地设立经济发展战略、实施政策、信息传播,还有不畏艰险的奋斗精神、万众一心的团结合作、平等互利的市场交易等。这些做法源于自然环境又高于自然环境,毫无疑义是属于综合性、系列性的文化。人类社会发展进步的一个重要内容和精神动力就是文化,广义的文化概念是指人类改造客观世界和主观世界的活动及其成果的总和。文化是在经济生产、社会活动中诞生的,乃是人们改造自然环境、改造自己的认识后的一种创造,这种创新是艺术的、拟人化的、多彩多姿的。伟人马克思明确指出:"在再生产的行为本身中,不但客观条件改变着,例如乡村变为城市,荒野变为清除了林木的耕地等等,而且生产者也改变着。炼出新的品质,通过生产而发展和改造着自身,造成新的力量和新的观念,造成新的交往方式,新的需要和新的语言。"[2]毫无疑义,创新是一个民族的灵魂,是一个国家兴旺发达的不竭动力。由于不同民族人员交流在创新的过程中具有关键性的作用,因而,文化发展就离不开人们的相互交流、研讨与协作。美国著名的文化人类学家克利福德·格尔兹(Clifford Geertz,1926~2006年)曾长期担任普林斯顿高等研究院社会科学教授,先后在美国哈佛大学、斯坦福大学、麻省理工学院等著名学府讲学。他认为:"文化是一种通过符号在历史上代代相传的意义模式,它将传承的观念表现于象征形式之中。通过文化的符号体系,人与人得以相互沟通、绵延传续,并发展出对人生的知识及对生命的态度。"[2]文化在创新中发展,文化在交流中丰富。民族艺术、歌舞等经典的文化形式虽然没有钢铁般坚强的形

---

①马克思:《1857~1858年经济学手稿》,《马克思恩格斯全集》(第46卷上),北京:人民出版社,1979年,第494页。

②[美]克利福德·格尔兹著,韩莉译:《文化的解释》,南京:译林出版社,1999年。《文化的解释》这本书出版于1973年,该书于次年荣获了美国社会学会的索罗金(Pitirim Alexandrovitch Sorokin)奖,而且克利福德·格尔兹本人也获得了美国人文、自然科学院颁发的社会科学奖。——著者注

态,但是当代信息社会的无数事实表明,文化是一种比钢铁还要强大的软实力。例如,湖南省邵阳市城步苗族自治县目前是个人口不足 30 万人的小县,但是,该县自然人文景观丰富多彩,环境方面有风光秀丽的沙角洞自然保护区、千姿百态的白云溶洞群和白云千岛湖等,民族方面有苗族古朴神秘的巫傩文化,引人入胜的山歌、长鼓舞、芦笙舞等。2010 年 7 月 17 日,该县举办了"中国城步首届民族文化生态保护艺术节暨第 13 届六·六山歌节",吸引了无数海内外游客纷至沓来。当年,该县获得了"中国最具影响力文化旅游百强县"的荣誉称号。中国共产党第十七次代表大会报告进一步明确提出:"兴起社会主义文化建设新高潮, 激发全民族文化创造活力, 提高国家文化软实力。"城步苗族自治县作为一个例证表明,民族文化魅力无穷,"文化软实力"促进了社会经济建设快速发展。

二、维护民族地区民众与生态环境之间的友好关系

解决当代环境问题,文化建设是不可缺少的重要手段。建立人与环境之间的和谐文化,这样不仅能够推动环境危机的解决,而且也是有效防范新环境问题出现的重要途径。因为,一方面,环境在一定程度上影响并塑造着文化的形成与变化;另一方面,人类借助文化来认识环境、利用环境和改造环境。特别是在当代,实践证明,人类活动所造成的环境失衡问题已引起世界各国的广泛关注, 仅仅依靠自然科学与工程技术并不能有力地解决这些问题。同时,人类与环境、环境与文化之间的关系密切而又复杂,文化在人与环境之间扮演着极为重要的中介角色。环境人类学是一门研究人类环境及其社会文化的科学, 环境人类学除了可以提供人类与特定环境问题相关的生态知识外,还通过其自身知识体系衍化的工具,可在比较宽广的层面上提供方法,开拓可深入认识重要的自然地理区域以及世居在那里的各个民族群众生产生活方式特征的途径,例如青藏高原和藏族、羌族等的环境和文化状态。这些内容包括重要区域的生态功能,世居民族的传统文化、生活习俗、民族艺术、信仰体系、亲属结构等,以便人们从中寻找有利于环境保护、社会可持续发展的有效方式。由于这些内容属于各民族群众的日常生活范畴,一旦确立便可获得人与自然和谐相处的方式,再提炼升华、普及贯彻,其工作的实施就要相对容易了。因为,最贴近民族生活的事物,也是最能持久地存在下去的事物。

环境人类学认为,人类活动要与自然环境之间取得一种平衡,就必须有相关的文化作为纽带。没有这个纽带，人类与环境之间就可能是分离甚至是对立的，这也是当代环境问题产生并存在的最根本原因。同时环境文化的缺失又是当代很多环境问题得不到根本解决的关键原因之一。云南省山地较多，不少山区水资源匮乏。然而，一些少数民族在长期的生产生活实践中形成了特有的水文化，这些文化的源头出自久远的历史之中，因而与宗教信仰有关系。于是，人们就以宗教的名义对水源及其水源环境进行保护，这些保护涉及湖泊、河流和森林等。其结果是，在江河流域等地区，水利灌溉的发展直接导致了当地农业模式的转变。农业模式从山地农业转变为稻田农业，当地的人们修建了数百万亩梯田，从而创造出亚洲农业文明史上的奇迹[①]。这一切都是水文化的历史意义所在，同时也是民族地区文化对环境产生的不同影响的意义所在。因而，对于一个民族、一个地区传统的人文生态文化进行深入的研究、整理是很有必要的，因为这些传统的环境文化是当代环境保护与可持续发展的一个重要基础。环境人类学的出现也是环境文化重要意义的显示，在这门学科搭建的平台上，特别是借助少数民族传统环境文化表现出来的势能，可以对自然环境的活动规律进行更加广泛而深刻的探寻。

学习思考题

1. 简述中华民族的多元一体格局。
2. 简述民族地区环境与文化的关系。
3. 民族人文生态环境文化的主要特征有哪些？
4. 对传统生产方式的分析有哪些结论？
5. 论述历史惰性的产生、影响以及如何克服。
6. 政府与市场的混合作用力在民族地区的旅游业如何体现？
7. 如何维护民族地区民众与生态环境之间的友好关系？

---

①郑晓云：《水文化与生态文明》，云南：云南教育出版社，2007 年。

第二篇　经济发展与环境

JINGJI FAZHAN YU HUANJING

环境人类学能深入研究经济运行或产业发展中遇到的种种困难，解析其中的深层次原因，从而为改善经济结构出谋划策。因为，自然环境赋予了人类社会发展的物质基础，人类则主要通过农业、工业、市场交换与国际贸易等经济活动来改造大自然。同时，人类历史表明，任何大规模的生产都要在一定的制度框架中进行，因而，制度设计、制度规则和制度管理等确立的状况如何，无疑就决定了生产的效益，而对此类经济变化的研究乃是环境人类学的本行业务。

自1978年以来，中国实施了一系列经济体制改革政策与措施，取得了举世公认的业绩。到了21世纪，中国农业、工业与贸易等产业的发展的内部动力依然强劲，特别是实施了按照功能区划分的国土规划，经济建设与环境保护在一些方面取得了双赢，而且国际社会的新变化也导致出现了新的外部机遇。然而，历史的前进道路从来都不是笔直的，而是充满了弯道、曲折。

中国的不少产业在发展中也遇到了一些难题，资源短缺、环境恶化的困难加剧，约束条件由此愈加严格。特别是由于历史、地理等方面的原因，西部民族地区经济发展相对滞后，脆弱的环境承载能力下降。为了解放生产力，需要进一步深化经济体制改革，完善奖惩制度，激励创新。需要重点投入、改革的是，改变高消耗、高污染、低效率的落后的农业、工业等生产模式，建立资源节约型、环境友好型的经济结构，改变过度依靠原材料出口的国际贸易方式。这些努力所要达到的目标是，既要实现经济持续稳定增长，又要保持山川优美，让祖国的天更蓝、地更绿、水更清、空气更洁净。

第六章　农业与环境

内容提要　农业与人类的生存和发展是息息相关的,正是在农业的不断发展进步中,才逐步形成了人类全新的社会形态,完成了人类生产生活的革命性变革。因而,农业的形成和发展贯穿于人类发展的整个过程,其对人类社会的进步贡献颇多。尽管如此,可是农业在发展过程中仍存在着诸多消极影响,危害颇深。本章共分为四个部分:第一部分,纵览了农业各个阶段的形成发展,概述了各个发展阶段的农业活动及其特点,并以此分别从积极和消极两方面分析了农业的发展对人类环境的影响。第二部分呈现了农业活动所造成的各种类型的污染,主要包括农业面源污染以及一些突发性的农业污染现象。第三部分则是针对农业污染的现实情况分析了其内在原因,包括经济活动中利益驱动、传统生产生活习惯沿袭以及单个分散的农业经营模式与绿色农业之间的矛盾等。第四部分根据之前的原因分析,对应地提出一些合理的建设性措施,以求解决或者说是缓解农业活动中某些破坏人类环境的现象,进而实现可持续的农业绿色发展。

"民以食为天","食"必然离不开农业的生产发展。农业与人类的生存和发展是息息相关的,正是在农业的不断发展进步中,逐步形成了人类全新的社会形态,完成了人类生产生活的革命性变革。在距今 12000 年前的地球北半球中国大陆地域内,出现了以采集渔猎为特征的原始农业。21 世纪,中国现代农业已经采用了机械化、自动化、商品化、国际化为一体的发展形式。然而,巨大的成就背后,一些非理性的农业生产行为对人类的生存发展环境也造成了或多或少的消极影响。

第一节　农业的发展与人类活动

农业是社会经济的基础,人类生存的命脉。自古至今,农业发展经历了不同的历史阶段。

一、原始农业

古人类在原始的自然条件下,采用简陋的石器、棍棒等生产工具,进行着简单的农事活动,这就是原始农业。从环境经济的角度判定,这种农业就是人们用直接的、粗陋的方式掠夺自然,用于获取生存资料。

（一）原始农业的发展与特点

人类原始农业经济的形成是一个渐变的过程,在这个过程的早期阶段,人类社会经济的特点表现为以采集狩猎或采集渔猎为主,并以农耕生产为辅。位于河南省漯河市舞阳县北舞渡镇贾湖村的新石器时代古人类活动的贾湖遗址（约公元前 7000~公元前 5800 年）就是一个例证,表明了中国原始农业的基本特征[①]。贾湖先民们虽然开始实施了稻作生产,其经济主体却依然是采集渔猎,稻谷种植和家畜饲养在当时仅是辅助性的生产活动。贾湖遗址再现了9000 年前人类生活的景象,其被评为 20 世纪中国 100 项考古大发现之一,被镌刻在北京市著名的建筑"中华世纪坛"青铜甬道显要位置,彪炳千秋。

1. 原始农业的形成与发展

中国原始农业产生于 12000 年前,按耕作制度划分,大体可以分为生荒耕作制、熟荒耕作制和休闲耕作制三个阶段。

"刀耕火种"是原始农业的最早特征,就是生荒耕作制。其特点为人们以渔猎生活为主,同时,随意地烧毁森林和草原,刀耕火种,几年后弃耕,另辟新的生荒地利用。贾湖遗址出土了大量炭化水稻稻粒、豆粒等植物种子,还有各种鱼类、龟鳖、鹿类、猪、狗等动物骨骼,这些均是生荒耕作制存在的佐证。中国到了公元前 1562 年~公元前 1066 年的商代,社会进入原野土地被私人控制的阶级社会阶段。人们不能任意开荒,个人必须耕种从前自己耕种过、弃荒

[①] 编写组:《舞阳贾湖（上下册）》,北京:科学出版社,1999 年;张震:《贾湖遗址墓葬初步研究——试析贾湖的社会分工与分化》,《华夏考古》,2009 年第 2 期。

后生长了林木或草本植物、土壤肥力又得到恢复的土地。以此为标志,原始农业开始从生荒制阶段向熟荒制阶段过渡。无论是生荒制还是熟荒制,均属于撂荒耕作制,是一种完全依靠自然来恢复土壤肥力的耕作制度。由于历史发展是曲折复杂的,直至当代,在一些边远山区的少数民族村寨,依然有撂荒耕作制度存在的痕迹。随着土地资源的日趋减少,锄耕、犁耕的耕作方式开始被人们所采用,一些土地被有意地轮流种植、休闲,于是便产生了休闲轮作制。这种耕作制度的益处是,提高了土地利用率。

2. 原始农业的特点

原始农业虽然经历了不同的耕作制度阶段,然而它们的基本特征可以总体概括如下。

第一,耕作方式的转变。原始农业初期的耕作方式主要是十分原始粗放的"刀耕火种"。例如,在一个初春的早上,史前先辈们先将山间树木用石斧砍倒,然后在春雨来临前的一天晚上,放火烧光它们,作为肥料。第二天,人们又乘土热松软,用一头尖的竹或木棒掘出一个个坑洞,顺次播下几粒谷物种子。以后,人们不做任何田间管理,只是等待收获①。由于"刀耕火种"的作物生产量极低,因而,采集渔猎依然是主要的供给方式。后来,出现了用"耜"来翻土的耕作,它的功能类似后世的铲。位于距浙江省余姚市河姆渡镇的新石器时代早期河姆渡遗址(公元前5000~公元前4500年)出土了一批"骨耜",这些史前文物就是佐证②。骨耜比木棍先进,可用于深翻土地,因而生产量就高一些,所以,可以称之为较先进的"耜耕阶段"。

第二,生产工具的转变。在"刀耕火种"的阶段,农业耕作工具只有砍斫器、尖状器、刮削器和木棒等③。例如,河姆渡遗址出土了蚌刀、石锄、肩石铲等,这些工具基本上承袭了旧石器时代的采集和狩猎工具特性。但是,河姆渡遗址还出土了很有特色的170件骨耜和几件木耜,其中2件骨耜柄部还留着残木柄和捆绑的藤条,这些骨耜被掩埋在20~50厘米厚的遗迹堆积层内,这个堆积层是原始粳、籼稻的稻谷、谷壳、稻叶和木屑交互混杂的物品。稻谷出

---

① 彭世奖:《从中国农业发展史来看未来农业与环境》,《中国农史》,2000年第3期,第13页。

② 宋兆麟:《河姆渡遗址出土骨耜的研究》,《考古》,1979年第2期;汪宁生:《河姆渡文化的"骨耜"及相关问题》,《东南文化》,1991年第1期。

③ 张之恒:《中国原始农业的产生和发展》,《农业考古》,1984年第2期,第69页。

土时色泽金黄、芒刺挺直。文物证明,河姆渡原始稻作农业已进入"耜耕阶段"。这个阶段具有历史意义,因为,个人劳动生产率由此有了提高的可能性。伟人马克思曾说:"超过劳动者个人需要的农业劳动生产率,是一切社会的基础"。[1]原始农业劳动生产率提高了,有利于人类社会走向文明。

(二)原始农业对人类发展的影响

原始农业的产生和发展是人类文明的起源,推动人类社会从愚昧中解脱出来,又促进了人类社会形态的变革。

1. 原始农业的产生对人类生存和发展的作用

在"刀耕火种"的原始农业初期阶段,人类的社会形态一直是母系制,因为,采集经济是原始人群的生命之源。"耜耕阶段"中,男子依靠体力使用"骨耜"或"木耜",不仅劳动生产率有所提高,而且促使了母系制向父系制的过渡。在"刀耕火种"的农业阶段,人们饲养的家畜只有牛和羊两种,主要原因是牛和羊都能靠采食野草为生。"耜耕阶段"出现之后,作物产量增加了,这就使饲养猪、狗等成为了可能。原始农业的产生具有划时代的意义,因为,原始农业使人类能够定居生活,物质财富得以在一个地区内积累,这使得村落乃至雏形的小镇出现了。由此,人类社会才有了进一步的社会分工及社会形态的变革,也才有了现代文明的基础。

2. 原始农业的发展对人类生活环境的影响

"刀耕火种"促进了人类聚落村庄的出现,但是,这种原始耕作又在一定程度上破坏了人类生活的环境。中国先秦时期著名的《诗经》有一些咏唱,可以间接地反映出原始农业的部分情况。《诗经·大雅·旱麓》歌曰:"瑟彼柞棫,民所燎矣。"其意为放火烧荒,尔后耕作。但是焚林而田,致使水土流失,生态环境恶化,导致干旱无雨,作物难以生长。《诗经·小雅·甫田》曰:"以祈甘雨,以介我稷黍,以穀我士女。"老人们不得不拜祭苍天,渴求降雨,长出谷物,养活一家子女。"燎"与"祈"二字关键而形象,简洁但深刻地揭示了粗放式的原始耕种的状况。一方面是"火种"严重地破坏了生态环境;另一方面,大自然用自己的方式施以无情的报复。原始耕作不仅效益低下,而且破坏生态,还会导

---

[1]马克思:《资本论》(第三卷),《马克思恩格斯全集》(第25卷),北京:人民出版社,1974年,第885页。

致王朝更迭。这一切都说明,原始农业已经不能适应人类发展和环境保护的需要,必须要以较之先进的农业生产方式所取代。

二、传统农业

以使用畜力牵引或人力操作的金属工具为标志,生产技术建立在直观经验的基础上,尤其以铁犁牛耕为典型形态,这就是传统农业。这种农业运作效益虽然数倍于原始农业,但是依然属于低层次自然资源循环形式。

(一)传统农业的发展与特点

黄河流域是世界历史上著名的五大传统农业发展基地之一,在传统农业的支撑之下,中华民族发展了富有特色的文明,从而长期屹立于世界民族之林。

1. 传统农业的形成与发展

中华民族的传统农业开始于夏商周时期(公元前 2000 多年前),其发展分为四个阶段:夏、商至春秋时期是其萌芽时期,黄河流域出现了沟洫农业,这是个重要标志。人们使用耒耜挖掘沟洫,致使两人协作的耦耕成为普遍的劳动方式,这又为井田制的实行提供了重要的基础。这一阶段,原始农业的某些痕迹虽然还存在,但是农业的工具、技术、生产结构和布局都有了很大进步和变化。战国、秦汉、魏晋南北朝时期是其成熟时期,北方旱地精耕细作体系的形成和成熟是其明显标志。这一时期,铁农具得到普及,牛耕普遍推广,作物连种制逐步取代了休闲制,施肥改土受到重视,大型农田灌溉工程相继兴建,黄河流域获得全面开发。隋、唐、宋、辽、金、元时期,南方水田精耕细作技术体系开始形成和成熟。在这一时期,"灌钢"技术的流行提高了铁农具的质量,江东犁的出现标志着中国传统犁臻于完善。太湖流域的塘埔圩田则形成体系,小型水利工程遍布江南。至此,中国经济结构发生了重大变化,江南成为鱼米之乡。自清代中期起传统农业进入深入发展期,国家统一,社会空前稳定,土地利用的广度和深度逐渐达到了一个新的水平,精耕细作技术得到推广,各种复杂、多层次的种植制度开始出现,农作物品种增加,栽培管理技术成熟,作物复种指数与单位面积均得到了提高。

2. 传统农业的特点

"精耕细作"是对中国传统农业精华的一种概括,以集约的土地利用方式为基础。中国儒家思想与农业生产融合一体,形成了权力无限的封建皇权与社会最底层的小农经济结合的混合体系,这个体系延续了 2000 年。封建皇帝每过一个农历年,最重要的事情就是登坛祭祀农业。万民百姓牢记每一个农历节气,一起行动遵循这个黄历。这种全国风气形成的一个重要原因是,农业在中国不是单纯的种庄稼,而是"天、地、人"的结合。三者紧密结合,风调雨顺,五谷丰登,反之,天下大乱,饿殍遍地。

(二)传统农业对人类发展的影响

传统农业不仅养育了世界上人口规模最庞大的中国民众,而且创造了灿烂的中华文化,同时还为环境保护作出了杰出的贡献。

1. 促进农业从"简单、掠夺式的利用"向"精耕细作"转变

在传统农业发展的进程中,农业生产方式的革新使得土地连续利用成为了可能。新的各农耕环节相结合的耕作体系的形成,梯田、架田、涂田等新的土地利用方式的发掘,还有"因物制宜"诸如选种、灌溉等耕种理念的提出,这些均使土地的利用率有了跨越式的提高。"原始的、简单的、掠夺式的资源利用"向"精耕细作"的转化在相当程度上缓解了对森林资源的过度砍伐,从而对资源保护和水土保持都具有重要的作用。

2. 促进有机的"农业物质循环"形成

传统农业中的"精耕细作"是一种有机物质的循环,这就使得自然资源不再被浪费。例如,粮油作物的穗、籽等收获后成食物,秸秆则当做燃料、饲料,或编织成生活用品,人、畜排泄物作为肥料又返回到土地,再次转化为作物生长的养料并长成穗、籽等果实,最终成为社会食品市场的产品。这个有机循环年年重复,永不停顿。现代农业的循环经济、绿色产品样式很多,但是基本遵循着数千年前就开始的这个有机循环规律。

3. 小范围农业生态系统雏形初步形成

传统的农业耕作方式之中,有一些生态作业系统很有特色,乃是当代人最崇尚的绿色经济样板,而且独树一帜。例如,"桑——塘——鱼"方式、"稻田养鸭"方式和"稻田养鱼"方式,这些都是农民创造出来的对物质的综合利用、循环利用的典型事例[1]。在明清时期,珠江三角洲的"基种桑塘养鱼、桑叶饲蚕、蚕屎饲鱼,两利俱全,十倍禾稼"就很出名[2]。这是对生物群体中同一生物

①徐世宏、郎宁、李如平等:《稻草还田免耕抛秧稻田养鸭生态技术研究》,《杂交水稻》,2005年第4期。

②彭世奖:《从中国农业发展史来看未来农业与环境》,《中国农史》,2000年第3期,第14页。

的不同个体和不同种类生物之间的相互依存和相互制约规律的极佳掌控,也是一种非常高效的生物投入产出的循环利用,还是一种能减少温室气体排放的好方法[1]。

三、现代农业

现代农业是市场化、标准化、产业化和高效益的农业形态,该产业以现代发展理念为指导,以保障食品安全、增加农民收入、实现农业可持续发展为主要目标,并且不断引进新的生产要素和先进经营管理方式,用现代科学技术、现代物质装备、现代产业组织制度和管理手段来经营,因而在国民经济中具有高水平土地产出率、劳动生产率和资源利用率。现代农业是高强度的投入,也是高利润的回报。

(一)现代农业的特点与中国现代农业发展状况

"精耕细作"的耕作方式虽然是传统农业精华的概括,但是这种生产深受外部投入缺乏和技术落后的制约,难以适应人民生活水平的提高和国家建设发展的需要,因而,必须大力发展现代农业。

1. 现代农业的发展特点

实现农业现代化既是中国改革开放的目标之一,同时也是全面建设小康社会的目标之一。现代农业在21世纪的中国获得了大发展的机遇,传统农业发展方式被扬弃了,一个科技含量高、经济效益好、资源消耗低、环境污染少的农业产业体系正在逐步形成。现代农业是科学化、集约化、产业化的农业发展模式,其基本特征如下:第一,现代农业的核心是高新技术的运作,科技的创新是农业发展的巨大引擎和推动力。中国的现代农业不再是曾经延续了数千年的铁犁牛耕,相反,作物种植正在成为技术高度密集的产业。第二,现代农业是高新科技、资金等现代生产要素相结合的产物,高端人才、电子设备、有机肥料等各类生产要素不断向农业汇集,从而形成巨大的生产力量。第三,现代农业的多功能性日益增强,在保证农产品供给、扩大农民就业、输送劳动力等传统功能的基础上,农业正在不断向着农产品加工、观光、休闲以及农业环保等领域扩展。第四,现代农业同时向农业和产业两个市场发展,实行现代

①向平安、黄璜、黄梅等:《鸭生态种养技术减排甲烷的研究及经济评价》,《中国农业科学》,2006年第5期。

化的产业经营管理,以贸、工、农相结合的方式不断拓展和延伸产业链,从而形成了生产、科研、加工、消费各个环节的产业一体化。第五,现代化农业不再是功能单一的作物种植,而是转化为功能多元化的产业运作,农业生产遵循效益最大化的基本原则,同时追求经济效益、生产效益和社会效益综合业绩。第六,现代农业追求绿色、循环、可持续的发展,在中国各地,该产业的发展目标是建设资源节约型和环境友好型农业,全力追求实现人与自然的和谐。

2. 中国现代农业建设业绩

改革开放以来到 2011 年,中国在发展现代农业中取得了显著的业绩。具体数据是,粮食连续 8 年增产,产量连续 5 年稳定在 5 亿吨以上,粮食的自给率已经超过了 95%。农民收入大幅提高,连续 8 年增幅超过 6%。农业灌溉用水有效利用系数是 0.5,耕种收综合机械化水平达到 52%,农业科技进步贡献率为 52%。这些说明,中国"农业结构不断优化,优势农产品区域布局初步形成。物质装备条件显著改善,科技支撑能力稳步提高。经营体制机制不断创新,农业产业化经营水平大幅提高。对外开放迈出新步伐,农业'走出去'取得新进展"。再通过"十二五"时期及 10 年大建设,农业将获得突破性进展。"到2020 年,基本形成技术装备先进、组织方式优化、产业体系完善、供给保障有力、综合效益明显的新格局,主要农产品优势区基本实现农业现代化。"① 这些事实说明,中国正在现代农业化发展的道路上大步前进。

(二)现代农业对人类发展的影响

现代农业正在为人类生活提供稳定的食品供给,还有多元化的各类服务,这样就能更好地奠定人类社会的基础。但是由于认识的局限性与管理方面的弱项,当代社会的农业生产方式依然存在着一些隐患。

1. 现代农业对人类发展的积极影响

机械作业、高效肥料和优质良种等现代农业的标志性事物在很大程度上满足了人们的衣食需求,支撑了人口暴涨、工业制造和文化教育等方面的消费。如同前文概述,中国现代农业的作用主要表现在以下 3 个方面:

第一,确保粮食安全的需要。中国人口众多,人均耕地面积匮乏,要增加

①国务院:《全国现代农业发展规划(2011~2015 年)》(国发〔2012〕4 号),北京,2012 年1 月 13 日。

粮食生产必须转变传统耕作制度。这就是说,中国的现代农业发展要以"主攻单产、提质提效"为战略重点,通过实现土地流转产权改革,不断增加农业科研投入,加强农业市场化运作,扩大良种覆盖率,积极推广节水灌溉技术,实现对传统农业制度的改造,保障粮食总产量稳步增长,最终达到确保国家粮食安全的目标。

第二,实现社会民众共同富裕。解决农民增收问题,这是中国民众共同富裕的基础,也是"三农"工作的核心目标。首先,要减少部分乡村的贫困人口。按 2010 年标准,中国贫困人口仍有 2688 万人;按 2011 年提高后的贫困标准,即农村居民家庭人均纯收入 2300 元人民币/年计算,全国还有 1.28 亿贫困人口[①]。必须动员一切力量,攻克这个实现全面建设小康社会目标的难点。其次,加快农村第二与第三产业发展。要进一步提升农产品商品率与综合效益,使农民实现多环节的增收与富裕。再次,积极开拓国际市场。必须大力发展特色农产品,出口海外换汇,从而更大程度地提高农民收入。

第三,强化新农村建设的产业支撑。发展农业的一个关键是加快建设社会主义新农村,因为,现代农业是个综合性的经济体系。实现农业现代化,要做到农、林、牧、副、渔全面发展,要做好农村的基础教育、医疗保险、文化娱乐等各个方面的公共服务工作,使农牧民有文化知识、身体健康、生活愉快、乡村和谐,这样,民众的创造性才能得到发扬,生产效率也会由此提高。

2. 现代农业对人类发展的消极影响

新中国成立之后,在农业现代化的进程中,土地的垦辟、水利的兴修、良种、化肥以及各种先进技术的采用等,使得国家的土地利用率大大提高。但是与此同时也存在许多盲目性。例如,"大跃进"时期一些地方盲目地提出"人有多大胆,地有多大产"的错误口号,"文化大革命"时期一些地方盲目毁林开荒、围湖造田等。这一系列只顾局部、短期利益,忽略长远利益的盲目行为四处横行,使得水土流失、土壤沙化与湖泊变小,导致了严重的自然灾害频频发生,损失巨大。

进入 21 世纪,一些地方又出现了新的盲目行为。例如,为了追求产值,有

---

①中国科学院可持续发展战略研究组:《2012 中国可持续发展战略报告——全球视野下的中国可持续发展》,北京:科学出版社,2012 年 3 月。

些人耕作时大量使用化肥和农药,不顾及土壤有机质含量减少并被污染的恶果。有些人全面地采用工业化国家提供的优质专利作物品种,不考虑未来作物的栽培权利可能被国际大公司垄断。有些人大面积种植转基因作物,不深思可能带来的潜藏的长远的严重隐患。

总之,在农业现代化发展的进程中,我们取得了骄人的业绩,同时面临着诸多问题,必须及时找出新的、能与环境协调发展的出路,否则不仅会危及当代,还会贻害后世。

第二节　人类活动造成的农业环境污染现状

农业的发展为人类带来诸多福祉,从而促进了经济、社会的全面发展与变革。与此同时,农业生产中高强度式的投入,低效率的循环利用,再加上跨行业的交叉运作的管理不善,这些都使得目前农业方面的污染十分严重。我国农业的污染问题可分为慢性和突发性农业污染两种,再进一步划分,以污染源为依据,慢性的农业污染又可分为点源污染和面源污染两类。点源污染主要包括乡镇工业企业、县级开发园区等对农村的转嫁性污染。由于面源污染和突发性污染事件涉及面广、事态严重,因而,预防是根治的关键。

一、面源污染

农业面源污染主要来源于现存的一些不科学的耕作制度。中国一些地方农业面源污染形势严峻,严重影响了国家粮食安全与环境安全[①]。农业面源污染的分散性很明显,其污染的途径具有潜伏性和累积性,因而,处理这一类污染的任务异常艰巨。

(一)农药、化肥造成的污染

使用农药、化肥栽培作物,这是众所周知的农业增产的有效手段之一。一些研究指出,农作物病虫草害引起的损失最多可达70%,而通过正确使用农药可以挽回40%左右的损失。我国在改革开放以后对农药、化肥的使用规模持续扩大,使得农业生产的效率和产量都有了跨越式的提高,在一定程度上促进了"以占世界7%的土地,养活占世界22%的人口"的巨大成就的产生。同

---

①刘宝存、赵同科主编:《农业面源污染综合防控技术研究进展》,北京:中国农业科学技术出版社,2010年,第4页。

期,我国已先后禁止并淘汰了 33 种高毒农药,包括甲胺磷等在美国及其他发达国家仍在广泛使用的产品。监测数据证明,我国农药残留超标率已逐年下降,从 2002 年的超过 50% 降到 2012 年的 10% 以下。农产品农药残留监测合格率总体较高,例如稻米和水果高达 98% 以上,蔬菜和茶叶也达 95% 以上[1]。(农药残留不等于农药超标,而且,如果不用农药,地少人多的中国肯定会出现饥荒!)

　　然而,在这辉煌的成就下却存在着农药、化肥使用中的严重缺陷,即低效率、不合理的利用。据统计,2010 年我国农田使用化肥量平均已达 360kg/hm²,其中氮肥的利用率仅为 25%~30%,磷肥利用率也只有 10%~20%,相比较于美国、德国等发达国家低了近 20~30 个百分点[2]。农药、化肥的使用效率低已经成为中国农业环境污染的一个重要源头。在中国一些地方,作物栽培中有高达 70% 左右的农药、化肥被浪费。它们或者残留在土壤里,随着雨水渗漏流失,从而造成耕地的盐碱化和水体的富营养化;或者大量残留在农产品表面,由此则会导致有毒物质在人体内富集,结果可能危害人们的生命。

　　有着"高原明珠"美誉的云南省昆明市的滇池至今已有约 340 万年的漫长演化历史,千百年来,滇池一直是当地百姓赖以生存的重要水源,但是如今由于水体严重富营养化而湖中已经没有鱼虾了。造成这种严重污染的重要原因是,滇池周围百余平方千米内大面积的农田耕作所使用的农药、化肥不科学质量与方式等,导致了面源污染的普遍存在。为了治理滇池,"十一五"时期,昆明市共完成滇池治理投资 96.11 亿元,但是,2009 年草海和外海的 COD 和总氮浓度均为劣 V 类,水质依然没有好转。"十二五"时期,滇池治理还要再重点建设六大工程,规划总投资将达到 420.14 亿元[3]。滇池水被污染的教训极其深刻,污染治理依然任重而道远。再如,烟台红富士品牌的大苹果酸甜诱人,其主产区是山东省栖霞市到招远市,那里年产苹果十几亿公斤。但是,当地一些人为了苹果赚大钱,他们使用无任何标识、沾有高浓度的杀菌剂"退菌特"和"福美肿"的药袋包裹幼果,药袋内的白色药末直接与苹果接触,直到成熟。2011 年底,第

---

①农业部种植业管理司副司长周普国,本报记者冯华、本报编辑刘畅:《农药残留没那么可怕(政策聚焦)》,《人民日报》,2012 年 6 月 11 日。

②国家统计局编:《中国统计年鉴—2011》,北京:中国统计出版社,2011 年 9 月。

③环境保护部:《滇池流域水污染防治"十二五"规划编制大纲》,北京,2010 年 12 月。

八届全国农药登记评审委员会第十次全体会议已经达成一致意见,其内容是,鉴于"福美胂"等化学结构中含胂的产品存在安全风险,根据 2002 年农业部第 199 号公告精神,建议按有关程序撤销此类产品的登记。2012 年 3 月,栖霞市政府组织人员查处制售药物果袋案件 3 起,查处药物果袋 200 多万只,价值 10 万余元①。为了人民健康,必须继续打击使用违禁药物的不法行为。

当然,农业耕作中的农药污染现象在世界各国都存在,而且危害严重,同时,各国有识之士也一直在查处这类污染事件。"然而,现在因为大量使用 DDT 等杀虫剂,导致鸟儿不再飞翔、鸣唱。……我们还能在春天时听到鸟儿的歌声吗?"②这是被誉为"环保圣女"的美国海洋生物学家蕾切尔·路易丝·卡森(Rachel Louise Carson,1907~1964 年)1962 年出版的《寂静的春天》(Silent Spring)的开篇之语。这本揭露美国大财团为牟利而大量、违法使用农药的书极具震撼力,引发了全世界对环境保护事业发展的思考。总之,上述中外事例说明,治理农业面源污染需要加大工作力度。

(二)生产废弃物造成的污染

农业耕作看似简单,其实内涵深邃,无论是新科技还是传统做法,只要把握不好度,就会成为一个污染源。农膜污染与秸秆污染就是这类实证。

1. 农膜污染

农膜是一种塑料薄膜,用其覆盖作物的栽培技术能使农作物的产量成倍增长。目前,中国的农膜使用量已居世界首位。据统计,2011 年中国的农膜使用量已经高达 200 万吨。2012 年,其使用量还会有 20% 的升幅,达到 240 万吨左右③。然而,由于在生产与管理方面尚存在一些问题,农膜已成为一种具有毒性、难以降解的持久性有机污染物(POPs),其产生的白色污染在很多地方已经出现。调查显示,目前中国每年有大约 50 万吨的农膜残留在土壤中,残膜率达 40%;连续使用农膜种植农作物 15 年以上的土地,每亩含膜最高达 25.6 公斤。一亩耕地含残膜达 3.9 公斤时,将导致农作物减产 11%~23%④。可

①《烟台红富士套违禁药袋长大退菌特福美胂被禁止使用》,《大连晚报》,2012 年 6 月 12 日。
②[美]蕾切尔·卡森著,吕瑞兰、李长生译:《寂静的春天》,上海:上海译文出版社,2011 年。
③④中国行业报告研究中心:《2012~2016 年中国塑料薄膜市场深度调研及投资前景战略研究报告》,2012 年 5 月,http://www.reportrc.com.

见，大规模的农膜使用以及高比率的农膜残留已为粮食安全埋下了隐患。2004年5月17日生效的国际公约《关于持久性有机污染物的斯德哥尔摩公约》(*The Stockholm Convention on Persistent Organic Pollutants*[*POPs*])强调指出："为保护人类健康和环境采取包括旨在减少或消除持久性有机污染物排放和释放的措施在内的国际行动"。坚决贯彻执行这项公约势在必行。

2. 秸秆污染

在以往的较长时期内，农作物收割、脱粒后而剩余的秸秆在农村被广泛地利用了。它们有的作为建筑材料，有的作为燃料，还有的还田成为有机肥料。然而，由于一些人的思想认识出现偏差，近些年来，大量的秸秆在田地里却被直接当做废弃物简单焚烧。据统计，截至2006年，中国的农作物秸秆的数量高达6.5亿吨，其中超过50.54%的秸秆被简单焚烧[①]。其综合利用率不仅极低，而且造成了空气的污染。中国西部地区人口最多的四川省近年来夏季的油菜、小麦成熟后的秸秆焚烧现象突出，致使成都市空气污染严重。例如，2012年5月，成都市气象台花钱租用7个卫星，它们是美国NOAA系列3颗气象卫星、AQUA系列1颗气象卫星、TERRA系列1颗卫星，还有国内的风云3A和风云3B卫星，目的是监测秸秆焚烧，以便及时监管[②]。无疑，仅此一项治理投入，费用就很高。为了治理这类空气污染，2007年6月14日，农业部发出了《农业部办公厅有关进一步加强秸秆综合利用，禁止秸秆燃烧地急迫通知》(农办机〔2007〕20号)，明确指出："秸秆综合利用，禁止燃烧秸秆，一方面能够变废为宝，提高资源利用率，提高农民收入，另一方面能够保护环境，保护人民身体安康。"制止秸秆焚烧，需要综合治理。

(三)农村畜禽养殖业与生活垃圾污染

禽畜养殖业是在农业发展的基础上兴起的，它们是农业兴盛的一个标志。然而，由于管理方面存在诸多漏洞，近些年来农村禽畜养殖业的污染情况严重。截至2006年，全国大中型禽畜养殖场已达14000多家，每年排放的粪便总量超过19亿吨[③]。禽畜养殖场的废弃物含有氮、磷、镉等微量元素，它们

①季学用：《农村农作物秸秆资源利用率低的思考与建议》，《新农村》，2011年第13期。

②《7颗卫星昼夜巡逻 监控成都地区秸秆燃烧》，《华西都市报》，2012年5月15日。

③罗延龄、倪燕：《新农村建设中的农业面源污染现状、问题及对策分析》，《环境科学导刊》，2012年第29期。

在土壤中的富集就是一种环境污染。由于畜禽粪便普遍流失，致使92%的大中型畜禽场周围环境恶化，如此状况，不仅对畜禽场密集地区地表及地下水质造成污染，而且成为阻碍农业种植业发展的原因之一。据统计，2011年，中国禽畜养殖产生的氮磷量最大已达到1721WN/hm² 和639P₂O₅/hm²，大大超过了国家规定的农田可承载的禽畜粪便的最大负荷（150kgN/hm²）[1]。解决禽畜粪便的排放是一个紧迫而严峻的挑战。

同样，由于一些农村的管理缺失和基础设施建设滞后，还有技术水平的限制，一些地方的农村生活垃圾诸如饮食废弃物、塑料袋、饮料瓶、固态电池等泛滥成堆。2006年8月至2007年11月，全国爱国卫生委员会、卫生部联合组织开展了全国农村饮用水与环境卫生现状调查，这是我国首次针对农村饮用水与环境卫生开展的大规模调查研究工作。2008年2月18日，卫生部公布了此次调查结果："全国农村每天每人生活垃圾量为0.86公斤，全国农村一年的生活垃圾量接近3亿吨。而且，其中1/3约1亿吨的垃圾属于随意堆放，特别像养殖业的垃圾和秸秆杂草，在一些地区造成了严重的环境污染。"[2]转换在农村的社会管理思路，改变一些地方随意乱倒生活垃圾的陋习；是保障广大农民身体健康的关键措施[3]。显而易见，建设优美的农村人居环境，这是利国利民的大事。

二、突发事件污染

在生产建设中，一些人唯利是图，只讲赚钱，不讲安全，结果导致了一些出现在瞬时或较短时间内大量非正常排放或泄漏剧毒污染环境的事件，致使人民生命财产蒙受巨大牺牲与损失，这就是突发性环境污染[4]。突发事件造成的影响十分恶劣，必须高度警觉。

例如，2000年10月18日9时50分，广西壮族自治区南丹县大厂镇鸿图选矿厂尾矿库发生重大垮坝事故，共冲出水和尾砂14300立方米。事故共造成28人死亡，56人受伤，70间房屋不同程度毁坏，直接经济损失340万元。

①陈广林：《禽畜养殖废水处理方法综述》，《科技情报开发与经济》，2011年第22期。
②卫生部：《国家免疫规划实施方案和我国首次对农村饮用水与环境卫生开展大规模调查研究》新闻发布会，北京，2008年2月18日。
③杜通平：《农民生活方式对环境的污染及治理思路》，《经济研究导刊》，2011年第33期，第98页。
④王浩、毛竹：《关于突发性环境污染事故的风险评价和应急监测》，《大科技：科技天地》，2011年第7期。

2010 年 7 月 3 日,福建省上杭县境内的紫金矿业集团公司旗下紫金山铜矿湿法厂污水池发生渗漏,导致含铜酸性污水 9100 立方米流入汀江,使得部分江段的鱼虾几乎死亡殆尽。仅棉花滩库区死鱼和鱼中毒约达 378 万斤,上杭县下辖各镇渔业养殖户基本绝收[①]。2008 年 9 月 8 日 7 时 58 分,山西省临汾市襄汾县新塔矿业有限公司 980 沟尾矿库突然溃坝,约 20 万立方米混杂着矿渣的泥水从 100 多米的半山腰狂泻而下,顷刻间吞没了 1.5 公里长、数百米宽的地带,其中包括新塔矿业公司办公楼、部分民居和一个乡村集市。这起特大尾矿库溃坝事故造成 277 人死亡、4 人失踪、33 人受伤,直接经济损失 9619.2万元。这是中国死亡人数最多的一起安全生产事故。后来,《国务院山西省襄汾县新塔矿业公司'9·8'特别重大尾矿库溃坝事故调查组》对事故作出了结论:"新塔公司无视国家法律法规,非法违规建设尾矿库并长期非法生产,安全生产管理混乱;山西省地方各级有关部门不依法履行职责,对新塔公司长期非法采矿、非法建设尾矿库、非法生产运营等问题监管不力,少数工作人员失职渎职、玩忽职守"[②]。按照 2001 年 4 月 21 日执行的《国务院关于特大安全事故行政责任追究的规定》(国务院令第 302 号)的有关规定,时任山西省省长辞职,一位副省长被免职。

农业生产污染突发事件不同于一般的环境污染事件,具有突发性、破坏性强、污染损害惨重的特点,而处置这类事件必须先行制定预防方案,处理事件则必须快速及时,措施得当有效。

总之,人们在生产生活中的一些漏洞,包括管理粗放、设施陈旧、生活陋习以及玩忽职守等,都会对农村环境造成污染,进而威胁到乡村广大民众的生命安全。不科学地开发资源与违法乱纪,必定招致大自然的报复。

第三节　造成农业环境污染的原因分析

经济体制不完善而出现的障碍是造成农业环境污染的主要原因,特别是在海外一些思潮的负面影响下,中国现有制度不完善的缺陷凸显出来。此外,

---

①资料来源:福建省环境保护厅通报,福州,2010 年 7 月 12 日。——著者注

②国家安全监管总局:《关于山西省襄汾县新塔矿业公司"9·8"特别重大尾矿库溃坝事故结案的通知》(安监总管一〔2009〕68 号),北京,2009 年 4 月 3 日。

一些人存有传统的小农意识与生产生活习俗,这也是导致行为不科学而引发农业环境污染的原因。

一、经济活动中利益驱动下的污染

我国农业污染的形成是多方面的,需要具体判定,认真解析原因。

(一)掠夺式发展理念的转嫁与畸形膨胀

环境污染的形成不仅仅局限于一国或一个地区,也具有"国际化"和"全球化"特征,特别是工业化国家实施的资本主义制度有着结构性矛盾,它们与环境污染紧密相连。追求利润最大化的资本主义体系以掠夺资源为目标,高消耗、高污染,滥掘矿藏,滥砍树木,以此来使一少部分人去满足个人的自私的高消费的生活方式。例如,南美洲巴西亚马逊地区的热带森林被誉为"地球之肺",但是在很长的一段时期,美国、德国、英国、西班牙等国的跨国公司在那里大肆砍伐森林,掠夺自然资源。"在 2007 年的后 5 个月,巴西亚马逊地区的森林采伐急剧上升,几乎是去年同期的 2 倍……在这以前它从未遭受过大范围的森林损失,还有因此而产生的环境恶化、生态环境破碎、火灾和气候变化等带来的协同影响。"①自 2008 年全球金融危机爆发以来,世界主要资本主义国家经济相继遭遇寒冬,其制度缺陷随之暴露出来,这也重创了那些国家人们对资本主义的"信仰"。2011~2012 年,加拿大民调机构"全球扫描"和美国马里兰大学对 27 个国家共 2.9 万多人所做的一项调查结果显示,51%的受访者认为资本主义制度需要规范和改革。曾经是"美国式市场万能论"以及新自由主义信奉者的日本著名经济学家中谷岩在《资本主义为什么自我毁灭》中指出,美国泡沫经济崩溃的结果,将迫使美国主导的全球化资本主义转变方向②。但是历史发展从来就是曲折的,在经济全球化中,一些不符合中国国情的海外理念、做法进入了神州大地。受此影响,一些地方急功近利,追求不切实际的高消费生活,不顾一切地将国民生产总值奉为神明,采用了掠夺自然资源式的发展方法,结果造成了严重水土流失、农田化肥、农药污染等恶果。必须通过深化改革,摒弃"金钱万能"、"物质第一"的错误思想,实施平稳的发

①Rhett A. Butler:《亚马逊雨林的采伐 / 巴西的森林采伐》,2008 年 8 月 3 日。引自网站 http://cn.mongabay.com/news/2008/2008_0803-amazon.html.
②陈瑶、刘蓉蓉:《金融危机引发西方反思制度弊端寻"救赎"途径》,《经济参考报》,2012 年 1 月 12 日。

展方针。

（二）行政管理部门机制缺陷与监管不力

一些地方的行政管理部门设定的内部激励条例明示，地方经济增长了，工作政绩就是好的；增长越快，政绩越好。这样，一方面，在考核指标代表的利益驱动下，地方行政部门的业绩考核更多地偏向于经济指标，而环境保护相关指标的设置则被忽略了，公务员们在日常工作中也自然会更加注重经济方面的改进，较少注重甚至是无视在提高经济效益的同时还要兼顾生态环保的原则。同时，政府机关的体系构建设计又缺少系统总体平衡机制，速度型、数量型的业绩考核成为了唯一标准。另一方面，中央到地方环境保护管理体系分割式的"垂直分级负责、横向多头管理"的机构设置，也使得农村环保事业决策主题、投资主体、监管主体不明确，各级管辖范围一部分有所重叠，另一部分又有"双不管"的管辖漏洞，从而造成农村环保事业决策迟缓、执行不力、监管不到位等，致使农村环境保护政策难以落实。

急功近利，不顾客观生态条件的制约因素，无视环境保护，只重经济指标，忽略环保指标，这是引起生态污染的原因之一。前文提到的 2008 年山西省襄汾县出现了特大沟尾矿库溃坝事件，在事故突发之前很多年，新塔矿业有限公司那个矿尾坝已多次出现险情，周围民众更是多次要求该公司维修加固，然而公司却一直不愿投资，根治隐患。2012 年山东省栖霞市一些人用沾有高浓度杀菌剂的药袋装裹苹果，目的是为了好卖钱，可是，这些人却为了防止农药感染，戴着口罩和手套，有的人甚至将头包裹严实，"像戴上防毒面具"进行作业。最终的恶果是，溃坝卷走了 200 多条鲜活的生命；带有残留农药超标的大批苹果被销往各地，危及民众生命健康。

二、传统生产生活习惯沿袭招致的污染

中国传统的小农经济具有两面性，既在数千年封建社会时期推动着历史车轮前进，又积淀下来一些狭隘、封闭与保守的意识和封建、传统的风俗陋习。一些农业环境污染现象出现，根子就在滞后的小农经济意识。

（一）某些传统耕作方式或习俗导致的浪费与污染

虽然经过 30 多年的改革开放，然而，中国广大乡村特别是西部民族地区比较偏远、旷野草原中的偏僻落后乡村，一些世代居住的农牧民的小农意识仍然根深蒂固。一些人因循守旧，仍在继续着滞后的传统农业耕作方式，这种生产方式不仅与农业集约化经营和产业化相差甚远,而且造成了农耕资源的极大破坏。例如,中国北方的自然气候条件是气候干燥,缺少降雨,因而水资源极其宝贵。可是,很多北方缺水地区耕作浇地依然是"大水漫灌"。这是一种粗放的灌水方法,不仅灌水的均匀性差,水量浪费也极大。从长远来看,大水漫灌方式还会抬高地下水位,而且易使土壤盐碱化、沼泽化。有人曾说:"水漫一遍,地就瓷实一分。"这就是沿袭数千年的传统落后漫灌对土壤破坏的形象比喻。2012年4月25日,水利部部长在第十一届全国人大常委会第二十六次会议第二次全体会议上向大会作工作报告,他提供了一组数据如下:目前,我国农业用水方式粗放,水资源利用效率效益不高,一些地方还存在大水漫灌现象,水资源不足与灌溉用水浪费并存。我国农田灌溉水有效利用系数远低于0.7~0.8的世界先进水平;水分生产率(单位用水的粮食产量)不足2.4斤/立方米,而世界先进水平为4斤/立方米左右[①]。大水漫灌农田的行为农业行政管理部门早就禁止,但无奈的是,传统习惯势力难以去除。

列宁是继承马克思、恩格斯革命理论,在人类历史上建立了第一个社会主义国家的历史伟人,他在创建苏维埃社会主义国家的实践中深刻地认识到用教育来消除传统陋习的意义。1919年5月6日,列宁以《关于用自由平等口号欺骗人民》为题目,在全俄社会教育第一次代表大会上作报告。他说:"我们非常突出地感到十分艰巨的工作是重新教育群众,组织和训练群众,普及知识,同我们接受下来的愚昧、不文明、粗野等遗产作斗争。在这里,完全要用另外的方法进行斗争。"新中国第一代领导人毛泽东通过长期的革命实践,同样深刻地认识到这个问题。毛泽东在《论人民民主专政》一文中明确表述:"严重的问题是教育农民。农民的经济是分散的,根据苏联的经验,需要很长的时间和细心的工作,才能做到农业社会化。没有农业社会化,就没有全部的巩固的社会主义。"1978年开始的改革开放历程进一步表明,在广大农村推行各种形式的教育,这是促进农业大发展的根本保障。

(二)传统生活方式形成的习惯式的污染

传统生活方式习惯的污染主要来自对生活废弃物仍采用传统的处理方

---

①马闯、焦莹:《水利部部长:我国水资源短缺与浪费并存》,中国广播网,2012年4月25日,http://www.cnr.cn.

式。一方面,对于生活用水,农村居民还是沿用最原始的直接倒掉的处理方式,而这些富含营养的生活用水便会成为污染生态环境的源头之一。另一方面,对于固体废弃物处理,通常人们都采取简单堆放或填埋的方法。尽管堆肥和焚烧的处理方法相对来讲更加迅速与更加环保,但是采用这两种方法所需要的外界条件十分严苛。例如,堆肥处理,要求将垃圾保温至70℃储存、发酵,这样才能彻底分解为无机养分。垃圾焚烧处理则需要更高级的技术与设施。这些严苛的技术条件在很多农村都是难以满足的,一些农民也不情愿或者不愿意投入去改变这些约束条件,于是,堆放和简单填埋等传统方法一直沿袭,结果导致了污染日益严重。

三、单个资产分散经营与绿色农业的矛盾

绿色农业是集约式农业,单个农户耕作则无力实现这个目标,这是目前农业生产中需要认真分析研究的疑难问题。

(一)单个资产分散经营导致粗放农业耕作方式

单个农户分散经营的农业发展模式在一定时期是适应我国农村生产力发展水平的,但是随着经济全球化、科学技术国际化的到来,其局限性也日益突出。一方面,单个农户承包土地十分有限。据统计,截至2006年,我国有2.4亿农户,每户平均0.69hm² 土地,农业劳力人均0.29hm²[①]。有限的土地资源阻碍了农业生产的组织化、规模化进行。另一方面,这种零散的经营模式,单个农户的利益驱动不仅导致了农药、化肥大剂量不合理使用,而且假冒的绿色农产品还激增了农产品市场的整体物价水平,既给消费者的健康带来了损害,又阻碍了真正绿色产品的销售与推广。可以说,这在一定程度上影响了农户从事绿色农业生产的积极性,客观上使得传统粗放式农业耕作的沿袭。

(二)粗放耕作方式阻碍绿色农业推广

在西部地区一些乡村,单个农户常年进行着实质上的封闭式耕作、栽培生产活动,很少应用新技术。于是,他们困顿、止步于代表可持续、先进的绿色农业的高门槛下。首先,一些个体小生产经营十分粗放。在很多乡村,单个农户生产规模小,基础设施不健全,农业生产始终维持着较为简单的再生产,保

---

①贾蕊、陆迁、何学松:《我国农业污染现状、原因及对策研究》,《中国农业科技导报》,2006年第8期,第32页。

持着类似于自给自足的自然经济形态。农民们的生产作业是封闭式、粗放式的,他们没有主动进行土地产权流动的冲动,因而,作物栽培方式及效益也较为低下。其次,零星式的农业经营模式对信息反应迟钝。由于一些乡村信息渠道闭塞,使得政府的很多惠农政策在实际执行中大打折扣。例如政府推行的新科技在一些地方效果不好,新技术遭遇人们的"冷淡"对待,新技术进一步的乡村化不为人们接受,因而,新型农科技术的高额效益也就无法得到实现。同时,很多农民由于各种原因不能及时了解到相关的惠农政策,他们因此而错失了享受优惠的机会,已经付出的较大成本没有得到补贴,农户生产的积极性也大大降低。

以上缺陷与不足是不会在短时期内消失的,还将长期存在,其原因很复杂,需要具体分析。例如,一些人很难改变传统滞后的生产生活习惯,原因主要有两点:首先,成本效益对比的一些影响。市场经济的最基本法则就是追求效益最大化。在绿色生产投入成本大于所得到的效益时,即使政策导向偏向于防止农业污染和发展绿色农业,农产品生产者也会为了生存和发展仍然延续传统粗放式的农业生产和废弃物处理方式,这样传统的生产方式依然难以完全被抛弃。其次,农科技术推广普及力度不够。在经济发展水平较为落后、各项基础设施不完善的农村地区,绿色生产、绿色农业知识等农科技术并没有普及,很多人依然沿袭传统中落后的方式处理各类废弃物。同时,也正是因为技术条件的限制,才将人们推向了传统的、污染严重的粗放型农业生产生活方式。

总之,新型的生产生活方式的效益不足以抵扣成本,再加上相关绿色农业生产知识普及不到位以及农科技术推广力度不够,这三个因素共同推动了传统中不科学的生产生活习惯的沿袭,造成了农业环境的长期污染。

第四节　中国农业环境问题的对策分析

农业生产环境状况好坏直接关系到食品安全,是涉及亿万人民生命健康的大事情。因而,必须保证农业生产有一个良好的环境,并将这类工作排到一切工作的首位,并有针对性地采取坚强有力的方针对策去解决问题。

一、建立促进绿色经济的新型农村合作机制

经济全球化和贸易国际化的态势使得零散式的农业经营模式与农业绿色、健康发展之间的矛盾已十分突出,呼唤着农业经济体制改革的进一步深化。

（一）用新式组织去引导农民从事绿色生产

必须立足农村家庭联产承包双层责任制的基础，建立新型的农村生产合作机制，由此去进一步动员和组织广大农民群众发展绿色经济。因为，高新科技的现代农业科学技术是组合式的复杂系统，单个农民很难成功地实施绿色农产品产销作业。但是，新型的生产合作组织是连接单个农户与营销市场的枢纽，该体系的建立可以形成"绿色生产技术和要素供应商—农业合作组织—绿色农产品加工、销售市场"的行业链条。充分发挥这类合作组织的桥梁作用，既可以帮助农民解决技术难题，又可以打开绿色农产品销售的通路。

（二）建立新的聚集化的乡镇社区格局

美国经济学家保罗·克鲁格曼（Paul R. Krugman, 1953 年~）是 2008 年获诺贝尔经济学奖的得主，他于 1991 年建立了一个数学模型，阐述了著名的"聚集规模效益"理论。其主要的理念是，必须将各种经济要素集中在一定地理空间范围内，这样才能促进经济快速发展①。国内外的大量实践已经证明，这个理论是正确的。

中国目前正在建设社会主义新农村，一些地方成效明显。要借鉴海外先进理论，以城乡科学统筹、资源综合利用为手段，建立新的工业企业与农业组织聚集化的乡镇社区，把具备规模生产农产品公司和企业集合起来，走农业规模化、集约化发展之路。

二、推进行政管理部门机制与监管双重改革

环保管理体系的不健全是纵容企业乃至一些行政部门破坏环境，无视发展质量的深层原因，这就要求政府管理体系进一步的深化改革。

（一）建立全面衡量行政管理效益的考核机制

设置科学的考核方式，是对政府部门人员业绩考核的重要鞭策手段。为此，需要按照一套科学标准，将政府部门管辖地区的环境污染指数、相关环保政策的出台及其实施的有效性等指标纳入政府官员的绩效考核中，通过对比同一时间段不同地区和同一地区不同时间内环保质量的变化，来衡量政府职员一定时期内的绩效成果，并以此为由对其进行能力的综合评判。

---

① [美]保罗·R·克鲁格曼等著，黄卫平等译：《国际经济学：理论与政策（第八版）》，北京：中国人民大学出版社，2011 年。

（二）促进合理的环保监管组织结构合理化

必须重组新型的监管机构，促进环保管理组织结构更加富有条理性。因为，考核标准的改进只是督促、激励政府部门重视农业环境保护措施、促进政治体制改革的一个方面，但是只有这样远远不够，中国农村地区"垂直分级负责、横向多头管理"的机构设置也必须改革。要加强农村环保机构组织建设和能力建设，指派专人专职负责农村生态环保工作，分职分责，职责互补，避免重叠和管辖盲点，从而提高绿色农业生产推广效率。

三、大力加强"绿色扶持"投入

近年来，各国陆续开始将农业补贴与环境保护挂钩。例如，2005 年，欧盟各国就农业政策改革达成一致意见，废除了原有的补贴与产量挂钩的补助标准法，实行补贴与环保和食品安全等标准联动的方法。同年，英国也开始对农民的环保型经营模式给予补贴。投入更多的"绿色扶持"资金，这已成为全球各国普遍采用的激励措施之一。

要学习借鉴海外先进经验，在中国也建立多种类型的绿色生产基金，将农业补贴同环保指标挂钩，补助从事绿色农业的农户。此外，要对不符合基本农业生产环保要求的企业和农户实施适当的罚款，用"倒逼机制"推动绿色生产。补助和罚款双管齐下，直接和间接同时激励，目标是保证产生效益。

四、加强对农业人员的环境保护教育

受文化素质和传统习惯的影响，我国农村居民生态环境意识比较淡薄。由此，一些乡村人员对农业污染源头及其危害程度不甚了解。这种滞后的社会现象，必须尽快加以转变。

（一）大力普及绿色农业理念与传授处理污染事故的技能

尽管绿色农业已不是新鲜词汇，但很多农户并不真正了解其具体含义，传统的掠夺式发展理念仍被遵循。为此，要在农村地区广泛宣传绿色农业理念，宣扬新型生产、生活方式，宣讲要对农业点源和面源污染进行分类控制的观念，引导农村居民自觉摒弃"先污染，后治理"的做法。同时，明确一些传统中滞后的农耕方式对环境带来的危害，加强对突发性环境污染事故特点的教育，普及事故紧急救援和处理的知识与技能。

（二）建立交流渠道畅通的信息公开制度

西部民族地区的一些地方迄今为止依然是信息闭塞，这使得那里的农户

和企业无法获取最新的指导理念和新型农科技术。要尽可能地利用各种方式,加快乡村牧区的信息传递,加强信息的透明性。要积极组织相关政府、企业和农户进行学习,讲授防治农业点源和面源污染的方法,以便最大程度减少事故发生的几率。通过学习,提出可行性方案,建立起适宜乡村特点的农业环境污染预防监测机制。

五、加大农村地区基础设施建设及农科技术的推广

基础设施的不健全以及新型农科技术推广不足,这是农业污染的主要原因。因而,要在建设社会主义新农村过程中,采用政府投入与多渠道筹集的方式,集中有限的资金,进行农村地区基础设施建设。一些农村农业污染严重,其明显的缘由是基础设施简陋,导致信息闭塞、教育不足,又导致了农村居民一些传统中的滞后生产生活代代沿袭,缺乏打破这些传统的外界力量。人的意识由物质基础所决定,加强基础设施建设,就能较为容易地提高思想认识。

此外,还要建立完善的农业科技推广体系。中国的农科成果转化率并不高,其中一个根本原因是,新技术投入成本大且存在着很高比例的经济效益的未知性。建立新农业科技推广体制,全面推行"谁投资,谁受益"机制,真正做到按股份分红利,这样才能有效地调动起农民群众的积极性。

概括地讲,只有全面推动农业生产生活从一些传统中的滞后方式向现代化方式转变,才能做到保护环境,发展生产。

学习思考题

1. 原始农业的形成和发展以及对人类生存发展的主要影响有哪些?

2. 传统农业的精髓是什么?如何理解?

3. 现代农业的内涵和主要特点是什么?

4. 现代农业发展进程中农业污染现象有哪些?它们是如何对人类环境造成危害的?

5. 农业活动造成人类环境污染的原因有哪些?请举例说明。

6. 针对本章所提及的污染原因,如何缓解污染的态势?根据自己的所知所想提出更多的合理性建议。

第七章　工业与环境

　　内容提要　工业是国民经济中最重要的物质生产部门之一,其决定着国民经济现代化的速度、规模和水平,在当代世界各国国民经济中起着主导作用。新中国从一穷二白的基础上开始发展自己的民族工业,60多年的建设历程是曲折的,走过了一些弯路。目前中国工业化的发展已进入到重化工业阶段中的高加工度化的时期,这表明已经完成了现代工业化任务的一半。西部少数民族地区在解放初期几乎没有工业企业,连日用生活品火柴都是依赖海外的"洋火"。然而,由于国家在改革开放后实施了西部大开发战略,少数民族自治地区建设了一大批重点现代化工业项目。

　　然而,工业要获得发展就必须从自然环境中获取原材料,因此工业生产活动不可避免地会对环境造成影响,从而对居住在这个环境中的人也产生影响。目前,中国一些地方不科学的工业生产方式造成了严重的环境污染,危害了民众的身体健康。因此,必须要深刻地解析造成工业污染的各类情况,从中找出导致污染出现的深层次原因。大量事实表明,工业发展与环境保护的关系既是对立的,又是统一的。对立是指在工业发展中忽视环境问题造成的环境污染与生态恶化,这些破坏了工业持续健康发展的基本条件;统一是指工业发展与环境保护从根本上保持一致,工业发展离不开环境支撑,环境问题的解决离不开工业发展。

　　工业现代化的发展方式是指在工业化过程中,一个国家或地区所选择的发展工业的方式,即是以传统工业化方式进行粗放型的发展,还是采用现代新型工业发展方式进行集约化的发展。由于工业生产需要从自然环境中获取原材料,工业生产方式的巨大变革便极大地拓展了人类开发自然环境的边界,工业的发展在很长的时期内会对自然环境产生多种深刻的影响,其中,粗放型的工业化方式带来了环境污染。相对于农业社会的刀耕火种,工业社会的机械化大生产方式为人类创造了巨大的物质财富,同时,这种生产方式因为一些组成是粗放型的,所以存在着缺陷,从而使得各种环境问题凸显。现今,环境问题已越来越引起全球各个国家和地区民众的关注。中国作为全球最大的发展中国家,经济总量已成为世界第二。在今后中国的发展中,一方面,要继续推进工业化进程;另一方面,要不断地协调工业发展与环境保护的关系。

第一节 中国发展工业的历程

新中国进行的现代工业自 1978 年以后加速进行,在很短的时间内创造了奇迹,这是一些经济发达国家一百多年才完成的发展任务。

一、快速工业化和经济发展

工业化的使命在于提升一个国家或地区的生产力水平,促进其生产方式由传统农耕文明下的手工业生产向现代工业文明下的机械化、信息化大生产转化,以达到国家强盛的目标。新中国的工业化改变了旧中国衰微、破败的面貌,从而为中华民族的复兴大业奠定了基础。

(一)中国工业化的发展历程

工业生产与工业化发展是在 18 世纪大规模兴起的,这是改变人类命运的伟大经济活动。马克思、恩格斯在 1848 年发表的著名的《共产党宣言》中高度赞扬了工业化生产的历史作用, 这是一场起始于蒸汽机的划时代的发展。"于是,蒸汽和机器引起了工业生产的革命。现代大工业化替代了工场手工业",工业化生产改变了世界的面貌。"自然力的征服,机器的采用,化学在工业和农业中的应用,轮船的行驶,铁路的通行,电报的使用,整个大陆的开垦,河川的通航,仿佛用法术从地下呼唤出来的大量人口——过去哪一个世纪料想到在社会劳动里蕴藏有这样的生产力呢?"[1]1949 年以前的中国贫穷落后,是一个几乎没有现代化工业的小农经济国家,连火柴都是舶来

①马克思、恩格斯:《共产党宣言》,《马克思恩格斯文集》(第 2 卷),北京:人民出版社,1958 年,第 32 页、第 36 页。

品,称之为"洋火"。新中国建立以后,发展工业成为国家建设的第一位的目标。中国经过多年的工业化发展,特别是改革开放以后的快速工业化推进,经济得到了迅猛发展,人民生活水平不断提高。依据中国社会科学院的一份对中国工业化综合评价的权威报告,按照一种很通行的划分标准,可以将整个工业化进程按照工业化初期、中期和后期三个阶段划分,并将每个时期划分为前半阶段和后半阶段。那么,1995年中国工业化水平综合指数为18,表明中国还处于工业化初期。2000年,中国的工业化水平综合指数达到了26,表明1995~2000年的整个"九五"期间,中国处于工业化初期的后半阶段。2005年,中国的工业化水平综合指数是50,意味着工业化进程进入中期阶段,或重化工业化阶段中的高加工度化时期。按照"九五"和"十五"时期10年间中国工业化水平综合指数的年均增长速度推算,到2021年,中国的工业化水平综合指数将达到100[①]。这表明,中国的工业化进程已经过半,建立一个工业化国家不再是遥不可及的理想。世界银行的数据显示,2010年,全球平均的工业化率是26.1%,中国的工业化率是46.8%。作为当今全球总量第二大经济体,2010年中国工业增加值总量为18.8万亿元人民币,约合2.78万亿美元,占据全球工业总量中的最高份额,说明"世界工厂"名副其实。

中国西部少数民族地区在1949年初经济十分落后,几乎没有什么现代工业。据统计,在全国当年的3600多万少数民族人口中,约100万人口处于奴隶制经济形态中,约80万人口生活在原始公社社会末期的形态中。在一些少数民族山乡,生产方式是"刀耕火种",运输工具是人背马驮,走的路是羊肠小道……

由于历史、地理等方面的原因,中国少数民族和民族地区的发展长期相对落后。在党中央、国务院的正确领导下,在全国人民的大力支持下,少数民族地区经济社会发展迅速。历史证明,中国的民族政策团结了各族人民,调动了各民族人民的积极性,创造了辉煌的建设业绩。新中国仅用了半个多世纪的时间,民族地区的工业建设就得到了大发展,彻底改变了一穷二白的面貌。特别是国家在改革开放以后制定的"西部大开发"战略实施之后,仅在2000~

---

①陈佳贵、钟宏武、王延中等著:《中国工业化进程报告(1995~2005年)》,北京:中国社会科学出版社,2007年。

2010年,西部大开发新开工重点工程达到130多项,投资总规模达到2.2万亿元,包括青藏铁路、西电东送、西气东输和大型机场、高速公路、水电站等。在西部大开发第二个十年期间(2011~2020年),国家又新开工建设18项重点工程,有成都至兰州铁路、重庆至贵阳铁路,四川大渡河泸定水电站、云南澜沧江功果桥水电站等,投资总规模为4689亿元[1]。在中国历史上,这些投资是最大规模的西部工业化建设。如今,新疆维吾尔自治区的石油和天然气工业发展迅速,产量分别居全国第三位和第二位,成为我国重要的能源生产基地和战略接替区。广西壮族自治区、贵州省和宁夏回族自治区已成为我国氧化铝和电解铝的重要生产基地。工业化使中国成为世界第二大经济实体,全国人民群众生活基本解决温饱问题,已经开始整体向小康社会迈进。

(二)工业化进程中的矛盾与难题

中国工业化建设不是一帆风顺的,期间遇到重重困难,其中,采用什么样的方式发展工业,如何平衡速度与效益的关系,如何在工业建设中使人民得到最大化的福祉等,在这些问题上经历了困难的抉择,也走过了一些弯路。

1. 欲速则不达的教训

新中国成立初期,为了尽快由农业国向工业国转型,政府曾经采用了一种不顾一切追求工业化的发展方式。1958年,全国开展"大跃进"运动、大炼钢铁运动。于是,各地都一窝蜂似的建设工业项目,强调"钢铁元帅升帐",实施"以钢为钢"的发展方针,全国将实现钢产量1070万吨作为压倒一切的中心任务。各地总共抽调了5000万劳动力炼钢;城市的机关、团体、学校以至街道居民们一起上阵,均支起炉灶大炼钢铁。一时间,高指标、瞎指挥和浮夸风盛行。为了炼钢,一些地方大肆砍伐森林,破坏环境,造成水土流失。例如,河南省商城县用土法炼铁开展了大跃进,成为当时全国"小、土、群"炼铁炉的一个典型。1958年9月和10月期间,商城县共放了10颗钢铁"卫星"。欲速则不达。大炼钢铁运动给商城县带来重大危害,土法冶炼炼出的不是钢,大多数是不能用的土铁疙瘩[2]。结果,"天灾人祸"在全国范围内造成了惨重的损失。

---

①资料来源:国家发展和改革委员会统计数据,北京,2012年6月10日。
②张桂远:《1958年商城县大炼钢铁运动研究》(硕士论文),安徽大学,2011年。

1960 年冬,中共中央发出《关于农村人民公社当前政策问题的紧急指示信》,开始纠正农村工作中的"左倾"错误,大跃进运动才停止。

20 世纪 80 年代,中国一些地方一味快速地推进工业化,有些工厂只顾产品、产值,却不关心如何处理生产中产生的废水、废气、废物的污染。其结果是,有些地方出现了两类工业污染。

一次性工业污染。一次性工业污染是指由人类的生产活动产生的污染物质从污染源排出后直接造成的环境污染,例如,大气污染、水体污染和土壤污染等。其中,造成大气污染的工业污染源主要是,工业用燃料燃烧排放的废气,还有工业生产过程中的排气等。造成土壤污染的工业污染源主要是,工业生产中排出的废物,它们含有多种污染物,其浓度一般较高。它们一旦进入农田,在短时间内即可引起土壤污染,危害作物[1]。"三废"污染危害人们的身体健康,一些严重的污染事件往往引起人们的恐慌,造成恶劣的社会影响。

二次性工业污染。这种污染是指由工业污染源排出的某些一次性污染物,在自然条件的作用下,它们又发生了化学反应,从而产生了新的污染物,于是对环境造成了再一次污染。例如,人类生产活动产生的一次性污染物排放到大气中,经化学反应或光化学反应之后,它们会形成与一次性污染物的物理、化学性质完全不同的新的大气污染物,其中,最常见的大气二次性污染物有硫酸盐气溶胶、硝酸及硝酸盐气溶胶、臭氧等[2]。二次性工业污染形式相对隐蔽,不容易防治,因而潜伏状态更长,产生的污染危害也更大。

不同的历史时期出现的表现形式不同的破坏环境的事情,均对人民生命财产带来损失。追究其原因,主要是经济发展的总体方式不科学所造成的。

2. 粗放型发展模式

经济发展有不同的形式,或者是资金、技术集约化的形式,或者是资金、技术粗放式的形式。伟人马克思曾在《资本论》中以农业为例,阐述了集约化经营的理念:"所谓耕作集约化,无非是指资本集中在同一土地上,而不是分散在若干毗连的土地上。"[3]资本与技术集中,农业生产效益就高。与集约化类

---

① 王玉梅:《环境学基础》,北京:科学出版社,2010 年,第 129 页。
② 王玉梅:《环境学基础》,北京:科学出版社,2010 年,第 37 页。
③ 马克思:《资本论(第三卷)》,《马克思恩格斯全集》(第 25 卷),北京:人民出版社,1974 年,第 760 页。

型相反的生产方式是粗放式类型,其资本、技术的含量都低,生产粗放,效率很低。中国工业生产在一些地方就是粗放型的,因而效率低,污染大。

粗放型经济增长方式又称外延型增长方式,在中国当代社会,其基本特征是依靠增加生产要素量的投入来扩大生产规模,实现经济增长。在中国一些地方,在此种增长方式下,为了单纯追求高额利润,一些人违反自然规律,一味地用行政方式取代市场来配置资源,他们往往不合时宜地将资源优先投入到产值大、利税收入高的简单加工装配工业中,或者重化工业中。这就使得宝贵的稀缺资源极不经济地被耗费,由此加速了一些地区生态环境的恶化①。工业的粗放式经营弊端很多,典型事例是大举发展高耗能工业,虽然获得了一些利润,但是带来的环境恶化的损失则远远大于收益。

(三)农业社会向工业社会转型中的"阵痛"

由于中国解放前是一个有着数千年历史的小农经济社会,因而,新中国的工业建设过程就是一个农业社会向工业社会转型的过程。但是,由于存在着粗放型发展方式,因而,这个转型十分艰难,有些时候甚至给人们带来了很多"阵痛"。我国由农业社会向工业社会转型过程中一个重要的特征是,大量农村剩余劳动力由农村向城市转移。无数农民随着工业化建设进城,他们成为在工业战线上的农民工。这些劳动力由低效率的农业进入高效率的非农产业,极大地优化了资源配置,大大提高了劳动生产率,也给工业化提供了强大的劳动力支持。

然而,进城农民工的生产和生活状态并不能等同于市民,农民工利益和企业老板的目标有不少冲突的环节。特别是,一些企业老板不愿意投资建设环境保护项目,结果造成实际生产中的工作条件往往不够好,导致了农民工群体的职业病危害很严重,比如进入煤矿的农民工得了矽肺病。他们中积劳成疾者较多,也有不少因工致残者。由于缺乏医疗保障,他们难以得到良好治疗。因为和家人分离,在城市受到歧视,工作的压力、社会交际的贫乏,使他们时常感到孤立和抑郁,心理健康受到损伤②。同时,在粗放型的生产体系中,农民工在自身许多重大利益方面没有话语权,企业与经营企业的行政机关也没

①吴敬琏:《中国增长模式抉择》(增订版),上海:上海远东出版社,2008 年,第 108 页。
②周叔莲、刘戒骄:《中国工业发展中的资源与环境问题研究》,《中国社会科学院学术咨询委员会集刊》,2007 年第 3 期,第 29 页。

有为他们提供某种保障。从农民工自身来说,进入城市从事非农行业,使得农民工发生了认识上的变化,学习到许多新东西,也获得了很多货币收入①。但是,由于存在着粗放型的工业生产方式,加剧了农业社会向工业社会转型中的"阵痛",有不少农民工很不适应,他们为此付出了高昂的身心代价。

二、牺牲环境的工业发展所造成的危害

粗放型的工业发展方式虽然在短时期内获得了利润,但是,这种作业给我国带来了深重的环境负担。粗放型的工业发展导致了能源消耗量的急剧增加,加上经营管理体制存在一些漏洞,由此带来的污染问题随之凸显。很多统计资料与调查结果显示,由于管理不善与认识滞后等原因,不科学的工业生产方式在中国一些地方普遍存在,使得重金属污染土地的灾难性事件多次出现。

例如,国土资源部统计表明,目前全国耕地面积的 10% 以上已受重金属污染。环境保护部南京环境科学研究所调查显示,我国华南部分城市约有一半的耕地遭受污染,其成分是镉、砷、汞等有毒重金属和石油类有机物污染,由此造成了土壤有机质含量下降、土壤板结,结果导致农产品产量与品质下降。长江三角洲内有的城市郊区连片的农田受到多种重金属污染,致使那里 10% 的土壤基本丧失生产力,成为了"毒土"。农业部全国农技推广中心研究的调查表明,由于一些工业活动造成污染,还有农药、化肥导致土壤污染,我国粮食每年因此减产 100 亿公斤。环保部门提出的估算数据是,全国每年因重金属污染的粮食高达 1200 万吨,造成的直接经济损失超过 200 亿元②。治理工业性污染已经是十分紧迫的任务,绝不能掉以轻心。

虽然在现有的资源约束、劳动力供给结构之下,粗放型的发展模式仍然主导着我国经济的发展,但是改革这种模式,建立高度集约化的新工业生产方式,这是实施可持续发展的必然趋势。

---

① 何爱平、任保平:《人口、资源与环境经济学》,北京:科学出版社,2010 年,第 182 页。
② 本报编辑部:《中国大地污染现状严峻 每年致粮食减产 100 亿公斤》,《经济参考报》,2012 年 6 月 11 日。

第二节　工业布局对人类的影响

在工业发展中,工业布局是基础。工业布局又称工业配置或工业区位,指的是工业在地域上的动态分布或工业生产的地域组合。合理的工业布局将会有效地推动国民经济迅速增长,促进工业发展与环境保护趋于平衡。相反,粗放型的工业布局是造成环境污染的重要因素。

一、工业布局中的地方利益加剧环境恶化

工业是推动地区经济发展的重要力量,可以改变一个区域的面貌。可是在以 GDP 作为“指挥棒”的经济发展的粗放型模式下,一些地方为了本地区的经济利益,往往在工业布局之时忽略了工业生产对环境的影响,并且,还在招商引资过程中给予污染企业各种优惠条件。

（一）片面追求利益的暴力开发

由于一些人对矿产资源不可再生性认识不足,对宏观社会效益重视不够,加之某些政策、法规的滞后性和管理上的疏漏,在中国一些地方,一些中小型企业,特别是集体、个体的乡镇企业,他们不仅在煤矿、金矿资源的开采利用上只顾眼前的、局部的经济效益,而且在其他一些矿产资源上亦滥采乱挖,或者是采易弃难、采富弃贫、采主脉弃细小余脉,这些不合理的破坏性开采将环境保护置之一边,结果造成了严重的环境污染,酿成了一系列灾难性后果。

例如,山西省是我国煤炭能源基地,在一段时期,那里的乡镇企业中小煤矿和土法炼焦所占比例很大。由于一些企业采用粗放式的生产方式,他们采煤方式落后,导致了有的地方丢失的煤炭比采出的数量还要多。山西省曾有 1000 多处小煤矿,但是只有极少数矿井的生产符合国家规定的正规采煤方法,因而,这些矿井的资源回收率只有 40%。山西省先后多次治理整顿小煤窑,但每次整顿后均不同程度死灰复燃。急功近利的小煤窑往往低水平建设,不仅造成资源的严重浪费,而且无序地开采给当地的环境造成了巨大的破坏。有些煤矿工人的生产作业环境极其恶劣,管理上漏洞百出,安全措施不到位,导致了重大事故发生。例如,1991 年 4 月 21 日 16 时 05 分,山西省洪洞县三交河煤矿发生了特大瓦斯煤尘爆炸事故,导致 147 人遇难,还有重伤 2 人、轻伤 4 人。2007 年 12 月 6 日零时左右,山西省洪洞县又发生一次煤尘爆炸事故,共有 105 人遇难。2009 年 2 月 22 日晨 2 时,山西省古交市屯兰煤矿发生瓦斯爆炸事故,导致 78 人遇难。

2010年3月28日14时30分,山西乡宁县王家岭煤矿发生透水事故,造成153人被困,遇难者38人。总之,违法违规开采,这是导致煤矿事故的根本原因。

（二）乡镇企业扎堆出现影响环境

我国在农业社会向工业社会转型过程之中,一些地方涌现了一大批乡镇企业。这些企业给地方创造了巨大的财富,同时,一些企业也制造了触目惊心的环境污染和生态破坏,埋下了无穷的后患。

由于求富心切,在选择发展项目时,一些地方不管什么工厂,只要赚钱,能上就上,不能上创造条件也要上。大办乡镇工业,确实可以用几年时间得到几十年办农业所不能得到的经济效益。但是这样,一批批污染严重的小工厂就在田园和山乡"安家落户"了。例如,自20世纪80年代中期以来,淮河流域的小造纸厂、小化工厂、小印染厂、小制革厂等纷纷上马,盲目发展。安徽省阜阳地区有一个小镇,仅仅几年时间,小皮革厂就发展到500多家。这类小工厂工艺简单,技术落后,而且没有治理污染的设施,其工业废水无疑成了淮河流域严重的污染源。淮河两岸,这类小厂成千上万,星罗棋布,每日排入淮河的废水、污水将近700吨。统计数据显示,在中国,40%的乡镇企业成为最大的污染源,由此导致农村环境污染由点到面向全国蔓延,环境污染危害加剧①。发展乡镇企业是为了脱贫致富,实现小康。可是,违反自然规律,以环境污染为代价发展工业,这无疑是比贫穷更可怕的一种灾难。

二、工业企业污染转移

污染转移实质上是指一个国家、地区或行业、企业将环境污染所带来的损失和负担、危害等转移到弱势地方去承受的现象,泛指经济比较发达的国家或地区将污染转移给其他落后国家或地区的行为和情况。近些年来,中国遭遇了污染转移的折磨。

（一）国内污染转移

城市居民的环境保护意识目前日益增强,他们对生存环境的安全越来越关心。在这样的态势下,一些污染企业在城市中无法生存,于是,他们"乔装打扮",从城市向农村转移。这样,工业污染也就从发达地区向不发达地

①李星学、王仁农:《还我大自然——地球敲响了警钟》(修订版),北京:清华大学出版社,2010年,第131~135页。

区转移了。

例如,江苏省年产铝锭 20 万吨的某铝业有限责任公司,多年来在环境污染治理方面做了大量的工作,但是该企业的污染仍给附近农民造成严重损失。与铝厂仅一墙之隔的村庄深受其害,导致了农村生产严重减产,大量牲畜致残或死亡。更严重的是,村民们普遍感到身体不适,手脚僵硬、腰疼、牙病、呼吸道疾病增多。又如,某氟化物总厂没有任何环保措施,所有污染物一律直排。原本山清水秀、鸟语花香、居民生活安宁的一方乐土由此而逆变,变得浓烟滚滚、恶臭熏天,数百户居民紧闭门窗,他们白天也像生活在梦魇之中。据该村村民反映,有 40%左右村民患有不同程度的骨质疏松症,小孩子的个头不见长,牲畜无法繁殖,农作物枯死,湖里鱼虾绝迹,森林大面积被毁,果树不结果实。该厂在江苏省属严重污染企业,因而难以立足,于是便迁到江西省。无疑,这是一个典型的污染转移实例[①]。接受污染转移的原因是,一些地方为了获得利润,他们对环保监管不屑一顾。于是,一些污染严重的企业就建立在农田上,由此形成的危害极大。

(二)国际污染转移

由于历史原因,发展中国家的环境保护法规和标准比较宽松,于是,发达国家的一些企业为了逃避国内较严的环保法规,有意将某些污染严重的产业、国内限制和淘汰的技术或产品转移到发展中国家,这样不仅加重了发展中国家的环境问题,还使其在经济利益上蒙受损失。

发达国家向发展中国家进行污染转移,他们采用的方式主要有两种。一是通过贸易转移。一些发达国家利用贸易手段,有意地将有害的技术、工艺、设备、产品向发展中国家转移。某工业化国家的大公司以旧顶新、以次充好,把本国淘汰的技术、工艺、设备转卖给发展中国家,使发展中国家背上了新的包袱[②]。有的研究指出,外商在华投资企业中约 70%以上的引进设备为中低档产品,致使中国深受其害。例如,辽宁省沈阳市某合资企业引进了早已被国外废弃的工艺,即用液态汞生产日光灯,导致了生产车间空气中汞浓度超标几十倍,工人的身体健康由此受到严重危害。二是通过直接投资转移。一些工业

---

①周厚丰:《环境保护的博弈》,北京:中国环境科学出版社,2007 年,第 193~194 页。

②刘细良:《跨国公司在华环境污染及其规制研究》,《中南财经政法大学学报》,2009年第 6 期(总第 177 期)。

化国家的公司直接投资于发展中国家,他们从事资源开发、资源加工利用等经营活动,肆意大量地开采有限的自然资源。这虽然给地区经济的发展提供了必要资金,但是也大量消耗了当地的资源,破坏了环境①。例如,日本在中国辽宁省大连市有许多合资的木材厂,他们在中国购进原木,加工为成品,然后再销往日本。这确实给中国的发展注入了资金,带来了机遇,但是极大地破坏了中国的森林资源,实际上,这是一种变相的污染转移行为。杜绝国际工业污染转移,这是当前的一项重要防范任务。

三、引入建设项目时导致的污染

发展工业,这对于地区经济的拉动是显而易见的。于是,对处于经济赶超状态的欠发达地区而言,引入大项目、新项目的意愿便更加强烈。然而不幸的一种结局是,一些人由此不注重综合效益,他们的行动就很容易因为招商中的偏差而造成工业污染。

(一)引入的工业项目不符合国家产业政策

产业政策是国家加强和改善宏观调控的重要手段,能提高产业素质。但是,由于市场经济催生了不同的利益群体,形成了多元化的利益格局,而多元化的利益格局与大资本和政府权力结合时,国家的产业政策、法规的落实便遭遇了重重障碍。多元化的利益格局又缺乏强有力的制衡手段,结果是权利意识增强,规则意识和制约手段却没有同步发展,由此使环境执法处于以小搏大、以弱抗强的境地,在地方保护主义的干扰下,最后形成了"先建设、后处罚、再补办手续"的怪圈②。例如,一些地方争相选择大规模开发利用资源的致富捷径,却不考虑环境条件,不计后果,使得引进的项目大部分集中在铝、煤炭、水泥、电石、钢铁、电力等高消耗、高污染的行业中,结果导致经济发展变成了对自然资源的争夺与透支。

(二)热衷于追求政绩工程

当前,不少地方特别是经济欠发达地区一些行政主管部门时常陷于"政绩观"的思维误区,他们机械地服从 GDP 的"指挥棒",片面地关注经济增长效率。他们考虑的仅是工业企业引进了多少,地方税收增加了多少。同时,他们

---

① 刘小明:《跨国公司在华环境污染问题探析》,《理论学习》,2008 年第 2 期。
② 周厚丰:《环境保护的博弈》,北京:中国环境科学出版社,2007 年,第 221~323 页。

不考虑的是资源是不是高消耗，污染物是不是高排放，环境污染破坏是不是加剧。这种"政绩观"导致一些地方行政部门决策失误，即在大力发展经济的过程中，只要是项目就引进，不管它是否资源高消耗、环境重污染的工厂；他们只要是投资者提出的要求就答应，不管是否符合政策要求，还是根本就违反环保法律法规。所有这些，都造成了对环境的严重的影响。

不惜以破坏环境、浪费资源为代价来发展经济，热衷于所谓的政绩，这些都是片面的和错误的，均是经济发展中的严重疾病，必须根治。

第三节　工业污染原因的深度分析

工业的迅猛发展给人们创造了巨大的经济利益，但同时也带来了环境危机，由此而严重地威胁到了人们的生产生活。工业发展造成环境污染的原因是多种多样的，人们在进行环境治理过程中必须对此有清晰的认识。中国工业化中的环境污染有着深层次的缘由，需要具体地逐一分析。

一、短期行为与综合发展

目前在工业建设中普遍存在着短期行为，例如，急于求成、急功近利、做"表面文章"、搞"形象工程"与"政绩工程"等。这些短期行为危害极大，往往造成"一届政府的政绩，几届政府的包袱"，实际是破坏市场资源配置，损害国家长远利益。

（一）短期利益与长期利益的冲突

短期利益与长远利益是个矛盾，常常表现为代际利益冲突。人类在世代更替的过程之中，当代人与后代人会在对地球生态环境资源利益的利用方面发生冲突，这就是代际利益冲突。现实中的一些情况是，由于当代社会经济高速发展，当代人为了实现短期的看得见的利益，却对有些资源的开发近乎是耗竭性的，这不仅破坏了自身的生存环境，同时也影响到后代人获取同样资源的能力。

短期利益与长远利益的冲突表现在另一个方面，即利益主体在短期目标驱使下的短期行为。在市场经济条件下，利益主体往往对短期利益考虑较多。例如，在工业发展过程中资源的配置和使用方面，尽可能地回避资源的补偿和资源的长期使用；在投资活动方面，倾向于投资少、见效快的项目，而不考虑资源的稀缺程度，从而形成了短期利益与长远利益的矛盾[①]。当这些矛盾激化的时候,人类的发展就会受到挑战。

（二）环保未真正通过经济发展规划

环境资源保护是国民经济发展规划中的重要内容。然而,我国在工业化早期并未对环境问题引起足够的重视。例如,从1953年至1980年,我国在前五个五年计划期间,由于对环境资源保护相对忽视,因而在五年规划中没有关于资源保护的明文规定。随着人们对环境问题认识的不断深入,对环境资源进行科学规划显得日益重要。目前,环境资源保护内容已经纳入国民经济发展规划之中了,可是在一些方面却并没有真正落实。因为,环境问题充满了不确定性,这就导致环境决策的风险性很高。同时,环境问题在性质上会产生多方利益冲突,因此,国家决策主体在考虑环境影响制定规划之时,其决策过程必然要对多方利益作出衡量或轻重缓急的排序,这就使得选择过程较为艰难。很多时候,污染已经发生,可是各方利益还是博弈不停,使得治理污染的决策迟迟不能出台。由于这类迟疑,结果直接导致了工业发展带来的环境问题严重积累的情况。而且,在GDP"指挥棒"下的粗放型的发展模式更是排斥环境保护投入。改变这种状况可不是轻而易举的事情。

（三）传统工业化道路的缺陷

不可否认的是在传统工业化的带动下,我国的经济发展取得了不少成就。但是,传统式的工业化道路存在很多陷阱,致使经济、社会与环境潜在的矛盾增多,而且有些矛盾还被放大。

传统工业化道路基本上是一条数量扩张型工业化道路,是高消耗、高污染的工业化,必然导致一些地区环境污染和生态环境恶化[2]。因为,传统工业化方式是粗放经济增长方式的普遍化,即低水平重复建设的普遍发展,而且还产生了凝固化,即粗放经济增长方式向集约增长方式的转变过程很慢。如此一来,工业化、现代化与生态化、可持续发展之间的潜在矛盾也就恶性发作。中国人均资源占有量并不多,可是传统工业粗放式的增长过度地消耗了自然资源,而且这种增长又常常表现为盲目追求高速度,不实施综合平衡,结

①孔德新:《环境社会学》,合肥:合肥工业大学出版社,2009年,第117页。
②曾建文、孙焱婧:《工业化进程与资源环境节能》,北京:机械工业出版社,2011年,第105~106页。

果导致了生态环境遭受严重破坏的可怕结局。

二、政府责任和全民责任

环境问题是关乎全民的问题,而许多人并未意识到这一点,其中包括一些政府主管部门。只有全民都行动起来,环境保护才能做好。

（一）干部政绩考核指标体系不科学

目前,各级政府继续保持着过多的资源配置权力和对企业微观经济决策的干预权力,可是,市场在资源配置中的基础性作用却发挥得很不够,诸如土地、矿藏、贷款等重要资源的配置权力仍然在很大程度上掌握在各级政府主管部门之中,结果是一些资源配置不经济。同时,现有的一种做法是,视"物质生产领域"产值增长速度为主要的不惜一切代价去实现的国家目标,于是,衡量各级党政干部"政绩"的主要标准也就是 GDP 的高增长了[①]。这就使各级政府官员极力地运用各种支配资源的权力,千方百计地来实现自己的"政绩"目标。其实,这种体系与方法并未彻底改变以数量扩张为主要目标的旧思想和老做法,是脱离人民生活实际要求的。

一些地方的行政机构人员口头上讲要保护环境,实际上由于干部政绩考核指标体系中没有硬性的环境保护指标,于是,出现了环境保护工作"说起来重要,忙起来次要,干起来不要"的怪现象。这种现象容易造成一个地区或一个部门环境违法情况的普遍存在,而"形象工程"项目更是为环境违法提供了"温床"和"土壤"。

（二）行政管理权限不清楚或过度分割

生态循环,环境变化平衡,这是一个系统性的客观现象,例如,江、河、湖的生态演变就是统一进行的。可是,现实中对水资源的流域性管理却是分割性的,河流的上游区域与下游区域分别属于不同的省、自治区。就是在环境治理方面,虽然有全国统一的环保法规,但是各地执行情况却不一样,这就对保护环境工作带来了很多限制,而这种情况是一种不科学的行政分割。在江、河、湖流域的污水治理方面,行政分割最重要的内容与特征是财政分割。这种分割使得中央与地方政府之间的环境保护事权划分不明确,财政预算执行不到位,致使环境保护投入重复和缺位并存,导致环保责任不能得到

---

① 吴敬琏:《中国增长模式抉择》（增订版）,上海:上海远东出版社,2008 年,第 106 页。

很好履行。

实际情况是,一些具有国家公共物品性质的环境保护事务需要中央政府负责,例如,跨省流域水环境治理、国家级自然保护区管理、历史遗留污染物处理、国家环境管理能力建设、国际环境公约履约等,但是,中央的环境财政支持有时却不得力,因为这些事物中包含有大量的地方利益。于是,一些地方部门借机"搭便车",由此使得中央财政支持数目过于庞大。同时,一些应当由地方政府负责、具有地方公共物品性质的环境保护事务,例如,地方管辖的水环境治理、城市环境基础设施建设、地方环境管理能力建设等,地方财政安排又受到能力的限制。尽快改变这种不合理的行政分割是十分必要的。

(三)公众环保意识尚不足

随着社会经济的发展,人民群众的生活水平不断提高,群众对环境质量的要求也越来越高,环境信访、投诉不断增多。但是,群众自身的环保意识还是不高。一些具体表现如下:有人热衷于追求自身环境权力,同时,他却又无视自身的环境保护义务,"各人自扫门前雪,莫管他人瓦上霜"。有些人对大环境的污染采取容忍态度,他们的心态是"多一事不如少一事"。

公众的环境意识水平直接影响着社会对环境保护的态度,影响着有利于环境保护的社会氛围和制度的形成和完善。因为,环境保护不光需要政府管理和投入,还需要全民的参与[1]。所以,只有公民自觉参与到节约资源、保护环境的行动之中,才能有力地促进资源节约型、环境友好型社会的建设。

三、信息不对称与道德风险

长期以来,我国缺乏相关的信息公开方面的法律法规,环境信息公开方面的制度基本空白,信息不是均衡的和充分的。公众获得的环境信息不足,不知道一些企业随意排放的废水是否达到排放标准;环'保部门获取环境信息的能力有限,无法监控所有的企业是否违规排放"三废"污染。美国经济学家约瑟夫·尤金·斯蒂格利茨(Joseph E. Stiglitz,1943年~)是美国哥伦比亚大学(Columbia University)教授,他于2001年获得诺贝尔经济学奖。20世纪70年代,约瑟夫·尤金·斯蒂格利茨与其他学者一起提出了一个"信息不对称"的重要理论。他们认为,在市场经济中,掌握更多信息的一方可以通过向信息贫乏

①周静宣:《环境与可持续发展》,武汉:华中科技大学出版社,2009年,第118页。

的一方传递信息而左右市场利润;市场中卖方比买方更了解有关商品的各种信息;信息不对称是市场经济的弊病;信息不对称现象出现,由此能引发市场中出现逆向选择和道德风险,最终导致市场失灵①。在中国,环境信息的不对称导致环境管理效率低下,加之一些工业污染企业往往利益至上,缺乏社会责任感,结果导致企业产生道德风险的事情,最终使得环境污染加剧。

（一）信息不对称

在一些地方,环境问题只在影响到区域或单位安全时才被重视和关注,整个社会对环境信息普遍缺乏重视。在另一些地方,有些决策者没有意识到环境信息的潜在经济价值,甚至把它看成是企业的负担,因而不愿公开。不重视环境信息,这是当前违法排污企业普遍存在的潜规则②。因为,有些人对环境信息关心的程度取决于"利己"与"不利己"的状况,"利己"时非常重视、高度关注;"不利己"时无所谓,"事不关己,高高挂起"。在环境管理中,政府往往对企业的环境违法行为施以处罚,但处罚的金额远比企业治理污染的成本低。因为,很多企业在获知要监测时会千方百计地隐瞒实情,制造现场假象,表现虚假信息,以逃避可能的惩罚③。所以,在当前经济转轨的关键时期,必须通过一些有效措施,让环境信息公开、充分。

（二）工业企业社会责任感缺乏

环境保护工作的顺利开展需要各个工业企业积极配合,但有些企业明知道自己污染了环境,却对此视而不见,缺乏基本的社会责任。造成企业社会责任感缺乏的原因是多方面的,需要区别对待。例如,一些企业认为,自己守法要支付很高的成本,于是,企业就不愿治污或治不起污。在造纸企业,建设一套日处理能力为150吨的碱回收工程设施需投资近亿元,它们占企业环保总投资的近1/2,运行费用可占其销售总收入的10%以上。对于中小型企业,由于规模小和技术有限等因素,污染治理成本已远远高于其可能获得的经济效益。因为企业以追求利润最大化为目的,一些企业主以此为由,他们就是付得起费用也不会自愿去付治污成本。同时,一些违法排污企业获得了不正当的

①[美]约瑟夫·尤金·斯蒂格利茨等著,黄险峰、张帆译:《经济学（第四版）》,北京:中国人民大学出版社,2010年。

②曹艳秋:《转轨、信息不对称与规制效率》,北京:经济科学出版社,2011年。

③周厚丰:《环境保护的博弈》,北京:中国环境科学出版社,2007年,第368~369页。

利益，由此造成产品的价格扭曲，而政府主管部门又没有相应政策激励企业治污，致使企业治污积极性不高。因而，公开信息，或者信息透明，这是惩罚道德违规和防治污染的好办法。

四、法律不完善与政府管理缺位

完善的环境法规对工业企业的生产经营是至关重要的，同样，在治理环境污染的过程中，政府管理的到位对于污染企业也是重要的约束力量。

（一）环境保护法规不完善

由于历史原因，我国的环保事业起步较晚，相关立法工作未能及时完成，大多是出现了环境问题后再来制定法律法规，因而立法工作缺乏预见性、整体性、有效性。

迄今为止，我国已经制定了9部环境保护法律、15部自然资源法律、国家环境标准800多项，颁布环境保护行政法规50余项，部门规章和规范性文件近200件，还有军队环保法规和规章10余件，再有批准和签署多边国际环境条约51项，各地方人大和政府制定的地方性环境法规和地方政府规章共1600余项。虽然我国初步形成了适应经济发展需要的环境法律体系，但实施细则和地方性法规建设还比较滞后。例如，《中华人民共和国水污染防治法》有实施细则，大气、固废、噪声污染防治法等虽生效执行多年，但均未出台实施细则。还有些环保法律、法规、政策、规定之间存在着不协调，执行中出现了一些交织的矛盾，难以平衡①。无疑，加强环境立法已经是十分紧迫的问题了。

（二）环境执法不严格及存在"寻租"活动

长期以来，经济发展快慢是我国考核地方政府业绩的一个重要指标，官员的升迁也在很大程度上取决于是否发展了地方经济。于是，一些地方政府的主管部门在改变当地经济落后的现状时很冲动，一些干部们由此存在重经济发展轻环境保护的倾向，他们甚至干涉环境保护主管部门的监督管制，要求对不法排污行为睁一只眼闭一只眼。这是种执法不严，或者干扰执法的情况，但在一些地方却较为普遍地存在着，由此导致了"寻租"现象的出现。"寻租"问题的提出与系统的理论分析，这是美国乔治·梅森大学（George

---

①周厚丰：《环境保护的博弈》，北京：中国环境科学出版社，2007年，第253页。

Mason University）的戈登·图洛克（Gordon Tullock，1922 年~）教授首先提出的，他是公共选择经济学家，被誉为"寻租"理论创始人。戈登·图洛克认为，在市场经济竞争中，一些人会竞相通过各种疏通活动，从事一些非生产性的寻利活动，争取收入，即寻租（Rent Seeking）。整个寻租活动造成的全部经济损失很大，要远远超过传统垄断理论中的"纯损"三角形[1]。无疑，寻租活动是违法行为，必须予以谴责。

环境保护中的寻租现象还是较多的，其危害影响很大。这类寻租虽然在具体的行贿受贿方面的表现不尽一样，但是违规违法的活动方式的实质是有规律性的。例如，负责管理环境保护这个公共事务的是政府，即管制者，一些违法违规排污的企业是被管制者。他们之间的互动表现为，被管制者以各种方式极力影响管制者，以得到利己的管制政策，行贿的"寻租"是常用的手段。但是，在被管制者"寻租"的过程中，管制者也并非只扮演被动的角色，他会以其所掌握的公共权力进行政治"创租"和"抽租"，这种活动就是腐化堕落。中国市场经济中依然存在着这类寻租行为，其不仅导致了成本、收益的失衡，而且公共权力委托代理运行的寻租行为是腐败的根源，这些活动正在掏空国家经济的大堤，危害了社会主义国体安全[2]。消除官僚主义作风，严厉惩治腐败活动，遏制这类寻租行为，这对保质保量地完成重大环境保护工程十分重要，也是为保证人民利益不受侵害的严肃的政治责任与任务。

此外，环保资金不足，这也是一个严重的制约。很多地方的环境保护实践表明，要真正有效地控制环境，环保投入须占当地 GDP 的 3%以上。我国每年在环保方面的投入，在 20 世纪 90 年代上半期是当年 GDP 的 0.5%，最近几年也只有 1%多一点。而且，在某些地方，一些专项资金本该应用于环保事业，可是却被挪作他用[3]。上述问题都在不同程度上影响了环境保护事业的发展，因而必须采取有效措施，分期分批地予以解决。

①[美]戈登·图洛克著，柏克、郑景胜译：《公共选择——戈登·塔洛克论文集》，北京：商务印书馆，2011 年。

②仲伟周、王斌：《寻租行为的理论研究及实证分析》，北京：科学出版社，2010 年。

③周静宣：《环境与可持续发展》（第二版），武汉：华中科技大学出版社，2009 年，第110 页。

第四节 处理工业发展与环境问题的对策分析

我国目前正处于工业化的中期——"重化工业"加速发展阶段,这个阶段的工业化运作有其自身的特征与不足,因而,其对环境的影响是不可避免的。然而,传统的工业发展道路已不可行,如何走出一条与环境和谐的新型工业发展道路,这是必须要认真探索实施的。

一、法律法规建设

我国已经形成了比较健全的工业方面的环境保护法律法规体系,但我国的一些法规和标准原则性较强,可操作性却不足,需要根据工业发展的形势进行修订和调整。必须进一步完善环境法规体系,制定与工业生产密切相关的条例和规章,它们包括废水、废气、废渣、噪声的污染防治与排放、收费,还有清洁生产、环境评价、综合利用、环境管理等方面的法规[①]。要完善重点行业企业的污染防治技术政策,配套修改、制订重点行业企业污染物排放标准,还要修订补充国家环境质量标准、方法标准和样本标准。

(一)明确环境保护目标责任制

在科学技术突飞猛进的今天,工业生产中运用了大量的新技术。由于新原料、新材料在使用中会产生新的污染物,即假如对污染源不加管制,那就会造成环境污染的隐患。为此,要制定与实施各个层次的环境保护目标责任制,通过签订责任书这种形式,建立地方各级人民政府和有污染的单位对环境质量负责的行政管理制度。例如,要建立完善的城市环境综合整治定量考核制度,通过定量考核,对城市政府在推行城市环境综合整治中的活动予以管理和调整。

(二)限期治理制度

对于污染危害严重而且群众反映强烈的污染区域,必须采取限定治理时间、治理内容及治理效果的强制性行政措施。可以采用的一个方法是,使用多种方案,应用科学的技术手段,将污染集中控制在特定的范围内。

(三)坚持实施"三同时"制度

在进行工程项目建设之时,无论是新建、改建、扩建项目,还是技术改造

---

①董小林:《当代中国环境社会学构建》,北京:社会科学文献出版社,2010 年,第 365~366 页。

项目以及区域性开发建设项目,均要保证实施"三同时"制度,即污染防治设施必须与主体工程同时设计、同时施工、同时投产。

　　还要积极贯彻预防为主的原则,进行环境影响评价,防止新的污染产生,积极地保护生态环境。此外,还要进行排污申报登记与排污许可证制度,及时地掌握企业排污的种类、数量和浓度,以控制污染总量,改善环境质量。

二、走新型工业化道路

　　环境保护与新型工业化两者是相互协调统一的,只有搞好环境保护,才能使新型工业化健康、可持续地向前发展。只有坚定不移地走新型工业化道路,才能解决我国工业发展和环境保护之间的矛盾。

　　(一)促进产业结构调整

　　传统工业化粗放型的生产方式是以资源消耗和环境污染为代价取得经济增长的,新型工业化是相对于传统工业化而言的,能以最小的资源环境代价发展工业,以最小的成本保护环境,最终实现工业发展与环境保护的和谐。

　　我国目前的产业结构是与新型工业化道路不相称的,因而,只有调整和建立合理的产业结构,才能促进经济、社会与环境的协调发展。为此,在进行国家的产业结构优化升级时,必须坚持走中国特色的新型工业化道路,即走出一条科技含量高、经济效益好、资源消耗低、环境污染少、人力资源优势得到充分发挥的新型工业化路子。要全面推进资源节约与环境保护,围绕生态环境建设目标,优化调整产业结构,构建循环经济产业体系,积极推进节能、节水、节材、节地和资源综合利用等工作[1]。必须努力减少资源消耗,稳步提高资源利用效率,积极地不断降低废弃物排放量,努力改善环境质量。

　　(二)发展循环经济

　　循环经济是围绕资源的高效利用和循环利用所进行的社会生产和再生产活动,由此可以形成"资源—产品—再生资源"的物质反馈过程,以尽可能少的资源环境代价获得最大的经济增长。循环经济的实现形式有三个层次:即单个企业的清洁生产、企业间共生形成的生态工业园区,还有整个社会实现物质和能量的循环。这三个层次不同,但又有序衔接。

---

①董小林:《当代中国环境社会学构建》,北京:社会科学文献出版社,2010 年,第 362 页。

1. 企业内部循环经济——实施清洁生产

将整体预防的环境战略持续应用于生产过程、产品和服务中,以期增加生态效率和减少对人类和环境的风险,这就是清洁生产。一般来讲,清洁生产包括以下三方面的内容:一是清洁的能源。即常规能源的清洁利用,诸如采用洁净煤技术;可再生能源的利用,诸如水利资源的利用;各种节能技术的创新和运用等。二是清洁的生产过程。尽量少用、不用有毒有害的原料;减少或消除生产过程的各种危险性因素,如高温、高压、强震动等。三是清洁的产品。产品在使用过程中以及使用后不含对人体健康和生态环境不利的因素;易于回收和再生等。

2. 企业之间的循环经济——构建生态工业园区

依据循环经济理念和工业生态学原理,创建一种新型工业组织形态,这就是生态工业园区。用这种工业组织生态模式指导工业生产,而其生产过程中将不再产生废物,所谓的废物也将成为另一家工厂的原材料。在生态工业园区内,生产发展、资源利用和环境保护形成良性的循环,成长为一个能最大限度地发挥人的积极性和创造力的高效、稳定、协调、可持续发展的人工复合生态系统。

3. 区域循环经济——整个社会实现物质和能量的循环

从整个社会循环的角度出发,需要大力发展绿色消费和资源回收产业。要通过多种方式,把清洁生产用绿色消费和资源回收结合起来,实现消费过程和消费后的物质和能量的循环。在区域循环经济的产业布局中,应该做到改变粗放、低效的经济发展方式,使人居环境生态化和消费方式节约化。

三、全面开展环境保护宣传教育

环境保护工作是一个复杂的社会系统工程,牵涉社会的方方面面,与人们生活息息相关,因而,必须通过宣传教育,去唤醒人们保护环境的自觉性和责任感,如此,人们才能真正行动起来,积极投身到环境保护工作中去。

(一)面向公众做好环保知识普及工作

当前,我国环境形势仍然十分严峻,要从根本上解决环境污染问题,不能只靠政府和环境保护部门,更多的是要依靠提高国民素质和公众参与度,为此,要大力开展环境教育。在此过程中,最为重要的应该是紧紧抓住典型案例,用翔实的数据和沉重的事实进行环境宣传教育,使公民在触目惊心中切实感到环境污染对我们的生存构成的直接的、严重的危害,从而高度重视并大大提高对环境保护紧迫性的认识。

要建立面向公众的环境宣传教育网络,既要充分利用网站、简报等自有宣传阵地,还要借助报纸、网络、电视、广播等公共新闻媒体,目标是最大限度地提高公众环境保护理念和参与意识,为环境保护工作打下坚实的思想基础和群众基础。

(二)面向企业抓住污染治理的重点

企业是社会财富的创造者,也是环境污染的制造者,更是污染治理的责任者。因此,需要采取积极措施,进一步加强对企业职工特别是企业决策者的环境宣传教育,由此提高企业治理污染的主动性、自觉性。

目前,仍有相当比例的企业职工法制观念淡薄,尤其对环境保护方面的法律法规知之甚少。在工业经营活动中,他们考虑的仅仅是经济效益,却很少考虑环境效益,甚至干脆不予考虑,这样就对环境造成了很大的破坏。所以,对企业的污染进行控制,历来是环境保护工作中的重要内容。身处生产一线的企业职工的环保意识的高低和处理环境与发展能力的大小事关重大,因为这些直接关系到环境与经济的协调发展,也直接影响到环境保护工作的成效。所以,要认真开展面向企业的环保法律法规宣传教育,增强企业职工的环境意识和法制观念。思想认识提高了,企业职工就能自觉地转向可循环的生产方式,主动进行经济行为环境影响评价①。同时,要曝光批评那些违反环保法律、法规的企业,批评他们只注重经济效益、不顾污染治理的行为,由此促使企业决策者认识到污染环境的危害性,减少或杜绝对环境有害的生产决策,真正地实施节约资源、降低消耗、减少污染的方针。

工业化改变了人类的生存方式,将人类文明不断推向新阶段。21 世纪的工业化将继续推进人与自然的和谐,为人类提供更多的绿色产品。

学习思考题

1. 农业社会与工业社会的不同主要体现在哪些方面?

2. 阐述中国工业化历程。

3. 请指出一次性工业污染和二次性工业污染不同。

---

①周厚丰:《环境保护的博弈》,北京:中国环境科学出版社,2007 年,第 383~386 页。

4. 什么是粗放型的工业发展？如何改变这种发展形式？

5. 牺牲环境的工业发展所造成的危害是什么？

6. 污染转移的实质是什么？请分别指出造成国内污染转移和国际污染转移的原因。

7. 引入工业项目时导致环境污染主要体现在哪些方面？

8. 请阐述行政分割对环境产生的影响。

9. 请说明环境保护中的信息不对称与道德风险。

10. 表述怎样走新型工业化道路。

第八章　市场交易与环境

　　内容提要　从传统的市场发展到世界市场，人类历史已进入一个新纪元。资本主义及其发展的机器大工业是世界市场建立的推动力量，因为，资产阶级负有为新世界创造物质基础的使命，而无产阶级也只有在世界历史意义上才能存在。当然，市场建立离不开自然环境。中国古代先民在有水井的地方建立物品交易市场，称为"市井"，这个事实表明，市场买卖与自然环境从起始阶段就紧密地结合起来。必须指出，资本主义固有的弊端使得传统机器大工业的运转变成掠夺自然资源的工具，市场失灵的弱点也显露出来，全球环境由此恶化，且日益加深。中国在改革开放中依据国情正确处理作为公共产品的环境建设，其间也经历了一些较为严重的挫折。为了建设环境友好型、资源节约型社会，本章提出了一些可作政府部门制定环境保护建设的建议。

　　中国先秦时期的社会生活中就已经有了市场，人们以"布"作为货币进行贸易。不过，在世界历史上起到开创新阶段的市场出现于 18 世纪欧洲的英国、法国等国家，那里首先出现了资本主义大工业，其很快地将所有地方性的小市场联合成为一个世界市场，由此开创了新的历史。可是在 20 世纪中叶，曾被誉为拥有神奇力量的"看不见的手"的一些弊端暴露了，"市场失灵"在环境保护项目中出现了，而且一些工业化国家向其他国家转移危险污染物的做法带来了严重的恶果。资本主义唯利是图，世人皆曰可恶。中国人民在经济建设的实践中充分认识到，发展经济生产和保护生态环境，这并不是一对难以化解的矛盾。加强政府引导、投资环境保护项目，充分利用市场交易环境，就能做到经济与环保双赢，在生态追求和财富追求之间实现"鱼和熊掌兼得"。

第一节　历史上的市场经济与环境

自从人类从动物界分化出来以后，人类的发展道路就一直是曲折蜿蜒的。人们在原始社会完全依赖于自然的赐予，生活是风雨飘摇、朝不保夕。进入农耕社会，先民们用少量剩余产品进行交换，因而产生了原始物品交易市场。然而，由于资产阶级受自身贪婪本质的限制，他们创建的传统大机器工业逐渐地沦为掠夺自然资源的工具。当代人必须汲取这个惨痛的历史教训。

一、原始社会与农耕时代的市场与环境

社会生产是人类行为与自然之间的一种物质交换，为了更好地获得这种交换的利益，人们创建了市场。在农耕社会，创建一些较好的自然环境、制度环境，这是市场交易能够顺利进行的必要条件。

（一）原始社会人们对环境的依赖

人类从动物界分化出来以后，经历了几百万年的原始社会，通常把这一阶段的人类历史称为原始文明或渔猎文明。原始人群一直不断地探索、实践，推动自然界的人化过程，即为自身的生存而改造大自然。德国伟大的哲人黑格尔曾说："自然对人无论施展和动用怎样的力量——寒冷、凶猛的野兽、火、水，人总是会找到对付这些力量的手段"[1]。人们采用的手段中最有效的方式是有组织、有目标的劳动生产，自然资源即是劳动对象，自然力也是仅在与劳动力发生交换关系后才能成为人们生存必需的物质财富，两者不可分割。伟人马克思明确指出："劳动首先是人和自然之间的过程，是人以自身的活动来引起、调整和控制人和自然之间的物质变换的过程。"[2]中国作为拥有久远历史的文明古国，一些传世的古代汉文典籍记载了先民们改造自然的劳动行为。"上古之世……民食果、蚌、蛤，腥臊恶臭而伤害腹胃，民多疾病。有圣人作，钻燧取火以化腥臊，而民悦之，使王天下，号之曰燧人氏。"[3]这是关于我们先祖人工取火形象的表述，也是人类开发自然的最有

---

①黑格尔：《黑格尔全集》第 11 卷，1934 年俄文版，第 8 页。

②马克思：《资本论》（第一卷），《马克思恩格斯全集》（第 23 卷），北京：人民出版社，1972 年，第 201~202 页。

③陈秉才译注：《韩非子》，北京：中华书局，2007 年，第 267 页。

标志性的实践活动。伟人恩格斯对此有过一个总结评述："毫无疑问,就世界性的解放作用而言,摩擦生火还是超过蒸汽机,因为摩擦生火是第一次使人支配了一种自然力,从而最终把人同动物分开。"[①]他甚至说:"可以把这种发现看作是人类历史的开端。"[②]1929 年在今北京市房山区周口店龙骨山发现了厚度达几十米的古人类用火遗迹,表明著名的北京猿人就是依靠熟练掌握的这种"自然力"而发展了原始文明。

　　然而,原始阶段的人类由于所拥有的生产技能十分低下,因而改造自然或者人化自然的能力十分有限。原始部落人员可采集和狩猎动植物的种类、数量都要由自然条件所决定,食物来源几乎完全依赖于自然的赐予,于是,他们长期过着朝不保夕的日子。自然既为人类提供了生存的空间和活动的舞台,也对人类的生存形成了巨大的考验。世界各国的历史均表明,原始部落的居民把自然视为威力无穷的主宰,视为某种神秘的超自然力量的化身。他们匍匐在自然之神的脚下,通过各种原始宗教仪式对其表示顺从、敬畏,祈求苍天的恩赐和庇佑。人类在机遇与严峻的考验之间缓缓前进。

　　(二)农业社会的市场与环境关系

　　中国自有了文字记载历史后至 1949 年,社会生产总体上基本全部属于农耕经济时代。农耕时代的最早阶段,随着社会生产力有了一定发展之后,先民们就用少量剩余产品进行交换,因而产生了原始物品交易市场。商朝(公元前 1600~公元前 1046 年)是中国历史上的第二个朝代,商代末年,西伯侯姬昌在被商纣王软禁于羑里期间创作了《易占》六十四卦之卦辞与爻辞。汉代司马迁撰写了著名的《史记》,他称周文王的作品为《周易》[③]。《周易·系辞》曾描述了古代市场的起源:"神农日中为市,致天下之民,聚天下之货,交易而退,各得其所。"神农是传说中的上古帝王,不一定实有其人,但是,后世的学者均认为,神农时代的中原地区已经有了原始农业,因而那时的先民们交换一些剩

----

①恩格斯:《反杜林论》,《马克思恩格斯全集》(第 20 卷),北京:人民出版社,1971 年,第 126 页。

②恩格斯:《自然辩证法》,《马克思恩格斯全集》(第 20 卷),北京:人民出版社,1971年,第 449 页。

③现存《周易》之书,因为皆附"象辞"与"象辞",所以,一些学者认为,其是否文王所为,尚待考证。——著者注

余农产品是确定无疑的。马克思研究了世界很多国家的市场交易历史,他认为市场是商品交换的场所,其是同商品交换同时产生的。人类最早的市场产生于原始社会末期,"商品交换是在共同体的尽头,在它们与别的共同体或其成员接触的地方开始的"①。中国先秦时期的著作《诗经·卫风·氓》就以一位姑娘表述自己与一个商人交往中的伤感情怀之方式,讲述了卫国境内淇水岸边社会中存在的早期的这类"商品交换"。歌曰:"氓之蚩蚩,抱布贸丝。非来贸丝,来即我谋……"这个情感故事表明,人们用"布"作为一种货币,在约好的地方见面,商议购买"丝"。这是一种"以物易物"的商品交换,属于市场交易中最古老的形式。无疑,中国先民们最初的商品交换没有固定地点,是靠约定而在能"接触的地方"进行的,完全如同马克思所深刻总结的那样。渐渐地,随着社会生产发展,物品交换在一些自然环境较好的场所进行。依据唐代张守节撰写的《史记正义》所载:"古者相聚汲水,有物便卖,因成市,故曰'市井'。"②在有水井的地方建立物品交易市场,这种做法至少有两点好处,一是解决商人、牲畜用水之便,二是有些商品可以方便地被洗涤。市场买卖与自然环境从起始阶段就紧密地结合起来。这种古代遗风长期延续,不仅"市井"作为表述商品交易的词汇一直沿用至今,而且直到 20 世纪末,在中国西部地区的内蒙古自治区、陕西省、四川省、云南省等省区的一些乡镇,依然可以在民间的集市贸易场所看到水井。

周代,市场交易条件得到改善,买卖的自然场地环境与制度环境等都为商务交易提供了相对便利的条件。古代典籍《周礼·地官·司市》记载,西周有政府管理的正式市场,每日的交易活动分三次举行:"朝市"在早晨,"大市"在午后,"夕市"在傍晚。市场设有门。人们进门交易,称"市入",门口有小吏执鞭守卫,以维护交易秩序。同一市场中,设有经营不同物品的摊位,称为"肆"。市内还设有存储货物的栈房,称为"廛",因为廛都由官府建造,所以商人存入商品必须纳税,称为"廛布"。《周礼·地官·贾师》明确规定,民间买卖物品,均要通过市场管理人员"质人"进行;管理物价的是"贾师",他能辨别物品质量,并确定"恒贾"。

①马克思:《资本论》(第一卷),《马克思恩格斯全集》(第 23 卷),北京:人民出版社,1972 年,第 106 页。

②(汉)司马迁著:《史记》,(南宋)裴骃集解,(唐)司马贞索引,(唐)张守节:《史记正义》(全四册),上海:上海古籍出版社,2011 年。

客商们交易牛马,使用较长的契券,称"质";买卖珍异之物,使用较短的契券,称"剂";这两种契券皆由官方制作。市场管理官员发表的命令,称之"市令",商人必须遵守市令,否则会遭到处罚。处罚的方式之一是罚款,称之"罚市"①。这些做法不仅促进了当时商品经济的发展,而且其中一些原则对当今的市场管理都有启示意义。以后的封建朝代直到新中国成立之前,虽然市场交易的自然环境、制度环境等有了很多变化,但是由于中国社会的基础总体上一直属于农耕经济范畴,因而,一些"市井"基本原则是大体相同的。

二、机器大工业时代的市场和环境

资产阶级最先创建了机器大工业,还有世界市场,而共产主义运动就是在这些基础上产生的。同时,资产阶级的贪婪又使得机器大工业的发展之路违反了客观规律,生态环境由此遭到了严重的破坏。

(一)传统机器大工业与世界市场

自 18 世纪中叶起, 随着封建制度的衰败和资本主义生产方式在欧洲的产生,人类社会生产力得到了解放与快速发展。虽然资产阶级在那个时代的初期刚刚崭露头角,但是资本主义的新生产方式表现出的超越封建社会农耕作业的优势已经十分明显。在兴起资产阶级革命的英国、法国、德国等国家,文化教育与发明创造受到很大重视,科学技术据此得以迅速发展,社会生产部门由此不断更新,最初依附于农耕经济的工场手工业逐渐强大起来,发展成为传统的机器大工业,这种机器大工业使得人类在开发、改造自然方面获得了前所未有的成功, 特别是每一次科技创新都建立了人化自然的新丰碑。例如,"火车、轮船、电报等新式交通工具和电讯器材的出现,把世界各地的生产、流通和消费紧紧联结在一起。1869 年,苏伊士运河通航,使欧洲到印度的航路缩短了 4000 英里。1914 年,巴拿马运河竣工,又使自美国旧金山到英国利物浦的航程近了 5666 英里。轮船不断更新,使得航速大大提高,欧美航程从 42 天缩短为 5 天, 从英国伦敦到印度加尔各答的航程也由 3 个月减为 18天。此外,跨洲铁路的修建,加强了洲际联系;有线电报、电话和无线电报的普及,使世界通讯网络得以形成"②。人类社会的生产力在资产阶级手中得到了

①(汉)郑玄注,(唐)贾公彦疏,彭林整理:《周礼注疏》,上海:上海古籍出版社,2010 年。
②[美]斯塔夫里阿诺斯著,吴象婴等译:《全球通史:从史前史到 21 世纪》,北京:北京大学出版社,2006 年。

前所未有的发展,在不到一百年的资产阶级统治中创造的生产力比过去一切时代创造的全部生产力还要多。为什么?马克思主义经典作家认为,市场的形成与扩大起了决定性作用。

马克思曾谈到他对资产阶级经济制度研究的方式:"我考察资产阶级经济制度是按照以下的次序:资本、土地所有制、雇佣劳动;国家、对外贸易、世界市场。"①马克思还进一步明确指出:"世界市场是资本主义生产方式的基础和生活条件。"②鉴于市场机制所具有的重要意义,马克思、恩格斯共同从历史的角度探讨了资本主义市场的发展过程。他们指出,在资本主义制度出现的早期,"例如在英国和法国,工厂手工业最初只限于国内市场"。随着商品交换的范围增加,特别是技术的不断创新,工厂手工业发展成为传统的机器大工业,国内市场的面目也彻底改变了,恩格斯特别指出:"大工业便把世界各国人民互相联系起来,把所有地方性的小市场联合成为一个世界市场,到处为文明和进步准备好地盘"③。世界市场对于人类来说是一个全新的环境,因为,人们不仅面对着大洋航海、荒野垦殖等无数新自然条件,而且要从事异地建厂、跨国交易等工作,为此需要有新的制度环境。所以,世界市场建立之后,其具有的意义并不仅仅是拓展了商品销售渠道。马克思、恩格斯深入研究了英国、法国等国的工业发展历史之后,一致高度评价了世界市场的伟大意义:"……首先是当时市场已经可能扩大为而且日益扩大为世界市场,——所有这一切产生了历史发展的一个新阶段"④。世界市场的建立使资产阶级建立了几乎覆盖全球的庞大统治,例如英国统治阶级自我陶醉的所谓"日不落帝国"。然而,马克思、恩格斯却以深邃的目光看到了另一番历史前景。

马克思、恩格斯共同清楚地表述了这样一些观点:第一,共产主义不能作为一种"地域性的事件"而存在。他们明确指出:"无产阶级只有在世界历史意义上

①马克思:《〈政治经济学批判〉序言》,《马克思恩格斯全集》(第13卷),北京:人民出版社,1962年,第7页。

②马克思:《资本论》(第三卷),《马克思恩格斯全集》(第25卷),北京:人民出版社,1974年,第126~127页。

③恩格斯:《共产主义原理》,《马克思恩格斯全集》(第4卷),北京:人民出版社,1958年,第361~362页。

④马克思、恩格斯:《德意志意识形态》,《马克思恩格斯文集》(第1卷),北京:人民出版社,2009年,第563~565页。

才能存在,就像它的事业——共产主义一般只有作为'世界历史性的'存在才有可能实现一样。"无疑,世界市场就是一种"世界历史性的'存在'"。第二,他们进一步阐述到:"共产主义对我们来说不是应当确立的状况,不是现实应当与之相适应的理想。我们所称为共产主义的是那种消灭现存状况的现实的运动。这个运动的条件是由现有的前提产生的。"具体说,这种前提是"由于竞争"而存在的,或者说"这种状况是以世界市场的存在为前提的。"①可以认为,马克思主义世界市场理论的产生与社会主义思想紧密相连,这是社会主义由空想发展到科学进而由理论形态向制度形态转变的一个"现实的运动"。第三,马克思认为,由资产阶级领头建立的世界市场,这是人类文明发展的一个历史阶段。他明确指出:"历史中的资产阶级时期负有为新世界创造物质基础的使命:一方面要造成以全人类互相依赖为基础的世界交往,以及进行这种交往的工具;另一方面要发展人的生产力,把物质生产当成在科学的帮助下对自然力的统治。资产阶级的工业和商业正为新世界创造这些物质条件,正像地质变革为地球创造了表层一样。只有在伟大的社会革命支配了资产阶级时代的成果,支配了世界市场和现代生产力,并且使这一切都服从于最先进的民族的共同监督的时候"②,而且只有当这个时代来临,人类的进步才会真正实现。1917 年爆发的"十月革命"的历史贡献,当代正在进行的被称为中国"第二次革命"的改革开放业绩,这些历史与事实已经证明,唯有真正的无产阶级领导实施的伟大社会革命,才能完全解放生产力,更加高效率地经营世界市场。

(二)传统机器大工业发展对环境的破坏

资产阶级虽然在一个历史时期肩负着创造新世界的使命,然而其本身的阶级属性一直制约着他们的活动。1889 年 9 月,恩格斯通过分析法国、英国资产阶级的一些所作所为,揭露了这个阶级的糟糕的本质:"法国资产阶级比起别国资产阶级来是最自私、最贪图享乐的,它利令智昏,甚至看不到自己未来的利益;它只顾眼前,不管将来;它由于疯狂地追逐暴利,正干着极端可耻的贿买勾当"。虽然"英国资产阶级既不像法国资产阶级那样贪婪到愚蠢的程

---

①马克思、恩格斯:《德意志意识形态》,《马克思恩格斯文集》(第 1 卷),北京:人民出版社,2009 年,第 539 页。

②马克思:《不列颠在印度统治的未来结果》,《马克思恩格斯全集》(第 9 卷),北京:人民出版社,1961 年,第 252 页。

度,也不像德国资产阶级那样胆怯到愚蠢的程度",但是他们巧取豪夺。在当时"伦敦港这个世界上第一流港口",资产阶级组建的"码头公司的垄断而达到了登峰造极的地步;因而整个巨大的伦敦港就转入少数对它进行肆无忌惮的剥削的特权的行帮手中。所有这些特权的、畸形的东西,由于无数乱糟糟的和矛盾百出的议会法令的促成和助长——甚至这个法律迷宫成了它们最好的护符,——就永久化了并且成了所谓不可侵犯的。"①资产阶级唯利是图,甚至改变了自己创建的大工业的发展方向。马克思、恩格斯深刻地指出:"大工业通过普遍的竞争迫使所有个人的全部精力处于高度紧张状态。它尽可能地消灭意识形态、宗教、道德等等,而在它无法做到这一点的地方,它就把它们变成赤裸裸的谎言。……它使自然科学从属于资本,并使分工丧失了自己自然形成的性质的最后一点假象。它把自然形成的性质一概消灭掉,只要在劳动的范围内有可能做到这一点,它并且把所有自然形成的关系变成货币的关系。"②可以认为,大工业首次开创了世界历史,但是资产阶级的控制使得大机器生产成为掠夺自然的工具。所以,马克思明确指出:资本"创造了这样一个社会阶段,与这个社会阶段相比,以前的一切社会阶段都只表现为人类的地方性发展和对自然的崇拜"。他又进一步指出:"只有在资本主义制度下自然界才不过是人的对象,不过是有用物;它不再被认为是自为的力量……"③无数事实表明,资本主义制度长期用传统大机器工业为工具,以掠夺自然的方式进行生产,于是,自然环境被严重破坏的情况随着世界市场的建立而出现于各个国家,遍布地球上的每一个角落。

到了20世纪末期,传统大工业大机器经济发展方式对自然环境的负面影响的幅度已经十分巨大,正在迫使世界经济走向衰退甚至濒临崩溃。资本主义制度导致了无休止的牟利和争夺,使得整个世界都面临着稀缺资源的地缘政治问题。这些新威胁包括环境退化、气候变化、持续的贫困,还有一些国

①恩格斯:《资产阶级让位了》,《马克思恩格斯全集》(第21卷),北京:人民出版社,1965年,第439~440页。

②马克思、恩格斯:《德意志意识形态》,《马克思恩格斯文集》(第1卷),北京:人民出版社,2009年,第566页。

③马克思:《经济学手稿(1857~1858年)》,《马克思恩格斯全集》(第46卷·上册),北京:人民出版社,1979年,第393页。

家与民众因为生态恶化,生活陷于绝望。在世界大部分地区,已经非常严重的土地和水资源压力正在因为传统大工业大机器对生物燃料的浪费性消耗而变得更加严重。在环境退化与破坏对世界经济和 21 世纪文明造成的影响面前,军事威胁显得黯然失色。这种稀缺资源的地缘政治问题是一个早期征兆,即资本主义追捧的"过度利用——崩溃"这种文明模式的最终结局。

第二节　全球化市场与环境污染述评

资本主义制度刚刚建立,欧洲一些兴起的国家就利用暴力手段,扩张市场,破坏环境,获取暴利。恩格斯曾揭露了资本主义的这些弊端。恩格斯说:"在西欧现今占统治地位的资本主义生产方式中,这一点表现得最为充分。支配着生产和交换的一个一个的资本家所能关心的, 只是他们的行为的最直接的有益效果。"为了揭示事情的真相,恩格斯列举了一个实例:"西班牙的种植场主曾在古巴焚烧山坡上的森林,认为木灰作为能获得最高利润的咖啡树的肥料足够用一个世代时,他们怎么会关心到,以后热带的大雨冲掉毫无掩护的沃土而只留下赤裸裸的岩石呢? "[①]资本主义制度崇尚唯利是图,这个弊端完全暴露无遗。

21 世纪,全球经济加速朝着一体化方向发展,各国经济相互融合,国家原有的疆界被各地经济的联合所打破。然而,全球经济一体化如同一柄双刃剑,一方面,推进了世界经济技术发展,另一方面,使资本扩张过程发展到新形态。不幸的是,随着跨国资本的广泛流动,他们对生态的破坏和环境的污染也达到了更加严重的程度,所以,全球化与当今发展中国家面临严重的生态环境问题并存,这绝非偶然。

一、利用世界市场高消耗

以美国为首的西方国家依赖高消耗来维系运作,大量地、无节制地消耗宝贵的自然资源。英国新经济基金会(The New Economics Foundation)是一家独立的智囊机构,2007 年 12 月,该基金会发布了一份报告。报告表述,如果全世界都像美国那样利用世界市场大量消耗资源, 需要 5.3 个地球才能承担全人类的消耗量;如果像法国和英国的消费水平,则需要 3.1 个地球;像西班牙

[①]恩格斯:《自然辩证法》,《马克思恩格斯全集》(第 20 卷),北京:人民出版社,1971年,第 522 页。

需要 3 个地球；像德国为 2.5 个；像日本是 2.4 个；像中国则为 0.9 个。2010 年 5 月，美国总统奥巴马在出访澳大利亚前接受澳大利亚记者采访时，不打自招地承认美国是资源消耗大国。奥巴马说，如果 10 多亿中国人也过上与美国人和澳大利亚人同样的生活，那将是人类的悲剧和灾难，地球根本承受不了。全世界将陷入非常悲惨的境地。统计资料显示，2010 年能源消耗的数字是，中国的能源消耗只是美国的 1/5，欧盟的 1/3。如此可见，消耗资源的大国不是人口大国中国，相反，是美国等西方国家[①]。高消耗必然产生大量垃圾和危险废物，带来高污染和对生态环境的高破坏。于是，一些工业化国家不断向发展中国家转移危险废物，其根本原因是，发达国家自己处理电子垃圾的成本是将其出口到发展中国家的 10 倍。

二、转移危险废物

国际环境保护组织协会（International Environmental Protection Organization Association, IEPOA）是得到联合国副秘书长、联合国环境规划署执行主任阿希姆·施泰纳先生大力支持的国际组织，依据这个组织的测算，目前，全世界每年产生的垃圾有 100 多亿吨，其中 2/3 以上产生于工业发达国家，目前这些废料只有极少一部分能回收利用。美国是世界上产出垃圾最多的国家，一年产出生活垃圾 2 亿多吨，工业垃圾 22 亿多吨，年人均产出约 800 公斤垃圾。美国也是世界上最大的危险废料输出国，每年要向境外倾倒 200 多万吨危险废料。据报道，美国有 400 条船专门运输有毒垃圾。另据统计，德国每年产生电子垃圾 180 万吨，法国为 150 万吨；日本每年废弃家电 1800 万台。西方国家是产生垃圾和危险废物大国，而且这些废物大部分被转移到发展中国家。世界绿色和平组织（The Green-Peace Organization of the World）的一份调查报告显示，工业发达国家正以每年 5000 万吨的规模向发展中国家转移危险废物。联合国环境规划署（United Nations Environment Programme, UNEP）早在 1989 年就召开会议，主持制定了《关于危险废物越境转移和处置的巴塞尔公约》(Basel Convention on the Control of Transboundary Movements of Hazardous Wastes and Their Disposal)，简称《巴塞尔公约》(Basel Convention)，这份公约被制定的起因就是，美国等西方国家肆无忌惮地向发展中国家转移危

---

①劳江：《是西方在污染发展中国家》，《环球视野》，第 370 期，2011 年。

险废物的行为。《巴塞尔公约》规定，"禁止以循环再生产的名义出口包括电脑在内的电子及电器零件等有毒垃圾"。1995 年 9 月 22 日，100 多个国家又开会通过了《巴塞尔公约修正案》，其明确规定，发达国家 1997 年底以前停止向发展中国家出口用于回收利用的危险废物。但是，作为最大的电子垃圾及废物出口国的美国却拒绝在《巴塞尔公约》上签字，因而使得从该国输出的电子废料均属合法性质。美国"巴塞尔行动网络"（Basel Action Network，BAN）是一家总部位于西雅图的非政府组织，该组织负责人吉姆·帕基特说："我们在保护自己的环境，却污染了世界其他地方。"一些欧洲和日本等缔约国的有些企业在出口危险废物之时，则挂上了美国公司旗号。

据媒体透露，北美和西欧 80%的废电器金属被运往尼日利亚，它们被作为垃圾焚烧。一项在尼日利亚经济首都拉各斯进行的调查表明，在 2005 年，每个月都有数百个装满电子物品的集装箱抵达该市，并被迅速运往当地的二手市场，其中 75%是电子废料。抽样调查数据显示，这些物资 45%来自美国，45%来自欧洲，另外 10%来自日本和以色列。由于大部分无法使用，它们被抛弃在水流或沼泽地里，慢慢污染这些水域，或是堆积在露天场所，持续数年释放着有毒气体。法国在 21 世纪初每年有 15 万吨的专业电子器材报废，其中仅有 10%~15%经过回收处理。法国环境和能源控制局的工作人员说："法国的电子垃圾年增长率在 3%~5%之间。"法国每年产生的 15 万吨专业电子器材的报废品都被非法埋在垃圾场或秘密运往第三世界国家。法国环境和能源控制局工程师萨拉·马丁解释说："虽然现在已经有了废料回收和再利用服务，但电子垃圾还是主要被运到了垃圾场。原因很简单，回收的利润不高。"于是，大量的电子垃圾先运到比利时港口，随后被运往亚洲①。

相关统计数字显示，全世界每年产生的电子垃圾有 80%出口到亚洲，中国一度成为了重灾区②。硅谷防止有毒物质联盟（The Silicon Valley Toxics Coalition, SVTC）是美国加利福尼亚州硅谷地区的一家非政府组织，其与"巴塞尔行动网络"在 2002 年共同发表的一份长篇调查报告《输出危害：流向亚洲的高科技垃圾》中表述说，美国国内常年收集的电子废物 50%~80%没有在

①刘项：《七成电子垃圾流向中国》，《中国人口·资源与环境》，2004 年第 1 期。
②佚名：《全球八成电子垃圾出口亚洲中国、印度成为重灾区》，人民网，2006 年 11 月 10 日，http://homea.people.com.cn/GB/5022291.html.

本国回收处理,而是被迅速地装上货船运往亚洲,其中90%则运到了中国[1]。美国联合通讯社(Associated Press,简称美联社)是美国乃至世界最大的通讯社。2007年11月18日,美联社发表了两篇文章,题目分别为:《美国向海外出口电子垃圾》和《中国战胜不了电子垃圾噩梦》。文章披露,据估计,全球每年产生的2000万~5000万吨电子垃圾中,有70%倾倒在中国,剩下的流向印度和非洲国家,美国是其中的倾倒大户。该文发表不久,中国香港特别行政区的媒体刊载了一则报道,作了佐证:"在2007年的头九个月,香港当局共遣返185个电子垃圾集装箱,其中有20个来自美国。"这年,印度媒体也惊叹:"孟买被电子废物噎住了!"媒体还说:"德里就要成为全球电子垃圾的首都了"。根据印度环境保护组织的调查,粗略估计,光德里每年处理的电子垃圾就达1万吨。《印度时报》报道说,廉价劳动力、粗糙且危险的回收方法、低投入、进口无限制,这些使得印度成为发达国家倾倒电子垃圾的理想地点。

对资本主义唯利是图、以邻为壑的做法,马克思曾经尖锐地予以揭露与批判:"资本来到世间,从头到脚,每个毛孔都滴着血和肮脏的东西。"[2]美国一些公司损人利己,这种做法同样遭到了国内有识之士的谴责。2007年11月18日,美国发行量最大的日报《今日美国报》(USA Today)网站上刊登的一篇文章指责说:"美国给电子废品的毒交易加油",该报道还配发了名为"技术的阴暗面"的图表。许多美国民众在新闻网站上留言,谴责美国出口电子垃圾。《今日美国报》网站上的一篇留言声明:"这是资本主义罪恶的又一例证。我们还需要再给第三世界国家一个憎恨我们的理由吗?"[3]无数事实说明,是西方工业化国家在污染发展中国家,是他们在污染整个世界。

三、转移高污染企业

一些工业化国家还向他国转移高污染企业,而且疏于经营管理,导致出现严重的污染事故。1984年12月3日,美国联合碳化物公司在印度博帕尔市建立的一家农药厂发生事故,原因是,该厂管理混乱,生产中操作不当,致使

---

①资料来源:硅谷防止有毒物质联盟网站,http://www.svtc.org.

②马克思:《资本论》(第一卷),《马克思恩格斯全集》(第23卷),北京:人民出版社,1972年,第829页。

③报道:《违反中国进口禁令 美国电子垃圾污染中国》,《环球时报》,2007年11月23日。

地下储罐内有剧毒的甲基异氰酸脂爆炸外泄，大约 45 吨毒气形成一股浓密的烟雾，袭击了博帕尔市区。这起污染事件造成近两万人死亡,20 多万人受害，约 5 万人失明,数千头牲畜被毒死,受害面积 40 平方千米。美国联合碳化物公司设在印度的工厂与设在美国本土西弗吉尼亚的工厂在环境安全的维护措施方面采取的是"双重标准",美国本土的这类工厂都设有先进的电脑报警装置,并大都远离人口稠密区。相反,博帕尔农药厂只是建有一般性的安全措施,周围却居住有成千上万的居民①。博帕尔事件是发达国家将高污染及高危害企业向发展中国家转移的一个典型恶果。

　　另据媒体报道,20 世纪 60 年代以来,日本已将 60%以上的高污染企业转移到东南亚国家和拉美国家。同时美国也将 39%以上的高污染、高消耗的产业转移到其他国家。进入 21 世纪,这种以邻为壑的做法依然出现。2004 年 9 月 8 日,美国《纽约时报》报道了美国一家企业在印度尼西亚人为制造的一起严重污染事件。美国纽蒙特矿业公司在印度尼西亚有一处金矿,该公司人为地向附近海滩倾倒含有砷和汞的垃圾,导致附近居民肺部和皮肤感染、孕妇生怪胎,还毒死了大批鱼类。当地居民提出赔偿要求。但是,这家公司管理人员却诡辩说,居民生病是由于"卫生和营养太差。"美国视秘鲁为后院,表示关系亲密,但是,美国企业照样污染秘鲁。美国多朗·圣路易斯铝厂在秘鲁拉奥罗亚小镇开设了一家冶炼厂,该厂的生产造成小镇空气中砷含量超标 85 倍、镉超标41 倍、铅超标 13 倍,当地的水源也遭到了破坏。污染直接威胁了当地居民的健康和生命。2007 年,拉奥罗亚小镇居民出生的婴儿中有 93 名在出生后不到12 小时就死去。

四、"污染天堂"假说评析

　　20 世纪 70 年代,许多工业发达国家的化工企业将生产中容易产生污染的环节转移至发展中国家,以逃避管理。据此,西方经济学理论中产生了一个流派,提出了一个"污染天堂"(*Polution Haven*)的假说,力图证明这是必然发生的事情②。该理论假说有两层含义:第一,发达国家制定环境标准非常严格,迫使本国企业增加环境保护投资,于是,在降低成本的经济规律支配之下,一

---

①报道:《印度博帕尔事件》,《中国环境报》,2009 年 6 月 9 日。

②Birdsall,N.,Wheelder,D.,*"Trade Policy and Industrial Pollution in Latin America:Where are the Pollution Haven*?"Journal of Environment & Development,1993,2(1):137–147.

些污染较大的企业自然就向海外环境标准较低的国家转移①。第二,一些发展中国家的环境规制宽松和环境标准低,他们借此吸引外国高污染企业投资,以便维持本国经济的增长②。在国际多边谈判中,这一"污染天堂"观点已经成为发达国家对发展中国家指手画脚的理论依据③。一个典型的事例发生在北美。20世纪90年代初,美国、加拿大与墨西哥进行北美自由贸易区谈判之时,美国和加拿大特别关注并且抨击墨西哥的环境规制松懈问题,三国为此还签署了《北美环境合作协定》,以此作为建立北美自由贸易区的一份附属协定④。从道义上,这种"污染天堂"战略正受到越来越多的发展中国家和环保组织的大力抵制,因为,这是资本主义制度造成的丑恶现象。尽管污染天堂的假说很难验证,可是,污染天堂的庇护效应的确在一些特定部门显现出来,他们是钢铁、非铁金属、化工、纸浆和造纸以及金属矿业。因此,从中国实际情况出发,需认真学习国际流行的经济学理论,加强环境保护,杜绝"污染天堂",建设美好家园。

第三节 环境领域的市场失灵

商品交易市场虽然创建了一个新时代,但是市场机制却不是万能的。在众多环境资源的实际使用中,市场常常不能有效运作,其表现为资源价格信号失真、不完全或不健全的市场、经济效益外溢等,这就是"市场失灵"。很多事实证明,市场失灵是环境退化的重要根源。

大自然赋予人们丰富的资源,使人类有了生存的环境条件,但是,资源不是无限的,必须精打细算地使用它们。因而,有效率地配置资源,物尽其用,这是社会经济建设中的一个核心原则。市场经济首先在欧洲国家的历史上战胜了封建经济,最关键的原因是高效率。亚当·斯密(Adam Smith,1723~1790年)是出生于英国苏格兰的经济学家,他于1776年出版的著作《国民财富的性质

①肖璐:《"污染天堂"假说的宏观理论基础研究》,《对外贸易》,2009年第22期。
②余群芝:《"污染天堂"假说与现实》,《中南财经政法大学学报》,2004年第3期(总144期)。
③Cole,M.A.and Elliott,R.J.R. "*Endogenous Pullution Havens: Does EDI Influence Environmental Regulation?*"Scandnavian Journal of Economics, 2006,108(2):1059-1074.
④张可云、傅帅雄:《环境规制对产业布局的影响——"污染天堂"的研究现状及前景》,《现代经济探讨》,2011年第2期。

和原因的研究》(*An Inquiry into the Nature and Causes of the Wealth of Nations*)被奉为西方传统经济学的"圣经"。亚当·斯密在这部著作中表述,市场竞争就像一只"看不见的手"(invisible-hand),在冥冥之中支配着每个人。"当个人追求他个人的利益时,市场看不见的手会导致最佳结果。"这就是说,每个人的自利行为在"看不见的手"的指引下在追求自身利益的最大化的同时也促进了社会公共利益的增长,即能使人人获利,国家富裕。但是,随着市场体制的全球性扩张,人们发现商品在市场交换中的一些恼人现象。"外部性、公共产品、信息不对称与缺乏完全竞争,这些会导致市场失灵。"①这就是说,市场机制转移资源的能力不足,有时无法达到最优的资源配置。环境保护项目是市场失灵的典型领域。以下举例说明。

一、超载放牧导致草原退化、沙化

人类从改造自然中获得了生存资料,因而,利用自然资源越多能够获得的成果就越多,生活也就越好,这在很长时间内成为了一种思维与行动的固定模式。然而,这种定式在某些事物中却是失败的。恩格斯在论述人与自然的关系中就曾指出:"在今天的生产方式中,对自然界和社会,主要只注意到最初的最显著的成果,后来人们又感到惊奇的是:为达到上述结果而采取的行为所产生的比较远的影响,却完全是另外一回事,在大多数情况下甚至是完全相反的"②。人类必须遵循客观规律,调节自己利用自然的行为,否则必定遇到大自然的报复。

中国北方有大片草原,自古以来就是天然牧场,中国历史上的匈奴人、契丹人、蒙古人均在草原上自由放牧。新中国成立以后的很长一个阶段,内蒙古自治区的蒙古族、汉族、鄂温克族等各族牧民是用沿袭的、传统的牧业生产方式,在大草原上自由放牧牛群羊群。内蒙古自治区目前拥有草原8667万公顷,面积居全国之首。内蒙古自治区巴彦淖尔市乌拉特前旗就拥有大片草原,往年进入5月的牧草返青季节,草原上满目绿色。可是,近些年来,5月时节,乌拉特草原却是一片黄褐色,到处都是令人触目惊心的老鼠洞,老鼠种类主要是布氏田鼠、长爪沙鼠、大沙鼠和草原鼢鼠等。这些草原害鼠大肆啃食牧

---

①[英]斯蒂芬·芒迪著,方颖译:《市场与市场失灵》,北京:机械工业出版社,2009年。
②恩格斯:《自然辩证法》,《马克思恩格斯全集》(第20卷),北京:人民出版社,1971年,第522页。

草,破坏土层结构和牧草根系,造成大面积草场退化、沙化。在鼠害严重的区段,一公顷草原上的鼠类能达 1400 多只。内蒙古自治区草原工作站在 2010 年曾做过一次调查,截至当年 5 月 25 日,全区草原受鼠害面积达到 654.8 万公顷,其中严重危害面积 283.1 万公顷。研究表明,草原植被覆盖度和植被高度是鼠类选择栖息地的主要限制因素,因为,当植被达到一定高度时,这样的草原环境就不适应鼠类栖息了。然而,一些人为了实现利益最大化,他们长期超载过牧,超越了草地的自然承载力,结果导致了草原退化,植被矮化、稀疏,这是引发鼠害的根本原因。目前,内蒙古自治区 12 个盟、市全部有鼠害发生,涉及 27 个旗(县、区)。也正是由于过度放牧,另外加长年干旱等原因,内蒙古自治区的草原退化十分严重。20 世纪 90 年代末,全区草原退化、沙化达到了最高峰值,总面积为 4667 万公顷[1]。超载放牧不仅没有让牧民致富,反而导致草原退化,一些草原甚至成为人类不能居住的沙漠,大量牧民被迫成为“生态移民”,迁移他乡生活。依据市场经济理论,自然环境是一种“公共产品”,利益最大化的经济行为施加于“公共产品”,其结果必定是“市场失灵”。

二、信息不对称引发的迷茫与混乱

西方传统经济学奉行“看不见的手”能支配人人获利的观点,但这个说法实际上是建立在假设之上的。例如,信息在市场上充分公示,社会上都是理性经济人等。但是,现实经济领域中的情况则是,由于信息不对称(Asymmetric Information),结果造成了两难处境,致使社会总体利益遭受损失[2]。发生在四川省什邡市的“钼铜项目”事件,就是一起信息不对称程度很严重而导致的环境领域内的群体事件。

2012 年 6 月 29 日,四川省什邡市宏达钼铜多金属资源深加工综合利用项目(以下简称钼铜项目)在什邡市举行了开工典礼。2012 年 7 月 2 日上午,该市部分群众担心钼铜项目建成后会引发环境污染问题,危害身体健康[3]。因

---

①贺勇:《内蒙古过度放牧导致草原退化 9800 万亩草原遭鼠害》,《人民日报》,2010 年 5 月 27 日。

②[美]艾里克·拉斯穆森著,韩松等译:《博弈与信息:博弈论概论》(第四版),北京:中国人民大学出版社,2009 年。

③钼、铜均为人体必需元素,没有它们人会感到疲惫不堪,就像汽车没有了油、皮球没有了气。但是,假如,钼过量摄入,可使人体关节痛及畸形、肾脏受损。同样,铜过量摄入,能使人出现重金属中毒,导致肺部肉芽肿及肺癌。——著者注

而,这些群众反应十分强烈。他们到什邡市委、市政府聚集,反对钼铜项目建设。少数市民情绪激动,强行冲破警戒线,进入市委机关,砸毁一楼大厅 8 扇橱窗玻璃、3 个宣传栏、4 个宣传展板。经当地党委、政府领导及现场工作人员耐心疏导,多数围观市民相继离开①。但是,个别人员利用互联网散布一张某地车祸现场的图片,谎称现场人员死亡了的谣言,结果造成极坏的社会影响②。于是,少数市民继续聚集拥堵。

这个钼铜项目是经四川省发展和改革委员会备案获准,属国家产业政策鼓励类项目,也是经四川省人民代表大会批准的四川省"十二五规划"优势特色产业重点项目。该钼铜项目核心技术和关键设备从国外引进,总体技术水平达到国际先进,国内一流。钼铜项目环境评价严格按照国家现行相关法规及最新标准编制和评审,已经通过国家级技术评估和行政审批。2012 年 7 月 3 日,四川宏达钼铜有限公司接到什邡市人民政府通知,主要内容如下:"你公司举行钼铜项目开工典礼后,我市部分群众对项目环境影响不了解、不理解、不支持,反应强烈。为维护我市社会大局稳定,经市政府研究决定,你公司钼铜项目从即日起停止建设。"③四川宏达股份有限公司董事会迅速执行了什邡市人民政府的决定。2012 年 7 月 3 日下午,什邡市市委书记接受记者采访时表示,由于前期宣传工作不到位,造成了部分群众对该项目的不了解、不理解、不支持。针对群众当前的诉求,经市委、市政府研究决定:一是坚决维护群众的合法权益,什邡今后不再建设这个项目。二是坚决维护社会稳定大局,请广大群众不信谣、不传谣,自觉遵守有关法律法规等④。什邡市民众支持市委、市政府的决策,群体事件最终得到了妥善处理。

人人皆知,作为人口众多、人均资源匮乏、发展水平又不高的国家,中国

①苏楠、吕峥:《四川什邡市政府称今后不再建设钼铜项目》,人民网,2012 年 7 月 3 日,http:// www.people.com.cn.

②佚名:《四川什邡钼铜事件中一名涉嫌散布谣言人员被查实》,什邡城市在线,2012 年 7 月 7 日,http://www.sfcity.cn.

③资料来源:四川宏达股份有限公司董事会:《四川宏达股份有限公司关于媒体报道"钼铜多金属资源深加工综合利用项目停止建设"的情况说明公告》,什邡,2012 年 7 月 3 日。——著者注

④资料来源:什邡市人民政府新闻办公室微博通报:《什邡市委、市政府决定:今后不再建设钼铜项目》,什邡,2012 年 7 月 2 日。——著者注

新建工业项目无法做到完全不承担环境风险。同时,中国的国情和社会主义制度决定了中国不可能像欧洲、北美或日本那样做事,即他们一方面只发展高端经济;另一方面又有意把很多有环境风险的行业转到国外。中国将在很长时期内继续处于世界"低端国家"的位置,因而,今后做一些"脏"或"累"的行业还要比西方发达国家多得多。落后就要挨打。这是中国复兴之路中必付的代价。因此,中国需要钼铜项目以及其他化工与矿产项目。为满足人民不断提升的物质需求,中国非但不可能是化工及矿产项目绝迹的国家,而且这类项目一段时间内在全国范围内还会增多。它们不建在这里,就得建到那里。如果每人均谋求利益最大化,社会经济建设的总体需求与利益就会受损失。由此需要特别强调的是,每一次有可能引来环境担忧的工业立项都必须在第一时间将信息公示,公司、政府和民间三方信息完全交流,依法严格进行听证,杜绝信息不对称现象。尊重民意,实施决策,这就是"实事求是"的底线。

第四节　政府与市场共同保护环境

向他国转移危险废弃物、高污染企业,超载放牧导致草原退化、沙化,无论这些现象出现在何处,也不论谁是责任人,均反映出当事人内心的一种困惑、混乱,因为,他们把环境与经济对立起来,完全违背了自然法则。中国改革开放的总设计师邓小平曾经说:"经济工作要按经济规律办事,不能弄虚作假,不能空喊口号,要有一套科学的办法。"[1]新中国的社会主义建设不是在真空中进行,而是站在数千年的旧中国遗留下来的沉积物上建设新楼房,历史的陈旧灰尘无疑会覆盖在新房屋上。一边建新房,一边清垃圾,这是无法避免的繁重任务。因而,只有加倍地尊重客观规律,摒弃掠夺资源的发展方式,新中国的社会生产力才能持续提高。

实际情况是,在30多年的改革开放中,党中央、国务院排除种种干扰,确立了保护环境为中国的基本国策。特别是在"十一五"期间,国务院制定了科学大政方针,将主要污染物排放总量显著减少作为经济社会发展的约束性指标,着力解决突出的环境问题,在认识、政策、体制和能力等方面取得重要进

---

[1]邓小平:《关于经济工作的几点意见》,《邓小平文选》(第二卷),北京:人民出版社,2002年,第196页。

展。例如,2010 年与 2005 年相比,中国化学需氧量、二氧化硫排放总量比分别下降 12.45% 与 14.29%,超额完成减排任务。同时,由于历史积累、人口规模大等方面的原因, 中国目前的环境状况总体恶化的趋势尚未得到根本遏制,经济发展环境矛盾凸显,压力继续加大。一些重点流域、海域水污染严重,部分区域和城市大气灰霾现象突出, 许多地区主要污染物排放量超过环境容量。同期,人民群众环境诉求不断提高,突发环境事件的数量居高不下,环境问题已成为威胁人民健康、公共安全和社会稳定的重要因素之一[1]。值得特别重视与思考的是,中国现有的环境保护法制尚不完善,投入仍然不足,执法力量薄弱,监管能力相对滞后。针对这些情况,需要采取以下政策、措施,解决存在的问题。

一、增强体制、机制创新和能力建设

环境保护属于西方经济学所描述的"公共产品",因而,用传统的商品买卖方式去处理环境保护问题,必然会遇到"市场失灵"的挫折。总结国内外的经验与教训,国务院确立了建设资源节约型、环境友好型社会(以下简称"两型社会")的发展战略, 突出了生态文明建设的大政方针。"十一五"期间(2006~2010 年),中国出台了一系列重大环保政策举措,加快推进环保的历史性转变。国务院指导与协调中央部委机构编制了全国功能区划,根据资源环境禀赋,把国土划分为优化开发区、重点开发区、限制开发区和禁止开发区,进行分类管理和有序开发,着力从宏观战略层面解决环境问题,有力地推进了环境与经济协调发展。体制机制创新与能力建设是国务院狠抓落实的战略方针。国务院首次把湖北省武汉城市圈和湖南省长、株、潭城市群确定为国家级别的"两型社会"建设综合配套改革试验区,赋予先行先试的政策创新权,为这类社会建设探索道路、积累经验。如今,"两型社会"已经从多个方面从理念走向了实践。

诚然,真正建立起"两型社会"的道路还很漫长,需要作出更多的努力奋斗。为此,必须建立健全政府在资源宏观管理方面的制度,充分发挥政府调控"市场失灵"关键性作用。要大胆创新环境建设,加快推进环境保护的历史性转变。要

①国务院:《国务院关于印发国家环境保护"十二五"规划的通知》(国发〔2011〕42号),北京,2011 年 12 月 15 日。

很好地应用行政管理方法,确立环境保护与经济发展的新型关系,推动全国从"牺牲环境换取经济增长"进入"以保护环境优化经济增长"的新阶段。

二、强化环境监管系统运作

为了实现生态文明,从中央到地方,各级政府部门的环境保护的决心和力度均是空前的。"十一五"期间,国家环保部门增强监督管理运作,提高了电力、钢铁、石化等 13 个高耗能、高排放行业建设项目的环境准入条件,否决了一批违法、违规项目;对不符合要求的 813 个项目环评文件作出不予受理、不予审批或暂缓审批等决定;对涉及投资 2.9 万亿元以上,给"两高一资"、低水平重复建设和产能过剩项目设置了不可逾越的"防火墙"。2007 年 1 月,原国家环境保护总局对唐山市等 4 个城市及国电集团等 4 家电力企业处以"区域限批"的制裁,以遏制高污染产业盲目扩张;同年 7 月,又对长江、黄河、淮河、海河四大流域部分水污染严重、环境违法问题突出的 6 市、2 县、5 个工业园区实行"流域限批"。2009 年 6 月,环境保护部颁发文件宣布:云南华电鲁地拉水电有限公司、华能龙开口水电有限公司未经环评审批,擅自在金沙江中游建设华电鲁地拉水电站和华能龙开口水电站,并已开始截流。这些企业和地区严重违反了国家环境管理有关法规,环境保护部实施暂停审批[1]。对这些环境高风险行业建设项目实施暂停审批,能约束所有建设项目依法建设,严格执行环境影响评价制度。

在淘汰落后产能方面,中国更是力度空前。国家相关主管部门充分发挥污染减排倒逼机制作用,累计关停小火电机组 7682.5 万千瓦,淘汰落后炼铁产能 12000 万吨、炼钢产能 7200 万吨、水泥产能 3.7 亿吨等,在关闭造纸、化工、纺织、印染、酒精、味精、柠檬酸等重污染企业方面都取得了积极进展。从中央到地方,进一步加大环境执法监管。各地针对重金属污染、造纸废水等重点问题开展了专项执法检查,全国共出动执法人员 1065 万多人(次),检查企业 446 万多家(次),查处环境违法企业 8 万多家(次),挂牌督办环境违法案件 1.9 万多件[2]。查处严重环境违法情况,保护一方土地的天蓝水净。

---

① 武卫政:《环保部暂停审批金沙江中游水电开发等三大项目》,人民网-《人民日报》,2009 年 6 月 12 日。

② 中国环保联盟—社会热点:《总结转变及经验谋划"十二五"环保新发展》,中国环保联盟网,2011 年 11 月 30 日,http://www.epun.cn/redian-news.asp.

当然,国内目前的环境监管制度尚不健全,一些方面机制不完善,一些内容交叉重叠,这些均给监督执法工作造成了困难。因而,必须更加严格执行国家产业政策和项目管理规定,强化用地审查、节能评估、环境影响评价,从严控制"两高"行业低水平重复建设,继续控制"两高一资"产品出口。必须积极推动环境保护监督管理手段与方式的规范化、制度化、法制化,进一步完善环境保护社会监督机制,引导公众参与环境决策、环境监督,拓宽民众维护自身环境权益的渠道,使公众的环境监督作用得到实际体现。

三、加强法律法规体系建设

必须在环境产品管理方面严肃实施法律法规约束,任何违背环境保护法律的行为都要被禁止。"十一五"期间,全国人大常委会修订了《水污染防治法》,制定了《循环经济促进法》。在《侵权责任法》《物权法》和其他有关法律中,特别规定了有关环境保护的内容。最高人民法院和最高人民检察院分别作出了关于惩治环境犯罪的司法解释。国务院制定或者修订了《规划环境影响评价条例》《全国污染源普查条例》《废弃电器电子产品回收处理管理条例》等7项环保行政法规,发布了《节能减排综合性工作方案》《关于加强重金属污染防治工作的指导意见》等法规性文件[1]。依法治理获得显著业绩。

但是,国内某些领域尚存立法空白。在土壤环境保护、危险化学品环境管理、环境监测、遗传资源保护等方面,还有与人民群众生活环境密切相关的电磁辐射、光污染、重金属以及持久性有机污染物等方面,目前均没有制定法律或行政法规。一些重要的环境管理制度,例如排污许可、总量控制、区域限批等,还缺少实施性法规。一些国际环境条约签署后,缺乏国内配套立法。因此,要通过修订现有法律和制定新法,不断完善环境保护法律体系,从法律上、制度上推动中央重大决策部署的贯彻落实,解决环境保护事业发展中带有根本性、全局性、稳定性和长期性的问题。要继续加强环境保护法、大气污染防治法、清洁生产促进法、固体废物污染环境防治法等法律修订的基础研究工作,不断完善法律体系。要着力构建逻辑清晰、充满活力、富有效率的环境保护部门规章体系,通过及时制定部门规章,完善长效环境管理制度,为解决环境管

---

①环境保护部:《关于印发<"十二五"全国环境保护法规和环境经济政策建设规划>的通知》(环发〔2011〕129号),北京,2011年11月1日。

理工作面临的新情况、新问题提供依据。

四、完善环境经济政策

如果说法律手段、行政手段是"外部约束"的话,那么环境经济政策则是一种"内在激励"力量。"十一五"期间,国务院正确指导与周密协调,国家发展和改革委员会、环境保护部、财政部、商务部、人民银行等部门团结合作,推动出台了《关于落实环保政策法规防范信贷风险的通知》《燃煤发电机组脱硫电价及脱硫设施运行管理办法》《环境保护专用设备企业所得税优惠目录》等环境经济政策文件。特别是从 2007 年起,中国人民银行、中国银行业监督管理委员会等部门启动了"绿色信贷"政策、绿色保险、绿色证券等,于是,金融机构可以从源头上切断污染企业的资金链。多项环境经济政策实施之后,激发了环境与经济协调发展的内在动力。各地相关部门和单位也积极探索实践,运用环境经济政策推进工作。河北省、山西省等 20 多个省市出台了绿色信贷政策实施性文件,湖南省、江苏省等 10 个省市开展了环境污染责任保险试点,湖北省、广东省等地开展了排污收费改革等。如今,4 万多条环境违法信息、7000 多条项目环评审批验收信息进入银行征信管理系统;10 多家保险企业推出环境污染责任保险产品,1000 多家企业、2000 多艘船舶相继投了绿色保险;燃煤电厂脱硫实行每度电 1.5 分钱的加价政策,推动燃煤电厂脱硫装机容量快速提升 10 倍以上等。环境经济政策的作用正日益显现,环境保护优化经济增长的政策体系正在形成。

诚然,目前用以调节流通、分配、消费行为的环境经济政策仍不完善,尚未建立起完善的排污权有偿使用和交易政策体系,环境损害成本的合理负担机制尚未形成,由此导致了市场主体加大环保投资、防控环境风险的内在动力不足。为此,必须加快建立环境资源产品定价机制、收费机制和税收机制等,建立这些机制有利于环境损害成本内化为市场主体的生产成本,从而能从根本上解决"资源低价、环境无价"所导致的资源配置不合理问题。要继续加大环保专用设备、环保项目和资源综合利用等方面的税收优惠政策,这样能对企业加大环境保护投资起到明显的推进和引导作用。

五、创建新型环境交易市场

在环境问题遇到"市场失灵"的情况下,有些环境项目的建设单靠市场自身的力量是无法办到的,必须有政府行政和法律手段进行调控,有的还得靠政府投资。例如,一些历史的污染沉淀、江河水域等生态环境的建设必须由政府牵头治理。但是,大量城乡环境保护建设再也不能像计划经济时期那样,单靠政府订计划、上项目、给投资、包运行就能完成,而是靠政府制定政策,通过政策引导建立起与市场经济相适应的调控机制,以此来启动、培育和规范环境保护市场。各在其位,各尽其责,各得其所,目标是保证社会的平衡和安定。

日本与法国都很重视环境保护项目建设,但是实际效果却大相径庭。日本政府长期持续不断地投入环保产业,因而这类产业拥有的技术非常先进,但是,由于政府干预过多,致使竞争不充分,结果导致日本国内的环保产业并不发达,国际知名的环保企业很少。与此相反,法国环境保护产业的市场化程度非常高,由此产生了威立雅集团(Veolia Environnement)、苏伊士集团(Suez Group)等世界级名牌环境保护企业。因此,环境保护市场化能激活企业旺盛的冲击能量,为国家环境治理目标的实现作贡献。为此,要充分发挥市场机制的激励作用,推动环境保护企业积极竞争,降低生产成本,提高经营效益。特别是要鼓励优胜劣汰,通过兼并、重建,组成大的产业集团,形成聚集效应,参与国际竞争。要更好地发挥政府和市场的双重作用,确保国家经济社会的可持续发展。

人类从原始采集发展到传统农业,建立了如中国古代的"市井"那样的局部型市场。后来,世界市场开启了新的历史阶段。21世纪,必须摒弃无穷索取自然的自我毁灭的做法,绝不能仅仅为了获得短期的优越生活条件,却给自然造成了空前严重的伤害,结果使人类自己也面临着深刻的生态危机。将市场机制与政府调节结合起来,实现生态平衡与经济发展,这是一条正确的道路。

学习思考题

1. 历史上市场经济与环境有哪几个过程?

2. 阐述中国农业社会的市场与环境的关系?

3. 为什么说资产阶级在历史上负有为新世界创造物质基础的使命?

4. 资产阶级的工业和商业如何为新世界创造物质条件?

5. 阐述资本主义制度崇尚唯利是图与环境污染的联系。

6. 如何理解市场高消耗与高污染的联系?

7. 什么是"污染天堂"假说? 如何评价这个观点?

8. 阐述"市场失灵"及其相关的信息不对称理论。

9. 阐述体制创新在建设环境友好型社会中的意义。

第九章　国际环境贸易

内容提要　环境问题已经引起全世界注意。随着全民意识的增强,各国也为保护环境作出了贡献。环境问题,特别是气候问题,近几年逐渐提上各国重要议程。1992年《联合国气候变化框架公约》、2007年"巴厘岛会议"、2011年"德班会议"等一系列会议陆续召开。由此可见,气候问题已经不再是单个国家的问题,而是全球问题,无论是发达国家还是发展中国家都应积极配合,尽各国所能解决气候问题。当然,气候变化带来的危害不是仅我们当代人就可以完全解决的,需要我们的子孙后代继续努力,为了一个共同的家园——地球而努力。

人们进行工农业生产,必然要排放废气、废水和废物,这些也必然会对环境带来负面影响,而且工农业产品出口进口也就无法回避环境污染事件出现了。所以,如何在国际贸易中减少环境污染,或者换个角度说,如何开展国际环境贸易,这是世界各国都很关注的事情。地球只有一个,它的命运与人类自身活动紧密相关。保护地球家园,就是为我们自己谋出路。

第一节　国际环境贸易大趋势

经济一体化大趋势在当今世界不可阻挡,同时,环境恶化的结果如今已经上升为影响到人类生存发展的重要阻碍,因而在这双重作用之下,国际环境贸易就成为近些年来世界贸易中凸显的事物。

一、环境贸易意义

生存权是最基本的人权,也可以被理解为最低限度的经济安全。人类的诞生与生存是自然的给予,人类社会的产生也是在自然的基础之上,归根到底,自然环境是人类存在的基本要素,自然环境的好坏与人类生存息息相关。20世纪以来,由于人为地随意排放二氧化碳所导致的气候异常变化已经威胁到了各国民众的生存,具体而言已经威胁到了人们获取食物、水、健康的权利甚至维持其自身生命的权利。对于那些生活在发展中国家落后地区且依然靠天吃饭的贫穷的农业地区的民众,其所在地区的生态环境对他们而言是生死攸关的[①]。因而,在国际贸易中及时地将环境保护因素纳入其中,乃是十分必要的。国际贸易中的环境因素涉及多个方面,以下是其中的几个重点领域及其作用。

(一)有助于提高资源利用率

人类生存的物质基础是资源,一般意义的表述,资源是指自然界及人类社会中一切能为人类形成资财的要素,通常称之为自然环境资源。第二次世界大战以来,由于一些落后陈旧的大机器生产方式的长时间运作,过度采掘、过度消耗与惊人浪费的情况较多,结果使全球自然环境资源遭受了前所未有的破坏,许多非再生矿资源面临枯竭,一些可再生动植物资源种群灭绝或更替速度下降。例如,由于滥砍滥伐森林与草地,致使全球每年大约有600万平方千米的生产土地变为不毛之地,全球大面积的土壤在迅速退化,裸露的土地又发生了大规模的水土流失。同时,由于缺少了绿色植被的涵养,水资源的普遍短缺已成为影响整个人类生存与发展的"瓶颈"因素。资源的过度利用和环境的不断恶化愈演愈烈,结果导致了气候异常带来灾难的几率增加,飓风、干旱、酷暑和沙尘暴等时常出现,这些灾难性气候无情地毁灭了人们数十年或者数百年积累的财富,自然灾害直接致死的人数一次就达数千人或者数万人,间接威胁或者致死诸如非洲因作物绝收而饿死的人员数以百万计。种种迹象表明,自然生态的正常循环遭到了严重破坏,人类文明发展则因为失衡的环境演变而面临中断的危险。因此,合理地开发资源,利用环境发展自己,这是人类未来的唯一出路。

中国自1978年实施改革开放政策以来,对外贸易已经成为国家发展经济的重要途径。中国出口商品之中有大量的显示环境优势的特色产品,这就是行业内所讲的"原产地标识"贸易。中国出口的农产品中有一些享誉全

---

①段建玲:《低碳经济与幸福指数》,兰州:甘肃文化出版社,2011年,第8~10页。

球,原因在于那些作物生长在具有环境资源优势的地方,例如,吉林省延边朝鲜族自治州长白山的人参、西藏自治区羌塘草原的虫草、新疆维吾尔自治区天山的雪莲等,它们都是因为在特殊的天然环境中生长而质量绝佳,在国际市场供不应求。同样, 国际市场上更是对出口农产品的生长环境严格要求,检查标准极为细致与严厉。例如,自 2006 年 5 月 29 日起,日本执行了一种以厚生劳动省公告形式的"肯定列表制度"(*Positive List System*),目的是加强对进口食品(包括可食用农产品)中农业化学品(包括农药、兽药和饲料添加剂)残留物的检测、管理或禁止进口。该制度要求:食品中农业化学品含量不得超过最大残留限量标准;对于未制订最大残留限量标准的农业化学品,其在食品中的含量不得超过"一律标准",即 0.01 毫克/公斤。这个制度的限制近似苛刻,连日本国内农户都感到过于严厉,他们认为难以做到。日本对中国进口大米检验的量化指标已经从 1993 年的 20 多项增加到 2006 年的 104 项。对中国进口的蔬菜农药残留化验检测项目,由原先的 4 项增加到 46 项[①]。韩国对中国进口蔬菜的检测仅农药残留的检测指标一种最高时就达 200 多项。欧盟对中国茶叶的检测项目从过去的 6 种农药残留检测增加到 62 种[②]。虽然这种变化中带有明显的"非关税壁垒"因素,但是也要认识到这是国际环境贸易的一种新表现态势。积极地应对这种新变化,就能够提高资源利用率,既扩大出口,又保护环境。

(二)有利于推进国民经济核算体系的改革

众所周知,传统的国民经济核算体系存在诸多缺陷,其中一个重要方面是忽视了资源消耗、环境损失以及环境投入等对经济发展过程约束的因子。现在很多人呼吁必须对环境价值给予国家层面的计量,即用绿色 GDP 代替传统国民经济核算体系。虽然绿色 GDP 没有正式使用,但是这是未来发展的大趋势。使用绿色 GDP 就是强调环境的价值,就是全面认识人类经济增长的资源与环境代价。实施这样的核算制度,可以充分利用资源与环境的直接和间接服务价值,适度开发宝贵的自然资源和积极治理环境污染。这是一条加快

①蒲民、高东微、李建军、林伟:《剖析日本肯定列表制度》,《中国食品工业》,2006 年第 9 期。

②赵子富:《浅析绿色贸易壁垒对我国农产品出口的影响》,论文网,2009 年 3 月 2 日,http://www.lunwennet.com/thesis/2009/21725.html.

绿色经济发展的道路,也是一条可持续发展道路。

对于一个从事国际贸易的企业而言,主动地使用经过实践检验的绿色GDP方式,将推动企业深化改革,推进技术进步。企业的生产不仅要算经济账,也要核算生态账①。要在经济规律支配下,考虑环境问题,进一步合理开发资源。企业为了利润最大化,能设法改变一些耗能高、效益低的生产工艺,主动减少资源消耗,降低环境成本,提高物质原料的综合利用效率。企业也会在保护环境与增加生产的过程中,更多地关注职工的生产条件,创造污染少、噪声小、粉尘低的劳动环境,努力使职工、资源与环境保持一致。

(三)有利于构建资源节约型和环境友好型社会

建设资源节约型、环境友好型社会,这是创新的文化价值取向和社会发展新理念,也是中国全面建设小康社会的重要内容之一。西方工业化国家掠夺资源与高消费的社会发展模式不仅不符合中国的国情,同时也扰乱了地球生态循环,酿成目前全球变暖及自然灾害频繁的严重恶果。这是"涸泽而渔、焚林而猎",中国绝不能模仿。中国建设资源节约型、环境友好型社会,就是要以资源、环境承载能力为基础,以遵循自然规律为准则,以绿色科技为动力,构建经济社会环境协调的社会体系,建立人与环境良性互动的和谐关系②。最终的目标是,建设由环境文化支持的生态文明。

诚然,资源节约型与环境友好型社会是一个复杂的系统,主要内容是,通过多方面的对外交流渠道,例如,国际绿色产品贸易、参与全球减少碳排放交易、支持各国民众的绿色和平行动等,借鉴、学习和创新国际环境贸易活动。为此,要在国内建设中树立敬畏自然、保护环境的理念,摒弃一味征服自然的错误认识,建立资源节约型体制,实施物尽其用的政策等。要努力创新思维方式,树立科学发展观,借助于先进的科学技术,以提高资源的利用效率为核心,采取法律、行政、经济、技术和工程等措施,结合社会经济结构的调整,建立资源高效利用的机理机制③。要动员全社会成员积极参与,实现资源开发利用的高效合理和永续利用。

---

①王军:《资源与环境经济学》,北京:中国农业大学出版社,2009年,第250页。

②付修:《资源环境胁迫与节约型友好型社会建设》,北京:中国科学技术出版社,2009年,第264页。

③何玉长:《节约型社会的经济研究》,北京:人民出版社,2009年,第4页。

（四）有利于人的心理健康

幸福指数（*The Happiness Index*）是衡量幸福感具体程度的主观指标数值。这个概念最早由美国著名经济学家保罗·安斯尼·萨缪尔森（Paul Anthony Samuelson,1915~2009年）提出①。幸福指数阐述了一种主观感觉,即对生活的客观条件和所处状态的一种事实判断,表现为人们在生活满足度基础上产生的一种积极心理体验。例如,在优美的自然环境中,人的头脑更为灵活,思维更加敏捷,记忆力改善,解决问题的能力增强,人的性格和理性得以丰富、健全地发展。国际环境贸易既能将中国的绿色产品出口海外,又能进口一些国际高端环保产品。工业化国家近些年来研制出来大量的环保型产品,例如节能汽车,它的市场销路很好。国内富裕起来的民众也越来越多地出国旅游,欣赏海外一些新奇的自然美景,例如欧洲经典的园林风光、非洲大草原动物大迁徙等。人们消费这些环保产品,除了物质方面的满足之外,还能得到精神上的宁静和安慰,因为,优美的自然环境能够使人们身心放松、心灵快慰,一些因职场中出现的矛盾而形成的压力与紧张会得到舒缓。压抑减轻了,一些心里的病态和损伤就能得以顺利愈合和康复。

（五）设立能实现"双赢"的国际贸易发展战略

中国是世界贸易组织（World Trade Organization,WTO）的创始国之一,中国一直在国际商务往来中遵循互利互惠的原则。自1978年实施改革开放以来,对外贸易已经是中国发展经济的重要途径。为与别国建立友好的贸易关系,国内一些企业为了出口换汇而错误地牺牲本国资源,他们大量生产低端外销产品。然而,随着时间流逝,相伴产生的环境问题日益突出,于是,更多的人认识到环境对于人类的重要性,即使贸易是发展经济的有效途径,也不能以牺牲资源为前提。社会主义建设要发展的是经济与环境保持和谐一致,实现两方面的"双赢",这才是国家的最高宗旨。

社会的发展模式与发展观、发展制度、发展路径和发展效果有关,这些对于中国这个处于正在发展中的国家尤其重要。无论是政府、企业或是学术界都应该重视环境问题,把环境问题当做头等大事来抓。总之,环境与贸易的结

---

①[美]保罗·萨缪尔森、威廉·诺德豪斯著,萧琛主译:《经济学》（第18版）,北京:人民邮电出版社,2008年。

合有助于对资源进行有效配置、高效利用与促进经济高速发展,能促进建设资源节约型社会,有利于实现经济与环境协调发展,能使人们获得更加健康、幸福的生活。因而,在目前环境污染、气候变暖趋势日益明显的状况之下,坚持国际环境贸易,这是十分必要的。

二、国际环境贸易存在的主要问题

环境被纳入贸易可以提高人类对资源稀缺性的认识,同时也能提高对资源的高效利用水平,但是对于目前经济生产而言却带来了一定的麻烦。例如,发展中国家技术有限,对于环境技术的监测提高有困难,这样会造成商品不合格与出口困难,而长期的进口逆差会给一个发展中国家带来经济危机。

(一)环境关税和市场准入

如何通过实施适当的环境治理手段,解决因环境问题、资源稀缺与生产外部性导致的经济与资源环境之间的紧张矛盾关系,这是世界上很多有识之士密切关注的核心问题,其中,环境税就是被许多国家所采纳并付诸实施的措施之一。联合国有关机构批准的环境核算和统计体系(The System of Environmental Economic Accounts,SEEA)中规定的环境税定义为:"税基是已证明对环境有特定消极影响的实物单位的税收。"在一些发达国家,环境税目前已经设立和开征。中国也实施了类似于环境税的行政处罚、补贴调节、市场准入等办法,其用于对企业实施奖惩,以遏制那些会给环境造成巨大危害的经济行为。在环境征税的制度框架下,企业主要存在以下博弈行为:首先,企业会相应地依据政府征收的环境税,作出生产成本比率和经济效益之间的投入产出博弈决策。其次,企业会根据国际上实行的环境奖罚政策,实施同行业间的竞争博弈。再次,由于某些地方盲目发展经济而又忽视环境问题,这就导致了地方企业、地方政府和中央政府之间的复杂博弈决策。最后,环境税在执行过程中,出现了企业与执法人员分别在执法环节上的博弈[①]。通过层层博弈,推陈出新,能使环境恶化的情况好转。

市场准入是与环境税有着密切关系的一种贸易措施,能对外国供应商产生极大的影响,这种影响尤其是对发展中国家成员的供应商带来负面压力。

---

① 裴辉:《资源环境价值评估与核算问题研究》,北京:中国社会科学出版社,2009年,第228~234页。

其中,发展中国家已有的中小企业受到的影响最大。负面性冲击的形成主要在以下几个方面的约束强烈时明显地表现出来:应对严格的市场准入环境标准的基础和监测设备缺乏,它们包括人力因素和物力因素;难以获得环境友好的原材料,即价格相对更加昂贵;缺乏可供选择的工艺技术;获得相关信息的渠道不畅通。

上述这些措施对于一些出口行业的影响较大,尤其是不利于目前发展中国家的主要出口获利行业,例如纺织品、服装、皮革及其制品、鞋类、木材和食品行业等。这些由经济发达国家单方面推行的某些环境政策与措施要求过于苛刻,而在发展中国家的那些主要出口获利行业内,通常是中小企业占有相当多的数量,它们没有受到基础与监测设备缺乏等严格约束①。可以说,上述环境措施完全超越了发展中国家的现实状况。

(二)环境贸易壁垒

环境贸易壁垒或非关税壁垒是指在国际贸易之中,一些国家以保护生态环境、自然资源和人类健康为借口,通过立法或制订严格的强制性技术法规,对国外商品及服务进行准入限制,以实现保护本国市场为目的的贸易保护主义新措施。这些措施往往依据有关的环境标准和规定,要求某一产品不仅符合质量标准,而且该产品的生产、使用及处置等过程均符合特定环境保护要求,对生态环境无害或危害性极小②。提高出口产品的质量与保护环境是必要的,但是环境贸易壁垒则是一种新的贸易保护主义的实施手段。

1. 环境标准对贸易的影响

环境标准是各种技术规范的总称,是国际组织或国家依据国内外相关法定程序而制定的,目的是为了维护环境质量、控制污染,以求实现保护人群健康、社会财富和生态平衡。统一的环境标准的实行可以避免个别国家(通常是发达国家)以某种借口滥用公平贸易原则,把本国的单边环境标准强加于其他国家(通常是发展中国家),从而有利于推动绿色贸易发展。目前,影响最大的是由国际标准化组织(International Organization for Standardization,ISO)制定的ISO14000环境系列标准,它尽管不是强制性标准,但是企业经济活动若

①中国—瑞典"WTO与环境保护能力建设项目"专家组:《WTO与环境保护能力建设》,北京:中国环境科学出版社,2007年,第170~171页。
②王军:《资源与环境经济学》,中国农业大学出版社,2009年,第193页。

是达到了 ISO14000 系列标准认证,那就意味着树立了对环境负责的良好形象,由此降低了国际市场准入门槛,从而加强了在国际市场上的竞争力。

2. 环境科技对贸易的影响

环境科技是指一系列任何性质的有利于废物减量化、废物循环化、废物无害化以及节约资源、保护生态环境的生产和消费领域的技术,它们包括清洁生产、循环经济和与绿色消费相关的工艺、专利与设备。这类环境技术规范和合格评定程序有一系列国际认可的标准,它们通常是很严格的。一般来讲,坚持实施环境科技有利于防治污染,因而它们是世界各国提倡与鼓励的科学行为。但是,在当前的国际贸易之中,一些国家对进出口产品的要求过于严格和复杂,或不同国家对同一类产品的要求存在矛盾时,这种技术规范也会对国际环境贸易产生不利的影响。而且,当这些要求不够透明并被频繁修改的话,将会产生一些额外的障碍。因而,环境科技标准与措施便在实际国际贸易中成为一种重要的非关税贸易壁垒,被称为技术性贸易壁垒(Technical Barriers to Trade,TBT)。例如,一种典型的技术性贸易壁垒的表现形式是,同一类产品在不同国家以不同的检验程序进行检测,当这种评价在不方便的地点进行并且检测费用高昂等情况下,合格评定程序也会对贸易产生不利影响。由于发展中国家的成员资金短缺,如此的评定就加剧了这些问题。此外,技术规范和合格评定程序还会导致贸易增加"遵守成本",既包括达到规定的成本,还包括通过合格评定程序表明其遵守规定要求的成本。而且,当所有的遵守成本过高时,贸易障碍的影响就会表现得十分明显,它们也就在事实上破坏了国际公平贸易的原则。在 WTO 体系下,TBT 协议使标准、技术规范和合格评定程序的制定及申请受到约束。这些约束的作用在于,可以促使与保证成员们在使用这些技术性贸易措施时尽量不产生不必要的贸易壁垒[①]。为了使技术性壁垒对贸易的潜在负面影响最低,TBT 协议规定,必须保证技术规定长远地不使国际贸易复杂化,也鼓励国内技术规定与国际校准保持一致性。

---

① 中国—瑞典"WTO 与环境保护能力建设项目"专家组:《WTO 与环境保护能力建设》,北京:中国环境科学出版社,2007 年,第 173~174 页。

3. 环境标志对贸易的影响

环境标志也称绿色标志或生态标志,是指认证机构根据一定的环境保护标准、指标或规定,向有关自愿的申请者颁发以表明其产品或服务符合环境要求的一种特定标志。标志获得者需要按照规定,将标志印在所申请的产品及其包装上。它向消费者表明,该产品或服务与其他同类产品或服务相比,从研制开发到生产使用直至回收利用的全部过程均符合环境保护的要求,不会危害人体健康,对环境无害或危害极小,有利于资源的再生和回收利用①。带有环境标志的产品或服务在国际市场上有很强的竞争力,因为,消费者目前对产品消费的环境取向越来越明显,这也就促进了其竞争对手增强环境意识,改进技术,提升产品的质量。

(三)国际环境条约

国际环境条约又称多边环境条约,是指为了保护特定环境因素或解决特定环境问题而缔结的多边条约,是国际环境法的主要渊源之一。目前国际上已签订了 150 余个多边环境条约,其中有近 20 个含有贸易条款,旨在通过贸易手段达到环境保护的目的,为此,它们对有关动植物和相关产品以及某些危害环境的物质等贸易作了相应的规范。

多边环境条约控制成员的贸易行为主要有两种方式:一是规定要在许可基础之上,允许商品出口或进口。例如,1973 年 3 月 3 日,很多国家政府在美国华盛顿签署了《濒危野生动植物物种国际贸易公约》(*Convention on International Trade in Endangered Species of Wild Fauna and Flora*,CITES)。这项公约规定:各国政府要通过建立国际协调一致的野生动植物物种进出口许可证或证明书制度,防止过度开发利用和保护濒危野生动植物物种资源。对有可能面临灭亡危险的物种,除非这些物种的贸易受到严格控制,应当在科学和管理当局批准承认的出口许可证的基础上准予出口,进口国只能在出口国政府颁发出口许可证的前提下才允许进口。二是规定禁止或限制措施,控制商品进口或出口。例如,1989 年 1 月 1 日,各国政府在加拿大的蒙特利尔通过并开放性签署的《关于保护臭氧层的蒙特利尔议定书》(*Montreal Protocol on Substances that Deplete the Ozone Layer*,MPSDOL)正式生效。这项议定书不仅要

①王军:《资源与环境经济学》,北京:中国农业大学出版社,2009 年,第 194~195 页。

求限制或禁止成员国之间破坏臭氧层物质,如氟利昂的进出口,还要求在《议定书》生效时立即禁止与非成员国之间该种物质的贸易。

从环境保护的角度看,上述规定是无可厚非的。但是,如果从自由贸易的角度来看,这个无疑有悖于非歧视待遇原则,实际上构成了对来自不同国家的相同产品的差异待遇。也就是说,环境条约对其保护物或控制物实施的贸易限制与国际贸易的自由公平原则相互不平衡,由此产生了矛盾[1]。历史表明,贸易的增长和发展生态环境的平衡稳定,有时呈现出一种矛盾状态,而且其在社会分工产生、生产交换活动一开始就实际存在了。进入 20 世纪,随着国际贸易活动的强化和环境与资源问题的恶化,特别是自 1992 年"全球环境与发展大会"召开和随后的国际贸易谈判的乌拉圭回合结束之后,这一矛盾日趋激化,从而对国际贸易产生深刻影响。从深层次来看,环境与贸易问题产生的一个客观背景是,具有内在增长机制的贸易活动对自然资源需求无限性与具有内在稳定性机制的生态环境对资源供给的有限性之间的矛盾运动关系。

撮要言之,解决环境与贸易的矛盾关系,不能以破坏生态环境为代价取得贸易的增长,也不能为了保护环境而放弃贸易,两者需要协调一致,达到均衡。

第二节　联合国气候变化谈判及其影响

由于人为随意排放以二氧化碳为主的温室气体,致使全球变暖,气候异常,进而严重危害人类文明发展[2]。联合国主导的气候变化谈判是当今世界遏制或减缓日益加剧的温室效应的最好途径。维护这种谈判框架组织,将有利于发展生态文明。

一、联合国气候谈判历程及影响

应对气候变化的国际谈判起源于 1972 年 6 月 5 日至 16 日联合国在瑞典首都斯德哥尔摩召开的人类环境会议,截至 2011 年,联合国气候变化谈判

---

①周厚丰:《环境保护的博弈》,北京:中国环境科学出版社,2007 年,第 197 页。
②联合国提出限制人为排放的温室气体主要有 6 种,即二氧化碳(CO_2)、甲烷(CH_4)、氧化亚氮(N_2O)、氢氟碳化物(HFCs)、全氟化碳(PFCs)和六氟化硫(SF_6)。——著者注

大会已经举办了 17 次,其进程即代表了人类文明持续发展的希望、推动力,同时,这个过程也历尽曲折,充满了正义与非正义的斗争。

(一)联合国气候变化框架公约

1992 年 6 月,载入人类发展史册的联合国环境与发展大会在巴西的里约热内卢召开。在这次规模盛大的会议上诞生了一系列关于保护地球环境的重要文件,其中之一是《联合国气候变化框架公约》(*United Nations Framework Convention on Climate Change*,*UNFCCC*,以下简称《公约》),这是当前应对气候变化领域中最具国际法律权威性,最全面、影响力最广的公约。《公约》由 153 个国家和欧洲共同体共同签署,于 1994 年 3 月 21 日正式生效,这是世界上第一个为全面控制二氧化碳等温室气体的排放、应对全球气候变暖而签署的国际公约。1993 年,中国加入并签署了《联合国气候变化框架公约》[①]。《公约》的内容由序言和 26 条正文组成,通过对目标、行动原则、公约缔约方的义务等方面的规定,确立了国际社会为应对气候变化采取相应行动时共同遵守的准则。《公约》提出的最终目标是"将大气中温室气体的浓度稳定在防止气候系统受到危险的人为干扰的水平上"。《公约》作为当今世界应对气候变化的基本国际框架,为各国共同面对气候变化这一全球问题提供了一个平台,并且建立了一套影响深远的组织行动体系,使得应对气候变化的国际机制得以在一定基础上完善。

(二)《京都议定书》

1997 年 12 月,《联合国气候变化框架公约》第三次缔约方会议在日本京都召开,会议通过《联合国气候变化框架公约的京都议定书》,通常称之为《京都议定书》(*Kyoto Protocol*,以下简称《议定书》)。这个具有国际法律约束力的文件对发达国家在 2012 年前温室气体减排的种类和额度等作出了具体规定,其主要内容包括确定主要温室气体种类、确立实现减排的激励机制和量化发达国家在 2012 年前减排温室气体的指标[②]。《议定书》第一承诺期规定,在2008~2012 年间,全球主要工业国家的工业二氧化碳排放量比 1990 年的排

①陈泮勤、曲建升:《气候变化应对战略之国别研究》,北京:气象出版社,2010 年,第 35 页。

②陈泮勤、曲建升:《气候变化应对战略之国别研究》,北京:气象出版社,2010 年,第 37 页。

放量平均要低 5.2%。鉴于发展中国家的实际情况,对发展中国家没有提出具体的温室气体减排要求。2005 年 2 月 16 日,《议定书》正式生效。这是人类历史上首次以法规的形式指引强力行动法限制温室气体排放。然而,美国自从 2001 年布什政府宣布退出《议定书》以来,对《议定书》一直采取消极态度,使得就应对气候变化议题的国际谈判笼罩在乌云之下。目前,一些工业发达国家的二氧化碳排放增长迅速,在全球排放量中的比例逐年升高。这就意味着,后京都时代必须制定更为严格、长期的温室气体控制目标[①]。为此,全世界各个国家必须达成共识,采取一致行动。

(三)联合国框架下的气候谈判目标

联合国《公约》和《议定书》明确指出,人为的随意碳排放使得温室效应加剧,极端天气变化几率增加,其负面作用要远大于它带来的益处。全球变暖的气候变化在以下几个方面产生了严重的负面影响:水资源短缺、居住环境恶化、海平面上升、热浪袭击增加、大量物种灭绝、经济损失加剧、人类健康受威胁等。联合国 "政府间气候变化专门委员会"(Intergovernmental Panel on Climate Change,IPCC)是国际上的一个权威性机构,该委员会于 2007 年提出了《气候变化 2007: 联合国政府间气候变化专门委员会第四次评估报告》(*Climate Change 2007, the Fourth Assessment Report of the United Nations Intergovernmental Panel on Climate Change*,*AR4*)。这份报告指出,全球气温上升主要是由于人类活动导致的。"人类行为所造成的气候变迁对自然系统造成了冲击,导致资源短缺,威胁全球超过 10 亿人口。"的确,气候变迁已经不只是单纯的环境问题,而更广泛地影响着政治、经济、社会与国家安全。因而,依据 IPCC 的 AR4,在 2009 年 12 月举行的联合国哥本哈根气候大会上达成了一个共识,为避免人类赖以生存的环境受到毁灭性的破坏, 全世界必须在 2050 年将地球温度升高控制在 2℃ 以下, 用相对应的温室气体排放的浓度来表示是,大气 CO_2 等效浓度应在 420ppm~400ppm。为了实现这个目标,全球必须在 2020 年以前将温室气体排放相对于 1990 年时的水平减少 25%~40%,并在2050 年时实现减少总体排放 50% 的目标,用于保证全球气温上升幅度不超过2℃。要达到这个目标,关键措施是各国必须制定与签署《议定书》第二承诺期。为了

[①]杨洁勉:《世界气候外交和中国的应对》,北京:时事出版社,2009 年,第 63 页。

完成这个目标,世界各国在联合国框架下进行了艰苦、曲折的气候谈判,其过程充满了国家间的政治博弈行为。

(四)全球二氧化碳减排任务繁重

2011 年 11 月 3 日,美国能源部(United States Department of Energy,US-DE)公布了一项统计数据,2010 年,全球二氧化碳排放量比 2009 年增加了 18.8 亿吨,1 年的增加量创下历史新高。不包括土壤的排放,全球二氧化碳排放在 1990 年的水平上增加了 45%。其中,日本 2010 年排放量为 11.39 亿吨,比 2009 年增长 6.8%。2012 年 5 月 24 日,国际能源署(International Energy Agency,IEA)发布公告,2011 年全球二氧化碳排放量达到创纪录的 316 亿吨,同比增加 3.2%。全球二氧化碳排放量的增长势头已经超出了联合国"政府间气候变化委员会"所设想的本世纪末平均气温比 20 世纪末上升 4℃以上的最坏状况,升温幅度或将高于预期。面对地球温室气体不断增加的严重局面,联合国框架内的减排行动持续不断。例如,2007 年的《巴厘路线图》(Bali Roadmap)、2010 年的《坎昆决议》(Cancun Resolution)、2011 年的《德班协议》(Durban Agreement)等,这些结果表明了全世界民众的共同愿望。但是,实现减排温室气体的全球长远目标,依然是任务繁重。发展国际间碳交易买卖,将有利于减排目标的实现。

二、中国参加气候谈判的主要行动

中国多年以来一直在维护《公约》的原则,遵守《公约》的义务,在国内实施了一系列的减排措施。

(一)维护《公约》和《议定书》的基本义务与责任

中国积极承担《公约》规定的责任与义务,不但在全球应对气候变化的谈判中始终是公正、积极与负责的,而且实施的政策与采取的措施表现出了对全球国际事务负责任的大国态度。中国既坚持原则,维护国家和发展中国家的权益,警惕和反对国际上有可能出现的"环境霸权主义",又富有灵活性,寻求合作和共赢,发挥建设性和引导性作用[1]。中国一直在积极努力,目标是促进形成对发展中国家较为有利的全球气候变化国际体制和实施机制。

---

[1]杨宏伟:《全球气候变化——问题与挑战》,北京:中国青年出版社,2001 年,第 176 页。

2011年11月22日,国务院新闻办公室又发表了关于中国应对气候变化而实施的政策与行动白皮书①。这份文件指出,2006年,中国提出了2010年单位国内生产总值能耗比2005年下降20%左右的约束性指标,2007年在发展中国家中第一个制定并实施了应对气候变化国家方案,2009年确定了到2020年单位国内生产总值温室气体排放比2005年下降40%~45%的行动目标。为完成上述目标任务,中国在"十一五"期间(2006~2010年)采取了一系列减缓和适应气候变化的重大政策措施,取得了显著成效。文件还提出,中国在2011年制定实施的《中华人民共和国国民经济和社会发展第十二个五年规划纲要》确立了今后5年绿色、低碳发展的政策导向,明确了应对气候变化的目标任务。它们是,将碳排放强度(即单位国内生产总值二氧化碳排放)降低17%,使非化石能源占一次能源消费比重达到11.4%,森林碳汇从2010年的20.36%提高到2015年的21.66%等。中国政府的政策得到了国际社会有识之士的赞赏,中国实际采取的减排措施也为减缓温室效应作出了贡献。

目前,中国已经把法治作为应对气候变化的重要手段,制定出台和实施了一系列法律法规②。各地正在建立与完善发展低碳经济的法治保障机制,目标是确立具有法律效力的低碳体制。

(二)承担起责任:节能减排势在必行

中国在节能减排、低碳经济中正在走向世界前列,并承担起自己的减排责任,这些做法不仅是对中国人民、对中国的子孙后代的责任,也是对世界人民的责任。

1. 实施低碳经济的社会转型

低碳经济是一种面向未来的经济发展模式,也是一种企业盈利或生存模式。因为,伴随着经济高速增长而来的是环境危机和资源短缺,主动地降低能耗,提高能效技术、再生能源技术和温室气体减排技术,建立起低碳发展的制度和体系,这些已经是社会的潮流。所以,低碳经济已成为世界经济发展的最重要的支柱和新的增长点,已经成为一场新的工业革命的起点。

---

① 国务院新闻办公室:《中国应对气候变化的政策与行动(2011)》,北京,2011年11月22日。

② 段建玲:《低碳经济与幸福指数》,兰州:甘肃文化出版社,2011年,第17~18页。

2. 深刻认识节能减排的历史意义

发展低碳经济,首先要做的事情是节约能源、减少二氧化碳排放,即节能减排。世界各个国家都认识到了环境污染问题、全球变暖问题的严重性,都在采取步骤节约能源、减少排放。所以,节能减排不仅是发展低碳经济的第一步,而且已经成为世界潮流。节能减排也是一个道德问题,因为,无视环境污染给国民和社会发展带来的种种危害,只顾当前经济发展利益和局部利益,就是一种严重不道德的行为。

(三)坚持"共同但有区别的责任"原则

联合国 1992 年制定的《公约》是个具有国际法律约束力的文件,其核心内容之一是 "共同但有区别的责任"(*Common but Differentiated Responsibilities*)。这个原则的含义是,不管是发达国家还是发展中国家,所有人类生活在同一个地球上,拥有同一个大气层,所以,我们拥有共同的减排责任。因而,"共同但有区别的责任"原则是更公平、更实际、更易于为广大发展中国家所接受的原则。依据"共同但有区别的责任"的原则,发达国家的减排是义务,而发展中国家提出的措施是自主行动。

然而现在,发达国家和一些直接面临气候危机的岛国认为,中国、印度和巴西等发展中国家现在也成了主要温室气体排放国,为什么这些国家仍不需要承担强制减排义务?这首先是因为这些国家的人均排放与发达国家存在很大差距,或者说,这些国家的大部门碳排放仍然是必需的"生存排放"。更重要的一点是,目前大气中的二氧化碳含量高主要是由西方国家的工业化进程所造成的,而不是当前这些发展中国家的碳排放加大造成的。

中国政府一贯在应对气候变化方面作出许多富有成效的行动,践行着"共同但有区别的责任",体现出一个大国高度负责的风范①。当然,发展中国家也应该履行自己的责任,积极采取应对气候变暖的减排措施,避免走发达国家"先污染、后治理"的老路。

(四)中国向发展中国家提供力所能及的减排资金和技术

作为主要的发展中国家,中国责无旁贷地担负起自己的责任,向发展中国家提供一些力所能及的资金、技术支持,同时,督促发达国家向发展中国家提供减

---

① 徐文钦:《低碳博弈》,北京:科学出版社,2011 年,第 95~96 页。

排资金和技术。这些不但是中国对发展中国家的责任,同时也是对世界的责任。

中国在力所能及的范围内,向其他发展中国家应对气候变化行动提供支持,主要包括能力建设、适应技术和节能节水产品技术的推广等方面。例如,2011 年,中国政府组织安排和拓展了应对气候变化领域"南南合作"的范围,从四个方面为发展中国家应对气候变化提供支持。

一是适应气候变化基础设施建设。帮助受极端天气气候事件严重影响的发展中国家建立天气预报预警系统和天气预报站台,以便提高气象灾害监测预警能力。

二是适应气候变化技术推广。依托中国政府援外农业技术示范中心,向有需要的发展中国家推广农业抗旱节水技术、森林可持续经营技术、生物多样性保护技术、海平面上升监测技术等适应技术。

三是节能、提高能效和可再生能源产品技术的推广应用。组织节能、节水、可再生能源产品与设施推广活动,大力开展节能改造技术示范,援建一批小水电和太阳能建设项目,帮助有需要的国家建立必要的垃圾处理站。

四是继续开展针对发展中国家需要的能力建设。特别是在清洁发展机制(Clean Development Mechanism,CDM)领域加强合作,帮助发展中国家提高CDM 项目的注册成功率。

第三节　国际环境议题上的政治博弈与影响

发达国家应当承担起历史责任,应带头承诺大规模减排,这是国际环境保护与建设中的公平原则。发展中国家积极参与国际环境保护活动,为减少温室气体排放作出贡献。然而,历史发展不是一帆风顺的,围绕国际碳减排,存在着较多的政治博弈。

一、工业发达国家推卸历史责任的活动

为了推动国际性应对气候变化谈判,参加联合国气候谈判的各国代表一致同意,实施了减排双轨制行动。具体是成立两个联合国工作组,一个是"依据《京都议定书》附件 I 国家的未来承诺特设工作组"(The Ad Hoc Working Group on Further Commitments for Annex I Parties under the Kyoto Protocol,AWG-KP.);另一个是"依据《公约》的长期合作行动特设工作组"(The Ad Hoc Working Group on Long-term Cooperative Action under the Convention,AWG-

LCA.)。联合国 AWG-KP 和 AWG-LCA 工作就是国际减排领域的"双轨制"。但是,在全球气候谈判立场上,一些发达国家极力反对减排双轨制,他们要求:主要排放国不分发达国家和发展中国家,要一体参与减排,减排目标要与其他国家的自愿性目标挂钩。

美国是全球人均温室气体排放量最高的国家,然而,美国政府迟迟不作减排承诺,同样拒绝接受具有法律约束力的《议定书》,力主各国自主减排。一直到 2009 年 11 月 25 日,也就是哥本哈根联合国气候变化大会的前夕,迫于国际压力,美国总统奥巴马才公布了该国的减排目标。美国的减排目标仅相当于在 1990 年的基础上减少 4%,几乎是一个毫无诚意的目标,这个比例远远低于欧盟及发展中国家对美国的要求。只需要通过鼓励民众储蓄、轻微加税与节能跨国购买,美国的这个目标就可以轻易达到。而且,从实现的难易程度来看,这种目标的实现难度也远远低于中国①。相反,对于一些发展中国家,美国却坚持要求他们参与强制减排,履行自己的"义务"。

澳大利亚承诺到 2020 年达到在 2000 年基础上减排 5%~25%,新西兰、加拿大等发达国家也分别作出了低比例的减排承诺,但很显然,他们的承诺都没有诚意,当然,也受到了国际社会的批评。在多次召开的联合国气候变化大会上,发展中国家普遍认为,发达国家应将减排幅度提高至 40%。只有这样,我们才有使全球气候变暖不会达到危险水平的前景。

二、中国与发展中国家保护全球环境的行动

发展中国家在保护环境方面作出了巨大贡献,不仅是积极履行《公约》规定,更是对应承担的责任责无旁贷。中国作为第一大发展中国家,在多个方面起到带头作用,既依据国情调整减排标准,又积极配合发展中国家参与环保行动。发展中国家在保护全球环境中实施了一些具体措施,这些行为可圈可点。

(一)发展中国家保护环境的行动

很多发展中国家积极参加世界减少温室气体排放活动,已经取得了一些业绩,其中作为"基础四国"的巴西、印度的经验值得总结。

1. 巴西

自 20 世纪 90 年代起,巴西对国际环境合作持积极态度,在全球气候变

---

①徐文钦:《低碳博弈》,北京:科学出版社,2011 年,第 40~42 页。

化谈判中积极参与,发挥了重要作用。1997年京都会议之前,巴西提出了《关于<联合国气候变化框架公约>议定书的要点提案》。该案文建议:设立清洁发展基金,这个基金由未能完成量化减排指标的发达国家缴纳的罚金构成,用来支持发展中国家使用清洁技术。这个提议得到发展中国家的广泛支持,但却遭到发达国家的一直反对。数月后,美国和巴西宣布了对清洁发展基金的修改方案,即设立清洁发展机制。这个机制的核心内容是,允许发达国家通过支持发展中国家建设可持续发展项目,用于在一定程度上降低或抵消发达国家应当承担的碳排放指标。这个双赢的安排得到了缔约方的普遍支持,成为《议定书》最富创造的制度设计之一,并有着较为乐观的发展前景[1]。此后,巴西在CDM具体实施细节上又进一步提出了诸多建议,如设立新基金、帮助发展中国家获得更多的清洁技术等。

2.印　度

印度在国际环境事务参与中的态度积极,其维护发展中国家利益的立场也非常坚定。在不少发达国家眼中,印度是一个强硬的对手。比如,在气候变化谈判中,印度首先提出承担减排责任,提倡应以人均排放为标准。2002年11月,印度利用《公约》第八次缔约方会议东道主的地位,积极推动《德里宣言》的出台。《德里宣言》的核心思想是在可持续发展的框架下解决气候变化问题,并强调解决脆弱性和适应性问题的紧迫性。《德里宣言》重申了《公约》的一系列重要原则,包括"共同但有区别的责任"原则;经济和社会发展以及消除贫困是发展中国家缔约方首要的压倒一切的优先事项;各缔约方应对气候变化的政策应符合其国情和国力,并应纳入其国家发展规划。此外,《德里宣言》还要求改善能源供应,大幅度增加全球可再生能源比例,加强技术转让和能力建设[2]。总之,《德里宣言》的内容基本符合发展中国家的意愿。

(二)中国保护环境的发展历程

中国的环境保护起步虽然较晚,但成就突出,具有自己的特色。随着经济的发展,人们知识的增长,保护环境不仅是治理污染的技术问题和保护人民

---

[1]陈鹤:《气候变化危机与中国应对——全球暖化背景下的中国气候软战略》,北京:人民出版社,2010年,第118页。

[2]陈鹤:《气候变化危机与中国应对——全球暖化背景下的中国气候软战略》,北京:人民出版社,2010年,第119~120页。

健康的福利问题,更是一种政治问题、经济问题。

1. 中国环境保护事业起步发展(1973~1978 年)

中国于 1972 年发生了几件较大的环境事件。例如:大连湾污染告急,涨潮一片黑水,退潮一片黑滩,因为污染荒废的贝类摊晾地带达 5000 多亩,每年损失海参 1 万多千克,贝类 10 万多千克。同年,根据周恩来总理的指示,中国派代表参加了 1972 年 6 月 5 日在斯德哥尔摩召开的人类环境会议。

在这样的背景下,1973 年 8 月 5 日至 20 日,由国务院委托国家计委在北京组织召开了第一次全国环境保护会议,揭开了中国环境保护事业的序幕。会议得出了环境问题"现在就抓,为时不晚"的明确结论,向全球表明了中国不仅认识到环境污染,而且有决心去治理污染。与会代表一致通过了《关于保护和改善环境的若干规定》,确定了"全面规划、合理布局、综合利用、化害为利、依靠群众、大家动手、保护环境、造福人民"的"32 字方针",这是中国第一个关于环境保护的战略方针。

2. 努力开拓有中国特色的环境保护道路(1979~1992 年)

中国自 1978 年末实施改革开放政策之后,环境保护事业先是逐步恢复,而后又迅速发展,开拓出一个有中国特色的环境保护发展之路。例如,1983 年 12 月 31 日至 1984 年 1 月 7 日,在北京召开了第二次全国环境保护会议。这次会议是中国环境保护工作的一个转折点,为中国的环境保护事业作出了重要的历史贡献。会议提出,"经济建设、城乡建设和环境建设同步规划、同步实施、同步发展",要实现"经济效益、社会效益和环境效益的统一"。这就是著名的"三同步"与"三统一"的战略方针。

20 世纪 70 年代至 80 年代末,环境问题更加成为举世瞩目的重大问题。在环境保护工作实践中,中国也积累了比较丰富的经验。为了进一步推动环境保护工作上新台阶,1989 年 4 月底至 5 月初,第三次全国环境保护会议在北京召开,这是一次开拓创新的会议。这次会议正式提出:"努力开拓有中国特色的环境保护道路"。会议还总结确定了八项有中国特色的环境管理制度。按照在环境管理运行机制中的作用,8 项制度可分为 3 组。这些会议与制度推动了中国环境保护工作的展开,为民众创造了城乡生产生活环境优美、安静的局面,使得全国环境状况基本上同国民经济和人民物质文化生活水平的提高相适应。

3. 可持续发展时代的中国环境保护（1992 年以后）

1992 年在里约热内卢召开了联合国环境与发展大会,实施可持续发展战略由此成为全世界各国的共识,世界进入可持续发展时代,环境原则已成为经济活动中的重要原则。在此阶段,中国环境保护主要体现在贯彻三个原则方面,即工业生产发展的环境原则、经济决策中的环境原则和国际贸易中的环境原则。

4. 现阶段环境保护工作

2011 年 12 月 20 日至 21 日,国务院召开了第七次全国环境保护大会,会议提出要全面贯彻《国务院关于加强环境保护重点工作的意见》,坚持在发展中保护、在保护中发展,推动经济转型,提升生活质量,为经济长期平稳较快发展固本强基,为人民群众提供水清天蓝的干净的宜居安康环境。依据这次会议精神,中国现阶段环境保护工作的发展方向主要在四个方面:第一,改造升级传统产业、发展高技术产业和先进制造业,同时,大力支持服务业发展,形成有利于节约和环保的产业体系。第二,政府加大环境保护资金的投入,推进环保科技攻关、实施一批国家重点生态环保工程,同时,继续注重发挥市场机制的力量,大力发展节能环保技术装备、服务管理、工程设计、施工运营等产业,增强保护与改善环境的能力。第三,强化环保责任,把住环境准入门槛,同时,完善相关激励和约束政策,使企业能够在节能环保中增效益、有动力,实现经济效益和社会效益、环境效益的多赢。第四,在促进区域协调发展、优化经济布局时,要严格环境准入标准,根据主体功能区规划,实行分类指导、差别化的经济政策。

总之,控制人口和保护环境是中国必须长期坚持的两项基本国策。中国人口众多,资源相对不足,环境污染严重,已成为影响我国经济和社会发展的重要因素。为了促进国家经济和社会的可持续发展,必须保护自然资源,保护良好的生态环境,这就是中国环境保护发展的历程。

第四节　中国参加国际环境保护的政策

中国环境保护事业自创建以来,特别是从 1992 年到现在,政策逐步走向健全,目前初步形成了一整套从事环境方面的国际交流合作政策,还有贯彻国际环境保护政策体系。

一、中国提出的国际环境保护政策体系

中国目前是世界第二大经济体,国家积极参与国际环境保护行动,同时制定了一整套国际环境保护、环境建设与环境交流的政策。中国环境保护政策体系是一个发展的动态体系,包括的内容是,环境保护管理政策、环境保护经济政策、环境保护技术政策、环境保护产业政策和环境国际交流合作政策五个方面[①]。

中国环境保护管理政策的涉及内容广泛,重点在于"预防为主,防治结合",将环境保护纳入政府制定的经济社会发展长远规划和年度规划计划当中。此外,从环境问题发生的本质上考察,许多环境污染和生态破坏往往是疏于管理造成的。因此,消除或解决这些问题成本最低和最有效的办法,其必然是加强环境保护的管理工作。

二、中国应对气候变化政策与行动

中国积极发展低碳经济,强化节能减排,这些努力为减缓全球变暖作出了贡献。

(一)中国低碳之路

当今世界,能源、环境和气候安全问题已经成为全球最高政治会晤的首要议题。传统意义上的能源、环境和气候安全问题已经被新的安全理念所取代,而且这三大安全问题交织在一起,又成为新的全球问题。发展低碳经济,这是人类应对能源、环境和气候安全挑战的必由之路。低碳,意味着经济发展必须最大程度地减少或停止对碳基燃料的依赖,实现能源利用转型和经济转型,这是与传统高能耗、高污染为代价不同的新的发展思路。经济,意味着要在能源利用转型的基础上与过程中继续保持经济增长的稳定和可持续性,这种理念不排斥发展和产出最大化,也不排斥长期经济增长。中国既是能源消耗和二氧化碳排放大国,又是最大的发展中国家。从内涵上来看,低碳经济模式适合中国发展的具体国情,兼顾了"低碳"和"经济"两个方面:中国既需要摆脱对碳基燃料的过分依赖,减轻高油价的压力,实现经济转型,又需要保持适度、快速的经济增长,解决发展中面临的诸多问题[②]。

---

①彭近新:《中国的环境保护与法制化》,北京:世界知识出版社,2010 年,第 54 页。

②胡鞍钢、管清友:《中国应对全球气候变化》,北京:清华大学出版社,2009 年,第 106~108 页。

自 2008 年 8 月《循环经济促进法》实施以来,中国已有 26 个省市开展了经济试点工作。在钢铁、有色金属、电力等行业以及废弃物回收、再生资源加工利用等重点领域,循环经济的试点工作也展开进行了。同年,国家发展和改革委员会印发《关于开展汽车零件再制造试点工作的通知》,启动了汽车零部件再制造试点工作。选择整车生产企业和零部件再制造企业 14 家,安排中央预算内投资 5710 万元,支持汽车发动机变速箱再制造试点项目。种种做法表明,减排刻不容缓。此外,在节能发面,国内各部门、各地区都强化了节能降耗问责制,加强了节能统计体系、监测体系、考核体系建设,在重点行业和重点领域内淘汰了一批生产能力落后的企业。这些有效推进了节能减排工作,最终实现单位 GDP 能耗持续下降,降幅首次超过 5 年平均节能目标。

(二)人的自由全面发展与生态保护和循环经济

人的全面发展与生态和循环经济的关系密切相关, 可以体现在如下方面。

循环经济具有促进人的发展的功能,其主要表现在以下六个方面:第一,它能有效更新人的观念,提高人的综合素质。循环经济要求人与自然和谐发展,这就需要人类必须正确处理自身同自然界的相互关系,纠正和克服那种向自然界一味索取的错误做法,从而采取改造和保护相结合的原则,以人与自然的和谐为核心提升人的素质。第二,它能有效推进全社会的科技事业,提高人们的科技素质,并对科技发展提供人文价值导向。就技术层面而言,循环经济依赖于资源节约和替代技术、能量的梯级利用技术、延长产业链技术、相关企业链接技术、零排放技术等,这些均具有相当高的技术含量。因此,循环经济必将激发人们的科学研究和技术攻关能力,同时也为科学技术绿色化奠定了人文基础。第三,循环经济将提升人与人之间的和谐境界,促进人的道德境界的升华。循环经济遵循的理念是,此时此地此人之利,也是彼时彼地彼人之福。这就引导人们在生态环境一体化的前提下善待他人、善待自然,使人由"道德境界"向"天地境界"升华。第四,循环经济将提高社会和人各方面的协调能力。循环经济与社会各个阶层、各个职业的活动紧密关联,需调动全社会的力量促进人与自然的和谐。这将使全社会更加协调、更加有机、更加系统化,从而促进全社会的良性发展和人的各种能力的提高。第五,循环经济可以提高就业率,使人力资源优势得到更充分的发挥。循环经济的突出特征是延长生产链,而延长生产链的直接效果是增加就业。第六,循环经济可以直接提高经济效益,为人的全面发展提供现实的物质基础。循环经济将3R原则贯穿于生产的全过程与产品的整个生命周期,形成"资源—产品—再生资源"闭合循环的经济模式①。通过对资源的循环利用,既节约了资源又减少了污染,从而提高了社会经济效益。

需强调的是,人的全面发展的需要是建设生态文明、发展循环经济的终极目标。同时,发展循环经济依赖于人的发展,人的发展又是循环经济的前提和保证。要实现人的全面发展就要树立正确的自然观、社会观和发展观;正确处理经济增长与环境保护的矛盾,短期利益和长期利益的矛盾;正确处理经济发展同人口、资源、环境的关系②。

所以说,循环经济为人的全面发展提供了物质保证,而人的全面发展也为循环经济提供了精神上的支持。

学习思考题

1. 如何理解环境贸易?
2. 对于气候变化,如何看待发达国家与发展中国家的责任与义务?
3. 如何看待应对气候变化取得的成绩?
4. 中国走低碳之路有何优势?
5. 应如何发展环境友好型社会?

---

① 许崇正:《人的发展经济学概论》,北京:人民出版社,2010年,第471~473页。
② 许崇正:《人的发展经济学概论》,北京:人民出版社,2010年,第474~476页。

第三篇　社会发展与环境

SHEHUI FAZHAN YU HUANJING

环境人类学的研究内容是，探索那些存在于提高人民生活质量与环境保护之中的重要机理关系，寻找调整这类关系使之和谐一致的途径，这些内容主要包括政策建议、实施措施与典型经验推介等。因为，中国社会主义建设的根本目标是让人民群众经济富裕、生活幸福，让人得到全面发展。所以以人为本，民生为主，使大众共享改革开放的成果，这是当前国家强盛的根本战略。

　　未来的发展不仅要继续保持经济增长，而且更要营造和谐祥瑞、平安宁静的社会环境。社会发展从来都是在复杂条件下进行的，各种主张的博弈不可避免，但是，多元化不等于让人民生活在纷乱的境遇中，相反，要通过遵循自然发展规律，确立生态功能区，应用推进经济增长的金融手段，充分发挥环境资源的自身效能，获得最大化的经济与环境协调一致的发展效益。

　　品尝美食，保障身体营养健康，这是人生第一件大事。"中华老字号"饮食酒楼为顾客奉献美味佳肴，保证食品安全，传播中华养生饮食文化，使民众生活充满欢乐。防病治病，获得心灵与身体的全面健康，这是提高人们生活质量的基本保障。国家公立医院热诚服务社会公益事业，白衣天使救死扶伤，用心灵安慰使患者重新树立人生的信念。

第十章 人口经济活动与主体功能区开发

内容提要 根据资源环境承载能力、现有开发密度和发展潜力,统筹考虑未来中国人口分布、经济布局、国土利用和城镇化格局,国务院制定了一个总体规划,将全国的国土空间划分为优化开发区域、重点开发区域、限制开发区域和禁止开发区域四类主体功能区。本章介绍区域主体功能和主体功能区的概念,还有国家主体功能区划分的意义。同时,应用实际案例,对上述四类主体功能开发区域进行深度解析,阐述不同的主体功能开发区域内人口经济活动和经济建设情况。因为,国家主体功能区域建设是一种创举,显示了具有中国特色社会主义的建设业绩和巨大魅力。

主体功能区域的划分与开发是中国在 21 世纪改革开放的新举措,也是中国特色社会主义建设的新创举。为了科学开发国土资源,提高经济建设的效益,国务院依据资源环境承载能力、现有开发密度和发展潜力等不同因素,对全国国土实施了新的战略发展规划。具体讲是,将国土空间划分为优化开发区域、重点开发区域、限制开发区域和禁止开发区域四类主体功能区,按照主体功能定位完善区域政策和绩效评价,规范空间开发秩序,以求形成合力型的空间开发结构。[①]

这种科学的整体开发规划与实践既是一种艰难的探索,也是一个改革开放的创新。

例如,广西壮族自治区不属于国家层面的优化开发区域,但是,壮族人民

[①]潘玉君、武友德、张谦舵、华红莲、姚辉等:《省域主体功能区区划研究》,北京:科学出版社,2011 年。

抓住"泛珠三角"合作的历史机遇,承接了一大批自广东省转移的产业项目,诸如柳州汽车城项目,这就使得经济滞后地区也进入了优化开发区域的发展行列。贵州省的黔中经济区被划为国家重点开发区域,该区域正在以贵安新区为核心,形成辐射带动力强的中心城市群,推动贵州省的城市化建设。湖南省湘西土家族苗族自治州虽然未包含在国家层面的限制开发区域内,但按照主体功能区划的思想,在湖南省域主体功能区划之中,该州正在进行限制开发区域的建设。这种决策突出了人与自然和谐的理念,由此已经获得了风情旅游的好业绩,带动了少数民族自治地方的发展。西藏自治区是青藏高原的主体,其生态过程对保障我国乃至东亚的生态安全具有独特的屏障作用,因而,西藏大片地方被列为禁止开发区域。西藏各族人民探索建设碳汇功能区,用一种新的发展方式,建设雪域高原幸福家园。

第一节　主体功能区建设

中国辽阔的陆地国土和海洋国土是中华民族繁衍生息和永续发展的家园。科学开发我们的家园,给子孙后代留下天更蓝、地更绿、水更清的珍贵环境财富,这是当代人神圣的历史责任。

一、主体功能区的基本概述

根据不同国土的资源环境承载能力,统筹谋划人口分布,确定不同区域发展的方向,实现强国富民的目标,这是加快中国经济社会发展的一个重大战略。2010 年 12 月 21 日,国务院正式颁发了《全国主体功能区规划——构建高效、协调、可持续的国土空间开发格局》(国发〔2010〕46 号),绘制了能使人口、经济和资源环境协调发展的国土空间开发格局的蓝图(以下简称《规划》)。《规划》指出:"本规划将我国国土空间分为以下主体功能区:按开发方式,分为优化开发区域、重点开发区域、限制开发区域和禁止开发区域;按开发内容,分为城市化地区、农产品主产区和重点生态功能区;按层级,分为国家和省级两个层面。"[1]中国的主体功能区规划与实践是创新发展的历史性范例,生产力空间布局经过这项规划的科学安排,将有利于缩小区域发展和人

---

[1]国务院:《全国主体功能区规划——构建高效、协调、可持续的国土空间开发格局》(国发〔2010〕46 号),北京,2010 年 12 月 21 日。

民生活水平的差距。

（一）主体功能区可运作的优势系统力量

任何一个类型的国土地域都不是孤立的，都有其差异性的环境、资源的存在特征和作用。事物有了差异，必然就有了主次之分，而主体功能区理论就是对如何科学发挥不同资源的势能的深刻阐述。

深刻地认识一片地域内自然环境的分异或组合的特性，这是很好地发挥地域系统势能的先决条件（见图 10.1）。第一，从地域分异的角度看。某地域 R 在地域分异因素的作用下可分异出 R_1、R_2 和 R_3；R_1 在同类的地域分异因素下可分异出 R_{11}、R_{12} 和 R_{13}，R_2 在地域分异因素的作用下可分异出 R_{21}、R_{22}、R_{23} 和 R_{24}，R_3 在地域分异因素的作用下可分异出 R_{31} 和 R_{32}。第二，从地域组合的角度看。这片地域 R_{11}、R_{12} 和 R_{13} 在地域组合因素的作用下可组合成 R_1，R_{21}、R_{22}、R_{23}、R_{24} 在地域组合因素的作用下可组合成 R_2，R_{31}、R_{32} 在地域组合因素的作用下可组合成 R_3。地域 R_1、R_2 和 R_3 在地域组合因素的作用之下，可以组合成 R。在一片地域系统内，他们能够共同构成不同分异与不同组合形态，形成不同的经济生产力。用从这些不同形态形成中提炼出来的理论指导实际的产业布局，无疑可以获得综合性的优良的经济业绩。

（二）主体功能区

每一块地域内的地理地质都会不同，这些差异表现在资源环境承载能力、现有开发密度和发展潜力等方面。同时，每一块地域内都有相比较强于其他地域的自然环境资源，集中人力物力开发这些优势资源，可以获得某种农牧业、矿产业、旅游业等的效益最大化。这种优势资源的存在，这种因地制宜的开发方式的采用，两者的结合就是主体功能区。依据中国的具体情况，《规划》强调必须根据不同的国土空间、不同的自然条件，因地制宜实施项目建设。例如，基于必须遵循自然条件适宜性开发的客观规律，《规划》指出："海拔很高、地形复杂、气候恶劣以及其他生态脆弱或生态功能重要的区域，并不适宜大规模高强度的工业化城镇化开发，有的区域甚至不适宜高强度的农牧业开发。否则，将对生态系统造成破坏，对提供生态产品的能力造成损害。"因此，必须尊重自然生态的自主循环，依据不同国土空间的环境条件确定不同的开发内容。再如，基于当代形成的新的为社会提供生态产品的理念，《规划》指出："人类需求既包括对农产品、工业品和服务产品的

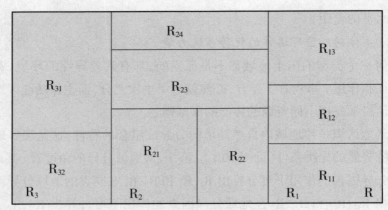

图 10.1　地域系统示意图

需求,也包括对清新空气、清洁水源、宜人气候等生态产品的需求。从需求角度,这些自然要素在某种意义上也具有产品的性质。保护和扩大自然界提供生态产品能力的过程也是创造价值的过程,保护生态环境、提供生态产品的活动也是发展。"因为,通过植树种草,为人们提供优质水源与空气,这些水源与空气就是包含人类抽象劳动力的生态产品。依据《规划》精神,主体功能区划的推进和实现是一个长期的过程,将伴随我国全面建设小康社会的整个进程①。如今全球气候变暖、环境恶化危害人类生存的情况已经十分严峻,而增强生态产品生产能力,就是在一定程度上减少了二氧化碳排放。因此,通过主体功能区的建设来推进实施遏制温室气体排放的项目,不仅意义重大,而且具有很强的可操作性。

二、四类主体功能区的特点

《规划》确定了主体功能区的四个类型,每个都赋予明确的定义,其标准都是遵循不同客观规律而制定的。

(一)优化开发区域

优化开发区域是,经济比较发达、人口比较密集、开发强度较高、资源环境问题更加突出,从而应该优化进行工业化城镇化开发的城市化地区。"国家优化开发区域的功能定位是:提升国家竞争力的重要区域,带动全国经济社会发展的龙头,全国重要的创新区域,我国在更高层次上参与国际分工及有

---

①高国力:《我国主体功能区划分与政策研究》,北京:中国计划出版社,2008 年,第 8~12 页。

全球影响力的经济区,全国重要的人口和经济密集区。"环渤海地区、长江三角洲地区和珠江三角洲地区,这些是国家层面上的三片优化开发区域。

(二)重点开发区域

重点开发区域是,有一定经济基础、资源环境承载能力较强、发展潜力较大、集聚人口和经济条件较好,从而应该重点进行工业化城镇化开发的城市化地区。"国家重点开发区域的功能定位是:支撑全国经济增长的重要增长极,落实区域发展总体战略、促进区域协调发展的重要支撑点,全国重要的人口和经济密集区。"国家重点开发区域有18片,其中,属于东部与中部地区的有8片,它们是冀中南地区、太原城市群、哈长地区、东陇海地区、江淮地区、海峡西岸经济区、中原经济区、长江中游地区。属于西部民族地区的有10片,它们是呼包鄂榆地区、北部湾地区、成渝地区、黔中地区、滇中地区、藏中南地区、关中—天水地区、兰州—西宁地区、宁夏沿黄经济区、天山北坡地区。

(三)限制开发区域

限制开发区域分为两种类型:一类是农产品主产区,另一类是重点生态功能区。

1. 国家层面限制开发的农产品主产区

国家层面限制开发的农产品主产区是,具备较好的农业生产条件,以提供农产品为主体功能,以提供生态产品、服务产品和工业品为其他功能,需要在国土空间开发中限制进行大规模、高强度工业化城镇化开发,以保持并提高农产品生产能力的区域。国家层面农产品主产区的功能定位是:"保障农产品供给安全的重要区域,农村居民安居乐业的美好家园,社会主义新农村建设的示范区。"

2. 国家层面限制开发的重点生态功能区

国家层面限制开发的重点生态功能区是,生态系统十分重要,关系全国或较大范围区域的生态安全,目前生态系统有所退化,需要在国土空间开发中限制进行大规模、高强度工业化城镇化开发,以保持并提高生态产品供给能力的区域。"国家重点生态功能区的功能定位是:保障国家生态安全的重要区域,人与自然和谐相处的示范区。"国家重点生态功能区有25个地区,它们是大小兴安岭森林生态功能区、三江源草原草甸湿地生态功能区和三峡库区水土保持生态功能区等。

（四）国家禁止开发区域

国家禁止开发区域是,有代表性的自然生态系统、珍稀濒危野生动植物物种的天然集中分布地、有特殊价值的自然遗迹所在地和文化遗址等,需要在国土空间开发中禁止进行工业化城镇化开发的重点生态功能区。"国家禁止开发区域的功能定位是:我国保护自然文化资源的重要区域,珍稀动植物基因资源保护地。"据法律法规和有关方面的规定,截至 2010 年末,国家禁止开发区域共 1443 处,总面积约 120 万平方千米,占全国陆地国土面积的 12.5%。

《规划》将国土空间划分为优化、重点、限制和禁止开发四类主体功能区,并且明确各功能区在区域发展和布局中所承担的不同分工定位,配套实施差别化的区域政策和绩效考核标准,这是对于国土空间开发机制方面的一项重大创新。①同时,《规划》明确指出,上述各类主体功能区在全国经济社会发展中具有同等重要的地位,存在的区别仅仅只是主体功能不同、开发方式不同、保护内容不同、发展首要任务不同、国家支持重点不同。因而,四类主体功能区建设的重要战略意义是,推进形成人口、经济和资源环境相协调的国土空间开发格局,加快转变经济发展方式,促进经济长期平稳较快发展和社会和谐稳定,实现全面建设小康社会目标和社会主义现代化建设长远目标。

第二节 优化开发区域向西部民族地区的产业转移

中国西部民族地区在国家层面上没有形成产生优化开发区域的自然地理、经济产业与科学技术等条件,但所具有的是其余三类开发区域。然而,优化开发区域的一些产业正在大量地自东部沿海地带向西部民族地区转移,这种趋势使得西部地区通过承接转移产业这种形式,同样获得了加快发展的新动力。

一、承接优化开发区的转移产业

区域经济发展不能平面铺开向前推进,相反,需要用产业聚集推动产业

①清华大学中国发展规划研究中心课题组:《中国主体功能区政策研究》,北京:经济科学出版社,2009 年。

优化,增强实体经济的竞争力,建设以产业优化为支撑的科学型产业园区,以此带动整个区域经济发展。1995 年,世界著名的法国经济学家弗朗索瓦·佩鲁(François Perroux,1903~1987 年)提出了一个有名的"增长极理论"(*Growth Pole Theory*),他认为,经济发展的主要动力是技术进步与创新。创新集中于那些规模较大、增长速度较快、与其他部门的相互关联效应较强的产业中,具有这些特征的产业可以称之为推进型产业。这类产业在运行中能主导产生后向、前向的连锁效应,从而带动区域的发展[①]。实践证明,通过这种非均衡发展,最终可以实现整个区域的均衡发展。增长极理论、孵化器理论等对于主体功能区建设具有借鉴意义,有利于实现在主体功能区规划指导下的优化开发区域的产业转移。

(一)优化开发区域的产业向外转移

《规划》确定的国家层面的优化开发区域都在东部沿海地区,虽然,西部民族地区尚不具备建设这类区域的整体条件,但是可以承接优化开发区域一些向外转移的产业。1979 年 1 月 23 日,广东省委决定在原来仅是一个毗邻香港的贫穷的小渔村进行经济建设试点,试办出口特区。改革开放的总设计师邓小平同志大力支持这个建设"深圳经济特区"的创新战略举措,他明确指出:还是办特区好,过去陕甘宁就是经济特区,中心没有钱,你们自己去搞,杀出一条血路来。30 多年过去了,深圳经济特区创造了全世界公认的建设奇迹。"深圳经济特区"引领了广东省,引领了全中国。如今,国家层面的优化开发区域长江三角洲地区、珠江三角洲地区等进入了新一轮大开发时期,成批的工业企业遵循比较利益的客观规律向西部民族地区转移,"泛珠三角"区域合作进入佳境。广西壮族自治区抓住这个历史上罕见的黄金机遇,承接了一大批自广东省转移的产业项目,不断拓展桂粤战略合作领域。2012 年 5 月,重庆市企业与环渤海地区的组团式中央企业进行了"建国以来最大规模"的签约,中石油集团、中石化集团、大唐集团、华能集团等 30 多家中央直属大型国有企业与重庆市签约共 72 项,所有项目最终实施完成后,总投资将达到3506 亿元。"十二五"期间规划投资 2770 亿元,2012 年到位

---

①[美]戴维·N·韦尔(David N Weil)著,金志农、古和今译:《经济增长》,北京:中国人民大学出版社,2011 年。

资金 436 亿元①。通过承接优化开发区域的项目，延伸中央企业的产业链，重庆市经济将获得更快的发展。解析典型的实例，可以清楚看到这种一个区域由承接其他区域的转移产业而建设成为"增长极"的惊人效益。

（二）柳州工业发展中的承接与创新

西部民族地区承接位于东部沿海地带的优化开发区域转移的企业，由此加快提升自己的经济实力，扩大财富规模，提高民众的就业率，这是经济滞后地区缩小与经济发达地区差距的一条可靠途径。柳州市工业发展就是一个典型实例，值得总结经验并予以推广。

1."十五"时期实现工业产值翻番

广西壮族自治区柳州市原来是在全国经济状况排名靠后的地方，但是改革开放以来，柳州市利用毗邻广东省的地理优势，不断地承接自深圳特区、广州市、东莞市等地转移的企业。1992 年 9 月，柳州市成立了高新技术开发区，规划面积为 110 公顷②。柳州市以此为引进外部资金的落脚基地，推进经济得到较快的发展。2000 年，柳州市第九次党代会通过开展思想解放再讨论，提出了"工业立柳、强市富民"的总体发展思路。2001 年，柳州市通过扩大对外开放，引进市外的一切可以引进的资金、技术、项目，用新技术改造和提升传统产业，扩张工业存量，提高工业增量。该市原来计划用 5 年左右的时间使工业经济总量由 400 亿元提升到 800 亿元，但是实际仅用了 3 年的时间，柳州就实现了工业产值翻一番，全面超额完成了"十五"计划中工业经济的各项指标。

2."十一五"时期出产广西第一款中级轿车

柳州市积极贯彻落实自治区党委提出的"富民强桂"战略，在"十一五"时期加大招商引资力度，推进"老工业基地可持续发展"。2002 年 11 月 18 日，上汽通用五菱汽车股份有限公司在柳州市正式挂牌成立，这是由上海汽车集团股份有限公司、美国通用汽车（中国）公司、柳州五菱汽车有限责任公司三方共同组建的。经过数年的艰苦奋斗，柳州市建起了汽车产业基地。2010 年 11

---

①张晓晖、杜远：《重庆获建国来最大规模国企签约总投资达 3506 亿元》，中国经济网，2012 年 5 月 21 日，http://www.zs.ce.cn/20125/19d22h368_5371.html.

②2005 年 12 月，柳州市高新技术开发区第一批通过了国家发展和改革委员会牵头组织的开发区审核。——著者注

月 22 日,广受关注的"合资自主第一车",上汽通用五菱宝骏 630 中型轿车在广西柳州市成功下线。该车身线条流畅,内饰黑灰呼应,整车呈现出奔马般的力量感与运动感……标志着广西第一款中级轿车产品诞生。由武汉市东风汽车公司、日本日产汽车公司组建的东风日产汽车有限公司也投资于柳州市,建立了东风汽车有限公司和柳州市工业控股有限公司共同持股的东风柳州汽车有限公司,生产商用车辆。此外,还有玉柴动力、玲珑轮胎等上百家汽配企业也集聚在柳州市。汽车工业带动柳州市工业经济连续实现跨越式增长,2009 年工业总产值迈上 2000 亿元台阶,2010 年达到 2400 亿元。2011 年,柳州汽车产业规模以上产值突破 1000 亿元,全市汽车销量突破 150 万辆,是全国少数几个年产汽车超百万辆城市;全市工业总产值成功跨越 3000 亿元,工业总产值占广西 1/4 强[1]。"工业柳州"名声越叫越响。

二、经典案例分析——创建柳州汽车城

泛珠三角区域合作是推进我国不同主体功能区发展的重要力量,其中,柳州市汽车城的建设是一个典型发展样板。

(一)"双转移"与产业承接合作

从实施了《"十一五"桂粤战略合作框架协议》之后,广西壮族自治区和广东省就在多个领域合作,双方共同探索两广区域合作新模式,推进区域经济协调发展。2011 年 12 月 11 日,《"十二五"粤桂战略合作框架协议》又在北京正式签署[2]。广东省之所以能够在改革开放中取得巨大成就,其中的一个重要原因是,包括广西壮族自治区在内的全国各兄弟省(区、市)为广东省提供了丰富的劳动力和原材料等资源。广东经济现在发展起来了,那么承担起"先富帮后富"的责任,这是义不容辞的。同时,广东省目前面临产业转型升级,因而,广东省制定了产业和劳动力"双转移"的新发展战略。广西壮族自治区与广东省山水相连、人缘相亲、人文相近,已经有长期良好的合作基础和紧密的互利合作关系。多年以来,广西对广东经济社会快速发展特别是在西江生态保护、劳动力等方面给予了巨大支持。广西在未来一段时期,更加需要在产业

---

① 杨清:《集聚产业勇争先——探析柳州产业发展新动向》,《广西日报》,2012 年 04 月 26 日。

② 罗侠:《"十二五"粤桂战略合作框架协议在京签署》,《广西日报》,2011 年 12 月 15 日。

承接合作、现代流通经济圈建设、区域生态环境保护等方面与广东加强合作。广东的"双转移"与广西的产业承接合作空间巨大，而且，两省区深度合作机制基本完善并成熟运作，由此，南方沿海地带的经济社会发展融合度会显著提升，发展水平也会明显提高。

（二）柳州汽车城建设

柳州市工业的发展在"十二五"时期迈开了更大的步伐，目标是举全市之力建设汽车城。一方面，这是继承以往，更多地承接优化开发区域的产业；另一方面，这是通过合资合作去吸纳、创新，以求达到更高层次的区域经济协调发展。

2010年9月28日，国务院批复同意柳州高新技术产业开发区升级为国家级的高新区。2011年1月31日，广西壮族自治区原则通过了《广西柳州汽车城总体规划》，这是一个影响柳州和广西未来产业发展的重大项目工程。这个汽车城的定位是"科技战略的新高地，经济发展的增长极"。根据这个建设规划，汽车城位于柳州市区东北部，规划总用地约203平方千米。整个汽车城西侧是蜿蜒而过的柳江，东侧为洛清江。汽车城建设采用了清洁能源技术，摒弃了传统工业基地常有的烟囱冒黑烟、轰鸣噪声大的生产方式，为此，管理部门建立了严格的监管机制。因为，监督管理与污染补偿制度是主体功能区建设的重要环节①。建设中的汽车城紧邻桂林市至北海市高速公路，这是国家规划公路发展的"五纵七横"国道主干线和西南出海大通道的重要组成部分。柳州汽车城规划结构的主要内容是八个功能区与十九个功能板块。八个功能区包括汽车城工业区、生活区、商务区、文化旅游区等，十九个功能板块包括整车生产、商业服务中心、汽车金融、汽车运动等。

汽车城目前正在落实"十二五"规划纲要，促进经济大发展。2012年，柳州市汽车城建设框架已经基本成型，上汽通用五菱、东风柳汽与玉柴动力等企业组合发力，形成了年产75万辆整车规模。2015年，汽车城的年产能力预计为100万辆整车，其中，上汽通用五菱力争实现的目标是产销汽车200万辆。而且，多年来，上汽通用五菱坚持"以人为本、安全第一"的安全方针，成绩显著，因而，2012年5月，被国家安全生产监督管理总局授予"全国安全文化建设示范企业"称号。2015年，汽车城的主导产业将十分突出，预计形成工业产

---

① 王建：《主体功能区建设与资源生态补偿机制》，北京：国家行政学院出版社，2009年。

值1000亿元、地区生产总值400亿元、财政收入60亿元。2020年,汽车城的市政功能会进一步完善,可建成为生态宜居新城,人口承载力能达到52万人。由此,汽车城能形成的规模是,工业产值2000亿元,地区生产总值达1000亿,财政收入150亿元。[①]汽车城的建设既是各方的共同构建与互利共赢,更是区域经济协调发展的典范。

总之,在《规划》指导下,实施国家层面的优化开发区域的产业转移,柳州市已经成为了创业发展之地,也是山水宜居之城,这样的状况目前已经初步显现。未来的柳州城市会再扩大、经济能再提升,"山清水秀地干净"的柳州品牌会得到发扬光大,以壮族为主体的各个民族的民众生活会更加丰富多彩。

第三节　重点开发区域的经济建设和人口经济活动

贵州省黔中经济区是《规划》中确定的18个重点开发区域之一,该区域位于四川省、广西壮族自治区和云南省三省区交接地域,因而其战略地位十分重要。已经实施的《中共中央国务院关于深入实施西部大开发战略的若干意见》第一次正式将"黔中经济区"纳入重点经济区,并提出要率先发展,形成省域经济增长点。

一、新城镇建设的主要发展方向

《规划》指出,由于我国正处于城镇化加快发展阶段,农村人口进入城市,既增加了扩大城市建设空间的要求,也带来了农村居住用地闲置等问题,因此需要优化城乡空间结构,提高空间利用效率。对于国家层面的重点开发区域而言,其最重要的发展方向和开发原则之一便是,健全城市规模结构,扩大城市规模,尽快形成辐射带动力强的中心城市。由此,推动发展壮大其他城市,形成分工协作、优势互补、集约高效的城市群。这样,就能促进人口加快集聚,并且可以进一步提高城市的人口承载能力。黔中经济区作为国家层面的一个重点开发区域,他们正是按照《规划》的原则来发展,而且效果显著。

(一)推动贵阳—安顺一体化发展的战略构想

加快推进贵阳市和安顺市的融合,率先启动贵阳—安顺一体化发展战

---

①谭彦斌、董明:《广西柳州汽车城建设规划拓展超大城市空间》,《柳州日报》,2011年2月17日。

略,对于加快推进黔中经济区尽快发展成为中国西部经济增长新高地至关重要。作为黔中经济区的重要组成部分,贵阳市是贵州省的省会,全省的经济、政治、文化中心,人才会集之地。因而,要首先充分发挥省会优势,统筹考虑产业布局和分工,进一步扩大基础设施建设规模,牵头快速发展信息共享网络。安顺市更加需要集中力量,先行发展以交通为重点的基础设施建设,尤其要加快发展城市快速干道。要充分发挥安顺市的比较优势,加快开发特色资源,培育发展特色优势产业,加快建设贵阳—安顺工业走廊,创建黔中经济区先进装备制造业基地、战略性新兴产业发展基地、循环经济工业基地、现代物流业基地和统筹城乡协调发展示范区。构建贵阳—安顺城市带,形成科学合理的城镇体系,建立黔中经济区未来发展的重要增长点和区域协调发展的重要支撑点,这已经成为贵州省实施工业化和城镇化战略的主要承载区。

建设贵阳—安顺一体化发展的区域经济,首先要重点建设贵安新区,其建设定位是"内陆经济开发开放示范新区",这是一个发展中的未来的国家级新区。根据《贵安新区总体规划方案》,贵安新区涉及贵阳市金阳新区、花溪区、清镇市的 8 个乡镇和安顺市西秀区、平坝县 14 个乡镇,共计 22 个乡镇,约 2000 平方千米的空间范围,规划约 400 万人口规模和 500 平方千米建设用地规模。①这个新区的建设能将贵阳市与安顺市连接成为一个较大规模空间区域,形成支撑黔中经济区和黔中城市群发展壮大的增长极。

(二)推进贵阳—安顺一体化发展的优势条件

推进贵阳市与安顺市经济一体化建设,这是贵州省实施重点开发区域经济建设的主要战略。集中力量进行这个重点开发区域的建设,主要依据以下优势条件。

1. 区位经济优势

贵阳市是国务院确定的"黔中产业带""南贵昆经济带"和"泛珠三角经济区"内的重要中心城市,是一座以资源开发见长的综合型工业城市。全市已经建设起了一个完整的工业体系,形成了囊括 34 个工业部门、165 个门类的综合性工业产业,市内主要工业产品和工业行业在全国居于重要地位。贵阳市

---

①贵州省住房城乡建设厅:《贵安新区总体规划方案》,贵阳市,2012 年 4 月 16 日。
——著者注

是全国最大的铝工业生产基地之一,磷矿工、精密光学仪器生产是全国三大生产基地之一,电子仪器仪表制造是全国五大生产基地之一,航天、航空、电子产业是全国三大国际科学工业基地之一。安顺市素有"黔之腹、滇之喉、蜀粤之唇齿"之称,是全国通往东南亚国际通道的重要节点城市。贵阳市与安顺地缘相连,人文相通,两市中心城区直线距离不足 90 千米,因而,联合发展经济优势明显。

2. 互补的资源优势

贵阳市的经济实力已经十分雄厚,然而,由于长时期开发,各种资源供给价格都很昂贵。安顺市有集中连片的万亩大坝平原,土地规模效应十分显著,开发潜力巨大,加之地势平坦开阔、交通区位便捷,在黔中经济区内具有较强比较优势。此外,安顺一带的气候主要特点是凉爽、湿润、清新、太阳辐射低,舒适期长达 8 个月,是全国舒适期最长的地区之一,适宜人类居住生活。贵阳市与安顺市优势互补,可以振兴贵州全省的发展。

(三)推进贵阳—安顺一体化发展的突破口

黔中经济区的各个行政单元发展条件各不相同,发展差别也较大。因而,要以贵安新区的建设为突破口,加快推进贵阳—安顺经济一体化建设。目前主要有两方面工作需要更加积极地开展。一是编制与完善《黔中经济区黔中新兴产业示范园区城乡统筹总体规划》,这是推进两市一体化发展的指导性纲领。二是加大招商引资力度,通过建设平坝县到花溪党武的城市干道和平坝到西秀腹地的城市干道,从交通设施上加快实现安顺与贵阳一体化发展。

二、贵州省城市化的道路

城镇化是现代化建设的一个必然趋势,是形成增长极的物质基础。城镇化在劳动力方面的需要就是大批的农民离开乡村进城,农民转变为工人。

(一)当前贵州省城市化面临的问题与挑战

贵州省工业化程度不高,城市化建设滞后。由于地处山地,该省城市结构不合理,大城市和中等城市发展严重不足,这是贵州在推进城镇化过程中一大突出矛盾。第六次全国人口普查数据显示,贵州省人口为 3800 多万人,近3000 万是农民。贵州省城镇化比例仅为 35%,低于全国平均水平 15 个百分点。全省只有 4 个地级市、19 个县级市和市辖区,分别占贵州同级行政区划数的 44.4% 和 21.6%,只有全国平均水平的一半左右,但有 50 多个国家贫困县,发展水平相当落后。贵阳作为全省唯一有 100 万以上人口的特大城市,其有限的辐射和带动作用难以彻底改变贵州落后的城镇化水平。

(二)贵州省城市化的发展潜力与方向

经济学理论表明,当一个地区城镇化率达到 50% 以上时,这个地区的经济才会腾飞发展。按照目前的数据进行计算,如果城镇化水平提升至 50%,则意味着贵州在未来 10 年至少要有 570 万人从农民变为城市居民。

贵阳—安顺一线地势较为平坦,具有容纳数百万人口的地理空间,为城市化过程中大量的人口迁徙提供了良好的地理条件。因此,贵安新区建设的重点是大力推进新型工业化和新型城镇化互动发展,建设贵安城市带和贵安产业带。要通过产业园区建设和城市新区建设的有机结合,推动工业化与城镇化"两化一体"发展,以求实现现代产业、现代生活、现代城市"三位一体"。通过贵安新区的建设,实际上是对产业、人口的发展扩展出一些新的空间,增强经济发展潜力。

三、配套政策的制定与实施

在同样有利于减小城乡差距的前提下,减少农村人口与加快城市化,比单纯给农民补贴增加他们的收入,更加能促进经济增长,这是解决"三农"问题的根本方式,兼顾效率和公平。仅靠改善物流条件和创造硬件环境还不行,因为,如果不扩大城市规模,那么整个经济社会发展水平难以提高,所以,千方百计加快城市化,把推动农村人口向城市合理有序转移,这是从战略上解决贵州发展问题的重要途径。

根据贵州省的省情和发展方向,"十二五"时期需要实现的战略重点和主要任务是,力争在 2015 年使全省的城市化水平达到 36%~38%,2020 年的同类值达到 46%~48%。为此,劳动力转移方面要做到使 4000 万人中的一半人员成为城镇就业人员,在 10~20 年时间内,使新建城镇化区域达到 800~1000 平方千米,实现力争先行转移农村人口 1000 万人的目标。

第四节　限制开发区域的经济建设和人口经济活动

按照主体功能区规划提出的国家层面与省级层面的两类设计思路,一些地方的经济建设要依据省级标准环境资源的约束条件,实施限制性资源开发政策。湖南省湘西土家族苗族自治州地处武陵山区,自然条件复杂,生态环境脆弱,是国家长江中下游防护林体系建设工程的重要组成部分,其生态功能具有重大的作用。该州虽然未包含在国家层面的限制开发区域,但湖南省的主体功能区划中已将其划定为限制开发区域。因而,该类区域的发展需要坚持保护优先、适度开发、点状发展的原则。

一、湘西土家族苗族自治州经济建设

湘西土家族苗族自治州位于湖南省的西北边陲、武陵山区腹地,地处四省边界,属于传统的老、少、边、穷地区,于 1952 年 8 月实行民族区域自治,州府设在吉首市。全州国土面积 1.5 万平方千米,现辖 7 个县 1 个市,共有 268 万人口,其中少数民族人口占总人口的 73.5%,是一个典型的多民族杂居的山区农业州。由于历史的原因和自然因素的制约等,全州基础设施相对落后,农村人口占总人口的 85%,经济基础薄弱。[①]但是该州境内拥有绚丽多彩的自然景观,闻名遐迩的名胜古迹遍布各处,还有神奇迷离的人文历史与浓郁古朴的民族风情,这些均构成了丰富的旅游资源,形成了巨大的旅游业发展潜力。

近年来,尽管湘西土家族苗族自治州的经济发展得到了快速的提升,但是经济发展速度依然低于湖南省平均发展速度,甚至低于全国平均发展速度(见表 10.2)。与湖南省相比较,在 2004~2011 年的 8 年间,湘西土家族苗族自治州国民经济总产值的增长速度除了 2010 年的 16.0%要高于湖南省的14.5%之外,在其余的 7 年中,均低于湖南省同类值的增长速度,经济总量占全省的比重始终在 2%左右徘徊。同时,该州与湖南省的人均差距也在扩大,而且呈现出了逐年拉大的趋势。例如,对比人均国民经济总产值,2004 年,湘西土家族苗族自治州与湖南省的差距是 3300 多元,但是到了 2011 年,这个差距达到了近 8500 元。

为了加快发展,近几年来,湘西土家族苗族自治州立足环境资源,创建了四大旅游组合板块,即凤凰历史文化名城游、德夯民族风情游、猛洞河土家文化生态游、里耶古城游,该州已经成为全省乃至全国旅游高速增长地区。2011年,湘西的三次产业结构比为 18.6:41.6:39.4,旅游产业得到了蓬勃的发展[②]。2006 年,湘西被评为"全国十佳魅力城市",被亚太旅游联合会、国际旅行商

---

①吴彦承:《湘西州农村改革开放 30 年》,长沙:湖南人民出版社,2009 年。
②鲁明勇:《湘西州域经济与产业发展》,长沙:国防科技大学出版社,2009 年。

会、世界华侨华人旅游合作组织评为"中国最佳旅游去处"。

表 10.2　2004~2011 年湘西土家族苗族自治州与湖南省 GDP 相关指数对比表

相关数据（年）	年 GDP 总量(亿元)		年 GDP 总量(亿元)		年人均 GDP(元)	
	省	州	省	州	省	州
2004	3831.9	75.7	9.0	8.0	6054	2746
2005	4151.5	83.4	9.0	4.1	6565	2827
2006	4633.7	91.1	9.6	8.1	7147	3100
2007	5641.9	111.4	12.1	9.6	9117	4042
2008	6511.3	123.3	11.6	10.6	10366	4991
2009	7568.9	148.8	12.2	11.3	11830	5910
2010	9145	190.7	14.5	16.0	14405	7445
2011	11156.6	226.7	12.8	8.2	17521	9081

数据来源：

1. 湖南省统计局：《2011 年湖南省国民经济和社会发展统计公报》，长沙，2012 年。

2. 湘西土家族苗族自治州统计局：《2011 年土家族苗族自治州国民经济和社会发展统计公报》，吉首，2012 年。

二、湘西土家族苗族自治州实行适宜经济发展战略

实施限制开发区域政策并不等于限制发展。相反，国家和省级管理机构均鼓励地方积极发展，繁荣经济。

（一）旅游业提升了湘西少数民族居民的就业率

湘西土家族苗族自治州政府部门依据本地特点，发展立足于优美景色的环境资源产业，积极发展旅游产业，取得了明显的成就。

1. 湘西旅游业的就业容量大

湘西土家族苗族自治州旅游业发展十分红火，该产业的拉动力量很大，使得旅游从业人员的数量直线上升。仅在 2004~2011 年，旅游就业人员从 2 万多人上升到 15 万多人，增长率达到了 650%。尽管其中可能存在规范性、职业性较弱等问题，但这一现象无疑都体现了旅游业对湘西土家族苗族自治州就业率提升的驱动作用。不过，从做持证导游工作的人数方面来看，从 2004 年的 86 人上升到 2008 年的 800 人，进步明显。然而，尽管其增长率达到 830% 之多，但是基数太少，8 年间仅仅增加了 714 人（见表 10.3）。因而，

需要继续加快发展旅游产业。

表 10.3　2004–2011 年湘西土家族苗族自治州旅游从业人员统计表

相关数据(年)	2004	2005	2006	2007	2008	2009	2010	2011
从业人员(万元)	2	4.2	6	8	9.7	12.1	13	15
持证导游(人)	86	273	400	520	607	850	723	800

数据来源：湘西土家族苗族自治州统计局:《湘西土家族苗族自治州统计年鉴 2011》,吉首,2012 年。

2. 旅游业带动湘西相关产业的发展

旅游业能带动一个地方相关产业的发展,增加当地居民的就业机会。世界旅游组织资料表明,旅游业涉及的领域非常宽泛,不仅涵盖吃、住、行,也包含游、购、娱等。国家旅游局提供的数据显示,旅游业直接、间接关联的部门可以多达 100 多个。据统计,在"十一五"规划纲要实施的末期,湘西土家族苗族自治州直接或间接从事旅游的就业人数达 15 万人之多。例如,以凤凰县为例,全县 2007 年仅旅游业就直接提供就业岗位 15000 多个,占该县安置就业和再就业人员总数 31567 人的一半左右。凤凰县城中涉及旅游服务人员达4.5 万人,为推进农业产业化和城镇化建设起到了决定性作用。

3. 旅游业推进湘西脱贫致富

一般来说,经济发达地区的出游人次多于贫穷落后地区。由于历史和地理等因素,优美的生态环境、秀丽的山水风光和浓郁的民俗风情多分布于偏远的贫困落后地区,因此,当经济发达地区游客来到具备旅游资源的贫困地区进行旅游消费的时候,对贫困地区来说也是一种外来的"经济注入"。这种经济注入显然可以刺激贫困地区的经济发展,加快脱贫致富的步伐。例如,湘西土家族苗族自治州永顺县王村镇以前经济发展滞后,村民生活水平较低。后来,王村镇得益于旅游业的发展,该镇五里长街如雨后春笋般兴起了一批饭店、酒家、旅游商品生产企业和旅游商品销售店等,总量达 872 家,月平均营业收入超过 1000 万元,全镇财政收入 10 年间就增长了 5.8 倍。依靠旅游业发展,王村镇人告别贫困迈向小康的人口已达 85% 以上,土家族、苗族村民家家盖新房,生活水平总体接近城市标准。

湘西土家族苗族自治州民族文化旅游的开发实施是一个长期的过程,因此,需要树立可持续发展战略,因地制宜地发展生态经济和资源环境可承载的特色产业①。遵循经济规律,坚持保护优先、适度开发,这也是全国区域性重要生态功能区开发的原则之一。

第五节　禁止开发区域的经济建设和人口经济活动

西藏高原是青藏高原的主体,是全球独特的生态地域单元,拥有许多特殊和特有的生态系统类型,其生态过程对保障我国乃至东亚生态安全具有独特的屏障作用。正是因为其特殊的地理位置、十分独特而脆弱的资源生态环境和经济社会欠发达等特征,按照其生态经济分区和主体功能区划分的原则,并在分析西藏生态经济系统和区域经济开发系统的结构与功能的地域差异的基础上,需要提出构建西藏主体功能区划的思路和西藏主体功能区划的总体布局。

一、建设西藏国土生态屏障

西藏自治区地处青藏高原的主体部分,而青藏高原则是欧亚大陆的"生态源"与"江河源"。自 20 世纪 90 年代末以来,国务院对西藏自治区不断加大高原生态环境保护和建设的投入力度,实施了多项生态保护和建设工程,由此,高原环境保护和经济建设工作取得了积极进展。例如,2009 年 2 月,国务院常务会议审查通过了《西藏生态安全屏障保护与建设规划》,将西藏生态安全屏障工程确定为国家重点生态工程。这项国家重点生态工程计划总投资 155 亿元,实施年限的期间为 2008~2030 年。根据规划,西藏生态安全屏障保护与建设内容概括为生态保护、生态建设和支撑保障 3 大类 10 项工程。

"十二五"开局之年,依据《全国主体功能区规划》,西藏已将总面积达 40.83 万平方千米的自然保护区列为"禁止开发区",占全区国土面积的 34.03%,比例居全国之首。其中包含 40 个各类自然保护区、21 个生态功能保护区和 7 个森林公园等。此外,藏东南高原边缘森林生态功能区、藏西北羌塘高原荒漠生态功能区等被列入"限制开发"区域。

由于西藏高原的核心地域影响作用,《中共中央国务院关于进一步做好西藏发展稳定工作的意见》强调指出,构建西藏高原生态安全屏障,推进西藏

①武吉海:《湘西州:中国西部概览》,北京:民族出版社,2002 年。

跨越式发展和长治久安。在保持上述生态服务价值与增强区域碳汇功能方面,西藏人民的伟大贡献值得永世赞美称颂。

(一)生态安全屏障建设开局良好

在青藏高原各种生态系统中,贡献最大的是天然草地,其贡献率高达48.3%,是碳汇能量生成的重要组成部分。2007 年,一项跨度为 2006~2030 年的宏大工程《西藏高原国家生态安全屏障保护与建设规划》正式实施,国家将投入100 多亿元资金,进行包括天然草地的保护、人工种草工程和自然保护区建设等共 3 大类 14 项工程建设。例如,规划期内要完成退牧还草 1496 万公顷,草地修复 420 万公顷和沙化土地治理面积 30.6 万公顷等,使 77%的中度以上退化草地得到有效保护与治理[1]。无疑,西藏高原的碳汇功能会因此而增强,其必然结果是有利于建设那片土地成为中国和亚洲的重要生态安全屏障。

(二)退耕还林工程使农牧民得到实惠

西藏自治区现有森林面积 1389.61 万公顷,活立木蓄积量达 20.91 亿立方米,保存有中国最大的原始森林。西藏不断加强森林保护,全区森林覆盖率已从 20 世纪 50 年代的不足 1%上升到 2007 年的 11.31%。2008 年上半年,西藏共完成造林 2.7 万公顷,占全年计划的 92%以上,造林绿化的树木成活率、保存率和后期管理均有明显提高[2]。自治区政府在林业项目建设中大量吸收农牧民参与,增加群众现金收入。通过森林生态效益补偿基金、退耕还林和天保工程等建设,西藏农牧民增加现金收入 1.8 亿元以上。其中在森林生态效益补偿基金工程中,1.6 万名护林员均为当地农牧民,这些民众增加收入总计9800 多万元。农牧民群众增收的途径还包括退耕还林工程收入 5750 多万元,发放的自然保护区建设及野生动物保护员工资 1800 多万元,天保工程收入1700 多万元,工程造林及农牧民个体苗圃收入 1200 多万元[3]。这些实惠使农牧民腰包鼓了,生活条件改善了,建设区域碳汇功能区的劲头也就增强了。

---

①西藏自治区环境保护厅:《西藏高原国家生态安全屏障保护与建设规划》,拉萨,2008 年 4 月 7 日。

②兰金山:《上半年西藏林业建设共完成造林 40 多万亩》,《西藏日报》,2008 年 8 月24 日。

③袁海霞、张小燕:《07 年西藏林业为农牧民增收近 2 亿》,《西藏日报》,2008 年 4 月10 日。

(三)清洁能源工程建设效益明显

为了减少污染,西藏大力建设清洁能源工程。西藏已经实施了一项长期沼气建设计划,其规定是,自"十一五"规划起步,用10年的时间,在适宜地区完成25万户沼气池建设任务,使125万名农牧民用上清洁能源。这项工作正在持续推进,效益显著。例如,2006年,国家投入1900多万元,在拉萨、山南和昌都等地农村建设沼气项目。2007年,西藏又大力推广"一池一棚三改"的新型高效能源沼气模式,即为项目农户每家建造1个沼气池和1座日光温棚,改造猪圈、厕所和厨房。当年底,全区农村户用沼气累计发展到2.5万余户。据测算,1座8~10立方米的沼气池基本能解决3~5口之家1年间80%的生活用能。2.5万座户用沼气池可年产沼气960多万立方米,能替代标煤6800余吨,减排二氧化硫270吨左右,减排二氧化碳1.37万余吨。沼液、沼渣还可取代化肥用量42.7%①。2008年,西藏再一次实现了建成3万户沼气池的目标,使15万名农牧民用上太阳能沼气。按照2007年自治区人民政府批准实施的"柴薪替代工程建设实施方案"及所取得的成绩,这项工程正带来巨大的生态效益。测算结果显示,待该工程全部完工后,西藏县城以上城镇全部居民将能够使用薪柴替代能源,全区50%农牧民也能够使用这个替代能源(太阳灶除外)。西藏由此每年可减少132万吨的薪柴或141.2万吨畜粪等能源消耗,使18.3万公顷森林免遭破坏,而它们的年蓄水量是0.82亿立方米,年固碳167万吨,年固沙6410万吨,产生氧气13.4万吨②。西藏的碳汇效能由此得到加强,高原的蓝天白云、森林景观将会更加迷人。

2008年,《中共中央关于推进农村改革发展若干重大问题的决定》强调指出:"充分发挥农民主体作用和首创精神,紧紧依靠亿万农民建设社会主义新农村。"西藏和平解放之前,乡村破败贫穷。如今,西藏是世界上环境质量最好的地区之一,每年都有大批国内外游客慕名前来观光。这个伟大成绩的取得归功于西藏各族人民的改革创新,特别是乡村农牧民群众不断探索实践,走

---

①徐锦庚:《2008年西藏15万名农牧民将用上太阳能沼气》,《西藏日报》,2008年6月30日。

②德吉、边巴次仁:《西藏薪柴替代的生态效益及对策和保障措施》,新华网,2008年8月7日,hppt://www.xinhua.org.

③王天津:《推动碳汇功能区建设 提高农牧民收益》,《西南民族大学学报》,2009年第2期。

出了一条适合于西藏区情的经济社会发展之路③。这些经验十分宝贵,值得继续发扬光大。

二、西藏部分乡村人口脱贫任务艰巨

西藏自治区的建设必须一切从当地实际出发,即充分考虑经济尚不发达的区域特征。例如,在《国家八七扶贫攻坚计划(1994 年~2000 年)》之中,西藏原列有 5 个国定贫困县。由于雪域高原环境自然约束条件严酷,因而,自《中国农村扶贫开发纲要(2001~2010 年)》实施之际,中央制定了"把西藏作为一个特殊集中连片贫困区域加以扶持"的新政策,西藏的 74 个县整体都属于新政策涵盖范围。国务院批准的《中国农村扶贫开发纲要(2011~2020 年)》再次规定,西藏自治区、青海省、四川省、甘肃省等四省藏族人口聚居的民族自治州,新疆维吾尔自治区的南疆三个地区、民族自治州等 14 个连片特困地区,均都作为未来十年国家扶贫攻坚的主战场。

通过多年扶贫,已经取得了明显的效益。2011 年,西藏自治区农牧民人均纯收入达到 4904 元,比 2001 年增长 2.5 倍,年均增长 13.3%。同时,按照 2006 年确定的 1700 元扶贫标准,全区 56 万人实现脱贫,贫困人口减少了 52.8%。无疑,那个地区的扶贫任务目前依然艰巨。新一轮的扶贫开发面临着更大的挑战,主要表现为以下四点:一是贫困程度深。到 2011 年,西藏农牧民人均纯收入仅为全国平均水平的 70%左右,是全国唯一的省级集中连片特殊类型贫困地区。二是贫困面大。西藏困难群众多、群众困难多,按国家新划定的贫困线测算,全区有 83 万多人口处于贫困线以下,占农牧区总人口的 34%。三是致贫原因复杂。由于自然、历史等原因,西藏经济社会发展起步晚、底子薄,农牧区基础设施滞后、公共服务严重不足的问题比较突出,自然灾害频繁,因灾因病致贫、返贫现象严重。四是治理难度大。西藏连片贫困与跨越式发展之间的矛盾、巩固温饱与生产转型之间的矛盾、稳定脱贫与全面小康之间的矛盾相互交织,面对经济社会发展主要矛盾与特殊矛盾并存的情况,新阶段的扶贫开发工作需要有新思路,其中一个属于创新的探索就是建立碳汇功能区。

三、碳汇功能区建设研究

西藏自治区拥有特殊的自然地理环境,利用这些条件建设碳汇功能区,这是增加藏族农牧民收入的一个有效途径。中国科学院"十五"时期实施的国家重点基础研究发展规划项目"青藏高原形成演化及其环境、资源效应"的研究资料指出,青藏高原生态系统每年创造的服务价值为 9363.9 亿元,占全国生态系统每年服务价值的 16.7%,占全球生态系统服务价值的 0.61%。青藏高原构成了中国境内最大的碳汇之地,是支撑中国内地和东亚环境系统的重要基地①。这个特殊资源是实施新开发的基础,能够在可持续发展方面获得一些突破性进展。

(一)如何建立西藏碳汇功能区

中国共产党"十七大"报告明确指出:"加强应对气候变化能力建设,为保护全球气候作出新贡献。"西藏自治区境内连绵的森林草原是拥有巨大能量的碳汇,能为缓解地球升温产生重要作用。因此,以科学发展观为指导,利用西藏拥有的资源环境,建立区域碳汇功能区,乃是贯彻落实任务的有效途径。

1. 统筹规划建设西藏碳汇功能区

建立西藏区域碳汇功能区,要以国家"十一五"规划纲要为指导,以《中国应对气候变化国家方案》为行动标准,借助国务院"节能减排"工作的强力推动,全面部署,稳步推进。

第一,统筹规划和试点示范。突出碳汇目标的功能区建设,实施难度较之以往要大。因此,必须制定出切合实际的总体规划,按照"政府引导、多方参与"的原则实施,先易后难,讲求成效。第二,突出自然保护区的特色。要在已经批准建立的众多自然保护区的框架之下,根据自然环境和地理气候,特别是依据绿色植被覆盖率高这项标准,选择具有强大碳氧转换功能的一些区域,因地制宜,试点示范,建成目标指向明确的碳汇功能区。第三,生态保护与经济发展相结合。建立碳汇功能区的最终目的是为人类创造长久安定与持续发展的基础条件,因此,及时发展生态经济,建立环境资源产业,使增收致富和环境保护协调一致,就是始终把握的方向。为此,才能调动群众的积极性,激发城乡人民参与劳作的热情。

2. 以提高绿化覆盖率来增强碳汇功能

森林草地越多,碳氧转换能力越强。一段时间内西藏民众却是这样评价造林绿化:"春天忙植树,夏天不见绿。"必须采取有力措施,扭转这种虚耗资金、浪费时间的无效益状态。

①王天津:《科学利用碳汇势能实现西藏跨越发展》,《中国民族报》,2010 年 5 月 14 日。

第一,用创新思想指导造林绿化。为了提高林木成活率,必须全面实施西藏自治区林业厅早在2008年就制定的方针:"严禁超面积超范围造林,严禁将重点区域造林绿化项目资金用于其他造林任务,严禁随意变动作业设计。"[①]因为,一些地方存在单纯追求造林面积现象,实际是"政绩工程"。必须杜绝那些华而不实的做法,切实保证高水平的树苗成活率。第二,保证民众自造林中受益得利。要合理使用还林还草补助款项,及时发放造林补助款,让当地老百姓按劳取酬。同时,尝试将部分补助资金以科技投入的方式执行,让农牧民得到长远利益。栽活一片绿树等于建立一座碳库。

3. 安居工程增强碳汇功能

民众首先要安家立业,才能从事生产活动,这既是数千年来人类社会发展的基本条件,更是当代绿化美化国土的前提。例如,林芝地区提出了率先在辖区内实现西藏自治区确定的安居工程奋斗目标,筹措资金,安排项目。2003年以来,林芝地区整合资金近5亿元,将小城镇建设和农房改造有机结合在一起,在全区率先进行农房改造。到2008年初,政府的上述举措已经使85000多名农牧民、72%以上的农牧区人口住上了安全适用的新房[②]。这些工作直接为民众增加了福利,因而,受到农牧民群众的衷心拥护。鉴于在西藏建设碳汇功能区的主要任务是植树造林,故而林芝经验值得大力推广。第一,加快新农村建设步伐。要牢固树立社会主义新农村建设的大目标,以发展生产为主导,组织动员群众,继续植树造林。第二,建设节能环保型住房。继续推广梯形彩钢环保铁皮、新型替代建筑材料,降低建房使用的木材量。同时,科学规划村落,适度集中建房,保护耕地和环境资源。第三,充分尊重农牧民群众的意愿。藏族民居特色鲜明,历史形态多样,是人民智慧的结晶。建设新农村安居住房要突出藏式文化风格,让农民群众从农房改造项目中再次真切地享受到改革发展的成果。

4. 由"禁白"活动走向碳汇功能区建设

建立碳汇功能区,不仅仅是植树造林。在日常生产生活中提倡与推行低

---

①西藏自治区林业厅:《关于做好2008年造林绿化工作的紧急通知》,拉萨,2008年2月27日。——著者注

②麦正伟:《林芝72%以上农牧区人口住进安全适用新房》,《西藏日报》,2008年1月9日。

碳生活,就是一个重要方面。例如,自 2008 年起在全国实施"禁白"行动,全面限期禁止生产、销售、使用厚度小于 0.025 毫米的塑料购物袋,淘汰超薄塑料购物袋类产品。2008 年春季,拉萨市环境保护局联合拉萨市城市管理综合执法局组成了"禁白"检查组,这些执法人员对市区几大菜市场进行了突击检查,发现了一种标注为"光降解环保袋"的薄塑料袋,它们属于禁用产品。为了保护青藏高原这片净土,工作人员依法处置了这些商品①。无疑,这样的执法监管需要不断加强,而且由此起始,要更深地过渡到建设碳汇功能区的活动中去。近年来,拉萨市累计完成户用沼气建设 3271 个(户),到 2012 年,全市有条件的农村和牧区的沼气推广工程已经基本完成。例如,达孜县塔杰乡早在 2007 年末,已有 400 户村民用上干净、节能的沼气。村民不但再也没有到山上去砍树做烧柴,还自发在荒地上种上了小树苗②。总之,要通过解放思想,深化经济体制改革,从多个方面作出艰苦努力,建成西藏区域碳汇功能区③。实践表明,大胆创新,倡导低碳生活,发展低碳产业,这是禁止开发区域经济社会发展的有效途径。

遵循全国主体功能区规划,依据广西壮族自治区、西藏自治区和贵州省等的生态环境特征,科学布局社会生产力,充分发掘自然资源,增加生产,不断提高人民群众的生活水平,强国富民的目标就一定会实现。

学习思考题

1. 主体功能区的定义是什么,如何进行四种类型划分?
2. 国家划分主体功能区建设中遵循的主要原则是什么?
3. 试论述广西壮族自治区柳州市在汽车城建设中产业承接与制度创新。
4. 推进贵州省经济大发展的贵阳—安顺一体化发展的优势条件有哪些?
5. 请说明旅游业对湖南省湘西土家族苗族自治州经济发展的驱动作用。
6. 为什么以及怎样建设青藏高原西藏碳汇功能区? 创新意义是什么?

---

①饶春艳:《"光降解环保袋"不能使用》,《西藏商报》,2008 年 2 月 6 日。
②裴聪:《拉萨沼气工程建设备受欢迎》,《西藏日报》,2008 年 1 月 29 日。
③王天津:《建立西藏碳汇功能区的若干设想》,《西南民族大学学报》,2008 年第 7 期。

第十一章　金融视角下的人与环境

内容提要　货币流通与金融运作是社会经济生产的血脉,顺畅的金融运转能支撑起一个生机勃勃的社会。中国古代社会不仅有了较为发达的金融行业,而且金融运作支持了典型性的生态、经济融为一体的都江堰水利工程,联合国机构人士赞扬说"这是全世界迄今为止,年代最久、唯一留存、以无坝引水为特征的宏大水利工程"。在现代社会,一方面是环境保护理念已经深入人心;另一方面是环境恶化现象不断加剧。于是,国际社会在解决环境污染等难题方面提出了多种方案,例如"庇古税"、"科斯定理"等经济学理论,还有名气很大的"赤道原则"理念,这些均可以视为环境金融的运作领域。中国政府为了实现环境保护与经济建设的双赢,不仅制定与实施了很多财政、货币等政策措施,而且在青藏高原地区获得了实际的双赢业绩。诚然,由于环境金融的内容非常丰富、中国在自然环境、经济建设方面的情况又很复杂,因而,使用金融产品推进环境保护与经济建设协调一致发展,任重道远。

使用货币流通方式,制作金融产品,促进社会经济发展,这是自古至今都有的现象。中华民族的先祖们制作了数以百计的货币,创造出各种金融产品,它们承载源远流长的中华文化。放眼世界,荷兰、美国等国家的人民同样创造了很有用处的金融产品,其中有些金融产品诸如《梧桐树协议》包含着惊人的想象力,它们迄今为止都在发挥着巨大作用。在当代社会,环境金融作为一个专业术语虽然出现仅仅数十年,但是,其所代表的体系蕴含着惊人的力量,正在推动世界列车的车轮向前滚动。中国一些地方尤其是西部地区,环境金融创造了很好的经济建设与自然环境和谐的业绩,探索与总结这些经验,有利于实现环境友好型、资源节约型社会的目标。

第一节　环境金融的缘起

自货币在人类社会出现之后，金融活动就开始了。环境建设事业发展之后，环境金融也就开展起来。当代社会，人们建设了一些大型环境项目，包括环境保护、污染治理等，这些均需要资金支持，因而，环境金融也就越来越引人注目。

一、金融业与环境金融概述

资金流动是社会经济生活必不可少的价值能量交换，如同维持人体生命而输送营养、氧气的血液。人类很早就使用了货币，也建立了一些货币流通的业务。环境金融是货币流通中的一个门类，其产生与发展的历史也很长。

（一）古今社会的金融活动简述

中国古代农耕经济在世界历史上都是发育十分完备的体系，各种农产品的交换催生了古代货币制度的产生。中国已有的大量考古发掘证明，自古代到近代，货币类型丰富且千差万别，春秋战国时期有楚大布、蚁鼻钱等，秦汉时期有秦半两、汉五铢与多种形制的新莽货币，南北朝时期至隋唐时代有北齐常平五铢、隋五铢、开元通宝……民国时期有纸币、金圆券等。中国古代的金融业也很有特色，尤其是到了宋代，货币流通和信用进入迅速发展时期，开创了古代传统金融的新阶段。史料记载的宋代官方金融机构有榷货务、市易务、检校库、抵当所、抵当库、便钱务、交子务等，因职责不同发挥信用功能的路径各异。榷货务主要职责是"掌醯、茗、香、矾钞引之政令，以通商贾，佐国用"（《宋史》卷一六一《职官志》）、"掌受商人便钱给券"（《宋会要辑稿·食货》五五之二二），无疑，这是相当于政府财政金融管理机构。中国古代信用也很兴盛，特别是在宋代，信用达到了一个历史高潮。宋代信用形式表现为借贷、质、押、典当、赊买赊卖、预付款等多元形式。借贷无外乎货币借贷和财物借贷两大类，进一步有政府借贷和私人借贷之分。政府借贷主要表现为赈贷的形式，通过紧急情况下贷给民户口粮或种粮的方式，助其度过困境，保证民众按时耕作，以保社会稳定。私人借贷多为高利贷，借助以"库户""钱民"为中心的高利贷网络输出货币资金，解决由于社会的分化和"钱荒"的影响带来的平民百姓资金严重不足的问题。质、押是借贷担保的形式，由质库、解库、普惠库、长生库等机构经营。质属动产担保，它的设立必须转移动产的占有；押属不动产担保，通常将抵押物的旧契交付抵押权人即可。债务人违约时，债权人可用变卖价款优先受偿①。宋代金融交往活跃，原因是商品经济繁荣。

在西方世界，金融活动也十分活跃，特别是随着欧洲商业活动的繁荣，信用、股票或债券等也迅速发展起来。15 世纪与 16 世纪的欧洲，企业借助银行的信用向存款人间接融资的现象在意大利等地逐步兴旺起来。进入 17 世纪，依靠企业的自身信用，越来越多的公司在资本市场向投资者发行股票或债券进行直接融资。1602 年，荷兰东印度公司创建阿姆斯特丹证券交易所（Amsterdamse Effectenbeurs），这是世界上第一个交易所（2000 年 9 月 22 日，该所与布鲁塞尔证券交易所和巴黎证券交易所合并，创建成立了欧洲证券交易所，Euronext Stock Market）。17~19 世纪，在股份制和资本市场的推动下，欧洲主要资本主义国家的经济得以快速发展。随着欧洲移民迁徙到北美洲，美国资本市场开始兴起。1792 年 5 月 17 日，24 个证券经纪人在美国纽约华尔街68 号建筑物外的一棵梧桐树下签署了《梧桐树协议》（Buttonwood Agreement），约定在出售每一手证券的时候，收取的佣金不能低于证券面值的 2.5‰，由此宣告了纽约股票交易所的诞生（1863 年改为现名，纽约证券交易所，New York Stock Exchange）。而在这个交易所门外马车上经常有进行交易的"路边交易者"们，它们后来形成了现代微博意义上的纳斯达克市场。马克思说："假如必须等待积累使某些单个资本增长到能够修建铁路的程度，那么恐怕直到今天世界上还没有铁路。但是，集中通过股份公司，转瞬之间就把这件事完成了。"②历史表明，资本市场是商业信用发展的结果，也是股份制和市场经济发展到一定阶段的产物。

（二）中国古代的环境金融案例

环境金融虽然是现代的术语，但是在中国古代社会，依然有大规模的环境金融运作事例。秦代时期，有三项水利工程，它们均包含着不同程度的人与自然和谐的环境因素。

①王芳：《宋代信用的特点与影响》，《光明日报》，2011 年 3 月 24 日。
②马克思：《资本论》（第一卷），《马克思恩格斯全集》（第 23 卷），北京：人民出版社，1972年，第 688 页。

　　中国著名的都江堰是古代历史上最成功的水利杰作，它历经 2260 多年而不衰，至今依然在运作，堪称是全世界迄今为止仅存的一项古代社会的伟大"生态工程"。中国秦代昭襄王五十一年（公元前 256 年），蜀郡太守李冰和他的儿子吸取前人的治水经验，率领当地人民，在岷江出山流入平原的灌县（今都江堰市），创建成了都江堰，这是一个防洪、灌溉、航运综合水利工程。都江堰的创立以不破坏资源环境且充分利用自然资源为人类服务为前提，变历史上的水害为水利便利，使人、地、水三者高度协和统一。2000 年 11 月，都江堰被联合国教科文组织列入"世界遗产名录"，成为人类历史上的宝贵财富。世界遗产委员会是这样评价它的："建于公元前三世纪，位于四川成都平原西部的岷江上的都江堰，是中国战国时期秦国蜀郡太守李冰及其子率众修建的一座大型水利工程，是全世界迄今为止，年代最久、唯一留存、以无坝引水为特征的宏大水利工程。"四川省流传着许多关于都江堰水利工程修建的故事，其中一些涉及水利资金筹措事务①。可以认为，那些传说就是今日所说的环境金融。

　　秦代修建的水利工程还有灵渠与郑国渠，不过后者已经被历史尘埃湮灭。灵渠是现代依然运作的秦代水利工程，它在今广西壮族自治区兴安县境内。公元前 221 年，秦始皇统一六国以后，为了完成统一中国大业，征派 50 万大军向岭南地区发动了战争。由于岭南地区山路崎岖，运输线太长，粮食接济不上。因此，为了解决军粮的运输问题，秦始皇通过将领们对当地山川地形的了解，果断地作出了"使监禄凿渠运粮"（《史记·平津侯主父列传》）的决定。史禄领导秦朝军士和当地人民一起，付出了艰苦劳动，劈山削崖，筑堤开渠，历时 3 年，修成了这条运河。灵渠把湘水引入漓江，沟通了长江水系与珠江水系，打开南北水路交通的要道，促进了中原和岭南经济文化的交流以及民族的融合。中华人民共和国成立之后，政府组织民众对具有"世界古代水利建筑明珠"美誉的灵渠进行了大规模整修，恢复了传统风貌②。目前，灵渠依然发挥着航运、农田灌溉和城市供水的功能，显示着旺盛的活力。

　　虽然历史久远，在现存的史书中均没有都江堰与灵渠修建的详细记载，

---

①谭徐明：《都江堰史》，北京：水利水电出版社，2009 年。
②伍镇基：《解读古灵渠之谜》，北京：水利水电出版社，2008 年。

也就没有关于建设工程中的环境金融史料,但是,数十万军民耗时数年从事工程建设,一定不能缺少现代称之的资金支持、筹资融资等事务。无疑,研究古代社会的这类环境金融,无疑是很有意义的事情。

二、环境保护的经济手段

21世纪,环境保护理念已经深入人心,而且影响到了社会经济生活的很多方面。换句话说,经济建设与环境保护的效益是否协调一致、共同赢利,乃是与当代人们的经济活动、生产组织与思想认识紧密相连的。通过经济税收、信贷等金融手段解决建设与环境效益共享中存在的一些问题,即采用环境金融方式从事经济业务,这是必须思考与探索的事务,为此,需要借鉴海外一些流行的经济学理论。

(一)"庇古税"原理分析

前文已经简述了现代社会存在的环境污染现象,其之所以产生的一个重要原因是,有些商人只是掠夺性开发环境资源,但是却不愿意向环境保护事业投资,结果导致环境恶化。这些商人获利了,但是很多与开发活动不相干的其他人却不得不在恶劣环境中遭受苦难,或者说被迫支付被西方福利经济学流派所称之的一种外部成本。英国经济学家阿瑟·塞西尔·庇古(Arthur Cecil Pigou,1877~1959年)被西方经济学界奉为"福利经济学之父",他于1912年发表了著名的《财富与福利》(1920年,此书经过扩展后再版并改称为《福利经济学》)①。他提出的一些解决这类问题的方法是,对产生外部性市场主体的经济行为进行收税或者补贴,其中,正外部性补贴,负外部性收税,后人称之为"庇古税"。这种手段实施的原理是,政府对产生污染的市场主体进行收税,使其私人成本增加到社会成本,成本的增加可以迫使其减少污染,最终使产生的污染达到社会适应的数量。或者是政府给予受污染的人补偿,补偿费用等于受污染而造成的损失。

(二)"科斯定理"理念分析

庇古税的应用看似完美,其实不然,因为它的使用需要一些前提假设条件:例如,信息完全,也就是说,政府在收税之前必须知道污染企业的私人成

①[英]亚瑟·赛斯尔·庇古著,何玉长、丁晓钦译:《福利经济学》,上海:上海财经大学出版社,2009年。

本和社会成本,以便决策并且能够收取恰当的税收,但事实上这是很难做到的。优美的环境诸如蓝天、河水是公共产品,任何人都可以免费使用。那么,环境的价值是多少?如何计算污染责任及其污染损失?这些信息难以获得,因而存在着信息不对称。若用经济手段解决环境问题,必然会遇到信息不对称带来的"市场失灵"。

应用界定产权的方式来明确环境污染的责任,或者界定生产中必然会造成一定程度污染的污染权利,这样可以解决污染中的信息不对称问题,因而,这种做法也是环境保护的一种方式。因为,经济主体有了明确的污染边界或者产权范围,或者说信息清晰,可以据此再进行交易,也就是说征收污染税或者给予治理污染的补贴,即执行庇古税政策。这种方法最初由英国经济学家罗纳德·哈利·科斯(Ronald Harry Coase,1910 年~)提出,他因此于 1991 年获得了诺贝尔经济学奖。科斯于 1937 年和 1960 年分别发表了《厂商的性质》和《社会成本问题》两篇论文,较为详细地阐述了交易成本、产权界定等理论,他由此被认为是在西方社会很有影响的新制度经济学的创始人之一①。他的这个观点指导人们将环境恶化这类外部成本内部化,有利于解决这类外部不经济的问题,因而被后人称之为"科斯定理"。与"庇古税"相同,"科斯定理"也有一些前提假设条件,例如,治理环境污染的交易费用存在且较小之时,拥有产权的一方对外部性的评价较小,此时,交易容易成功;如果评价大于外部性,那么交易永远不能达成。

"庇古税"和"科斯定理"均是有利于解决环境问题的代表性理论,是环境金融理论体系中的重要组成部分,而且相对于前者来说,后者更有进步。但是,后者不可能取代前者,两者在某种程度上还是有互补之处。需要特别指出的是,自 20 世纪 60 年代以来,国外关于环境保护经济手段已经产生了大量研究成果,其中有很多成果主要是以这两种理论为渊源和支柱的,而且逐步发展形成了较为完善的"庇古手段"与"科斯手段"②,庇古手段的内容是税收、补贴、押金、退款等;科斯手段则包括私人合约、排污权交易等。

---

① [美]斯蒂文·G·米德玛著,罗君丽等译:《科斯经济学》,上海:上海三联书店,2007 年。

② 郭濂:《低碳经济与环境金融:理论与实践》,北京:中国金融出版社,2011 年,第 34 页。

第二节　环境金融的内涵

环境金融是现代金融发展的一个重要趋势,它是对传统金融的延伸和升华,为21世纪金融业的发展提供了重要指导。环境金融有着多种称呼,如绿色金融、可持续金融、生态金融和气候金融等,它们本质上都是金融在环境保护中的盈利模式、业务创新和制度安排等活动的体现。中国环境金融发展的宗旨是,紧密配合国家经济发展战略,筹措资金,全面服务,用优质的财政、信贷、税收等手段支持经济建设。

一、环境金融内容简述

随着全球气候变暖已成为世界面临的重大挑战之一,金融界越来越被要求积极参与环境问题的解决,而且这已经成为全球金融业发展的共识。为此,21世纪的环境金融就应运而生了。所谓环境金融,是指金融业在经营活动中,特别是在相关项目的投融资过程中要体现环境保护意识,注重对生态环境的保护及对环境污染的治理,通过其对社会资源的引导作用,促进经济发展与生态的协调。因而,它不仅要求金融业率先引入环境保护理念,形成有利于节约资源、减少环境污染的金融发展模式,而且更强调金融业关注工农业生产过程和人类生活中的污染问题,同时为环境产业发展提供相应的金融服务,由此促进环境产业的发展。

（一）环境金融的主要内容

环境金融是一门新兴的金融学分支学科,它构建了一个有机的系统,将循环经济、金融创新糅合在一起运营。

1. 一个综合性的科学体系

环境金融运作有一个显著特征:这就是,其是一个以市场为基础的金融创新。人们在这个创新过程中能够应用一些方式,内容是探讨如何使用金融工具,促进循环经济发展,转移项目建设中的环境风险,提高经济工程的环境质量等。环境金融遵循可持续发展原理,强调循环经济和金融创新的彼此互动、协调发展,以更好地建立人与自然的和谐关系,推动经济社会稳定发展。环境金融通过创新开发一批批金融产品,并且形成合适的产品结构,使得资金在环境项目的建设中得到高效率的应用。环境金融还涉及一些深层次的制度安排,经营范围并不局限于一个国家,相反,乃是具有国际环境交易的作用。

2. 环境金融的一些产品

目前,国内外金融机构各自依据某些标准,主要是可持续发展、循环经济等理念指导下的经营目标,分别地推出了一些环境金融产品①。以下是实例:

第一,绿色抵押等银行类环境金融产品。近些年,一些发达国家的银行已经把环境因素、可持续发展因素等纳入其贷款、投资和风险评价程序,环境报告已经从会计报表的边缘内容变成主流内容,绿色会计报表得到大量应用。一些企业可以凭借具有的某些"绿色"的性质,即可获得银行推出的绿色抵押贷款。例如, 一个企业如获得 ISO 14000 系列标准认证,即国际标准化组织(International Organization for Standardization, ISO)制订的环境管理体系标准,一些银行就会在该企业的贷款方面给予优惠。对于有良好环境记录的客户,一些银行还会给予更多的优惠。

第二,生态基金等基金类环境金融产品。一些基金管理公司设立了某些专门投资于能够促进环境保护及可持续发展的共同基金, 例如可持续基金、生态基金等。这类基金产品将投资者对社会和环境的关注同他们的金融投资目标结合起来。这种做法看似束缚了基金的投资空间,影响了基金的运作效率,可是国内外的很多实证研究表明,其投资效率并不一定比一般投资基金低。

第三,碳排放减少信用和天气衍生品等金融衍生品。减少温室气体排放是世界各国共同进行的事业, 联合国和一些国家为此推出了碳排放减少信用,即如果排污单位的实际排污量低于允许排污量,它就可以向主管机构申请排放减少信用(等于允许排污量与实际排污量之间的差额)。美国已赋予排污权(排放减少信用)以金融衍生工具的地位,允许其以有价证券的方式在银行存储,并可以出售给其他企业。目前,全球气候异常变化的几率很高,这对天气敏感行业如石油和能源业构成越来越大的威胁,因此,利用天气衍生品对灾害风险进行控制的金融产品与交易活动也越来越多。

第四,巨灾债券。巨灾风险通常是指可能造成巨大财产损失和严重人员伤亡的风险,既包括自然巨灾风险,也包括环境污染等人为巨灾风险。巨灾风

---

① 王卉彤:《发展环境金融 促进循环经济和金融创新双赢》,《人民日报》,2006 年 6 月 9 日。

险会给保险公司带来灾难性的损失，因此保险公司一般不愿承担此类风险。1997年，一些国家银行与金融机构推出巨灾债券，即巨灾风险证券化，这成为将巨灾保险风险向资本市场转移的一条有效途径。这种债券的特征如下：其一，支付条件与环境污染等特定自然灾害的发生相联系，与其他债券品种区别明显，有利于投资品种的多样化。其二，保险公司可以在资本市场得到充足的资金去承担灾害保险，或者在传统保险失败或不存在的地方提供保险。其三，消减了政府直接承受环境污染等巨灾赔偿的负担，有利于政府财政收支平衡。

（二）联合国参与的环境金融活动

环境金融在国际经济交往中地位重要，因此，联合国有关机构积极推动了这类业务的开展。

联合国环境规划署融资计划（The United Nations Environment Programme Finance Initiative, UNEP FI）是近年来重要的国际环境金融项目。UNEP FI 在可持续发展报告领域主要倡议两项行动：一是全球报告倡议组织（Global Reporting Initiative, GRI）提出的金融服务行业增补条例。二是可持续发展管理和报告对发展中国家和新兴经济体的金融业的积极影响。自2010年1月起，金融服务行业的增补条例已经成为 GRI A 类申请者必须遵守的规定。2003~2008年，UNEP FI 和 GRI 共同带领两个国际工作团队开发和测试了GRI 金融服务行业增补条例。这两个工作团队的工作任务繁重，因为涉及了多方利益相关者，包括国际金融机构、评级机构和非政府组织。已经制定出来的该增补条例为银行业的零售业务、公司业务和商业银行业务、保险和资产管理公司提供了重要指导，即如何报告其产品和服务的环境和社会影响。接着，修订后的增补条例的指标已经被并入 GRI 的 G3 报告框架，这个 G3 准则是 GRI 可持续报告框架的奠基石。

在联合国框架内，环境指标全部重新制定，而社会指标则参考了第三方团体独立开发的增补条例草案。修订后的 GRI 金融服务行业增补条例较为完善，其有希望成为金融产品和服务的可持续发展报告指标。而在实际经济活动中，UNEP FI 和 GRI 工作小组也已提出了一些相应的环境和社会指标，它们主要是覆盖关键的、实质性的环境和社会议题，涉及金融机构的核心业务，与银行、资产管理和保险公司高度相关等。联合国参与的环境金融条款相对严谨,因而被世界很多国家采纳。

(三)国际环境金融实例

环境金融业务在国际社会的项目量日益增多,已经较为深刻地影响了经济建设进程。标准渣打银行(Standard Chartered Bank)是一家总部位于英国伦敦的银行,常常称呼其为渣打银行。这个银行的业务主要集中于亚、非、拉等新兴市场,渣打银行(中国)有限公司设在北京市朝阳区建国路77号。

渣打银行十分关注清洁能源项目,为此进行了一系列受人瞩目的重大交易。在21世纪的第一个10年内,渣打银行筹集了大笔款项,投资于韩国新安24兆瓦的太阳能项目、乌干达布加咖里250兆瓦径流式水电站项目和印度尼西亚114兆瓦地热发电厂项目等。可隆集团是韩国十大企业之一,其旗下有个全资子公司环境设施管理公司(EFMC)。渣打私募股权有限公司向EFMC进行了4000万美元的股权投资,投资包括:3200万美元用于收购40%的股份,另外800万美元的资金用来扩大该公司的水处理业务。同时,渣打银行还让EFMC利用其全球网络的便利,协助这个公司将业务扩展到印度、中国等市场。美亚电力公司是北非一家领先的清洁和可再生能源项目开发商,也曾经是中国境内最大的外商独资电力公司。渣打银行向美亚电力公司的清洁能源项目投资,其项目内容包括1277兆瓦的水电、100兆瓦的风电和996兆瓦的天然气发电。英国气候变化资本集团(Climate Change Capital)是全球最大的专注于环境保护领域的投资银行集团,其致力于为清洁能源、节能、可再生能源等行业的公司提供专业咨询并进行投资。渣打银行向这个公司的碳基金投资总额为5000万欧元[①]。事实表明,渣打银行的自营资本团队对高质量的绿色投资有着强烈兴趣,他们应用环境金融方式,多次投资于环境保护工程项目。

渣打银行的做法释放出目标是一个强烈信号:环境金融的实质是实施多渠道的专项投资,目标是建设环境保护工程项目。学习、吸收与创新渣打银行的做法,中国各商业银行、证券公司、保险公司、基金公司、大型企业和机构要积极行动,捕捉21世纪环境保护项目带来的金融发展机会,适时建立多元化的环境风险投资基金、环境产业投资基金、环境金融市场中的对冲基金等,同

---

①[英]渣打银行:《2009年可持续发展报告》,渣打银行中文官方网站,2009年,http://www.StandardChartered.com.cn.

时发行绿色金融债券，开展商业银行的绿色贷款以及环境信用风险评估，由此推进环境保护事业向前发展。

二、环境金融支持中国生态保护与林业建设

自 2000 年国家全面实施西部大开发战略以来，加强生态环境保护和建设始终是实施西部大开发的根本和切入点。金融机构根据国家经济发展的这个大战略，及时强化信贷政策与经济政策的协调配合，多渠道筹措资金，调整信贷服务的重点和方向，开展了一系列财务重组和机构改革重组，服务于国家经济发展。

（一）制定支持环境金融的系列化政策

进入 21 世纪，随着改革开放不断深入，中国大力推行环境金融，为此制定了一系列政策，其中著名的是相继创建"绿色信贷"、"绿色保险"和"绿色证券"机制。

1. "绿色信贷"机制

2007 年 1 月 30 日，原国家环境保护总局、人民银行、中国银行业监督管理委员会三部门联合，颁发了《关于落实环境保护政策法规防范信贷风险的意见》。这份意见提出要建立"绿色信贷"机制，要求对不符合产业政策和环境违法的企业和项目实行信贷控制，坚决遏制高耗能高污染产业的盲目扩张。

2. "绿色保险"机制

2008 年 2 月 18 日，原国家环境保护总局和中国保险监督管理委员会联合发布《关于环境污染责任保险的指导意见》，由此正式确立了创建环境污染责任保险制度的路线图。

3. "绿色证券"机制

2008 年 2 月 25 日，原国家环境保护总局发布《关于加强上市公司环保监督工作的指导意见》，明确提出，从事火电、钢铁、水泥、电解铝行业，还有跨省经营的重污染行业的公司申请首发上市或再融资，必须根据环境保护总局的规定进行环境保护检查。中国证券监督管理委员会表示，这种环境保护检查意见将作为受理申请的必要条件之一。

原国家环境保护总局牵头，中国银行业监督管理委员会、中国保险监督管理委员会、中国证券监督管理委员会联合组团，四家机构共同颁发文件，实施了系列化的绿色经济政策。这些政策不仅表现了国家保护环境的决心与积

极行动,而且为环境金融提供了实际支持。

(二)投资环境保护建设

对环境保护事业实施大规模投资,这是环境金融范畴内的另一项重要业务。生态环境产品投资多、周期长,一般企业与私人往往单纯追求短期高回报率,因而,他们常常不愿意进入这个领域。然而,作为社会大众"法人代表"的政府此时则需要出面,制定政策,投资环境保护事业。

青藏高原是地球上独一无二的"江河源"与"生态源",平均海拔4000米以上,那里孕育的一些江河成为中国乃至亚洲的重要江河源头,它们对中南半岛、印度次大陆和中亚地区数十亿人口的生存与发展具有重大影响。西藏自治区的辖区覆盖了青藏高原主要组成部分,该区被誉为"亚洲水塔"和"世界气候调节器",能对全球气候变化产生巨大生态作用。在西藏自治区,以藏族为主体的多民族群众广泛参加改革开放活动和社会主义经济建设,特别是他们积极保护西藏自治区境内的生态环境,建设国土生态安全屏障,业绩显著。从2008年开始,西藏自治区开始实施生态安全屏障工程,内容包括天然草地保护、重要湿地保护、森林防火及有害生物防治、野生动植物保护及保护区建设、生态安全屏障监测等。西藏自治区多家银行筹措专项资金,建设信贷资源保障及工作措施,支持这个重大的环境保护项目的建设。2009年2月18日,国务院常务会议审议通过了《西藏生态安全屏障保护与建设规划(2008~2030年)》,决定投入资金155亿元,启动生态保护、生态建设和支撑保障10项工程,具体包括草场建设与恢复、农牧区能源替代工程等,到2030年基本建成西藏生态安全屏障。当年8月,国家财政安排专项资金2亿元,用于支持西藏自治区率先在全国开展建立草原生态保护奖励机制试点。自治区银行系统因而大力优化资金发放的服务模式,例如,员工们深入羌塘草原,积极开展支持牧业的业务。到2012年初,全区生态安全屏障建设累计落实投资近32亿元,建设了一批大项目[①]。例如,这项规划中的天然草地保护与恢复工程实施之后,草原生态环境得到改善。西藏自治区那曲地区的安多县位于著名的羌塘草原,项目在那里得到了全面实施。安多县的草场植被平均高度由5.72

---

①报道:《西藏生态安全屏障建设累计落实投资近32亿元》,新华网,2012年1月6日,http://www.xinhuanet.com.

厘米提高到7.64厘米,草原生产力明显提高。农牧区传统能源替代工程效果同样明显,该工程已经大幅降低对森林、灌木、草地和畜粪的消耗。截至2011年末,西藏就已累计建成15万座沼气利用设备,年产沼气5994.45万立方米,可替代标准煤近4.3万吨,相当于保护15.01万公顷林木。这些工程仅是初步实施,项目的生态与经济效益均已很明显。

（三）投资植树造林项目

森林是地球陆地上最大的生态系统,树木在净化空气、涵养水源、防风固沙等方面具有特殊的功能。植树造林,绿化祖国,这是国家一贯实施的政策。2000年,国家全面实施了西部大开发战略,其核心任务就是植树造林。2003年,国务院发布一号文件《关于加快林业发展的决定》,提出了一系列通过金融手段推进林业发展的政策,包括财政支持、优惠贷款、减免税收、鼓励外商投资等,用于支持造林营林和发展林产品加工业。在2000~2010年,国家累计安排西部地区生态保护与建设的中央投资2172.2亿元,占同期全国投资的57.1%。同时,使用专项资金、低息或贴息贷款、增加优惠政策、引导社会资金投入等,对发展用材林、经济林、中药材、花卉等产业予以大力支持。在西部大开发的第一个10年期间,西部地区累计完成营造林3065万公顷,占全国同期的56.6%;西部地区的森林覆盖率从10.32%提高到17.05%,森林蓄积量增加近13亿立方米[1]。森林植被的增加有效控制了水土流失和土地沙化,改善了区域生态状况和农民生产生活条件。在青藏高原,国家各级政府和银行业界大力拓宽资本市场融资渠道,着力提升金融业发展层次,筹措充足的资金和加强金融服务项目,发展林业建设项目。以青海省"三江源"地区为例,2000~2011年间,国家财政与政策性银行投入巨资实施"天然林资源保护工程",结果使198.3万公顷天然林森林资源得到有效管护,工程区森林覆盖率增加了3.68%,总覆盖率提高到2011年的8.6%[2]。"三江源"地区生态环境状况由此得到明显好转,为国家构筑起了青藏高原"绿色屏障"。

---

[1]苑铁军:《贾治邦:在西部大开发中筑牢林业基础地位》,《中国绿色时报》,2010年1月13日。

[2]梁靖雪:《山川秀美好风景》,新浪财经网,2012年7月9日,http://finance.sina.com.cn/roll/20120709/085812512051.shtml.

第三节　国际环境金融理念的借鉴与实践

西方工业化国家实行环境金融时间较长,形成了一些环境金融行业的自律标准和规范,而借鉴这些标准与规范很有必要。

一、赤道原则简介及发挥的作用

西方工业化国家制定与实施的环境金融规则较多,涵盖了银行业务的众多方面。例如,1992 年的《银行业关于环境与可持续发展的声明书》,由联合国环境规划署(The United Nations Environment Programme,UNEP)牵头制定;1995 年的《保险业环境举措》,由 UNEP 制定;1997 年的《金融机构关于环境与可持续发展的声明书》,由 UNEP 制定。还有赤道原则、伦敦可持续金融原则、世界企业可持续发展委员会金融部门声明和全球报告倡议组织(Global Reporting Initiative,GRI)的金融服务领域补充协议(G3)。这些文件表达的内容很明确,要推动环境金融活动开展。例如,《银行业关于环境与可持续发展的声明书》宣布:"我们鼓励金融服务界发展能促进环境保护的产品和服务。"再如,有些文件的内容已经得到世界上很多国家金融业界的认可,被正式地付诸实践。其中,较为典型的是赤道原则(The Equator Principles,EPs),而实行这个原则的金融机构也被称为赤道银行(Equator banks)。

2002 年 10 月,荷兰银行(ABN AMRO)和国际金融公司(International Finance Corporation,IFC)在伦敦主持召开了由 9 个商业银行参加的会议,讨论项目融资中的环境和社会问题。会议决定,在国际金融公司保全政策的基础之上创建一套项目融资中有关环境与社会风险的指南,这个指南就是赤道原则。2003 年 1 月,非政府组织(Non-Governmental Organization,NGO)发布了《关于金融机构和可持续性的科勒维科什俄宣言》(*Collevecchio Declaration on Financial Institution and Sustainability*,*Collevecchio Declaration*),该文件提出了非政府组织希望金融机构遵守的 6 条原则,即可持续性、不伤害、负责任、问责度、透明度以及可持续市场和管理。这个宣言对赤道原则影响很大,后来实际上成了非政府组织衡量金融机构环境与社会问题的一个参考标准。2003 年 6 月,包括 ABN、AMRO、IFC 等 4 家发起银行在内的 10 家国际大银行在华盛顿的国际金融公司总部再次开会,大家同意正式宣布接受赤道原则。赤道原则文件主要包括两部分,序言(Preamble)和原则声明(Statement of Principles)。

序言部分主要对与赤道原则有关的问题作了简要说明,包括赤道原则出台的动因、宗旨、意义、目的以及赤道银行的一般承诺。原则声明部分列举了赤道银行作出融资决定时需依据的特别条款和条件,共9条,即9项原则。实行这些原则的银行承诺,他们只把贷款提供给符合这9个条件的项目。

赤道原则创立的主旨是,银行负有责任对项目融资中的环境和社会问题进行审慎性调查,并且督促项目发起人或借款人采取有效措施来消除或减缓所带来的负面影响。因此,金融机构在向一个项目投资时,必须对该项目可能对环境和社会的影响进行综合评估,并且利用金融杠杆手段,促进该项目在环境保护以及周围社会和谐发展方面发挥积极作用。遵守赤道原则的金融机构不需要签署任何协议,而只是宣布接受赤道原则即可。[1]于是,赤道银行在客观上成为保护环境与社会的私家代理人,因为通过发挥金融在和谐社会建设中的核心作用,可以有利于实现人与自然的和谐。赤道原则在国际金融发展史上具有里程碑的意义,它第一次确立了国际项目融资的环境与社会的最低行业标准,并成功运用于国际融资实践中。2008年10月31日,中国兴业银行正式公开承诺采纳赤道原则,成为中国首家赤道银行。

二、赤道原则在中国的应用实例

兴业银行成立于1988年8月,是经国务院、中国人民银行批准成立的首批股份制商业银行之一,其总行设在福建省福州市。该行于2007年2月5日正式在上海证券交易所挂牌上市,股票代码位601166,注册资本107.86亿元。经过多年的精心经营,截至2012年3月31日,兴业银行资产总额达到26293.98亿元,股东权益1239.57亿元,不良贷款比率为0.40%,其中,当年一季度累计实现净利润82.88亿元。根据英国《银行家》杂志2011年发布的全球银行1000强排名,兴业银行按总资产排名第75位,按一级资本排名第83位。

兴业银行自2008年承诺采纳赤道原则以来,将赤道原则作为顺应国家宏观调控政策、平衡业务结构、转变发展方式、发展绿色金融的切入点,已搭建形成较为完善的环境与社会风险管理体系,对符合赤道原则要求的项目开

---

①查然、聂飞榕:《赤道原则的产生、发展与实践》,《金融经济》,2008年第16期,第108~109页。

展环境与社会风险相关管理。截至 2012 年初,兴业银行共对 642 笔项目进行了赤道原则适用性判断,其中 33 笔适用赤道原则的项目已成功落地①。兴业银行用实际行动贯彻国家西部大开发战略,积极在西部地区开展环境金融业务。以下应用兴业银行在陕西省执行的两个环境金融贷款实例,说明银行界人士执行赤道原则的过程。

1. 子洲县天然气液化存储调峰项目

众所周知,液化天然气是一种热值高、污染小的清洁绿色能源,因而,液化天然气产业是对能源市场供应与调节的最佳补充途径。陕西省北部地区的地理条件独特,蕴藏有较为丰富的天然气陆地气源储量。为了充分发展液化天然气产业,确保天然气存储安全、用气稳定,陕西省榆林市政府制定规划,在所辖的子洲县内建设榆林天然气综合利用工程天然气存储调峰液化项目,该项目由榆林金源天然气有限公司负责组织实施。项目建设地为子洲县苗家坪工业园区,主要功能为将气态天然气经深度净化,在常压下冷却到-162℃后的液化天然气。但是榆林地区经济发展相对滞后,建设资金匮乏。

为了筹集到建设所需的资金,榆林金源天然气有限公司与兴业银行积极沟通,双方人员确定和设计了按照赤道原则实施的专项、合理的融资计划。榆林金源天然气有限公司签署协议,承诺遵守赤道原则的要求。经过详细审查,兴业银行西安分行于 2011 年 6 月 29 日批准给榆林金源天然气有限公司节能减排项目贷款 2 亿元。为了严格遵循保护环境的赤道原则,2011 年 7 月 14 日,兴业银行总行法律部与合规部、西安分行法律部与合规部人员陪同第三方评估公司伊尔姆咨询公司,对榆林金源天然气有限公司又进行了环境与社会风险现场评估。2011 年 7 月 25 日伊尔姆咨询公司出具了《榆林金源天然气有限公司赤道原则符合性审查报告》,该报告对企业环境与社会风险管理情况进行了详细的评估及报告,对企业提出了明确的环境与社会风险管理建议。兴业银行西安分行根据伊尔姆咨询公司提出的环境与社会风险管理建议制定了明确的《行动计划》,并将《行动计划》列为借款合同的附件,要求企业在规定的时限内完成各项环境保护及社会风险管理措施。接着,2011 年 8 月 27 日,兴业银行与榆林

---

①报道:《兴业银行中国首笔自愿适用赤道原则项目成功落地》,财经网,2012 年 1 月 16 日,http://finance.caijing.com.cn/2012-01-16/111619428.html.

金源天然气有限公司共同设立并签署了《兴业信托—榆林金源天然气有限公司项目收益权单一资金信托》文件,规定信托理财产品放款 1.8 亿元,期限半年。2012 年 2 月 23 日,兴业银行发放了节能减排项目贷款 1.8 亿元。①贷款发放后,按照合同,兴业银行西安分行将定期对榆林金源天然气有限公司进行环境与社会风险贷款后检查,跟踪该公司执行《行动计划》的情况。

2. 靖边县天然气液化生产项目

陕西省榆林市靖边县位于毛乌素沙漠南缘,西安市西蓝天然气集团在该县投资兴建了一个属于清洁能源领域的天然气液化项目,工程一期投资 3 亿元,由靖边县西蓝天然气液化有限责任公司运营。这个项目的主要生产工艺是将净化后的天然气进行液化,并为社会提供清洁能源。其厂址设在一片原来的荒沙地上,占地面积 10 万平方米。该项目的关键设备从国外引进,工艺技术先进,能耗低,废物、废气、废水量的排放少。西蓝天然气集团的这个项目以节能减排为己任,应用先进理念实施经营。兴业银行经过严格的审查,认定靖边县天然气液化生产项目属于赤道原则的融资范畴,于是,他们向西蓝天然气液化有限责任公司提供了一整套绿色金融服务。靖边县天然气液化项目具有标示性意义,是中国自愿适用赤道原则的项目,属于中国企业从被动遵循赤道原则向主动寻求以赤道原则管理风险的转变,既表明了环境金融的作用,又表明可持续金融在中国的实践得到了进一步深化。

这两个项目均是采用环境金融方式,实施赤道原则指导下的项目投资,这无疑将对陕西省乃至全国的节能减排工作起到很好的促进作用。

第四节　中国环境金融活动存在的问题

我国经济经历了 30 年的持续快速发展,工业化和城市化已进入规模化发展阶段,耗用资源的规模也日益庞大,随之而来的是越来越严重的环境问题,面临这一严峻挑战,金融业比其他行业暴露出更多的不适应。

一、环境金融产品短缺

环境金融本质上是一种提高环境质量、转移环境风险的融资行为或过

----

①资料来源:兴业银行西安分行:《兴业银行西安分行首笔适用赤道原则的项目融资发放项目贷款 1.8 亿元》,西安,2012 年 3 月 14 日。——著者注

程。我国的环境金融本来正处于起步阶段,环境金融产品单一、短缺,缺乏有效的环境融资品种,显得尤为突出,成为优化配置环保资源、促进环保产业发展和提高环保企业效益的一个短板,其表现如下:

第一,缺乏相关信息。由于环境产业运作时间较长,因而银行留出的环境信贷额度难以落实到具体项目,反过来,真正需要支持的环保项目很难找到融资渠道。第二,缺乏环境融资规划。目前不少银行没有适宜的环境融资计划,所以不能提出切实可行的融资行动,切合实际的融资产品寥寥无几。第三,金融服务不全面。环境项目的特点是资金周转时间长,而银行贷款则传统地倾向于短期流通,立竿见影,于是,一些银行的金融环境产品缺乏连贯一致的全程服务。他们的服务不能形成持续的助力,往往是环境产业的前期启动资金到位,但是,中期、后期与生产程序配合的后续资金却不能跟进。这样,资金回收与产业价值的创造与增值不能协调,使得金融企业与环保产业难以达到资源整合,结果是,以资本运作放大环保产业价值的融资目的难以显现。

二、金融服务于环境的意识欠缺

环境金融着眼于用多样化的金融工具为促进环境保护事业提供资金支持,强调保护环境、保护生物多样性,以维护人类社会的长期利益及长远发展。环境问题的广泛性、复杂性和持久性要求环境金融行为要表现出全局意识,还有牺牲局部、暂时利益的精神,因而其理论基础与传统金融显著不同。例如,环境外部性的内化必然导致企业生产成本上升,企业竞争力下降,这样,环境融资首先必须面对的问题就是融资风险大、地方政府和企业追求政绩和短期经济效益的动机强烈、同以盈利为金融业首要考核指标的传统业绩比较等,这些都需要通过环境金融理论的完善和环境服务意识的建立来化解。当前阻碍环境金融理念提升的主要表现是,轻视环境金融促进环保事业发展的重要作用;银行对于环境污染所带来的潜在信贷风险没有给予足够的重视;把环境保护和发展经济对立起来,看不到环境保护同样是一个盈利前景广阔的朝阳产业,环境保护与发展经济可以通过环境友好型产业实现结合与共赢,等等,因而,一些地方缺乏环境金融创新的积极性,很难产生有利于节约能源、降低消耗、增加效益、改善环境的生态金融创制动机,严重影响传统金融向环境金融的转型。

三、缺乏持续并贯穿始终的环境责任意识

"赤道原则"所提倡的金融环境责任,应当在金融市场与环保产业的合作中全面体现,从环境政策评估、信贷支持政策,到项目的环境风险评级,乃至具体的贷款程序等,都要求金融业高度关注生产过程和人类生活中的环境后果,确立环境准入标准,把责任落实到操作层面。目前国内环境项目融资由于金融企业的环境责任不能贯穿融资的全过程,包含环境风险的贷款和资本价格成为一种特殊的融资品种,引发资本以环保为名逐利,结果是打着环保旗号,实际转用他途的融资"漂绿"(green wash)现象相当严重。由于缺乏持续的环境金融监管机制,使银行难以消除环境项目投资"高风险、低回报"的担忧,为降低运营风险,规避环境融资成为银行首选策略,但也导致了一些银行的经营保守无创新。总之,环境项目常常具有公共物品的不可分割性、弥散性和流动性特点,需要在每个环节制定详细的运行措施,而责任不到位,定会导致金融系统环境风险扩大释放,因此,环境金融在我国的发展远不能适应形势需要。

第五节 提升环境金融行动质量的建议

从保护环境、确保银行业安全稳健运行的战略高度出发,必须针对存在的问题,大力开展科学合理的环境金融运作。开发一方资源,带动一方经济,造福一方百姓。

一、积极推进环境金融产品创新

21 世纪的经济、文化发展的动力来源于创新,环境金融业务的发展毫无例外也需要创新。牟取高额利润曾经被银行业视为最高的行为目标,但是,环境金融活动诸如赤道原则打破了这个狭隘、单一的工作目标,但是,由于银行业过去存在的很久的传统工作惯性,因而要真正实现将环境建设与货币交换连在一起的目标,尚需做很多艰苦的工作。创新就能打破陈旧传统,建立保护环境的新工作目标。近些年来,中国银行业协会连续编制年度《中国银行业企业社会责任报告》,其主要内容包括经济责任、社会责任、环境责任三部分,并且把国内商业银行建立绿色信贷的政策和制度作为深化改革的重要组成部分。实施创新,适时建立环境产业投资基金、环境风险投资基金,发行绿色金融债券,这样才能捕捉到 21 世纪环境保护项目带来的金融发展机会。在这个方面,西藏自治区金融机构的一些做法值得学习。

由于历史、地理等方面的原因,西藏自治区经济发展相对滞后,各种建设项目都需要资金支持。但是,如前文所述,一些公司在西藏的投资建设偏重于经济利益,结果是,他们在农牧区的生产活动损害了生态环境。立足高原实际状况,西藏自治区拉萨市银行金融机构积极贯彻落实《国务院关于落实科学发展观加强环境保护的决定》(国发〔2005〕39号)的精神,采取有效措施,促进经济社会环境全面可持续发展。2008年12月31日,拉萨市银行金融机构管理部门发出《关于贯彻落实<西藏自治区人民政府关于加强和改进金融服务"三农"工作的意见>的实施意见》(拉银发〔2008〕319号),提出大力强化环境金融业务,创建新的金融产品,支持农牧区那些能够达到环境保护与经济建设双赢的项目。这份意见明确规定:"制定促进农牧区产业结构调整和经济发展的信贷授权授信、信贷产品创新等制度,探索、试办农牧民土地(草场)承包权和林木所有权、动产质押、存货抵押、产权担保等多种担保形式,切实缓解'三农'大额贷款担保难的问题。在防范信贷风险的前提下,要进一步优化贷款程序、简化贷款手续,提高审贷效率,改进信贷授信和评级,创新信贷品种,灵活调配农牧区信贷资金。"实施这些环境金融政策,有效地遏制了损害自然生态的所谓开发活动。今后,银行金融部门不仅要继续贯彻落实这份文件提出的意见,还要深入调查研究,及时发现新问题,有针对性地制定新措施去解决难题,做好有利于环境保护和经济发展的金融授信工作。

二、加大环境金融服务低碳经济的力度

低碳经济是当前世界经济发展的大趋势,环境金融服务低碳经济建设是中国银行系统的重大方针政策。为此,中国银行业监督管理委员会(以下简称"银监会")相继制定了具体政策性措施与建议,实施节能减排。例如,2007年7月,银监会发布《关于防范和控制高耗能、高污染行业贷款风险的通知》(银监办发〔2007〕161号);当年12月,银监会又发布《节能减排授信工作指导意见》(银监发〔2007〕83号)。这两份政策性指导文件提出的共同要求是,各银行业金融机构积极配合环保部门,认真执行国家控制"两高"项目的产业政策和准入条件。例如,《节能减排授信工作指导意见》规定,银行业金融机构对那些打着新建项目实质属于淘汰类"两高"项目,"不得提供授信支持"。一些项目巧立名目违规开工建设,银行要"采取措施收回已发放的授信"。为了确保国家贯彻"国家产业政策限制"措施的实施,所有银行机构不得寻找借口,"绕开

项目授信的程序,以流动资金贷款、承兑汇票或其他各种表内外方式向建设项目提供融资和担保"。必须堵塞一切制度漏洞,让有限的资金真正用于低碳经济。

西藏自治区能源紧缺,为了减少生活用薪柴、草皮等的消耗,需要发展清洁的电力。人民银行、国家开发银行等金融机构专门立项,投资支持西藏大力发展太阳能电、风电、地热电。在环境金融的支持下,仅在"十五"与"十一五"期间,中央电力企业累计安排电力援藏资金4.5亿元,用于支持西藏电力建设。国家电网公司、南方电网公司等在未来几年中将继续用绿色资金支持雪域高原的电力事业。西藏自治区人民政府也分别与国家电网公司、中国大唐集团公司等11家中央电力企业签署《"十二五"电力援藏工作协议》①,密切了西藏同祖国内地的联系,增进了民族团结。为了继续做好电力建设工作,需要进一步做好先期准备,编制工程实施规划,使援藏资金能够高效益地使用。让资金效益得到充分发挥,这样将有利于提高西藏电力安全生产运营水平,让民众真切地感受到党的感召力和祖国的向心力。

三、环境责任贯穿于环境金融产品与项目建设之中

大型经济项目是带动地方建设的重要力量,这类项目又因为规模大、建设周期长而占用的资金额度很高,所以,在整个建设过程中该种项目均需大额银行信贷支持。应用环境金融方式,管理好此类项目的资金运营,能够加快项目建设。西藏自治区拉萨市拥有丰富的矿产资源,因而,近年来拉萨市大力实施"产业强市"战略,开山挖矿,实施跨越式发展,实现长治久安目标。为了保护矿区生态环境,协助矿区农牧业发展,有效增加当地农牧民收入,拉萨市全面贯彻矿山建设中的一项重要的"谁破坏、谁恢复"的原则。政府主管部门按照法律规定提取矿山环境治理恢复保证金,专项用于环境治理支出。同时,制定草原征占补偿费用指导标准并监督执行,积极调处矿产资源勘查、采矿权属纠纷,保障企业合法的矿产资源探矿权、采矿权不受侵犯。对破坏环境的矿产企业,依法严厉查处。

拉萨市银行系统积极支持西藏矿业开发,密切关注授信的矿山企业环境保护是否守法合规的情况,加强与节能减排主管部门的沟通。拉萨市建设银

---

①蒋翠莲:《"十二五"电力援藏工作会议在京召开》,《西藏日报》,2012年6月3日。

行综合考虑信贷风险评估、成本补偿机制和政府扶持政策等因素,严格环境影响评价和企业准入条件,深入推进绿色和谐矿区建设。他们有重点地给予环境保护做得好的矿山企业信贷需求的满足,减少或终止对违规企业的信贷,以信贷变化方式去坚决淘汰落后产能,推进传统原料输出型产业向精细化深加工方向发展。拉萨市建设银行还积极协助政府主管部门调整矿产业开发布局,通过增加授信额度来支持甲玛矿区的优化整合,为其他矿山企业的开发建设树立典型模板。①拉萨市工商银行也制定了详细规划,在为矿山建设配套服务的商业网点建设方面予以资金支持,具体是做好相应的投资咨询、资金清算、现金管理等金融服务。

保护好矿区生态环境,这是一项利国利民、改善生态、美化环境的重要工程,关系着广大人民群众的生存质量,关系到经济社会发展大局。因而,银行金融机构要继续将矿产业的发展与自然环境保护紧密联系起来,建设环境保护绿色矿区。银行系统需要加强对矿山项目建设的授信资金的拨付管理,监督、推进企业落实各项环境保护措施。建设项目应获得而未获得环评审批的,银行业机构绝不预先拨付资金进行开工前准备和建设;项目环保设施的设计、施工、运营与主体工程不同时的,银行业机构要坚决暂停主体工程建设的资金拨付,直到"三同时"实现为止;项目完工后应获得而未获得项目竣工环评审批,银行业机构不去拨付项目运营资金。

四、学习环境金融及其一切先进思想与理念

鲜花不会长在岩石上。任何人要在工作中作出成绩,都需要学习新思想、研究新事物。金融机构的投资者要努力提高本身的环境意识与社会责任,努力学习,提高服务环境建设的能力。因为任何伟大的思想都不是自己头脑里固有的,也不是从天上掉下来的,都是在学习、继承前人的基础上,不断思考与实践、提炼创新而产生和形成的。在学习方面,伟人马克思为我们当代中国社会主义建设者树立了楷模。历史资料记载,1851 年,在英国伦敦的大英博物馆,马克思如饥似渴地学习。1 月,研读稀有金属、货币和信贷方面的著作;2 月,研读休谟、洛克的经济学;3 月,研读李嘉图、亚当·斯密和流通方面的著

---

① 鹿丽娟、裴聪:《拉萨市加强和谐矿区建设扫描:矿区遍开和谐花》,《西藏日报》,2012 年 6 月 1 日。

作……他为写作《资本论》做了大量准备。正如列宁所言："共产主义是从人类知识的总和中产生出来的,马克思主义就是这方面的典范"。列宁还说:"应当明确地认识到,只有确切地了解人类全部发展过程所创造的文化,只有对这种文化加以改造",才能建设社会主义的苏维埃国家,"没有这样的认识,我们就不能完成这项任务。"①只有通过孜孜不倦的科学研究,用老老实实的态度、扎扎实实的工夫和持之以恒的毅力认真学习一切先进的思想、理论,批判地吸收人类思想史上已有的优秀成果,才可能在已有的人类优秀文化遗产的基础之上,正确地应用环境金融工具,建设社会主义的强国。

　　建设环境友好型社会、资源节约型社会,这是中国在未来一段时间持续发展的重大战略步骤,而应用环境金融的诸多工具,将能使这个战略得到更好的贯彻实施。在这个方面,西藏自治区已经积累了很多经验,能对其他地方产生一定的启示作用。环境金融工具的种类目前还在增多,而且,此类工具也应当不断被创新、推出,以利于更有把握地实现人与自然和谐相处的目标。

　　展望未来,中国需要建设的工程项目很多,同时,环境承载力加重、生态循环恶化的情况也会增多,这是任何人都不能回避的严肃问题。因而,继续创新金融产品,发展环境金融,为实现人与自然和谐的目标提供货币供给,这是一项艰巨的任务,也是一项伟大的事业。为此,不仅银行金融系统的人员要在开展业务方面解放思想,而且社会上每个公民也要转变一些传统的理财观念。银行发放每笔信贷,都要有综合评价项目的环境保护因素,唯此才能确保授信工程都能为建设环境友好型社会服务。每个公民也要在日常消费中厉行节约,杜绝浪费。这是时代发展的需要,大家都必须做,而且要做好。

学习思考题

1. 阐述古今中外金融业的发展,总结主要的经验。
2. 论述秦代都江堰、灵渠等水利工程的建设情况,说明它们的伟大意义。
3. 简述"庇古税""科斯定理"等经济理论的含义。
4. 论述中国投资环境保护建设的主要案例和主要特征。

---

①列宁:《青年团的任务》,《列宁选集》(第4卷),北京:人民出版社,1995年,第284页~285页。

5. 简述赤道原则的作用与意义。

6. 论述中国实施赤道原则的方式与主要特点。

7. 中国在环境金融运行中出现了哪些问题？主要原因是什么？

8. 提出促进中国环境金融发展的建议。

9. 论述环境金融与建设环境友好型社会、资源节约型社会的关系。

第十二章　环境服务与社会和谐

内容提要　世界经济在 21 世纪迅速发展，同时也面临着诸多的环境问题考验。环境服务业作为改善环境质量、扩大内需和促进经济绿色转型的现实需要，应运而生。中国环境服务业目前发展势头迅猛，这主要得益于中央和地方政府制定、实施的一系列优惠政策。环境服务业与其他产业之间有一些联接、带动效应，在优惠政策的推动下，这类效益得到了更大的生成、发挥空间。宁夏回族自治区环境服务产业运行多年，形成的经验、产出的效益均具有浓郁的西部民族地方特色，同时也显现了普遍的客观规律，因而，可以视为一个典型范例。内蒙古自治区蒙牛乳业(集团)股份有限公司创建了属于环境服务业的畜禽类排泄物沼气发电厂，该项目获得联合国开发计划署的奖励。中国环境服务业如今正在探索合同环境服务的新形式，通过创新管理、创新财政、金融支持、创新技术等方式，一些环境服务业遇到的难题已经得以解决。展望未来，中国特色的环境服务业将会得到更快、更好的发展。

全球气候变暖，催生了环境服务产业。在推行绿色经济、引领低碳生活的当今世界，环境服务产业的作用尤其显得突出。通过学习世界经济发达国家环境服务业经营的经验，特别是分析中国的具体国情，中国中央和地方两级行政管理部门出台了一系列政策，积极推进环境服务产业的发展，由此，这个产业在大陆很多地方迅速发展起来，而且形成了一些特色，诸如宁夏回族自治区的水资源合理利用等。实践表明，环境服务业包含内容符合市场需求，因而，这个产业具有旺盛的生命力。

第一节　环境服务业的分类及体系

环境服务业是一个新兴的产业，也是环境保护产业的一个重要组成部分。环境服务业虽然发端于 20 世纪中叶以后，但是这个产业蕴涵的力量巨大，而且随着世人日益尊崇回归自然，这个产业正在迅速发展。

一、国际社会兴起的环境服务业

世界各国经济发展的历史表明，社会经济在发展过程中总是不断发生着变化，其中产业结构的变动对整个经济的发展影响最大。产业结构的变动所呈现的一般规律是，农业在经济总量中所占份额持续下降，工业份额在工业化阶段迅速上升，服务业产出比重相对平缓，但持续上升，最终稳定在较高水平，同时劳动力由农业转移到制造业和服务业，形成服务业占据主要份额的局面。在社会经济生产与人类生活中，环境条件与人们的关系十分紧密。没有良好的环境，现代社会经济几乎无法运行。于是，为了营造优美的环境，推进社会经济文化发展，一个环境服务业诞生了，从小到大，逐步发展壮大。作为一个经济产业，环境服务业的发展在一些经济发达国家率先出现。这个产业涉及范围很广，触及社会经济生产、生活的多个方面。目前，服务业在经济发展中的作用越来越强，大力发展服务业已成为世界经济发展的普遍趋势。

（一）环境服务业的界定

环境服务业兴起之后，为了经营好这个产业，国际社会明确界定了产业的性质。因为，经济发达国家在历史上较早出现了大规模的工业污染，环境服务业也就在人们治理、预防灾难之中出现了，而且最先在一些工业化国家形成了共同的理念与国际合作。

经济合作与发展组织（Organisation for Economic Co-operation and Development，OECD）①是著名的政府间国际经济组织，该组织比较早地提出了一套环境服务产业分类体系，其体现了该产业的广泛内涵。OECD 提出了一个定义："环境服务具体指提供度量、预防、限制与水、空气、土壤、废物、噪声、生态

---

① OECD, *Environmental Goods and Services Industry*, Manual for Data Collection and Analysis,1999.

系统等相关的环境破坏的服务,以及将这些环境破坏程度降到最低的服务。"在经济发达国家,这个定义被普遍认可与使用。由于环境服务业的作用日益明显,于是,联合国机构便给予了越来越多的重视。联合国统计署(United Nations Statistics Division,UNSD)曾经制定了一部产品分类国际标准并于1991 年颁布,题目是《联合国临时中心产品分类目录》(*United Nations Provisional Central Product Classification,CPC*),又称为《产品总分类》。这是一个涵盖货物和服务的完整产品分类体系,目的是对作为任何经济体生产成果的货物和服务进行分类。2008 年 12 月 31 日,UNSD 发布了第四次修订增补版 CPC Ver.2.0。依据 CPC 提供的最新标准,环境服务业被分作多个类别,例如,污水处理服务是 CPC9401,自然与景观维护服务是 CPC9406 等。这些类别又可以归纳为不同的体系,涉及商业服务、通信服务、建筑服务、销售服务、教育服务、金融服务等多个系统。总之,环境服务是一个综合性的产业体系。

(二)环境服务业与其他类型服务业的区别

经济生活中服务业的种类很多,例如,银行金融服务、酒店餐饮服务、铁路运输服务等,环境服务业虽然与这些服务都有一定的联系,有些情况下是相互交融的,然而,作为一个新兴的产业,环境服务业有自身的特点。

第一,环境服务业具有广义与狭义的类别。环境服务是伴随着社会对环境要求的提高而产生的,是发展到一定水平的环境产业升级后而形成的现代化的服务产业。这个产业的广义性服务包含所有的社会经济生产,例如,农业、工业、交通运输业和金融业等。这个产业的狭义服务能具体到一个项目,例如,公园优美的环境、酒店高雅的装饰、学校明亮的教室等。

第二,环境服务业产品是一类系统化的商品供给。环境服务业在某些运营中是技术密集型的经济活动,其产品在广度上涵盖环境保护、污染防治等多个领域,涉及从评估设计、投资建设到运营管理等各个环节。此时,环境服务是一类综合、系统的商业产品供给,目标是达到深层次的环境保护效果。

第三,环境服务业具有可量化的产出衡量标准。提供环境服务的企业获得收益的基准在于,经过一系列服务之后,目标设定的环境改善条件要达到合约中客户对环境效果的预期,而这一标准通常是可以量化的,例如,污泥处置量、垃圾处置量等。

第四,环境服务产品由专业化的公司提供。随着环境服务项目的模式、标准和复杂程度的日趋提高，环境服务业的内涵也从单一的技术服务向决策、管理、金融等综合、全方位的智力型服务发展。于是，以往常见的、传统的以单一科研院所为主的格局已经改变，专业化的环境服务公司逐渐成为主流。

显而易见，环境服务既有自己的特点，又有与其他服务的相似之处，整个环境服务业运作的目的是遵循自然规律，提高经济社会效益。需要特别强调的是，环境服务业的这些特征不是固定的，它们是随着环境保护与环境建设的深入而不断变化的。

二、中国建立环境服务业体系

改革开放之后，中国经济一方面快速发展；另一个方面也出现了一些工业污染事件。为了维护人民群众的生活幸福，保护群众的身体健康，环境保护部门率先行动，支持环境服务业的发展。

（一）建立符合国情的环境服务业

中国环境保护事业在兴起之初，环境服务业也随之建立了，国家主管部门还对这个产业作出界定。例如，原国家环境保护总局曾印发了《2000年全国环境保护相关产业状况公报》，这份文件首次对环境服务业给出了定义："与环境相关的服务贸易活动，具体分为环境技术服务、环境咨询服务、污染设施运营管理、废旧资源回收处置、环境贸易与金融服务、环境功能及其他服务六类。"每个类别都有不同的范畴，服务于不同的需求。例如，环境技术服务包括的内容是："环境技术与产品的开发、环境工程设计与施工、环境监测与分析服务等。"环境功能及其他服务是："生态旅游、人工生态环境设计等。"[1]随着经济建设、社会文化的不断发展，人们对环境服务的认识加深了，服务需求也随之增多了。2005年12月3日，《国务院关于落实科学发展观加强环境保护的决定》（国发〔2005〕39号）正式颁发，这份权威文件明确提出："加快发展环保服务业，推进环境咨询市场化，充分发挥行业协会等中介组织的作用。"在国务院的统一部署之下，经过"十一五"时期的艰苦工作，环境保护服务取得了很大的成绩。

2012年6月，环境保护部科技标准司制订了《环境服务业"十二五"发展

---

[1]国家环境保护总局科技标准司、中国环境保护产业协会：《中国环境产业市场供求指南》，北京：中国环境科学出版社，2002年。

规划》(环办函〔2012〕185号),总结了"十一五"时期环境服务业的工作成绩。这份权威文件从国情出发,对环境服务业作出了更加全面、更加准确的界定:"环境服务业是指为环境保护、污染防治等提供的相关服务活动。包括从事以饮水安全和重点流域治理为重点的水污染防治、城市环境基础设施建设中的污水处理、城市垃圾及危险废物处置、噪声与振动污染防治、大气污染防治、土壤污染方式、生态保护、核与辐射环境安全、国家环保重点工程相关的环境技术开发、环境咨询、环境信息、环境工程建设、污染治理设施运营、环境监测、环境审核、环境贸易、培训与教育等服务。"实践证明,这个界定符合中国实际情况,能够作为科学配置资源的标准。

(二)环境服务业发展现状与趋势

国务院按照国情,正确部署环境服务业的布局,采取多种措施,科学引导、积极推动这个产业的发展。同时,依据《环境服务业"十二五"发展规划》显示的数据,自2006~2010年的"十一五"期间,社会各方面对环境服务的需求得以初步释放,由此驱动了环境服务业实现快速增长。我国环境服务业年收入总额为1500亿元,在环保产业中的比重为15%,从业单位1.2万家,从业人员270万人。五年间全国环境服务业收入年增长率约为30%,城市污水处理设施社会化运营比例为50%,工业水、大气污染治理设施社会化运营比例为5%。同时,这项规划还提出了一系列规范发展环境服务方针,确定了未来的工作任务。环境服务业在2011~2015年的整个"十二五"期间,全行业的发展目标是:产值年均增长率达到40%,服务业在环保产业中的占比达到30%。环境服务业未来的发展潜能巨大,能够为经济转型作出更大的贡献。全国"十二五"规划纲要的实施开局势头良好,环境服务业发展迅猛。

第二节 环境服务业的发展特色

背景可靠和清洁的供水对于人类社会和生物圈是至关重要的,而清洁水的供应正是环境服务业经营的领域。然而,由于温室效应与气候变异、工业化与污染增加等原因,世界水资源状况并不乐观。因而,大力发展环境服务业,满足人们在清洁用水等方面的需求,推动经济又快又好发展,保障大众拥有健康的体魄,这是经济建设的根本目标。在中国"十二五"规划纲要实施初期,环境服务业就依据国情,迈开了发展的大步伐,形成了自己的特征。水是生命之源,万物生长离不开水,人体 70%以上的物质由水构成。所以,以下用水资源供给、水污染防治为例,阐述中国环境服务业的一些发展特色。

一、环境服务产业治理水污染评析

地球表面分布面积最广的物质是水,任何生物的生长都离不开水的滋养。可是,由于地理条件约束、社会制度缺陷等原因,人类发展目前面临着严重的水污染问题,这是环境服务产业面对的一个挑战。早在 2007 年,在联合国教育、科学与文化组织(United Nations Educational, Scientific and Cultural Organization, UNESCO)的指导下撰写的《联合国世界水发展报告》2006年第二版的统计数据就显示,水资源短缺已经成为人类最大的压力,世界上1/5 的人没有安全饮用水,40%的人缺乏基本的安全饮用水设备。随着生活在干旱和半干旱地区的人口增长,在未来 25 年内,世界上 2/3 的人口将会生活在水供应有严重问题的地区。2012 年 3 月 12 日,每三年举办一次的世界水资源论坛在法国南部城市马赛举行,UNESCO 再次发表新的全球水发展报告,题目是《不稳定及风险情况下的水资源管理》。这份报告说,由于全球暖化所带来的负面后果,目前淡水供应压力逐步增大。全球约80%的废水仍未能得到收集和处理,仍然有十几亿人口无法获得安全饮用水。同时,由于用水管理制度缺陷,滥采滥抽地下水已经破坏了部分地下储水层的结构。"在一些地方,不可再生地下水短缺已经达到了十分严峻的地步。"报告呼吁,各国必须从根本上改变管理水资源的思路,采用有效措施控制水资源浪费现象。否则,十几亿人群将面临着饥饿、疾病、能源短缺以及贫穷①。中国政府已经采取了多种措施,解决水资源方面的种种困难。

(一)中国水污染防治取得成效

中国正在实施"十二五"规划纲要,保护水资源,治理水污染,这是其中的重要项目。例如,2012 年 5 月 16 日,环境保护部、国家发展和改革委员会、财政部、水利部联合颁发了共同制定的《重点流域水污染防治规划(2011~2015年)》(环发〔2012〕58 号),以下简称《水污染防治规划》。规划在编制中成立了由环境保护部、国家发展和改革委员会等 12 个部委及重点流域 23 个省(自治区、直辖市)联动的工作机制,历时两年完成。规划提出,必须集中力量,治

---

①资料来源:水利部办公厅,北京,2012 年 5 月 20 日。

理一些关键区域的水污染问题。依据这个规划,"十二五"期间还要大力做好重点流域的水污染防治工作,范围包括松花江、淮河、海河、辽河、黄河中上游、太湖、巢湖、滇池、三峡库区及其上游和丹江口库区及上游等 10 个流域,共涉及 23 个省(自治区、直辖市)、254 个市(州、盟)、1578 个县(市、区、旗)。依据《水污染防治规划》提供的数据:"2010 年,重点流域总人口约 7.75 亿人,占全国 56.5%,其中,城镇人口约 3.45 亿人。面积约 308.8 万平方公里,占全国 32.2%。"做好"十二五"期间的水污染治理工作,首先要立足于以往治理的基础。"十一五"期间,党中央、国务院高度重视,提出让江河湖泊休养生息等战略思想和战略举措,重点流域水污染防治取得了积极进展,成为自"九五"以来工作成效最显著的 5 年。《水污染防治规划》提供了一些数据,概括了以往的某些业绩。"与 2006 年相比,2010 年重点流域国控断面水质达到或优于Ⅲ类的比例增加了 13.4 个百分点,劣Ⅴ类断面比例下降了 16.9 个百分点。规划项目完成率(含调试率)为 87.1%,比'十五'提高了 23 个百分点;单位工业增加值化学需氧量排放强度下降了 52%。"很多水污染严重的地区经过了很好的治理,生态环境得到了明显的改善。

(二)重点流域依然存在水污染

虽然"十一五"期间取得了一些成绩,然而中国地域辽阔,水量分布不均衡,北方少雨,特别是重点流域地区,地形复杂,人口众多,因而在自然与社会环境方面形成水污染的几率较高。《水污染防治规划》公示的数据表明,2010 年重点流域的经济状况是:"GDP 总量约 20.82 万亿元,占全国51.9%,三产比例为 10.5:50.1:39.4;人均 GDP 为 2.7 万元,低于全国平均水平。"这个辽阔区域的经济总量虽然高,但是人均经济水平却不高,这就使得工业、农业生产中难以避免的废水排泄不能尽快得到自然净化,而是积累下来,形成了水体污染。《水污染防治规划》指出,重点流域内,"辽河、黄河中上游属中度污染,海河、巢湖环湖河流、滇池环湖河流属重度污染",情况不容乐观。一些支流污染更加严重。黄河中上游的"支流总体为重度污染,劣Ⅴ类水质断面主要集中在渭河、汾河、湟水河等支流",这些河流内的"主要污染指标为总磷、化学需氧量和高锰酸盐指数"。在一些地区,饮用水污染也存在,"主要污染指标为氨氮、铁、锰等"。在"十二五"规划区域《水污染防治规划》指定的重点流域,造成水体污染的具体原因是"2010 年,规划区域化学需氧量排放量为1431.2 万吨,其中工业污染来源占 11.8%，城镇生活污染来源占 33.5%，农业面源污染来源占 54.7%；氨氮排放量为 136.1 万吨，其中工业污染来源占 10.2%，城镇生活污染来源占 56.9%，农业面源污染来源占 32.9%"。水是生命的源泉。重点流域存在水污染问题，其危害影响绝不可小看。2012 年 4 月 16 日，国务院颁发文件正式批复了《重点流域水污染防治规划（2011~2015 年）》（国函〔2012〕32 号），要求在"十二五"期间大力做好水污染防治工作。文件指出："当前，水污染仍是影响我国经济社会可持续发展和损害群众健康的突出环境问题。"重点流域人多地广、气候地理条件复杂，因而，治理水污染需要采取特殊政策。立足特定区域的区情，国务院文件明确提出："重点流域的水污染防治工作要以保障水环境安全、改善水环境质量为目标，以污染物总量减排为抓手，综合运用工程、技术生态等手段，不断完善政策措施，努力恢复江河湖泊的生机和活力，促进流域经济社会可持续发展。"应对气候变化为全球水资源供应造成的诸多艰难的挑战，满足日益增长的人口、快速的城市化对水资源的需求，这是环境服务业未来工作的重点。

环境服务业的发展在不同的地方有不同的表现，宁夏回族自治区近些年来大力发展了这个产业，形成了自己的产业特色，具有典型意义。

二、环境服务产业显示威力

宁夏回族自治区的中部和南部山区气候干旱，土地总面积 5.18 万平方千米，水资源匮乏是制约当地经济社会发展的主要因素。该地区的气候条件是，北部干旱少雨、南部阴湿低温。人均当地水资源可利用量仅为 95 立方米，水资源极度缺乏。自然条件的约束使得那里的土地瘠薄，生态脆弱，水土流失严重，自然灾害频繁。那片地域广阔，占宁夏回族自治区国土面积的 65%；2010 年拥有人口总量 256.3 万人，占全区总人口的 41%，其中回族人口 133 万人，占宁夏回族总人口的 59.1%。那片地方的部分区域在抗日战争时期属于陕甘宁边区，当地人民群众为民族解放与共和国诞生作出了巨大贡献。然而，由于极度缺水，那片地域内目前有 8 个国家扶贫开发工作重点县，是全国最大的回族聚居区和集中连片特殊困难地区。其中，尤以西吉县、海原县、固原市所辖区域内的贫困现象较为突出，是普通民众意识中的贫困的代名词。

为了发展当地的经济，国家采取了一系列特殊政策，在宁夏回族自治区实施扶贫开发事业。从1983年起,国务院先后组织实施了三次大规模的扶贫开发项目,包括宁夏回族自治区的"西海固"与甘肃省定西地区等地的"三西"农业开发专项建设(1983~1993年)、"八七"扶贫攻坚计划(1994~2000年)和《中国农村扶贫开发纲要(2001年~2010年)》。经过三个阶段20多年的不懈努力,贫困地区的发展条件得到明显改善,贫困人口的温饱问题基本解决。在这个历史时期内,围绕着水资源开发、水污染治理等项目,环境服务业显示了威力,成就了造福于数百万回族、汉族等各民族的伟业。

(一)数百万人饮用安全甜水

饮用清洁的水,这是保证人们身体健康的至关重要的事情。2004年11月24日,水利部和卫生部联合下发了《关于印发农村饮用水安全卫生评价指标体系的通知》(水农〔2004〕547号),通知明确提出:"农村饮用水安全评价指标体系分安全和基本安全两个档次,由水质、水量、方便程度和保证率四项指标组成。四项指标中只要有一项低于安全或基本安全最低值,就不能定为饮用水安全或基本安全。"根据国家这份文件的规定,宁夏回族自治区于2005年完成了指标普查,调查数据显示,有220万农村人口饮水不安全,其中,农村有143万人的饮用水质不达标,8万人的水量不达标,33万人的用水方便程度不达标,36万人的水源保证率不达标。于是,自治区党委、政府把加快解决农村饮水安全问题作为重要民生工程来抓。自治区政府作出规划,连续6年将解决农村人饮安全问题列为10项民生计划、为民办30件实事之首。2006~2012年,全区共争取国家投资17.19亿元,组织环境保护部门、水利部门、农林牧部门等人员共同作业,在供水方面实施强有力的环境服务运作。在6年时间内,宁夏回族自治区集中解决了210万人的饮水不安全问题,加之前文简单表述的三个阶段的扶贫开发投入,到2012年6月,使全区饮水安全和基本安全人口累计达342.83万人,占农村总人口447.83万人(含乡镇)的76.5%,自来水入户率由不足20%提高到64%[①]。让更多群众喝上放心水,让水利更大范围惠及民生,环境服务产业实施的这项德政工程深得老百姓的拥护,为宁夏经济社会又好又快发展夯实了水利基础。

---

①《宁夏回族自治区第十届人民代表大会常务委员会第三十次会议文件》,银川,2012年6月18日。

（二）"塞上乳管"节水高效

宁夏回族自治区地处西北黄土高原,深居内陆,多年平均年降水量为157亿 m³,平均陆地蒸发总量为148亿 m³,天然地表水资源量为8.90亿 m³,地下水资源量为25.30亿 m³,扣除地表水与地下水重复计算部分,宁夏当地水资源总量为10.50亿 m³,人均水资源量低于全国水平,也是全国唯一降雨极度少于农田作物及天然植被需水量的地区。在干旱缺水、蒸发强烈的地区,农业的发展全依赖于灌溉。有水便有绿洲,无水则为荒漠。宁夏境内的河套灌区在农业生产中起着命脉作用,那个区域的灌溉面积并不多,只占自治区全部耕地面积的不足 1/3,但是粮食产量却占全区的 3/4,单产高出旱地约 10 倍以上。同时,随着经济的发展和人口的增加,宁夏用水供需矛盾日益突出。因此,加大环境服务业的运转力度,扶持节水灌溉农业发展,这是实现宁夏农业可持续发展的必由之路。

自古以来,勤劳的各族民众就依据宁夏地区的自然特点,修建渠道,引黄河水灌溉农田,耕作播种。唐徕渠是目前宁夏引黄灌区内最大的干渠,它始建于秦汉时期,因在唐代大修延长并招徕垦种,故而有其名,距今已有两千多年的历史。唐徕渠干渠全长312千米,有大小渠道 500 多条,承担着宁夏青铜峡(河西)灌区 5 个市县 34 个乡镇 175 个行政村 6 个国营农场 8 万多公顷农田的灌溉和爱伊河、沙湖、星海湖等 35 个湖泊湿地生态的补水任务,占宁夏引黄灌区总面积的 1/5。灌区农作物以小麦、水稻、玉米为主,是全国重要的商品粮基地之一,因而唐徕渠素有"塞上乳管"之称。当代人实施节水耕作,不断地努力提高灌溉效益。例如,渠道防渗工程是诸多农田灌溉节水措施中经济合理、技术可行的主要节水措施之一,同时又是当前农田灌溉节水工程改造中的关键环节。渠道防渗可使渠系水利用率提高 20%~40%,减少渠道渗漏损失50%~90%。2005 年,宁夏回族自治区人大代表团提出的相关节水建议被列为全国人大重点督办建议,唐徕渠的维护、改造力度得到进一步加大。2011 年,唐徕渠喜迎历年来基础设施改造力度最大的年份,灌区续建投入达到3341万元。2012 年,唐徕渠新桥至满达桥段砌护工程建成,由此形成唐徕渠 46 公里的集中连片砌护规模,改善下游灌溉面积 60 万亩[①]。环境服务产业推动了

①陈锐:《水利部长陈雷调研宁夏水利工作》,中国水利网,2012 年 5 月 26 日,http://www.chinawater.com.cn.

规模节水、运行安全目标的实现,获得了经济、生态的双赢效益。

(三)"塞上江南"风光绮丽

1996 年,联合国人居中心(United Nations Center for Human Settlements, UNCHS)在土耳其最大的城市、港口和主要的旅游胜地伊斯坦布尔召开了联合国第二届人类住区(Human Settlements)大会,这次会议通过的"人居议程"明确提出了"适宜居住的人类住区"(Liveable Human Settlements)概念。"宜居城市"是当今世界城市发展的潮流与方向,是城市建设的最高境界。2005 年 1 月,中国国务院批复了《北京城市总体规划》,这份文件首次正式提出了建设"宜居城市"战略,迄今为止,全国已有 200 多个城市把"宜居城市"确定为发展目标。

"宜居城市"在多个方面具体地表现了"科学发展观"和"和谐社会"理念,代表了中国新的城市理想。2007 年,中国开始评选"宜居城市",由中国城市国际协会(CCIA)具体负责。2008 年,宁夏回族自治区银川市荣获西北地区唯一的"宜居城市"称号。河湖环绕,湿地连片,绿树成荫,这是银川城区最明显的特征,因而,也成了人们向往的宜居之地。为此作出了巨大贡献的重要行业之一,就是环境服务业。

银川市地处黄河中上游的河套平原,历史上由于黄河不断改道,因而在银川周围的平原地区形成了众多的湖泊湿地,所以自古银川有"七十二连湖"之说,现有"塞上湖城"之美称。全市目前有湿地面积 3.97 万公顷,主要为湖泊湿地和河流湿地,其中天然湿地占湿地面积的 60%以上,自然湖泊近 200 处,面积 100 公顷以上的湖泊 20 多处。银川湿地内植物有 190 多种,野生动物有 150 多种。在改革开放政策的指引下,银川市投入大量人财物力,以退耕还湖还林为基础方法,以疏通河道与恢复湖泊为工程手段,大力发展环境服务产业,扩大了湿地面积,种植了成片的树木与草地,恢复了以珍稀鸟类为主的湿地生物多样性栖息地,还建设起来一个个傍水住宅小区,为广大市民提供了良好的生活环境。如今的银川市环境优美,城市管理科学,由此,获得了国家颁发的 "全国优秀旅游城市""全国节水城市""国家园林城市""全国卫生城市""全国环保先进城市""全国社会治安优秀城市""全国双拥模范城市"等荣誉称号。国内外游客来到"塞上湖城",放眼四望,绵延流长的水渠,广袤无垠的稻田,波光潋滟的湖泊,星罗棋布的鱼池,景色迷人的艾依河,一幅"不是江南,胜似江南"的塞上风光绮丽画卷。

宁夏回族自治区环境服务业围绕水资源的应用,充分发挥行业特长,为社会经济建设增添了动力,为回族、汉族等各族民众增加了福祉,显示了这个产业蕴含的巨大力量。

第三节 环境服务业发展的动力机制研究

中国环境服务业近些年来取得的发展十分明显,这一点已经由宁夏回族自治区水利事业发展的典型业绩得到证明。现代社会发展是综合性的,环境服务业同样如此。同时,全方位的环境服务业发展需要强大的动力,随之而来的产业需求要不断地为这个产业保持活力、增添能量。这样,构建或者完善一个高效率的动力机制,是环境服务业着重需要解决的议题。

一、经济建设与民众生活推进环境服务产业发展

需要是发明之母,需求造就市场。中国社会经济建设蓬勃发展,为人民群众提供更加优美的生活环境的任务很繁重,这种客观趋势是推进环境产业向前迈进的重要动力,能使环境服务产业有一个很大的国内市场,会源源不断地获得订单。

(一)节能服务公司大量兴起

为了保护祖国的蓝天,"十一五"时期,各地投资实施了大量的节能减排项目。仅 2007~2010 年底,中央财政就累计安排投资 202 亿元,支持节能减排项目 3500 多个。在市场需求与竞争的作用下,各地新生了一大批节能公司,采取合同能源管理方式进行节能改造,参与了锅炉窑炉改造、电机系统节能、余热余压利用等节能改造工程,为改善环境作贡献。中央和地方也出台财政奖励、税收优惠、信贷支持等政策措施,大力支持保护环境的节能服务公司经营业务。到 2010 年末,全国有 3900 多家节能服务公司登记注册,年产值近 1300 亿元。这些专业环境服务公司精心经营,业绩明显。"十一五"时期,全国环境服务产业累计实现节能量近 1 亿吨标准煤,占"十一五"全国节能量约 16%[①]。企业获利,人民获福。

---

①2011 年 7 月 30 日,国家发展和改革委员会副主任解振华在北京召开的"第二届全球绿色经济财富论坛"发言表示,"十一五"期间全国节能 6.3 亿吨标准煤,减排二氧化碳 14.6 亿吨。——著者注

(二)"十二五"节能减排市场空间更大

节能减排,造福人民。"十二五"期间,国家在节能减排方面的投入更多,市场形成的需求更加旺盛。2012年,中央财政安排了979亿元节能减排和可再生能源专项资金,比上年增加251亿元,加上环境服务业发展资金、可再生能源电价附加、战略性新兴产业支持资金和中央基建投资中安排的资金,合计达到1700亿元,形成了拉动环境服务业的强大动力机制[1]。在整个"十二五"期间,中国环保投资可以达到3万亿元,其中,仅用污染处理设施运行的市场空间就有1万亿元。以水处理为例,由于排放提标、污泥处理、污水深度处理回用等工作的需求,城市水环境基础设施升级改造需求的规模估计有2000万吨/日;在工业废水领域,随着排放标准加严、控制指标增多,取水、回用要求提高,同样也意味着运行维护、技术改造的服务空间广阔。例如,宁夏回族自治区在"十二五"规划纲要实施期间,污染废水处理是环境服务业经营的重要领域,建设了一批污染物减排重点工程,加大造纸、印染、化工、农副食品加工等重点企业工艺技术改造和废水治理力度。2012年4月23日,《宁夏回族自治区人民政府关于印发自治区"十二五"节能减排综合性工作方案的通知》(宁政发〔2012〕62号)颁发实施(以下简称《宁夏"十二五"节能减排方案》)。这份文件明确规定:"全区实现所有县和重点建制镇建成生活污水集中处理设施,改造现有污水处理设施,提高脱氮除磷能力。到2015年,单位工业增加值化学需氧量和氨氮排放强度分别下降50%,城市污水处理率提高到85%;再生水利用率达到30%。城镇污水处理厂污泥无害化处理率达到50%。沿黄市、县污水处理厂污水排放全部执行一级A标准,其他污水处理厂执行一级B标准。"完成这样大规模的废水处理,环境服务业的投资、赢利等各类经营项目,均有很大的运作空间。

二、国家政策为环境产业发展提供了有力支持

作为环境保护产业的一种高级形态,环境服务业具有明显的政策驱动型特征,因而,环境保护发展战略、行动政策、法律法规、技术标准等对行业发展举足轻重,这是产业发展的巨大推动力量。一些具体的经济、财税政策更是直接对环境服务业内的公司带来优惠,激励企业努力生产专用设施,完成承接

---

[1]财政部:《全国财政节能减排工作会议》,北京,2012年5月24日。

的工程项目。

（一）国家级与部级政策为环境服务业建立了运行机制

国家部委机构和国务院出台了一系列政策，有力地支持了环境服务产业。2011年4月5日，环境保护部《关于环保系统进一步推动环保产业发展的指导意见》（环发〔2011〕36号）颁发了。这份文件提出，大力推进环境服务体系建设，推动环保需求的产业化。具体要大力推进环境保护设施的专业化、社会化运营服务；大力发展环境咨询服务业；鼓励发展提供系统解决方案的综合环境服务业。大力提升环保企业提供环境咨询、工程、投资、装备集成等综合环境服务的能力，鼓励环保企业提供系统环境解决方案和综合服务。综合环境服务要求不仅面对工程等某一环节负责，而是面向环境效果负责。制定综合环境服务的服务标准和技术标准，在工业园区、城市和重点行业开展综合环境服务试点。积极探索合同环境服务等新型环境服务模式，提高服务质量和效益。在"十二五"期间，环境保护部有计划地邀请了约20家企业做综合环境服务模式试点，取得经验，全面推广。

在国家层面上，环境服务业同样得到政策支持。2011年10月17日，国务院发布《关于加强环境保护重点工作的意见》（国发〔2011〕35号）。这份文件明确指出："着重发展环保设施社会化运营、环境咨询、环境监理、工程技术设计、认证评估等环境服务业。"为确保国务院大政方针的贯彻落实，财政部制定与实施了一系列专门措施。例如，财政部会同有关部门建立了"以奖代补"机制，奖励环境服务产业加快发展企业，激励环境服务公司扩大业务范围，这就有效、充分地调动了企业积极性。财政部还建立了"间接补贴"机制，由企业在销售环境服务产品时先将补贴资金兑付给消费者，事后再与中央财政据实清算，这样既减少中间环节，保证消费者可以及时拿到补贴，也有利于落实企业责任，严格监督管理。

这些国家级和部级政策有力地推进了环境服务体系建设，使更多的从事环境保护产品制作、服务的企业坚定了发展方向。

（二）优惠政策为环境服务业发展提供了最强大的动力源泉

完善财政激励政策，强化财政资金的激励引导作用，逐步加大节能减排的投入力度，国家和部级行政管理部门实施的这些政策给环境服务业送去了优惠条件，推进了环境服务业不断扩大业务范围。同时，在国家和部级大政方针的指引之下,各级地方也出台了一些优惠政策,积极开展本地环境服务业务。例如,《宁夏"十二五"节能减排方案》规定:"认真实施'以奖代补''以奖促治'以及采用财政补贴方式推广高效节能家用电器、照明产品、节能汽车、高效电机、太阳能产品等支持机制,扩大资金覆盖面。自治区财政逐年增加节能减排专项资金,加大对节能减排重点工程的支持力度。"宁夏回族自治区财政厅在实际工作中创新投入机制,加大力度支持全区节能减排工作的开展。他们把节能减排与应对国际金融危机、培育发展战略性新兴产业紧密结合起来,大胆探索,勇于创新,调整财政支出结构,陆续出台了30多项财税制度和办法。按照"渠道不变,各出其钱,捆绑使用,各计其功"原则,宁夏回族自治区财政厅将排污治理专项资金、工业化专项资金、科技攻关资金等捆绑使用。这些政策的实施先后支持了发电企业烟气脱硫、区域废水综合治理等项目,撑起了环境保护的一片蓝天。

三、激烈的市场竞争激励中国环境服务业兴起

中国经济总量已经是全球第二,环境保护市场空间又很大,商机很多,因而,国内国外公司密集汇聚,争相占领市场份额。国家统计局曾经在2000年公布的一份报告证实,外商在中国投资的所有产业中,最有利可图的产业是自来水厂,其利润和成本的比率高达24.48%。于是,一些海外大型跨国公司更是大量登陆,抢占商务地盘。

(一)环境服务领域国际竞争激烈

水务项目丰厚的利润吸引了海外公司,他们将中国的水务称之为"黄金产业"。市场红利诱人,一些大型海外跨国公司便纷至沓来。

例如,法国威立雅环境集团(VEOLIA EN-V IRONNEM ENT)是个大型跨国公司,也是全球500强之一,其在较早时间就进入了中国环境服务市场。1997年6月,该公司与天津市政府签订了特许经营合同,负责改造天津凌庄自来水厂。该项目总投资3千万美元,合同期20年。这个大型跨国公司有个子公司欧提维(OTV-Kruger),该公司在中国获得20多个水务项目,分布在中国19个城市,有东部地区的北京市、上海市等地,还有西部地区的陕西省西安市、新疆维吾尔自治区乌鲁木齐市等地。

再如,法国苏伊士集团是世界著名的跨国公司,其在2010年在世界500强排行榜中排名第29位。苏伊士集团(Suez Group)早在2002年就与重庆水务集团合作开发供水项目,共同组建中法水务投资(重庆)有限公司,合作开发重庆市主城区北部片区供水项目,投资总额12.3亿元人民币,合作期限为50年,满足了45万人的饮水需要。2010年,苏伊士集团再次与重庆市合作,实施新的建筑物水空调降温项目投资。这个项目要利用长江水和嘉陵江水,在两江新区的公共建筑和商品楼盘内采用水空调技术在夏季降温,这是一种非常先进的节能减排技术①。重庆大剧院已经采用了这项技术,效果很好。

海外国际资本大举登陆中国市场,开展环境服务业务,他们的行动促进了中国国内企业积极行动起来,通过引进、吸纳、创新过程,推出自己的环境服务产品。

(二)市场竞争造就了中国环境服务企业

经历了激烈的国际市场竞争的锻炼,越来越多的国内环境保护领域内的企业成长起来,有些逐步壮大为有实力的大型企业,通过竞争,承接了海外市场的环境服务工程。

2009年7月29日,国内著名环保企业——北京桑德环保集团有限公司(以下简称"桑德集团")接到沙特阿拉伯Jubail及Yanbu电力、水利公共事业公司辖下的Tareeq Al-Matar第九污水处理厂的升级改造项目正式中标通知书,合同总金额达5.6亿人民币。该合同仅是第九污水处理厂第二阶段即新建污水处理厂,第一阶段和第三阶段即相关改造项目的设计工作也由桑德集团进行,三个阶段的合同总额合计达到7亿人民币。这个沙特阿拉伯污水处理厂是国际招标,项目吸引了一大批实力雄厚的国际水务大鳄,其中包括法国、日本、韩国等国众多跨国公司以及当地水务公司。各公司具有丰富的设计、工程、运营经验,均是国际水务巨头。然而,桑德集团公司凭借其出色的设计、合理的报价而在众多的投标人中脱颖而出,最终征服了沙特阿拉伯挑剔、严厉的业主②。因为,桑德集团是改革中成长起来的一个属于环境服务业范畴的公司,其集研发、投资、设计、建设、运营、环保设备制造于一体,所承担的系统集成建设的各类环境治理工程已超过500个,其中自制产品出口欧美等十多个

---

①赵森、梁继阳:《重庆能源投资集团与法国苏伊士环能集团将联合建设水空调项目》,《中华建筑报》,2010年8月2日。

②报道:《北京桑德环保获沙特7亿元水处理大单》,新浪网,2009年8月6日,http://www.sina.com.cn。

国家和地区。依靠科技实力,桑德集团在国际竞争中独占鳌头。

目前,全球巨大的环境服务市场空间给中国企业带来巨大发展潜力。一方面,中国环境服务公司在市场竞争中成长壮大;另一方面,中国严峻的环境问题只能主要依靠国内的环境企业来解决。特别要强调指出的是,在跨国环保企业已经将中国视为第二本土市场的时候,中国一定要培养更多进军国际市场的企业,掌握主动权,获得更大发展。

第四节　环境服务业与其他产业的关系

环境服务业的产生,会对产业上下游产生很大的影响。一个在市场上能不断成长的环境服务企业,必须依据行情变化,及时调整产业结构,由低层次向高层次转型。这样就会更多地发挥产业效能,连接上下游产业,共同造福于社会。

一、环境服务业转型催生新势能

中国环境服务业历经了四个核心转型阶段:第一阶段是以设备制造业为核心,第二阶段是以工程建设业为核心,第三阶段是以投资运营为核心,现阶段已实现了综合环境服务业的转型与发展。《环境服务业"十二五"发展规划》指出:"创新模式,激发市场。加强环境服务模式创新,试点开展合同环境服务、设计—建设—运营一体化等环境服务模式,以模式创新激发环境服务市场。"环境服务模式创新、合同环境服务等,是传统的环境服务业向综合环境服务转型的关键。合同环境服务是这份规划中首次正式提出的一个新理念、新模式,其中心含义是指用户获得了既定的环境效果,才付费给治理企业,这样就能激励双方企业追求效益。这种经济结构与经营方式的转变包括的含义是,国内目前12000多家行业企业面临洗牌,新技术企业由此会遇到更多的发展机会,一些具备综合实力的企业将脱颖而出。

合同环境服务模式的表现形式可以有很多种,因为,市场上的客户的要求永远是多种多样的,一些客户会有咨询、投融资、设计、工程建设、设备制造集成、监理、运营等方面的要求,另一些客户会在资金提供方式、期限长短、产权处理方式等方面有要求。顾客就是上帝。尽量满足不同的客户要求,这是任何一个企业生存和发展的基础。企业在执行合同环境服务之际,其原有的组织结构也得转换,需要成立专业环保服务公司,这种公司在研究机构与需求企业中架起桥梁,形成完整的环保产业链。这样的结构有利于培育节能减排的市场体制,促进节能减排新技术新产品的开发和应用。

前文简述的桑德集团在较早时期就探索实施了一些商业化的环境服务业务,获得了早期的合同环境服务利益。在20世纪90年代,一些地方建设了一批治理废水、废物、废气的工程设施,但是其中不少设施没有达标。桑德集团在经营实践中认识到,问题不是出在技术和设备上,而是出在商业模式上。因为,当时工业企业污水治污设施的建设模式是,科研院所提供技术,设计单位提供设计,企业购买设备等。众多单位都参与建设,但是权利与责任并不明确,出了问题各单位互相扯皮、推诿。出于对解决这个问题的迫切心情,桑德集团在工程实践中大胆地向企业提议,整个工程由自己来承包,并进行100%的赔付,对最终能否顺利达标负责,这就是现在通行的"交钥匙工程",其效益大幅度高于以往的传统方式①。桑德集团在工业废水处理领域首倡的"交钥匙工程"模式就是一种合同环境服务,如今这一模式已经成为一种主流。

二、环境服务业新生产力生成实证案例

环境服务业实施由传统形态向综合生产、服务形式转型之后,能够为国家与社会创造很多财富,产生惊人的多种效益。以下列举两个典型例证。

(一)有效益的餐饮业含油污水处理方法

据不完全统计,我国每年餐饮业排放的未经处理的废水达上亿吨,且有不断增长的趋势。餐饮废水排放量约占城市生活污水排放量的3%,五日生化需氧量(Biology Oxygen Demand,BOD5)和化学需氧量(Chemical Oxygen Demand,COD)的含量却占总负荷的1/3。餐饮污水含脂肪类及植物油居多,污染物主要以胶体形式存在,氢离子浓度指数(Hydrogen ion Concentration,pH值)较低,水质中的悬浮物(Suspended Substance,SS值)很高,浊度很大。因而,餐饮废水质量低劣,污染危害性极强。

湖北省武汉市有一家嘉源华环保科技发展有限公司,是一家专业从事环保设备研发、生产销售及综合污水处理的高科技民营企业。这家公司通过科技攻关,成功发明了"嘉源华城市餐厨垃圾综合处理项目"。其中,JYH餐饮含

---

①报道:《桑德集团中标沙特阿拉伯5.6亿人民币水务大单》,搜狐绿色,2009年8月5日,http://green.sohu.com/20090805/n265739745.shtml.

油污水处理装置具有收集、处理餐厨废油污水的功能,其治污效果能够达到国家《城镇污水综合排放标准》的规定。这套餐饮含油污水处理装置早就获得了国家专利,并且经中国环保产品认证中心认证为"中国环境保护产品"。通过这套设施处理餐饮含油污水,环境效益与经济效益都很明显。经检测,每吨泔水可回收 0.4 吨油脂,这些油脂中又有大约 35%能转化为生物柴油。目前油脂市场价为 4000~5000 元每吨。安装该套处理装置后,饭店能得到处置企业返还的油脂费用,一般 3 年内可收回购置设备的成本①。这是我国同类产品中唯一通过国家认证的环境保护产品,同时,该产品被环境保护部列为国家重点环保技术推广项目。

(二)蒙牛乳业畜禽类沼气发电项目

内蒙古自治区和林格尔县盛乐经济园区有一家著名企业,就是始建于1999 年 8 月的内蒙古自治区蒙牛乳业(集团)股份有限公司(以下简称"蒙牛乳业")。截至 2011 年底,这家集团公司在全国 20 多个省、市、自治区建立生产基地 30 多个,年产能超 700 万吨,累计创造产值 1834 亿元,向国家上缴税金90.9 亿元,累计为农牧民发放收购鲜奶款 683 亿元,被社会形象地誉为西部大开发以来"最大的造饭碗企业"。蒙牛乳业生产中产生了大量的畜禽类排泄物,它们曾经一度随意倾倒在旷野,结果产生了严重的环境污染问题。2008年,蒙牛乳业澳亚国际牧场的存栏奶牛达到了 1 万头,牛排泄物必须予以治理。为了治理牛排泄物,变废为宝,蒙牛乳业于 2005 年启动了畜禽类排泄物制成沼气而后发电、生产有机肥料的项目。2008 年 1 月 18 日,蒙牛生物质能沼气发电厂建成投产了。这个属于环境服务业范围内的项目规划的总体规模是,日处理牛粪 280 吨、牛尿 54 吨和冲洗水 360 吨。该项目可日生产沼气 1.2万立方米,日发电 3 万千瓦时,年生产有机肥约 20 万吨。其直接的经济效益为:向国家电网提供每年 1000 万千瓦时的电力,相当于每年节省约5000 吨标准煤;有机肥出售市场,种植高档菌类植物;生产中的水全部用于园区绿化供水与灌溉牧草;发电产生的热能将用来维护牧场的日常供暖等项目。为此,联合国开发计划署向蒙牛乳业授予了"加速中国可再生能源商业化能力建设项

---

①报道:《武汉市环保企业研发餐饮含油污水处理装置全国首获"中国环境保护产品"认证》,湖北环境保护网,http://www.hbepb.gov.cn/hbdt/gzdt/200807/t20080725_11523.html。

目大型沼气发电技术推广示范工程"的挂牌①。蒙牛乳业沼气发电项目具有世界先进水平,其关键技术及设备从德国引进,实行沼气发酵计算机集中控制管理系统全自动运行,这在中国大型畜禽养殖场尚属首次。

上述例证表明,环境服务业具有巨大的生产潜能,能够产生巨大的经济、社会效益,为人类生态文明作贡献。

第五节　环境服务业持续发展对策

中国环境服务业在改革开放中得到了较快的发展,业绩显著。但是与经济发达国家相比较,目前依然有较大的差距。如今,美国环境服务业的年产值在环境产业中所占比例已达到约50%,中国同类项目只有不到20%。②中国工业化建设速度不断加快,人们对环境需求的增加和支付意愿也在不断增加。因而,无论从哪方面来讲,环境服务业未来的产值空间都很大,所以,分析差距的原因,提升环境服务业的增长速度,意义十分重大。

一、中国环境服务业存在的主要问题

中国目前的环境服务业在很多方面都不能体现市场经济的特色,这个行业存在体制构建、政策体系等方面的较多缺陷。

(一)市场机制尚不完善

环境服务业目前依然没有形成完整的市场体系,因而,很多工程项目的实施没有按照市场规律进行。具体表现为,一方面是环境服务项目没有公司经营;另一方面是有些专业公司没有项目去做。一些正在进行的环境服务业项目的招标、管理、运行等往往是暗箱操作,不透明,其中,地方及行业保护主义较为严重,为了小团体和局部的利益违规运作,不正当竞争,牺牲整体环境利益。另外,环境经济市场上的环保中介服务体系极不完善,加上环境保护业务的区域性强,导致了环境服务市场信息流通不畅,信息不对称现象严重。信息不灵,政府的决策容易出现延误或失误,反过来,这又大幅度地降低了市场效率。

---

①报道:《蒙牛建成全球最大畜禽类沼气发电厂》,人民网《市场报》,2008年1月21日,http://invest.people.com.cn/GB/6796872.html.

②2012年2月20日,环境保护部颁布了《环境服务业"十二五"发展规划(征求意见稿)》(环办函〔2012〕85号),该文件指出:"2004年,美国环境服务产业值为1159.7亿美元,占环保产业产值的50%,出口总额47.6亿美元……"——著者注

（二）环境政策不够健全

一些出台的环境政策没有配套规章辅助，自身构成显得十分单薄。环境项目属于公共产品，政策不到位，环境污染治理事业就难以很好地开展。一些环境政策在实际工作中与经济政策的综合性较差，操作中的指导性、约束性也较差，阶段性、区域性、滞后性却极强，因而，政策执行成本高、效率低。这样带来的结果是，具体的环境服务业务在实施市场化运作时，缺乏政策性的支持与明确的导向。

（三）科技开发研究与市场需求脱节

环境服务业的科研投入少，现实针对性不强，导致了污染治理设施的更新换代速度缓慢。有些市场急需的产品没有合适的高新技术支持，它们难以研制成功。一些企业购置了环境保护设施，但是，它们内涵技术水平陈旧，而且维护成本高，运行效率低。一些科研院校和大专院校虽然有科研成果、技术专利，但是又找不到市场，无法转化为产品。

（四）很多行业人士专业素质不高

运作环境服务项目动用的设施很多，其中有不少是进口设备，但是，环境服务行业内的一些人员专业素质较低。而且，由于部分管理人员专业水平不高，管理污染治理建设工程的办法简单、粗糙，设备搬运、安装野蛮操作，土木建筑材料消耗任意性明显，导致了施工质量差，运行管理水平低，最后使得大多数治理设施都不能达到预期的治理效果。

上述这些体制构建、政策制定等问题严重影响了环境服务产业的运作，需要采取有效对策，予以及时解决。

二、推进环境服务业持续发展的政策建议

环境保护是国家战略，作为对环境保护给予重要支持的一个方面，环境服务产业承担着巨大的辅助作用。因而，必须针对这个产业存在的缺陷，采取一些积极措施。

（一）建立多元化环境服务业发展机制

机制存在缺陷，这是影响环境服务业发展的主要障碍。为此，需要继续深化经济体制改革，从制度建设方面改善不合理的运行管理，疏通堵塞的运行渠道。例如，必须加快环保投融资体制改革，调动社会多元资本，加大环境服务业的投入。要鼓励有条件的企业借助股票市场、债券市场、基金市场和前期信贷等资本市场融资,为此,加快制定保障环境工程设施建设和运营市场化改革健康发展的金融政策,培育环境服务业的投资市场体系。

面对国际经济一体化的大趋势,必须建立与国际接轨的环境服务标准体系,据此积极地推进外向型发展战略,扩大出口,逐步缩小环境贸易逆差,增加环境工程设计与施工领域的出口贸易量。在进口贸易中,要坚持技术与贸易相结合的方针,促进技术和产品的创新;积极利用国外援助资金,加强对双边和区域环境合作资金的配套管理,加强环境技术转让和能力建设。

(二)加快环境服务业市场化、产业化进程

坚持环境服务业产业化、市场化、社会化方向,积极进行合同环境服务试点,加强对此类试点作业的政策支持力度,制定和完善扶植环境服务业发展的财政、税收、金融、科技等优惠政策,由此推进环境服务业产业化进程。要完善以特许经营为主导的城市污水、垃圾处理等环境工程设施建设与运营市场化改革配套政策,全面实施城市污水、垃圾及危险废物等处理收费制度,同时鼓励社会资本和外资参与污水、垃圾处理。

必须大力发展环境污染治理设施运营管理服务业,建立和完善污染治理设施运营监督管理法规和制度,积极推行环境污染治理设施的企业化、市场化和社会化运营,鼓励采用私人资本参与环境服务基础设施建设的投资方式,即建设(Build)——运营(Operate)——移交(Transfer),简称 BOT[①]。同时,可以采用另一种移交(Transfer)——经营(Operate)——移交(Transfer)融资方式,简称 TOT。此外,还可以应用还有托管运营及委托运营、技术指导与设备维护等多种形式的运营管理模式。

(三)加大力度提升环境服务业技术水平

继续推动以企业为主体、市场为导向、产学研相结合的技术创新体系,为此,要实行支持环保技术自主创新的财税、金融政策,运用国家各级科技计划资源,结合重大环境保护项目,支持和发展具有自主知识产权的环保技术。要通过引进、消化、吸收和创新,掌握环保核心技术和关键技术,据此来增强企业的竞争力。

---

①戴大双、宋金波:《BOT 项目特许决策管理》,北京:电子工业出版社,2010 年。

（四）用多种形式培养管理人才和宣传环境保护思想

　　环境服务企业的经济、社会效益是从市场竞争中得到的，而企业的竞争归根到底是人才的竞争。加拿大著名心理学家和行为科学家维克托·弗鲁姆（Victor H.Vroom）在 1964 年曾提出了一个"效价—手段—期望理论"的激励的系统理念，认为激励机制是培养人才非常好的方式之一①。实践证明，通过各种褒奖可以鼓舞斗志，提高效益。企业的经营管理人才在人力资本中处于最关键、最核心的地位，要通过建立良好的企业经营管理人才的培养、选拔与管理机制，促进优秀企业经营管理人才不断涌现。同时，也要对企业的全体员工进行环境保护意识教育，提高员工对环境保护法律及法规的认识水平，鼓励员工参与企业环境项目运作的规则制定，杜绝野蛮作业，文明生产。

　　21 世纪是以信息、生物现代技术发展为标志的时代，而这些技术要求良好的环境条件；21 世纪是人们崇尚、渴望回归自然的时代，人人向往蓝天、白云、潺潺流水，因而，也是社会对环境服务业需求旺盛的时代。同时，环境服务业的运行与其他经济产业发展紧密联系，严格的环境保护、环境服务能够引发创新，抵消成本，获得高额效益。大力发展环境服务业，是时代的呼唤，历史的使命。

学习思考题

　　1. 什么是环境服务业？这个产业的主要构成是什么？

　　2. 环境服务业在发展中呈现的主要特点是什么？

　　3. 举例说明一个地区的环境服务业发展现状。

　　4. 举例表述环境服务业的运作机制。

　　5. 举例表述环境服务业与其他产业的相互关系。

　　6. 举例分析中国环境服务业存在的一些缺陷。

　　7. 如何引进、吸纳、创新来自海外环境服务业的管理经验？

　　8. 浅论环境服务模式的优缺点。

　　9. 提出若干促进环境服务业发展的措施。

---

　　①［美］迪安·R·斯皮著，张心琴译：《完美激励——组织生机勃勃之道》，北京：东方出版社，2008 年。

第十三章 卫生环境与大众健康

内容提要 健康的体魄需要优质的卫生保健予以维护,特别是由于现代社会工业化规模日益庞大且存在着许多不科学的活动,使得生态循环紊乱,由此带来甚至加剧了多种疾病爆发。所以,创建优美的自然环境,陶冶人的情操;激励医疗机构人员精心护理病人,使人们对生活更加充满信心和憧憬,这是党和国家一直实施的政策与措施。经济发展推动社会卫生条件水平提升,也使得"医乃仁术"与"大医精诚"这些中国传统医德得到发扬光大。医生、护士们在为患者治疗时使用的"润物细无声"方式,其融合了中国传统文化的和谐至亲的传统因素。医疗机构为大众服务的精神就是中华民族魂。保障人民群众身体健康,这项意义重大的工作能极大地推进社会经济文化全面发展。

社会环境改善,人民体质健康,这是中国改革开放推动经济大发展后出现的一个新态势。立足中国传统优秀文化,融合工业化国家一些科技方式,依据中国的国情实施新政策、新方法,就能消除或者遏制一些环境污染,实现人与自然的和谐。以甘肃省人民医院为例,甘肃省人民医院的医生、护士全心全意的服务理念,呵护心灵的关爱精神,营造优美环境的敬业举措,这些均是为提升大众福祉而作出的贡献。

第一节 改善环境,提高民众福利

改革开放使得中国经济实力增强,人们生活福利也得到全方位的提高,广大民众强烈需要并积极地自我创建优美的居住环境、锻炼强壮的体魄。中国共产党和人民政府真诚地服务于人民,实施多项政策法规,改善环境条件,提高人民生活质量。1992 年 8 月 1 日,全国实施了国务院颁发了《城市市容和环境卫生管理条例》,文件第一章"总则"第一条明确指出:"为了加强城市市容和环境卫生管理,创造清洁、优美的城市工作、生活环境,促进城市社会主义物质文明和精神文明建设,制定本条例。"①优美环境,生活改善,经济发展,三者之间的关系在这份权威文件中得到清楚地表述。环境保护与环境美化均需要资金支持,在经济实力的强力推动之下,中国老百姓均感到国家城乡生态环境普遍得到了不同程度的改善。

一、历史性的生活环境改善

改革开放的第一个 30 年,中国经济飞速发展。1979 年~2007 年,中国的国民经济年平均增长 9.8%, 比同期世界经济平均发展水平快 6.8 个百分点。1978 年,中国的国内生产总值(Gross Domestic Product,GDP)只有 1473 亿美元,到 2007 年达到 32801 亿美元。1978 年到 2007 年,中国国内生产总值占世界国内生产总值的比重从 1.8%上升到 6.0%,提高了 4.2 个百分点。②中国高速发展的经济创造了一个世界奇迹,环境保护力度增强,人民生活水平提高,这些变化也就随之发生了。

(一)中国人均国内生产总值的新变化

目前中国经济发展的步伐依然持续平稳地快速迈进, 城市化业绩显著。例如,2011 年, 北京市国内生产总值达到人民币 1.6 万亿元, 比上年增长 8.1%,按照常住人口计算,人均国内生产总值达到人民币 80394 元。上海市国内生产总值达到 1.92 万亿元,比上年增长 8.2%,人均国内生产总值达到人民币 83390 元。天津市国内生产总值为人民币 1.12 万亿元,比上年增长 16.4%,人均国内生产总值为人民币 8.6 万元。三个直辖市 2011 年的人均国内生产总值按年平均汇率折合,即美元 1 元=人民币 6.45 元计算,上海市为人均国内生产总值达 12784 美元,全国最高,北京市人均国内生产总值为 12447 美元,天津市人均国内生产总值为 1.2 万美元。北京、上海、天津三市均达到 1.2 万美元。③

---

①国务院:《城市市容和环境卫生管理条例(1992 年 6 月 28 日中华人民共和国国务院令第 101 号发布自 1992 年 8 月 1 日起施行)》,北京,1992 年 6 月 28 日。

②通讯:《改革开放 30 年:国际地位和影响发生根本性历史转变》,中国网,2008 年 12 月 7 日,hppt:// www.china.com.cn。

③黄楠:《中国全国多地人均 GDP 超过 8 万元　已与富裕国家水平接近》,中国新闻网,2012 年 2 月 2 日, hppt://www.chinanews.com.

根据 2010 年世界银行（The World Bank）对不同国家收入水平的分组标准：按国民总收入（Gross National Income，GNI）人均值计算，1005 美元以下是低收入国家；1006 美元~3975 美元是中等偏下水平；3976 美元~12275 美元是中等偏上水平；12276 美元以上为富裕国家。从 2010 年世界银行划分世界上不同国家和地区的贫富程度标准来看，中国已达中上等国家水平，接近富裕国家水平。人们经济收入增多，大家积极地行动起来，创建环境优美的生活小区、工作场所。中国绝大多数城市街道建设有花坛，民众购买鲜花、装饰居住房屋已经成为普遍的行为。

（二）西部地区人均国内生产总值的进步与差异

中国西部地区面积广阔，自然资源丰富，历史悠久，少数民族人口众多。从 2000 年开始，中国政府全面实施了西部大开发战略，目的是提高西部地区的经济和社会发展水平。在西部大开发战略的强力推动下，2010 年，中国西部地区的经济总量同全国一样是稳步增长，与此同时，人均创造价值水平也在不断提高。人均国内生产总值按可比价计算增长 13.56%，达到 21882.38 元，按中国银行外汇牌价折算为 3304.05 美元。共有 7 个省、自治区、直辖市进入人均国内生产总值 3000 美元区间，业绩明显。例如，内蒙古自治区人均国内生产总值是 7241.91 美元；重庆市人均国内生产总值是 4139.97 美元；新疆维吾尔自治区人均国内生产总值是 3740.53 美元；四川省人均国内生产总值是 3099.44 美元等。①这类大发展在历史上前所未有，可谓开创了新纪元。由于历史、地理等方面的原因，相对东部沿海地区，西部地区经济发展相对滞后，一些少数民族居聚地带，例如甘肃省中南部的临夏回族自治州、青海省西部与西南部的海南藏族自治州等地农区与牧区部分人口尚处于贫困状态。再接再厉，增加生产，为创建优美环境提供资金，这是西部地区未来的发展方向之一。

二、西部地区城镇环境建设水平不断提高

从旷野环境中度日到走向城镇环境中生活，这是人类发展的历史进程。中国在近 30 多年工业化强国的建设中，突出进行了城镇化建设，用更多的科

---

①西北大学中国西部经济发展研究中心：《中国西部经济发展报告（2011）》，北京：社会科学文献出版社，2011 年，第 19 页。

技、资金等要素的投入来实现人与自然和谐的目标。

（一）城镇人民生活水平评析

在1996年~2000年的"十一五"期间,随着国家经济体制改革不断地深化,中国西部地区城镇化建设速度也明显加快,以省会城市大发展和中小城镇兴起为重要的综合表现特征,西部城镇体系初步形成,人口和经济集聚能力显著增强。例如,甘肃省地处中国西部黄土高原区域,黄河上游地带,境内河西走廊在古代是连接东西方文明丝绸之路的途径之地,现代是著名的第二条欧亚大陆铁路的通行之地,这条铁路东端以中国东部沿海的著名海港口城市江苏省连云港市为起点,西面到荷兰沿海的欧洲著名海港城市阿姆斯特丹为终点。兰州市作为甘肃省的首府,"十一五"期间城乡建设累计投资627亿元,建设了一大批基础设施和公共服务项目,将城镇化率由59%提高到62%。生态建设和环境保护取得重大进展, 全市森林覆盖率由9.25%提高到12.21%,城区人均公共绿地面积达到8.93平方米。城区污水处理率达到95%以上,黄河兰州段功能区和饮用水源地水质达标率保持100%。在加大环境保护与环境建设力度的同时,社会文化建设也获得了大规模的资金支持。兰州市五年期间累计用于社会事业的投入285亿元,是"十五"时期的2.2倍。由此,科技创新和支撑能力得到进一步增加,兰州被列为国家创新型试点城市,全市科技进步对经济增长的贡献率达到55%,高于全国平均水平。兰州还深入推进多项文化建设项目,非物质文化遗产博物馆、国学馆等一批重点文化设施相继建成。通过扎实有效的工作,兰州市先后荣获了省级历史文化名城好卫生城市、全国创建文明城市工作先进城市称号。[①]同兰州市的做法大体一样,西部其他城市与乡村环境卫生也实施了多项集中整治措施,并且取得了明显成效,城市面貌有了很大的改观,人民群众生活在干净优美的环境中。

（二）城镇医疗水平分析

中国西部地区在解放前长期处于剥削阶级统治之下, 经济极其落后,缺医少药,老百姓寿命短。新中国成立以后,特别是国务院实施西部大开发战略之后,西部地区经济大发展,卫生保健事业的投资不断增加。2001至2009年,

---

①袁占亭:《2011年兰州市人民政府工作报告》,兰州市第十四届人民代表大会第六次会议,兰州,2011年1月4日。

中央财政共安排西部地区卫生专项资金 863.3 亿元，占全国的同类项目额 46.7%。专项经费主要用于两个方面，一方面是硬件投入，用于卫生服务体系建设，重点开展业务用房建设和基本设备配置；另一方面是软件投入，用于加强重大传染病和地方病的预防控制、新型农村合作医疗、农村卫生、妇幼卫生与社区卫生等工作，还有支持西部地区基层卫生人才培养，补助必要的工作经费等。截止 2010 年 6 月底，西部地区有 1052 个县(市、区)开展了新型农村合作医疗，占全国总数的 39%。西部地区有农业人口的县(市、区)均已建立新型农村合作医疗制度，实际参加新型农村合作医疗农业人口 2.64 亿人，参加率达到 94%。国家也在西部地区城市初步建成由城市医院、社区卫生服务机构组成的整体医疗服务体系，实施了城镇职工基本医疗保险、城镇居民基本医疗保险改革。通过在城市和乡村的持久性探索、实验，最终建立了基本覆盖城乡居民的医疗保障制度框架。在中央政府的大力支持下，随着中央专项投入力度不断加大，中国西部地区医疗卫生服务能力和水平得到较大提高，有效保障了西部地区人民身体健康和生命安全，由此促进了地区经济社会发展。中国西部大省四川在 2010 年的人口规模达到 8800 多万人，其中农民占到 75%。西部大开发战略的实施推进了四川卫生服务体系建设，全省卫生机构全体医护人员克服困难，不断提高医疗卫生服务质量和效率，实现了卫生事业跨越式发展。2001 年到 2009 年，四川省医疗卫生资源总量持续增加，公共卫生有效开展，农村卫生事业快速发展，全省人均期望寿命从 71.8 岁提高到 73.3 岁，城乡居民健康水平明显提高。[1]总之，医疗卫生服务条件显著改善，人民群众得到的实惠非常明显。

尽管如此，目前西部地区在维护人民群众健康生活的权益方面尚存在一些不足，例如，卫生基础设施建设滞后，相关人员业务素质有待提高，自然环境严酷，医疗卫生条件艰苦，一些城乡环境污染严重，疾病防治形式严峻等。这些主观缺陷与客观问题需要在深化改革之中，创造条件，逐步地加以改正和解决。

---

①卫生部新闻发言人邓海华：《西部大开发 10 年来卫生事业发展有关情况》，卫生部新闻发布会，北京，2010 年 8 月 10 日。

三、医务机构的责任与护理工作的作用

发挥中国传统优秀文化的魅力,激励医务人员的工作积极性,建设良好的生活环境,有利于消除医疗卫生发展中存在的一些制约条件,从而为民众身体健康提供一类可靠的保障。

(一)营造良好环境,增强身体健康

经济实力增强,生活水平提高,于是,追求美好的生活环境,保养与锻炼出健康的身体,这些成为人们普遍和迫切的追求。因为,大自然包罗万象,各种生物都在活动、竞争中求取生存,而且每种生存都要依赖于其他生物,这种客观现实若用一种略带另类色彩的尖锐语言表述,可以说成是入侵、牺牲其他生物的生存。对人类来讲,一些细菌、病毒和其他微生物的活动、竞争中的生存所产生的自然结果就是使人们患病,特别是现代社会工业化规模日益庞大且存在着许多不科学的活动,因而使得生态循环紊乱、自然环境恶化,由此带来了或者加剧了多种疾病爆发。

世界卫生组织(World Health Organization,WHO)于 2006 年 5 月发布的一份报告中指出,世界上几乎 1/4 的疾病都是由环境危害造成的,而这些环境危害本来都可以避免。这份报告是根据一份那年最为全面的研究课题作出的,科研人员在从事那项课题时总共检测和研究了 102 种疾病,他们发现其中的 85 种受到了环境因素的严重影响。世界卫生组织估计,导致全球每年 1300 多万人死亡的都是可预防的由环境因素所造成的疾病。恶劣的环境所造成的四种主要的致命伤病是痢疾、下呼吸道感染、意外受伤和疟疾[1]。研究可预防的环境恶化的危害,防止由此而出现的大规模的人类疾病与伤害,这是现代社会政府与医务部门的重要职责。

(二)中国传统文化中的心灵沟通

国内外医学界都有一个共识,鼓励人们特别是都市人群重返大自然,吸取自然界的精华,增强体魄,健康向上。中医作为中国自古流传至今已经数千年的传统医学,尤其强调一种整体观念和辨证论治,即人们身处在自然界中,人的一切活动和疾病都离不开天和地,离不开社会环境。人们要预防、抵抗疾

---

①通讯:《世界卫生组织报告揭示:25%疾病来自环境危害》,《中华工商时报》,2006 年 6月 28 日。

病,就要感受自然界风雨露雾,适应自然环境,据此不断地调节自身的功能活动,保持身体健康。医疗卫生单位对人们身心健康负有重大责任,不仅负责治疗由于人与环境关系失调所生的多种人类疾病,同时肩负着宣传、普及预防疾病的教育任务,而且预防疾病工作具有第一位的重要性。

教育民众防患于未然,需要耐心细致地诱导,即便是为患者治疗疾病,同样需要点滴入微地劝说,让患者积极地配合医生治疗。很多人生病后的第一反应就是去看医生,而且都想找最好的医生。其实,早在 2000 多年前,现代医学之父希波克拉底就已指出,最好的医生就是你自己。因为,最好的医生就在人体内,就是健康的免疫系统。这个免疫系统与疾病的战争是一个非常复杂的过程,但在这一战争中,人体的免疫系统各环节协调运作,配合默契,共同赶走入侵的病毒。现代医学高精尖的医学手段检测证明,人体血液中的免疫细胞和补体是消灭病毒的主力士兵,其中 B 淋巴细胞发挥体液免疫能够针对侵入人体不同的病毒产生特定的抗体以对付它们。T 细胞作为细胞免疫进行特定的搜索并针对性地摧毁敌人。吞噬细胞和颗粒性细胞发挥非特异免疫功能负责吞噬清理病毒,细菌和外来异物。骨髓和胸腺作为免疫器官负责制造各种免疫细胞,乃是名副其实的士兵工厂。免疫系统的健康维护通常来源于良好的生活环境与生活方式,例如,在清新的空气中进行体育活动,食用绿色食品,保持乐观开朗的心情,适时睡眠休息等。只有免疫系统达到平衡状态,人们才能维持健康的体魄。

大凡身体患病、或亚健康、或忙商务而不顾身体者,他们往往陷于迷失方向的困境之中,因为,健康、快乐,是为人民服务的本钱,更是幸福生活的基础。孔子指出:"泛爱众,而亲仁。行有余力,则以学文。"①所以,公共职能机构要全心全意为人民服务,用真情温暖万人心,为全民族大众的健康办实事。要学习普及文化知识,从而进一步提高为社会大众服务的质量。各级公立医院要教导普通百姓懂得预防疾病,开导身患重病的患者乐观向上,以求调动人体免疫机能释放能量,从而使得病人早日康复,这些做法是公立医院工作的分内之事。

(三)美在白衣天使

医疗护理在保障人民身体健康方面具有非常重要的作用,政府机构的爱

---

① 张燕婴译注:《论语》,北京:中华书局,2006 年,第 4 页。

民举措有一部分要靠医务工作人员去实施,因而,人们对那些救死扶伤的医务工作者十分尊重与敬仰,统称为"白衣天使",更加重要地是他们的有着仁心与妙手。

中国传统医德的经典表述是"医乃仁术"与"大医精诚",这是千百年来规范中医行医的基本原则,它们来源于孔子与孟子的"仁"和"诚"的伦理思想。通过行医施药实现仁者爱人、济世救人的高尚理想,是中国古代医生视为最尊崇的道德信念。中国古代隋唐时期有位著名医药学家孙思邈(公元 581 年~682 年),后世尊誉他为"药王",他著有《备急千金要方》。这是一部有数十卷本的中医学典籍,具有中国历史上第一部临床医学百科全书的崇高地位。该书第一卷有文《大医精诚》,是论述医德的一篇极其重要的文献。孙思邈明确指出:"凡大医治病,必当安神定志,无欲无求,先发大慈恻隐之心,誓愿普救含灵之苦。"继承祖国优良传统医德,遵循一心赴救、治愈病患的古训,这些对于实际的医疗工作有着至关重要的作用。1988 年 10 月 17 日,全国医学伦理学会成立大会通过了中国第一个医德总规范《中华医学会医学伦理学会宣言》,宣言庄严地向公众宣告:"我们的医务人员是《大医精诚》等祖国优良传统医德的继承者,永远不忘'人命至重,贵如千金'、'医乃仁术'、'一心赴救'的古训。"①

优良医德,中外相通。古代西方医生在开业时,都要作出道德承诺,这就是世界著名的"希波克拉底誓言"(*Hippocrates*: *The Oath of Medicine*),即"我要竭尽全力,采取我认为有利于病人的医疗措施,不能给病人带来痛苦与危害。……我要清清白白地行医和生活,无论进入谁家,只是为了治病,不为所欲为……"②1948 年,世界医学会(World Medical Association,WMA)在希波克拉底誓言的基础上,制定了《日内瓦宣言》(*Declaration of Geneva*),规定作为所有医生的道德规范。这份言简意赅的宣言庄严地声明:"值此从事医生职业之际,我庄严宣誓为服务于人类而献身。……我在行医中一定要保持端庄和良心。我一定把病人的健康和生命放在一切的首位……"(At the time of being admitted as a member of the medical profession I solemnly pledge myself to consecrate my life to the service of humanity: …I will practice my profession with

①张鸿铸:《全国医学伦理学会建规立范记事》,《中国医学伦理学》,2009 年第 4 期。
②[古希腊]希波克拉底著,赵洪钧等译:《誓言》,《希波克拉底文集》,北京:中国中医药出版社,2007 年。

conscience and dignity; The health and life of my patient will be my first consid-eration;…)医德至高无上,全球各国一致。

目前,这些古今中外的医德宗旨已经在医疗机构得到贯彻实施,成为医生护士的行动指南。

第二节 医疗保健的关键在于高质量的服务

自然环境广阔且复杂,气候变化如同高级生物的情感,有温柔也有暴怒。人体作为环境的一部分,身体状况也是处于波动之中。适宜了环境就精神焕发,不适宜环境会疲倦生病。因而,保持旺盛的精力,完成自己承担的任务,这是每个人的期望。

一、因地制宜提高西部地区的医疗卫生水平

西部地区民众传承着一些强身健体的非物质文化遗产,那里的医务人员更是为民众身体健康作出了贡献。

由于西部地区经济相对滞后于东部地区的客观现实,民众在健康生活方面时常受到一些制约。例如,居住在山区和草原的少数民族群众若要看病,经常要走很远的路,既耗费时间又耽误治疗。然而,人民群众中蕴藏着惊人的创造力,他们用智慧战胜困难。这些思想和方法的很多内容属于人类非物质文化遗产(Intangible Cultural Heritage,ICH),价值无限。在西部很多地方,千百年来,少数民族群众在生产生活实践中创建了民族医疗方法和民族医药,这些民族医药成本不高,很多药物就地取材诸如藏医药、蒙医药和苗医药等,他们具有一些神奇的医疗功能,能治愈疑难杂症,强筋健骨。他们经由祖祖辈辈传承,延续至今。

例如,藏族医学中有些独特的治疗方法,其形成与发展均与青藏高原的生态环境密切相关。依据著名的藏医经典《四部医典》记载,早在公元前,藏族人民就崇拜远离尘世的巍峨山脉是“神山”,高山里自然生长着很多花草树藤,它们能治疗多种疾病。藏族儿女视蓝天白云、碧水沃土、森林草甸为自己的生命,他们祭拜神山,用符合植物自然生长的方法采摘那些药材,治疗了很多种病痛。[1]藏族医疗使用的冬虫夏草、藏红花等药物,这些更是要求生长必

---

① 宇妥·元丹贡布原著:《图解四部医典》,西安:陕西师范大学出版社,2006 年。

须满足一定的环境条件。西藏自治区羌塘草原具有典型而独特的高原环境，那里生长的冬虫夏草质量最好，它们能够在治疗多种疑难病方面发挥特殊作用，因而市场价格持续上升。总之，民族医药具有一些特殊的治疗方式，能够产生某种神奇的功效，比较方便民族地区的老百姓。

　　近些年来，国家进一步推进医疗体制改革，大力发展民族医药，使得民族医药与医疗的作用更多地显示出来，治愈了不少常见病、多发病和疑难病，而且在国际市场上也声誉日盛。例如，国家民族事务委员会、卫生部、国家食品药品监督管理局制定了规划，要求公立医院在改革中要合理规划发展民族医疗机构，在开展公立医院布局与结构调整工作时，将政府举办的民族医医院作为公立医院的重要组成部分纳入其中，未经省级卫生、民族医药行政管理部门同意，不撤销、不合并、不改变民族医医院的性质。具体规定是，国家中医药管理局在完成第一批10所重点民族医医院项目建设的基础上，再遴选10所民族医医院开展第二批重点民族医医院项目建设，建成一批民族医特色突出、专科优势明显、临床疗效显著、管理规范科学、具有示范带动作用的重点民族医医院。在完成已确定的48个民族医院重点专科(专病)项目建设基础上，再遴选30个民族医专科(专病)进行重点建设，梳理民族医院重点专科(专病)优势病种诊疗方案并加以推广。[①]规划中的任务在2012年均以完成，实现了国家支持民族医医院的目标。未来一段时间，需要继续保护民族地区山区、草原内生长的丰富的医药资源，发展和壮大民族医药，救死扶伤，让中华各个民族群众健康愉快地生活。

　　二、心灵环境的作用

　　"三分治疗，七分疗养"，这是大多数人都明白的一个战胜病患的道理，因而，医院的护士岗位角色十分重要。

　　(一)身体治愈心灵健康

　　人人拥有健康的体魄，个个为国家经济、文化建设努力工作40年，这是中国依靠大规模、低成本、自组织的劳动力获得近30多年经济高速发展的关键，国内外一些学者对这种"人口红利"已经有许多评述。同时，必须清楚地认识到，联合国人口基金(United Nations Population Fund, UNFPA)宣布的人类

---

①通讯:《四部门:公立医院改革中将合理规划发展民族医疗机构》,中华人民共和国卫生部办公厅网站,2010年1月4日,hppt://www.moh.gov.cn.

代际更替时间是 25 年,中国改革开放已经超过了一代人的时间,继续保持中国适龄劳动大军的那些优势,或者在不可抗拒的自然规律面前,注重延长包括第一代"农民工"在内的劳动群体的体能创造力,这是一件关系中国经济社会可持续发展的大事项。因而,依据国情与省情,充分发挥省级医院的支撑与领航作用,意义重大。

中国传统文化与社会主义国家医疗机构确立的一个人体健康宗旨是,预防疾病,快乐生活,养生长寿。中国各级人民医院之内,防病、调理、看护与养生等,这些任务更多地是由护士们承担。以甘肃省人民医院为例,护士群体就肩负着这类重任,她们的医护不仅让病人解除了体表的痛苦,而且处处表现出关爱之情,使病人在心灵上获得安慰,增强了治理的效果。这些护士们在日常工作中总是面带微笑,在病房内四处巡查。她们在查房时间内仔细地询问与观察病人的气态,手勤腿勤,时刻注意保持室内的环境卫生,为病人营造一种有利于安静修养的环境。她们轻声细语地问诊病人,言语间带着亲人间的温情。患者遭受病痛折磨,时常烦躁焦虑。此时,轻声细语可以舒缓病人的不安情绪,也有助于病人情绪的宣泄,还能让因为重病而陷于失望、心冷之中的病人感到温暖,从心灵上为患者创造轻松愉快的环境。而且温柔中的医嘱更显威严,可以引导、督促病人服药打针,配合治疗。此刻,护士们的工作不仅是治疗,而且是关心人、照顾人,是一种心灵之美。因而,这种轻声细语是"润物细无声",其融合了中国传统文化的和谐至亲的传统因素,包含了医疗物理量和文化道德量双重物质,符合医治病人的需要和特点。例如,护士长张苏钰与她们团队创建了一些医护方式,更加具有身体治愈、心灵健康的全面效果。护士长张苏钰从事护理工作数十年,计在内科工作 11 年,外科工作 9 年,眼科与口腔外科各工作 1 年,她还获得了医疗系统颁发的"妙手天使"的荣誉称号。

这些护士团队的成员们在医务实践中为病人创造了一种乐观的环境,其缘由是,她们认识到,医疗并非只在去病治病,更在于养精、气、神。乐观的人活得久,心情的忧郁、无助无望的感觉会引起免疫系统的衰退,直接危及生命。清新整洁的环境,乐观向上的情绪,有利于病人的康复。

(二)老龄人口的心理医疗

许多医疗实践表明,有利于心灵健康的关爱、康复治疗特别适于老年人,而中国已经进入了老年社会。根据联合国教育、科学及文化组织(United Nations Educational, Scientific and Cultural Organization —— UNESCO）制定的标准，当一个国家 60 岁及 60 岁以上的老年人口超过该国总人口的 10%，或者 65 岁及 65 岁以上的老年人口超过该国总人口的 7%，那么该国就进入"老年型国家"的行列。2010 年第六次全国人口普查数据显示："大陆 31 个省、自治区、直辖市和现役军人的人口中，0~14 岁人口为 222459737 人，占 16.60%；15~59 岁人口为 939616410 人，占 70.14%；60 岁及以上人口为 177648705 人，占 13.26%，其中 65 岁及以上人口为 118831709 人，占 8.87%。同 2000 年第五次全国人口普查相比，0~14 岁人口的比重下降 6.29 个百分点，15~59 岁人口的比重上升 3.36 个百分点，60 岁及以上人口的比重上升 2.93 个百分点，65 岁及以上人口的比重上升 1.91 个百分点。"

　　2000 年，中国第五次人口普查结果显示，中国 60 岁以上人群比例已达 11.21%；2001 年，65 岁以上人群比例也达到了 7%。也就是说，从 1999 年开始，中国迈入了老龄化社会。2010 年第六次全国人口普查数据显示，中国 60 岁及以上老年人口达 1.78 亿人，占总人口的 13.26%，其中 65 岁及以上人口 1.19 亿人，占总人口的 8.87%。[1]中国成为世界上唯一老年人口超过 1 亿人的国家。2011 年 9 月 17 日，国务院印发的《中国老龄事业发展"十二五"规划》指出，"十二五"时期，随着第一个老年人口增长高峰到来，中国人口老龄化进程将进一步加快。从 2011 年到 2015 年，全国 60 岁以上老年人将由 1.78 亿增加到 2.21 亿，平均每年增加老年人 860 万；老年人口比重将由 13.3% 增加到 16%，平均每年递增 0.54 个百分点。[2]人口老龄化将带来巨大的社会保障压力，老年人的社会保障问题，需要着力解决。

　　全面做好老年人医疗卫生保健，这是《中国老龄事业发展"十二五"规划》制定的重要任务之一，而且国家在这方面的投入近年来也是一直在逐渐增加。省级公立医院承担着推进中国老龄事业发展的重任，因而，必须在老龄人口的医疗护理方面做出表率。

　　甘肃省各级公立医院在保障老年人身心健康服务方面很有成效，很多医

[1]中华人民共和国国家统计局：《2010 年第六次全国人口普查主要数据公报》，北京，2011 年 4 月 28 日。
[2]国务院：《国务院关于印发中国老龄事业发展"十二五"规划的通知（国发〔2011〕28 号）》，北京，2011 年 9 月 17 日。

院的医生护士们从实际出发,探索、总结了一些具有不同特点的好方法,其中较为突出的特色之一是,遵循中国传统医学,看重心理调息。当下中国社会有一种现实情况,子女外出工作,父母独自在家,这种空巢老人现象在很多地方较为普遍,而且短时间内无法改变。甘肃省人民医院的医务人员就深刻地认识到,面对日益严重的人口老龄化与大量出现的家庭空巢老人,要更加从心理上关心他们。老年人体质下降或者疾病缠身,尤其是空巢老人深陷困境。他们生活自理能力很差或者已经丧失,家务没人打理,居住卫生环境糟糕。他们失落情绪的产生和身体免疫力的下降,均会引起内心纠结,虚火上升,脾气增大,滋生病痛。这样的老人来到医院治疗,身心皆已经成为重病。要为老人看病,首先要有药物治疗,同时要用关爱温暖老人趋于冰冷的心智,为他们麻木、灰暗的心灵开启天窗。同样,甘肃省中医院等其他各所公立医院的护士们也承担着护理病人的职责,她们和蔼亲切地告诉老人,内心清净恬淡,呼吸自然空气,按时饮食休息,就是最大的幸福。她们也将这种心灵安慰施与生病的年轻人和儿童,调动患者战胜疾病的信心。

美国斯坦福大学医学博士阿瑟·克莱曼(Arthur Kleinman,)是一位精神病医师,也是哈佛医学院终身教授,并曾担任哈佛医学院社会医学部主任,还是美国科学院医药学部终身委员、美国国立卫生研究院(National Institutes of Health, NIH)资深顾问与世界卫生组织顾问。作为一位国际医学人类学界和精神卫生研究领域的代表人物,阿瑟·克莱曼认为,道德与医学的内在关系是解释患者疾病成因的源泉,很多心理问题只有引入道德和社会批判,才能给予完整阐释。他明确地指出,关爱和护理与其说与专业医学相关,还不如说是一项道德实践。[①]中国自古至今无数优秀医生的行医业绩都充分证明,医生为病人营造心灵上的美好清静的环境,能够直接增强病人身体的抵抗能力。

三、发挥民族文化的势能

多民族大家庭文化传统相互融合,这是中国人类非物质文化持续数千年、影响力很强的关键。在现代工业化高速发展的社会中,各民族传统文化的融合显示出勃勃的生命力。

---

① [美]阿瑟·克莱曼著,方筱丽译:《道德的重量——在无常和危机前》,上海:上海译文出版社,2007年。

（一）民族心理医疗的特点

中国西部地区相对东部地区经济发展滞后，城镇数量少，原野广阔，乡村人口和少数民族人口数量多、比例高。发掘民族医的医学药宝库，利用本地自然资源，用最小的成本保障千百万劳动者的健康体魄，便是一项紧迫的且繁重的任务。例如甘肃甘南藏族自治州的藏族医疗医药在黄河首曲草原上流行久远，而且深深地影响着甘肃省和其他省区的医学界人士的济世活动。藏医学十分重视自然与人体的关系。藏医学认为，一般来说，虽然一些不同的人身患不同的疾病，可是他们往往有着共同的病因，主要包括季节交替因素、饮食起居不合自然规律、情绪受环境影响而暴怒等。于是，藏药主要以采集的自然界的各种药食两用天然植物为原料（藏药的原料及产品皆出自青藏高原），按照生态平衡、万物兴盛的原理，制成多种药丸，治疗多种疑难杂病，而且功效神奇。

甘肃省人民医院吸收省内藏族、蒙古族、哈萨克族等民族的传统医疗医药精华，融入西医一些高新科技，创新出更加有效的治疗保健方法。例如，以传统配方与现代加工相结合，精心配制一些具有甘肃省人民医院知识产权的药品，抗阻侵害人体的病毒，服务大众，颇有成效。兰州大学第一医院和第二医院等一些公立医院，医务工作者同样吸收了中医的优秀理论，融合了西医的生命价值理念，救死扶伤。在这些医院，护士们是最长时间、最直接从事触动患者心灵的医务人员。她们强调天、人、心的和谐关系，确立"上善如水。水善利万物而不争"的古训为工作中的一种指导理念，坚持"心善渊，与善仁，言善信，正善治，事善能，动善时"的工作方法。护士们从水的特性中得到启示，以中国文化为行动的指南，因为生命之源在于水，于是，她们确定的工作核心就是"治疗——关爱——生命"。她们用温柔、和谐的方式处理医疗事务，勇于克服各种工作中的困难，做好自己的本职工作。她们将民族关爱的方式风格化为一些固定的做法，加上护理中的技术含量，形成了一种形式和内容的协调之美，产生了很好的物理与精神融合的治疗效果。

（二）调查资料分析

服务于人民健康，这个目标是否达到，最后的成果要由实践检验。虽然人们求医问诊的具体情况不一样，但是健康体魄的标准在全世界都是相同的。医务人员要协助服务对象达到健康标准，因为医务人员的职业标准是，"以人为本、敬畏生命、善待病人，自觉维护医学职业的真诚、高尚与荣耀，努力担当社会赋予的增进人类健康的崇高职责"。为此,医务人员要"坚守医乃仁术的宗旨和济世救人的使命",工作中要"关爱患者",将患者作为亲人。[1]平等、仁爱是中国医师宣言中的一项指导条例,也应当成为医师融于内心的人格理念。要求一个医院连一个医院,一代医师接一代医师,永久相传这个崇高信仰。在世界各个民族文明发展的历史上,一些民族文明消亡了,一些民族文明中断或转移了,唯有中华民族的文明延续了5000年而持续至今。中国数千年社会持续发展的重要原因是,孝悌思想长久存在,家族血脉绵延不断,国家虽有分裂但是统一占据主流。这种中国古代典型的"家国同构"的教化模式作用巨大,从物质与精神两个方面构建了中华文明。当代社会需要继承传统优秀文化,医务工作者治疗病人更要像对待亲人一样亲切、热情。确立这种源于传统的道德观念的意义还在于,要继续进一步把家庭伦理秩序向社会进行类比和推广。推崇和要求人们要像对待亲人一样对待他人,这样不仅有利于促进家庭内部的和亲团结,而且利于构建普天之下亲如一家的和谐社会。这样去做,就将家庭伦理同人际伦理、政治伦理对接和统一,实际上也是从生命伦理的高度表现了对人类的终极关怀。

(三)多元性质的曲线走势分析

一个人在生活工作中是否朝气蓬勃,这在很大程度上要依靠精、气、神。藏医藏药取于自然精华,又用于治疗人们因为不能及时调整而适应节气变化所得的疑难疾病,因而效果明显。甘肃省人民医院的医生与护士就曾民族传统文化中获得启发,产生了改进工作方式的灵感。各个科室的护士们在工作中面对着来自各地的病人和多种疾病,她们直视困难,摒弃了曾经有过的一味迷信药物的单一治疗程式,在沿用多年的治理方式中加入创新的传统文化的元素,将药物治疗护理、情感关爱、整洁环境融合为一体,服务于需要治疗的患者。在新式药物治疗和心理平衡治疗的复合作用下,病人得到了较好的护理,他们疾病痊愈,气色好转,身体康复。省级公立医院肩负着主要的社会医疗服务重任,及时治愈患者的病痛,这样不仅使医院获得好得声誉、好效益,而且也在某种程度上代表政府履行了为人民服务的职责。

诚然,保障大众身体健康,治疗就医人员疾病,并不是一帆风顺之事。在病痛折磨之下,病人的种种表现都与健康人有区别,烦躁、沮丧等情绪表现明

---

[1]中国医师协会:《中国医师宣言》,北京,2011年6月26日。

显。此时,需要医务人员加倍的温情与耐心。每一种平缓病人烦躁的方式提出、实施,都凝聚着医务人员的心血灵感;每一次对心情沮丧病人的开导,都是医生与病人之间潜在的心灵沟通与交流。也正是这一特殊的客观规律存在,决定了护士在医疗中有着格外重要的地位和作用,而培养、发现和使用好护士,就能对医务工作起到积极地推动发展作用。

四、服务经济的体现

中国现代化建设目前处于重要的历史时期,改变原有的经济模式,大力发展医疗保健等公共服务,一方面能为增强群众体质作出贡献,另一方面也推动了经济结构的转型,可为未来发展奠定基础。

(一)周到服务拉动经济

按照世界银行(The World Bank Group,WBG)的标准,2010 年,中国人均国内生产总值达到 4400 美元,已经进入中等收入偏上国家的行列。然而,人类历史的进步从来就不是一帆风顺的。世界银行人员曾经深入分析了一些发展中国家的经济状况,曾经提出了一个"中等收入陷阱"(*Middle Income Trap*)的概念。基本涵义是指有中等收入的经济体成功地跻身为高收入国家,这些国家往往陷入经济增长的停滞期,既无法在工资方面与低收入国家竞争,又无法在尖端技术研制方面与富裕国家竞争。当今世界,绝大多数国家是发展中国家,诸如巴西、阿根廷、墨西哥、智利和马来西亚等,均存在所谓的"中等收入陷阱"问题。中国正处在这个历史发展的关键时刻,摆脱"中等收入陷阱"的宿命,走向民富国强的可持续发展之路,这是中华民族必须面对和解决的时代课题。

为了避免此类问题,实现可持续发展,要从两个重要方面做好工作。一是整体经济方面,要预防和治愈一些经济学者所称谓的"鲍莫尔病"(*Baumol's Disease*),其定义了一类存在很广泛的国民生产发展失调的"社会经济病态"现象,即一些制造业增长相对快速,而服务业劳动生产率则难以提高,由此会影响整体经济发展,因而也被称之为"鲍莫尔成本病"(*Baumol's cost Dis-*

①威廉·杰克·鲍莫尔(William Jack Baumol,1922~),一译凯博文,美国经济学家,曾任普林斯顿大学经济学教授,纽约大学经济学教授,现为普林斯顿大学荣誉退休高级研究员。1967 年,他在论文和著作中提出一种经济研究结论,一些国家或地区制造业增长相对快速,而服务业劳动生产率则难以提高,由此会影响整体经济发展。对于这种经济发展失调现象,后来的学者们称之为"鲍莫尔病"。——著者注

ease）。①这种社会经济失调病症的深刻寓意有两点：其一，一个国家或地区的服务业劳动生产率提升比较慢，这样可能导致出现整体经济发展放慢的情况。其二，一个国家或地区的总体经济增长之后，主导部门要通过多种政策措施满足人民生活方面的需求。例如，保障民众生活的环境状况良好，体格良好健美，真正享有幸福和尊严。具体内容包括，呼吸清新的空气、饮用清洁的饮水、食用新鲜安全的食品、享有方便全面的医疗卫生服务等。中国公立医院的功能直接与这两个方面关联，公立医院经营状况好，将为服务业发展作贡献。医务人员防病治病，更是能够提高人民身体健康水平。由此，社会经济发展协调，人民大众生活幸福。

（二）服务带来的信誉

供给满意和充分的公共服务，发展卫生、园林、文化等公共事业，这是中国提升民众生活质量的保障，也是21世纪社会进步的标志。中国社会由于出现了一些属于发展进程中难以避免的问题，目前人民群众要求卫生保健等方面的公共服务和社会所有的公共服务项目数量不足的矛盾较为突出，所谓的"新三座大山"就是有人对这些矛盾的十分夸张的轻率说法。政府机构是社会公众的代表，也是社会的公仆，更是给予公共服务的供应方，人民群众期望政府能够满足社会对公共服务的需求。做好为人民服务工作，将使现在的政府主导的改革开放、经济建设工作获得人民的信赖与支持，而中国革命与建设的历史与现实充分表明，群众的广泛支持是目前以经济建设为主的各项任务最终完成的牢固基础和力量源泉，有了群众的信赖和积极参与，社会主义事业经得起任何风浪、任何风险的考验。因而，心为民所想，做好公共服务；情为民所系，关心群众身体健康；权为民所用，替人民办实事、办好事——这些做法能将党和政府以人为本、执政为民的政策落到实处，服务于最广大的人民群众的根本利益，体现了新中国社会主义制度的优越性。同时，做好卫生保健、环境保护、高雅文化方面的工作，也是推进服务业自身的发展，提高第三产业的势能，增强整体经济的实力，由此可以防止与治疗"鲍莫尔病"。如此会在更大、更深的范围内推动中国经济体制的转型，有利于未来持续稳定地发展。

随着社会进步和生活水平提高，人们对自身健康的关注已经从"已病图治"转变为"未病先防"，健康体检这一独特的健康服务方式也迅速发展起来。健康体检工作看似简单，实际上存在着一定的难度和复杂性，对护理人员的要求也越来越高。甘肃省人民医院、兰州大学第一医院等医疗机构常年承担着为民众做健康体检的工作，在从事这项工作之时，医务人员需要面对各类人群的需求：有的人认为自己身体好，无需检查，是单位组织而来，表现出得态度是满不在乎；有的人有心理障碍，不愿参加团体体检，把一腔怨气发向医护人员；有的老年人年岁已高，体检摸不着头脑，需要护理人员全程做向导和搀扶。这些情况均增加了体检工作的难度和复杂性。此时，需要医务人员运用《大医精诚》的理念，认真地对待每一个前来体检者，对待每一个诊疗行为，由此来确保质量、确保安全。实践证明，公共服务做好了，大众的生活就会充满快乐、幸福，每人都会有感恩之心，感谢之情。

第三节　健康带来的幸福

向小康社会迈进，这是中国于 21 世纪初整体解决温饱问题之后，国家社会主义建设发展的最为显著的特征。小康阶段人民群众的健康利益需求日益突出，医疗卫生技术与服务建设发展任重道远。

一、创新建设，实现优质化服务

在为民众增加福祉方面，公立医院起着在政府和患者之间的服务窗口和健康纽带作用，因而，需要更好地利用自身资源，努力推进医疗公平，切实维护群众利益，尽力为社会弱势群体患者排除疾苦。

（一）社会幸福与个人汇集

历史演变表明，社会繁荣昌盛，家庭幸福安宁，个人满意快乐，三者相互关联。每个人的健康、乐观是社会稳定的基础，因而，为人民群众健康服务的医疗机构的作用就更加显得十分重要。

现代工业化社会，环境污染严重，地球温度升高，气候变化异常，导致作为一类物种的病毒不断变异，各种怪病相继出现。医院虽然没有人们在影视剧中看惯了的战场上的爆炸、火光，但是医院是一个医务人员与病毒作战的没有硝烟的战场。纯洁美丽的白衣天使，她们轻声细语，打扫收拾，在宁静的气氛中进行着歼灭病毒的战斗，其激烈程度丝毫不亚于枪炮轰鸣的战场。护士们用青春和热情为在恶风中摇曳的生命之火添油，用朴实而圣洁的形象诠释了救死扶伤的职业性内涵。

依据中国传统中医理论，疾病与情感郁闷或者失制有关，健康就是心性中和,阴阳平衡。现代西医学科更是对疾病症状与社会之间的关系有很多深入地研究,明确了身体病痛与自然和社会环境恶劣密切相关,因此缘由,文化精神病学、社会医学等新兴的医学专业诞生了。护士们奉献在病房,行动轻手轻脚,静若幽兰,动如流水,宛如一首柔婉动听的乐曲,流淌在医院病房长长的走廊,表达了对病人的尊重,对一个需要照顾的生命体的关爱。在我们这个公民社会里,每个人都是社会的一员,每个人的身心健康了,满意幸福了,整个社会才更加兴旺发达。

(二)情暖万家

人在生病之中,身体虚弱,精神更加脆弱。老年人、儿童本来就需要他人照顾,重病之中的老人、儿童更加需要他人呵护。既便是青壮年人,他们患病之后也倍感孤单、自卑,需要得到情感上的安慰、精神上的支持。医务人员的关怀是对病人最好的治疗,因为不多病人存在的病症或潜在的亚健康问题并不能完全依靠药物治愈,所以在很多情况下,责任心、同情心、关爱心是最珍贵的良药。

在甘肃省级公立医院,护士们年年月月在形式上简单的、循环的护理程序中工作,她们总是端庄大方,言行举止优雅得体,在病人多、语言杂的门诊病区,着白色大褂的身影一旦显现,就能带来平静、安全的环境气息。她们技术操作细致入微,富有独特的职业韵味,尽显温柔体贴之情,烦躁的病人会因此平定下来,而静静的环境又会利于康复,使生命之花再次绽放美丽。在护士们的精心护理下,得到康复的病人热泪热泪盈眶地道别,这样的感人场面在病区内每日都会出现。

如今,一个公认的理念是,医院护理服务质量高与否,完全不在于是否技术熟练。达到高质量医护,乃是有良好的医德医风,努力为人民服务。为人民健康服务,高义薄云天。医务工作者为病人终日忙碌,很多人坦诚诉说,很劳累、很辛苦,但是在苦中感受到了呵护生命的快乐,心里觉得非常甘甜。医生护士们选择了自己的行业就选择了奉献,为了万家幸福,他们廉洁奉公,默默地奉献着自己的爱心技术,他们爱岗敬业,无私地释放着自己的热情才华。每个人都是一盏灯,不是照亮他人就是被他人照亮,社会上涌现出越来越多的"最美",我们的社会才能够更美。

二、精神分析方法

精神上的折磨是最痛苦的,超过了肉体上的疾病苦痛,这是现代社会人们的一种共识。缓解焦虑,遏制浮躁,带给大众快乐,这是医疗机构的重要工作。

(一)精神的病理分析

一个人有血有肉的肌体蕴含着多样化的天赋秉性,喜、怒、哀、乐,这些情感复杂而丰富。而且,个人在社会生活中必定会置身于很多场景,人生舞台上的各种表演经历都能使他的身体产生兴奋、喜悦、舒适、失望、沮丧、悲伤、崩溃或者痛苦等生物性反应。亢奋中的极度喜悦,悲哀中的极度痛苦,这些属于极端性的情感,都会使身体的生物反应过度,或者说能够引起身体某些肌体发生的病痛。人的身体长期处于某些过度反应的压迫之下,一个真正的体质性病痛就会出现。在新中国历史上的"文化大革命"期间,成千上万的人受到口诛笔伐的"批判",虽然肉体没有受到伤害,但是不公正的"批斗"使他们的精神崩溃了。他们渐渐身患重病,最终撒手人寰。

美国精神病医师阿瑟·克莱曼曾详细地问诊、分析了一些病人的个体创痛,他在工作中始终没有仅将这些病人视为互不相干的个体。他的诊断将实践和理论结合在一起,提出了一个"道德体验"(Moral Experience)的概念,其含义是,人性不是空洞的哲学说教和冥想,而是体现在人们对自己身体的体验时的反应、塑造和赋予意义当中。因为,人在社会生活中的各种经历,都可能进入他对具体病痛的理解中,这种理解往往未必是言词式的,而是反映在躯体的表现当中。因此,当一个人经历过某次非肌体损伤的社会、文化等方面的突变或者灾难之后,虽然时过境迁,但是那些事件的痕迹常常会深深地烙在他的躯体上,从而形成他身体的某种疾病。克莱曼指出:"中国人受文化型塑的心理过程导致他们压制自己的苦痛情感。"他列举的一些过程是:"强调态度合适的情感表达高于个性的情感表达;认知处理机制系统地使用苦痛的外在化而非内在化的术语;对于家庭范围外公开口头表达个人苦痛持强烈的负评价,这样做被看作是尴尬的和可耻的;借助丰富的文化代码对心理社会问题使用躯体化的隐喻;希望避免情感疾病给家庭带来的强势污名。而且,在中国社会,身体问题而非心理问题才是寻求帮助的合理缘由。身体问题具有社会标记,而心理问题没有。"①十分清楚,上述导致人体疾病的缘由不是细菌

---

①[美]凯博文著,郭金华译:《苦痛和疾病的社会根源-现代中国的抑郁、神经衰弱和病痛》,上海:上海三联书店,2008 年,第 52 页。

病毒入侵肌体,相反,那些病源是一定历史条件下的社会组织活动、文化意识、家庭情感等。所以,高明的医生与护士治疗病人,解除病痛,总是药物使用和心灵安慰双管齐下。

中国社会目前处于从传统的农业社会向工业社会加快迈进历史阶段,社会转型、变化明显,市场经济竞争激烈,且存在一定程度的无序。同时,国际社会处于大变革时期,原有资本主义制度弊端暴露,混乱日益显现。这些因素综合作用,使中国的发展面对诸多挑战,民众工作生活受到不同程度的影响。一些人在社会变革之中的应变措施不太及时,或者焦急追赶、担心落后,或者遇到某些挫折,于是出现了一些情绪化的现象,诸如焦虑、浮躁、攀比、失望、偏激等。这些情绪化的表现对人的健康成长不利,因为焦虑、浮躁与失望等情绪是心灵的杀手,严重影响着人们的身心健康①。这种心理状态很容易让人进入恶性循环的怪圈,越是焦虑、浮躁、攀比和偏激,生活和工作就越受影响。生活和工作越是糟糕,就越发的焦虑、烦躁、失望。甘肃省级人民医院的医生和护士很早就深刻地认识这类情况,因而他们对患者的治疗方式是多样化的,特别是他们问诊看病的视角已经超出了狭义的医学研究范畴,指导他们医疗活动的一个方针是"道德体验"成就人格尊严。这是一种建立在关怀之上的医学人类学,也是对现代人生存处境的一种追问。

(二)恢复正常情绪的意义与做法

思想认识是医务工作创新的先导,而将"道德体验"范畴的病患治愈康复,需要医务人员在组织管理、治疗方案、护士护理等很多方面做出艰辛的努力。甘肃省人民医院、甘肃省中医院、兰州大学第一医院等行政系统人员首先从管理方面加强调度,一方面吸收中国古代传统优秀文化思想,另一方面学习海外先进的认识定位、服务管理理论,创造性地应用于实际治疗中。

远在二千多年前的战国时期,著名思想家、哲学家庄子就认为,一个人长期拘泥、固守于自己设置的精神枷锁之中,必然会忧愁、苦恼,"疾病由心起"。他主张"安时而处顺,哀乐不能入"②。人不要被物欲、名利所役,能知足闲适,能自得其乐,才能修身养心。他提倡,要善于在纷乱的环境中保持自我放松,

①方鸿:《情志致病机制探讨》,《山西中医》,2010年第2期。
②孙通海译注:《庄子》,北京:中华书局,2010年,第129页。

自我稳定,做到轻松自如。为此,他首创了以"头空、心静、身松"为要领的养生法则,以此达到"清静多寿"。中华传统优秀文化博大精深,光照千古。西方文化也有玉石瑰宝,值得学习借鉴。戴尔·卡内基(Dale Carnegie,1888 年~1955 年)是美国著名的心理学家和人际关系学家,西方现代人际关系教育的奠基人。他于 1936 年出版了著名的学术著作《人性的弱点》(*How to Win Friends and Influence People*),自此以后的 70 多年,该书始终被西方世界视为社交技巧的"圣经"之一。戴尔·卡内基同样从社会文化方面深刻地指出,我们的人生中似乎充满忧虑、焦躁,甚至忧虑不安已经变成一种摆脱不掉的习惯。忧虑彷徨会消耗精力、损害健康、扭曲思考,更能挫伤壮志。难道真的有办法克服忧虑、烦闷、浮躁吗?戴尔·卡内基分析了各行各业几百万人中出现的此类病症,用几十年的观察、整理、化解的经验,提炼出来一些最基本和关键的法则,经常实践这些方法,忧虑、不安等情绪化的躁动就能远离你。①这些法则没有什么艰深的理论,但是每一条都简单有效。

甘肃省人民医院、甘肃省中医院、兰州大学第一医院等的医务人员在治病防病中积累了很多经典的真实案例,他们一方面使用手术、药物等方法,另一方面也使用养生安神的方法处理某些病患问题。事实证明,吸收传统文化,使医治、关爱巧妙地融合为一体,能够产生更大治愈效力,忧虑、浮躁是绝对可以克服的。因而,立足中国传统优秀文化的深厚基础,吸收世界科技理念和先进设计思想,将中医与西医结合在一起,这是一种古今中外的融合创新,更是康复治疗不可或缺的动力来源。在这些甘肃省内的公立医院内,医护人员带来了医护真情,感动了众多病人。内科、外科和眼科的女护士们大部分是中青年人,她们用甜甜的微笑面对病人,用轻声细语叮咛患者吃药、打针。当药物不能解决病人的病痛时,她们在举手投足之间释放出更多的关爱,并以智慧、真诚的方式开导病人,打开那些因为病痛而封闭的心扉。各地来来去去的病员虽然和她们相处时间很短,但是很多人都深深地被她们的行为所感动。这些"白衣天使"仿佛真有神力,能为心寒意冷的病人驱走寒流。她们的恢复治疗越来越受到同仁们的重视,继承发扬中国传统医护治理,这样的治疗才

---

① [美]戴尔·卡内基著,黑幼龙编,陈真译:《如何停止忧虑开创人生(*How to Stop Worrying & Start Living*)》,北京:中信出版社,2008 年。

能在实际中发挥作用。

三、科学理论与方式的拓展应用

构建和谐社会,谋求科学发展,既是国家目标、政府目标,也是医疗卫生机构的建设目标。甘肃省人民医院、兰州大学第一医院等的护士们在自己平凡的岗位上努力实现着这个目标,其中较为引人注目的是,一些护士团队从护理实践中总结出来的一套富有原创性的工作方法。

(一)科学与有秩的工作

现代人的代表性疾病就是各种生活压力,压力使一些人烦躁不安,违背自然秩序与生活常理做事,进而导致各种疾病。张苏钰和她的团队通过护理工作实践深刻地认识到,护理工作必须依据科学原理,有条有理的进行,既要热情积极地工作,又要理性思考问题与困难。历史上著名的古罗马皇帝马可·奥勒留曾说:"啊,自然,你的季节所带来的一切,于我都是果实;所有的事物都是从你而来,都复归于你。"这位近两千年前的哲学家皇王习惯将自然环境与人生联系起来,从而更进一步深刻地思考人生的哲理。马可·奥勒留还说:"一个人退到任何一个地方都不如退入自己的心灵更为宁静和更少苦恼,特别是当他在心里有这种思想的时候,通过考虑它们,他马上进入了完全的宁静。"①从容淡定,勤于思索,坚持正确的理念,轻易不入大喜大悲的场景之中,尽心尽力做好自己的工作,这是应对医疗护理工作中各种挑战的基础。

张苏钰和她的团队每天每时每刻都工作在临床一线,都在与病魔、死神打交道,因而,科学地分析病患情况,一丝不苟地执行医嘱,最为重要。她们在工作岗位上无论大小事情,绝不草率马虎行事,以对患者的感情境界为最高。对病人的细微反应都予以高度重视,表现了对生命的高度尊重。当病人焦虑烦躁时,护士们走到病人身旁,看着对方的眼睛,耐心开导。她们观察病人的神态,引导病人安静、放松。内心平静,可以调节气息,可以安定心神。再通过讲述,使病人冷静思考。这些做法体现了"医乃仁术"的传统优秀理念,是对中国传统优秀文化的传承。②一个人静静地思考时,心灵得到了最大的安定,身体也得到了最大限度的放松,找回了身体的健康和平衡。她们就是这样工作,

---

① [古罗马]马可·奥勒留著,何怀宏译:《沉思录》,北京:中央编译出版社,2009 年。
② 刘伟:《从"医乃仁术"角度探析中国传统护理理念》,《中国中医药现代远程教育》,2011 年总第 9 卷,第 4 期。

把青春、美丽献给了病房内的无数个白天和夜晚。

（二）提升幸福指数

当今社会无论是经济学家还是普通百姓，大家时常谈论幸福指数这个话题。学者和管理者们发现，社会公众的健康状态和幸福程度决定着整个社会的情绪指数，普通百姓的健康幸福感越高，社会的和谐文明程度会便越高。于是，提升健康幸福指数，让生活越变越好，已经成为当下社会各界人士的共同追求目标。文学硕士毕淑敏（1952~）曾是内科主治医师，现为国家一级作家，她在撰写的《提醒幸福》中表述，当我们一无所有的时候，我们也能够说：我很幸福，因为我们还有健康的身体。当我们不再享有健康的时候，那些最勇敢的人可以依然微笑着说：我很幸福，因为我还有一颗健康的心……①所以，医务人员，无论是出于工作职业的要求，还是从社会责任的角度出发，都一定要为大众服务，让大家从健康中得到幸福！

为了提升幸福指数，做好医疗卫生保健工作，党和人民政府专门制定了明确的指导方针："建设覆盖城乡居民的公共卫生服务体系、医疗服务体系、医疗保障体系、药品供应保障体系，形成四位一体的基本医疗卫生制度。四大体系相辅相成，配套建设，协调发展。"②这对医疗界来说既是鼓舞，也是鞭策，而要实现上述目标，需要医疗战线同行付出更多的汗水。在甘肃省内很多医院内，护士团队的成员普遍认为，工作做得多，照顾做得细，服务做得好，就会使病人感到内心宁静，这种内心平静与放松就是健康，就是一种幸福。护士们的工作承载着病员的无限的期望，她们想得周到而又体贴，她们是在用爱心温暖病人，用细心照顾病人，用微笑安抚病人，用真诚感动病人。虽然在现实生活中，幸福指数是医务人员无法用仪器测量出来的，但是医生和护士的精心工作，使得病人痛苦消除，病员本人康复，心情愉快，使其亲属们满意，大家挂在脸面上的笑容就是最好的"幸福指数"。

四、拯救病人的效益

甘肃省级公立医院，还有一些非公立医院的医生、护士以关爱、温情对待病人，用细致、周到的服务完成职责工作。病人住院时间短暂，来去匆匆，但是

---

① 毕淑敏：《破解幸福密码》，南京：江苏人民出版，2010 年。

② 新华社（授权发布）：《中共中央 国务院关于深化医药卫生体制改革的意见（2009 年 3 月 19 日）》，北京，2009 年 4 月 6 日。

大家感受到了他们的真挚、善良,从内心感谢这些医务工作人员。

(一)普遍的护理方式操作办法

将以人为本的原则贯穿于整个治疗病患中,强调用语言、表情、动作姿态、行为方式表达对病人的关注,将关爱、温馨和体贴传递给病人,这些是甘肃省的省级、地市级人民医院的医生、护士普遍采用的方法。不同科室的护士们走进病房,在与病床上的病人说话、诊治时,她们总是弯下腰来,向前倾着身子,让人感到亲切、体贴。她们注视着病人时,眼神会向病人传递着同情、温馨和关爱。她们用身体姿势、说话口气让病人感受到医护者的关爱和体贴。许多病人都提到,这是一种感觉,说不出但体会到的亲切的感觉。

人们的工作各种各样,顺利和挫折总会交替出现,因而,生活也总是喜怒哀乐轮换出现。挫折会引发悲愤,导致气血冲顶,如果不能尽快克制,必然情绪失控。试想,一个人每日处在烦躁甚至暴躁之中,情绪失调,脏腑失和,必然招致各种疾病。庄子认为"病由心起",危害健康,减少阳寿。就是说,欲求健康长寿,不能仅注意不使身体受到外在的损伤,更重要的是不能让心灵受伤。极端情绪是极损身体的,因为"得神者昌,失神者亡"。所以,庄子强调"抱神以静,形将自正",即养心重于养身。如何养心呢? 庄子主张"壹其性,养其气,合其德",这是他倡导的一种养心、养生法则。①现代生理学更是通过仪器检测、分析数据后明确指出,人在静养状态下,精神放松,呼吸、心率、血压、体温会相应平稳,而这种积累的效应自然会使寿命延长。甘肃省人民医院、兰州大学第一医院、甘肃省中医院等的医生护士从中国传统文化中吸取精华,为病人的康复努力工作。护士们打扫病房,在病房中营造一些人工绿色自然景观,因为优美的环境能给患者增加舒适感,缓解病人的精神压力。她们走路脚步轻盈,说话轻声细语,保持安静。医生们看病不只是开药,而且在问诊中善意地开导病人,尽量让病人心胸开阔,以理智驾驭情感,以平和调节心态。鼓励病人逢难不溃,遇愁不愁,尽力达到心如止水。医生、护士们尽职精心工作,使得病房呈现出一种恬静、优雅的环境。他们引导病人在静默状态下想象一些环境,或回忆一些惬意的往事,达到祛病健身的目的。

①姚汉荣、孙小力、林建福撰:《庄子直解》,上海:复旦大学出版社,2000年,第258页,第472页。

(二)心灵感应的奇迹

一般来说,省级人民医院的医疗治理总体环境虽然属于一流,但是在那里工作的医生护士依然时时处处重视再次地改善环境。他们认为,医学是无私的奉献,治疗要温暖患者的心田。医生、护士并没有单纯地只重视医疗活动中病情的发生、发展、变化和使用药物、手术等手段,而且将尊重人、关心人、方便人、服务人贯穿于医疗服务的全过程,为患者提供精神、感情和文化的服务。甘肃省人民医院、甘肃省中医院、兰州大学第一医院等现职在岗的医生、护士很多人虽然已经在医疗战线工作数十年,努力为病患者服务,取得了一些成绩,但是依然认为自己做得不够。不少人坚持在岗学习,一方面钻研医疗技术,掌握先进的高新技能;另一方面学习中国伦理道德、人文知识,陶冶情操,增加问诊看病过程中的文化含量和情感含量,全面地提升服务质量。

世界医学之父希波克拉底曾说,医生有"三大法宝",分别是语言、药物、手术刀。卫生部首席健康教育专家洪昭光教授则进一步认为,语言是三者中最重要的。医生一句鼓励的话,可以使病人转忧为喜,精神倍增,病情立见起色;相反,一句泄气的话,也可以使病人抑郁、焦虑、卧床不起,甚至不治而亡。[①]在甘肃省人民医院,张苏钰和她的团队成员在巡诊中总是热情地问候病人,仔细倾听病人的述说,认真地解释缘由。由于,医院病人很多,她们巡诊问诊的过程较短,受限于时间短暂,也就不可能耗费很长时间与每位病患人员交谈。在这种情况下,医生与患者交往中语言技巧便显得非常重要,而全面的交流又需要医务人员具有较高的素养。这些护士们既能在自己的岗位上仔细操作治疗的每一个步骤,又具有在实践中练就的与病人亲切交流的能力,观察、鼓励、关爱与善待病人。她们用至深的情感表达治疗的情况,"让每一缕清香在尘世间悠悠流传,让每一个角落里都亮着真情点燃的火炬,让真情在心灵的碰撞中凝固成永恒!"[②]所以,很多患者反应,脸上带有稚气的护士的话好接受,这实际上是赞许姐妹们能以看似浅显的语言表达着人间真情,赞扬她们以病人为中心的工作态度,认同她们的交流的技巧——语言中的语调、音量、音频与音质。她们的这些做法在静默中产生效能,把养心、安神、怡情、悦

①洪昭光:《洪昭光健康养生精华集》,北京:新世界出版社,2008 年。

②[美]坎费尔德(Canfield)等编著:《心灵鸡汤 37:白衣天使(*Chicken Soup for Nurse's Soul*)》,合肥:安徽科学技术出版社,2006 年。

性化做涓涓细流,输送到病人干涸的心田,让病人安然、宁静。张苏钰和她的团队成员常说,"这只是分内工作,其他的没做什么,再说病人多痛苦,解除病人痛苦,这是每个医务工作者应该做的。"一句朴实的话语,却像一面镜子,折射出了护士们善良、美丽、高尚的心灵。同时,她们在工作中时常处理满是血污的医疗废弃物品,但是她们总是让自己的仪表形象美丽如花。所有的护士均很看在患者眼中的第一印象,她们最喜欢给病人送去清新的美,认为自然美才是真的美。天使的衣服是洁白的,天使的行为更加圣洁。

第四节　效益来自科学管理

公立医院虽然被定位为非营利医院,但事实上又被推向了市场,承担着自负盈亏的效益压力。医院在双重角色中出现了一些无奈:既要依照传统道德的要求,发扬救死扶伤的人道主义精神,又要遵循市场经济的规则,考虑投入产出之间的成本。因此,处理好经营,这是落实以人为本、增强人民体魄的重要环节。

一、护理工作中的问题

中国进行医疗体制深化改革,这个过程并不是一帆风顺的。一段时间以来医患关系紧张,产生了一些医疗纠纷。所谓医疗纠纷,这是指医患双方对医疗后果及其发生原因在认识上产生分歧,患者向医院或者上级卫生主管部门提出追究医疗责任,甚至向法院控告。[1]正确防范医疗纠纷对于保护群众利益,促进医疗事业健康持续发展,维护社会和谐稳定具有重要意义。

（一）管理弱化

当前社会处于转轨之际,经济体制转变所难以避免的矛盾在各个行业都有表现。医患矛盾在某种程度上还是较为普遍地存在着,而且今后还会存在很长一段时间。这些矛盾的形成原因比较复杂,既有体制、机制上的问题,也有思想观念转变方面的问题,还有管理监督不力等原因。

医患关系出现一些不良情况,关键是医疗管理工作弱化的原因。医务工作涉及人命关天,从业医务人员都要精心。护士们每天从事自己熟悉的业务,

---

①崔志强、孔繁增、白日荣、潘利民等:《医疗纠纷相关因素的分类与防范机制研究》,《中国医院管理》,2011年第2期。

表面上好似简单,实际上任何事都没有表面看起来那么简单。正如国际社会认可的"墨菲定律"(*Murphy's Law*)所说:"凡事只要有可能出错,那就一定会出错。"(Anything that can go wrong will go wrong.)①因为,面对人类的自身缺陷,我们必须要想得更周到、全面一些。数据也显示,医学上的"治疗效果"只是一个概率,不管科技如何发达,医生如何努力,总有一定比例的病人不能达到满意的治疗效果。目前,国内外一致承认的疾病确诊率仅为70%,各种急诊抢救的成功率也只有 70%~80%。所以,必须采取多种保险措施,防止偶然发生的人为失误导致的灾难和损失。

　　一些地方的医疗和医药行业存在混乱,例如,药品价格的不合理、收费的不确定和医疗分工等,这些问题进一步激化了矛盾。有个别患者偏激地把情绪发泄到医院和医生身上,医院和医生成了"替罪羊"。同时,医疗卫生主管部门职责淡化,没有建立起有效的诉前解决机制,医患之间一旦发生纠纷,处理不当也极易引起更大的矛盾的一个根源。值得注意的是,许多医患矛盾的焦点目前集中在"钱"上,患者希望少花钱、能治愈,可是有些医院为了生存、发展,想方设法增加医疗收入,以求获得更大的经济效益。同时因为,医务人员的收入与医疗服务收费挂钩,各种经济指标的考核压力很大,这些也成为扭曲医疗行为、加深医患矛盾的重要因素。

　　改革开放之前,中国社会的一个显著特点是,社会落后的生产力造成了人们彼此间形成了一个个联系紧密的共同体结构,还有固有的倾向彼此相互协助的"熟人情结"。在工业化迅速推进之后,市场经济的自由竞争活动带来了一些张扬自我行为,还有因利益而彼此冷漠的情绪,于是原有的依赖、互助甚至信任基础很快地消解了。人性情中的温和也出现了某些缺失,由此必然引起狂躁,社会上便出现了彼此的猜疑和欺骗。从形式上来看,这是传统"熟人社会"与现代过度理性与利益混合张力下的"陌生社会"的制度摩擦,医患矛盾使双方互不信任,而且一些人往往以自认为最理性,实则疯狂的方式行事,最终使误会变成冲突。解决问题,依然要从管理制度入手,解决体制矛盾。

　　管理弱化导致医患矛盾,因此要加强管理。病人就诊时,特别渴望医护人员的关注,因而对医护人员的一个眼神、一句话均极为敏感。一些护理人员马

---

①[美]阿瑟·布洛赫著,曾晓涛译:《墨菲定律》,太原:山西人民出版社,2012 年。

虎大意,甚至计较经济利益,由此导致了矛盾问题出现。特别要做好的事情是,现代医院服务通过改变服务者服务理念及素质培养,对每一个服务步骤制定规范并建立查评体系,使具有人文关怀的"全人治疗服务"真正落实在病人从进院到出院的全过程中。

(二)诚信缺失

随着人民生活水平的逐步提高,老百姓越来越重视自己的健康,对医疗服务的要求也越来越高了。现代科技目前不断地创新出成果,这些事情本来是大好事,可是一些宣传媒介报道却很不全面,总是报喜不报忧,结果有些人迷惑了,盲目相信科技的无所不能。其实,科学技术有其局限性,现代医学"无力回天"的事时有发生。一些人的期望与迷茫相互叠加,激动的情绪和认识中的"潜规则"理解同时出现,这样,有的患者一方却固执地认为,一旦出事就是对方的错。从医患矛盾的结果来看,明显的原因是,现代理性精神与传统认知习惯的碰撞。这样的碰撞目前拥有难以消除的社会因素,于是,使医患矛盾最终导致暴力事件的发生就有了潜在的社会因素。而耐心解释,真诚相待,是可以解决或者缓解信任失衡的冲突的。

由于管理弱化,在医疗活动过程中,一些属于经营管理不善的事情时常出现。例如,医务工作者及管理人员的工作监督机制不全、奖惩激励制度不完善、收费和服务质量评估不平衡等。当然,也存在着个别医护人员业务素质和职业道德低下等情况。例如,在医疗服务过程中,态度冷漠生硬、不尽告知义务、片面追求经济利益而不顾患者的经济承受能力、个别医务人员怕费事而不按照医疗操作常规行事等,结果出现了致使患者被误诊、误治,甚至造成医疗事故等不良后果,从而引发医疗纠纷。

很多事例表明,患者对热情、开放、真诚、幽默、可信、忠诚、责任心强的医务人员充满尊敬和信任,讨厌虚伪、不尊重人、自私、嫉妒、固执、骄傲、冷酷的医务人员。在一个医院的调查表明,当病人诉说症状时,一些医生没听几句就打断了他的述说,接着就是出诊断,开药方,很多人病人排队看病一上午,实际就诊时间不超过10分种。个别年轻医生,他们在与病人交流时表现得很没耐心,不愿或者很怕和病人多说话,这样从一开始,患者就会产生抵触情绪。实际上倾听病人的述说,医生、护士应当面带微笑答复,这个态度非常重要。因为,微笑在很多场合下是指自然性的表现,而真诚的微笑寓意与影响力都更加深远。这个微笑能给患者带来关爱,带来善意,带来温暖,带来信任,可以使他们的心理戒备放松,从而拉近医患双方的距离。①医师还要在治疗当中亲切地注视着病人,用自己的眼神向病人传递同情和关爱。

医患冲突本来就是误会,之所以酿成悲剧,重要的一个方面就是双方不信任、不理解。有些人当自身权益遭受损害时,他们通常抛弃正常维权渠道而选择非正式的恐吓、威胁以及身体伤害,这也加剧了医患冲突。事实表明,和谐的医患关系是获得良好医疗效果的基本保证,而且随着中国医学科学的发展和改革开放的不断深入,人们的物质、精神生活不断提高,要求健康的情绪日益强烈,医患之间的诚信就显得更加重要。总结经验,真心相待,建立诚信,使医患关系保持良好,这是社会和谐的基础。

二、应对危机的公关

随着经济改革持续推进,社会体制急速转型,社会结构大幅调整,时代变迁加速进行,人们的思想观念和行为方式也随之发生了显著变化,这些情况自然会在医患关系方面表现出来。医患冲突就是一种过激的表现方式,也是建设和谐社会所遇到的严峻挑战。必须应对这种挑战,努力促进医患互信,弘扬社会的正义与道德。

(一)公关产品的正效益外溢

中国正处于医疗卫生体制改革的重要时期,这既是建立全新的医务服务体系的战略机遇期,也是为大众创造获得健康体魄的大好的时机,更是显示医护人员社会形象,增强医疗服务的人文活动的最佳机会。医务服务是社会福利服务的一部分,福利服务作为公共产品活动之一,本质就是没有商业化。①福利效益是外溢的,在良好的制度框架内,可以达到普惠的效果。环境保护作为公共产品,其活动规律之一,就是效能的外溢。环境保护与福利服务两者可以结合起来,凝聚势能,这样将有利于去掉曾经出现的公共产品商业化的不良现象,弘扬传统的、优秀的中华文化,让悬壶济世的中国医学精神在构建和谐医患关系过程中更好地发挥作用。自然,医院作为公益性的事业单位,需要国家大量投资。目前,国家已经加大了医疗卫生经济政策和医疗体制改革力度,扭转了之前中央财政预算中卫生支出占全国卫生总费用的比重下降的趋势。

①冯庚:《医患沟通的基本方式》,《中国全科医学》,2010 年第 28 期。

危机出现,经过努力,解脱困境,这种事实和行动表明建功立业的机遇来临。

另一方面,欧洲的高福利型,中国政府背不起;美国的社会保险型,中国居民缴不起。中国的医疗服务体制改革必须走适合中国国情的道路,虽然这样的改革必然需要一个过程,但是构建和谐的医患关系不能靠等待,所以,医疗机构和医务人员的主导作用历史性地突出了。世界公认的医务人员的楷模、著名的英国护士伦萨·南丁格尔(Florence Nightingale,1820年~1910年)说过:"护理工作是平凡的工作,然而护理人员却用真诚的爱去抚平病人心灵的创伤,用火一样的热情去点燃患者战胜疾病的勇气。"[②]医务工作人员要以南丁格尔为榜样,用南丁格尔的言行自勉,探索、总结和提炼更好的符合当地情况的医疗护理方式。医生、护士的职业在当代社会不仅是一种谋生手段,更重要的是施爱于人,这是一种品德,一种为人处世的良心。学习南丁格尔要从现在做起、从能做的做起,从我做起,身体力行,这样就能达到预期的目标。

(二)化解信息不对称性

现代社会是信息化社会,信息沟通不良,社会自然就运作失调。沟通是信息凭借一定载体,在个人或群体之间进行传递并获取理解的过程,而医患沟通则是医务人员与患者之间就患者病情进行传递并获取理解的过程。

国家正在建设的社会主义社会具有很多内涵,建设环境友好型社会是一个重要目标。人与环境友好、和谐,首先要做到人与人的交流及时、无障碍,人人权利平等,人人感情同价。人们通过及时沟通交流,相互尊重、追求身体健康、生活幸福的权利,相互支持追求幸福权利的行动。现代社会是个信息社会,无形的信息交流,人与人之间能够产生巨大的能量。因而,对于承担提高公共健康历史责任的医疗机构、从事看病治疗的医生,及时与患者沟通交流信息,在医患之间搭建一座双向交流的桥梁,关系重大。1989年发布的世界医学教育联合会《福冈宣言》指出:"所有医生必须学会交流和处理人际关系的技能。缺少共鸣(同情)应该看作与技术不济一样,是无能力的表现。"[③]良好的医患沟通是实现以病人为中

---

① 王丽:《和谐医患关系的社会学分析与构建》,《山西高等学校社会科学学报》,2010年第4期。

② [英]马修森著、叶旭军译:《伦萨·南丁格尔传》,杭州:浙江文艺出版社,2012年。

③ 世界卫生组织亚洲西太平洋地区办事处与世界医学教育联合会:《福冈宣言》,日本福冈市,1989年。

心,减轻病人心身痛苦,创造最佳心身状态的需要,是提高治疗效果的需要。

目前在医学界,西方医学人文建构的"迟到"与中国医学人文传统的"失落"形成了医学中的人文空白。例如,对科学的崇拜使唯科学主义的影响在医疗实践和医学教育中根深蒂固,造成医患关系物化;对金钱的崇拜腐蚀着医患之间的关爱和信任,使医学进一步失人性化。在一些情况下,人文空白使医学丧失了应有的人性温度,从而阻碍了医患沟通,也降低了医疗治愈的效果。因为,如果一些患者花费许多钱,获得的却是低于标准质量的医疗服务,不仅病没治好,反而加重病情,患者怎么会满意呢? 如果医务人员设身处地为患者着想,把病人担心的事情讲清楚、说明白,帮助患者选择既保证医疗质量,又能够减少费用支出的治疗方法,人心换人心,患者必然会理解医务人员的难处。兰州大学第一医院与第二医院的一些医务工作人员进行了换位之后的理性思考,他们认识深深地认识到,沟通应该是心灵的沟通和感情的沟通,要通过多种形式与患者交流,更加尊重病人的权利。在外科、内科、眼科等科室,医生、护士们把对患者的尊重、理解和人文关怀直接贯穿于为患者进行医疗服务想全过程,他们在给予患者良好服务的同时,也通过平等沟通、有效沟通、积极沟通与善意沟通等方式,让患者看到、听到、感受到医务人员对他们的帮助与关爱,使患方更加尊重、理解、信任医务人员。由于从感情和理智上强化对病人的关怀,也就能迅速树立医院品牌,增进医生个人的信誉。医生、护士在付出爱心的过程中,也获得体现自身价值的快乐。

第五节　完善和谐社会结构

建设和谐社会是中国改革开放所要实现的重要目标。医患之间的和谐,是人民团结、国家兴旺的重要组成部分,也是执政党和人民大众之间和谐组成部分。因而,克服困难,继续向前推进的这种和谐,意义重大。

一、心理均衡治疗

(一)呵护银发社会

中华文明传承数千年, 尊老爱幼的传统优秀文化因素起着重要的作用,目前在经济继续快速发展的历史阶段中,尊重老人显得格外重要。因为,中国已经进入了老龄化社会,老龄人口数量逐年增多。老年人抵抗力下降,而如果生活在污染严重的环境下,容易患病,因此需要特别的照顾和关怀老人。健康是公民最基本、最重要的福利之一，离开了医疗可及性及公平性，公民的生活满意度就会下降，容易成为对社会的不满者。

老年人保持健康要有一些条件，需要较好的医疗，较多的营养补品，需要优美的环境，以便安度晚年。然而老年人的收入少，医药卫生支出很高，所以，必须对于老年人格外关照。医学的内在本质不仅是技术性，还有分量很重的人文性。从事医生行业，不只是这个职业的回报率较高，可以使人富有，也不只是这个职业技术含量高，能显示个人的才能，从本质上讲医生的职业最重要的是为了人民的健康。

虽然中国各地人民的卫生条件得到了很大变化，但是，受限于发展中国家的基本背景，制约卫生事业发展的体制性、机制性、结构性问题仍未根本解决，卫生工作仍面临着很多问题急需解决。甘肃省人民医院、兰州大学第一医院等，设备条件在省内是第一流的，由于同样的原因，存在许多医疗困难。但是，这些医院内的护士团队注意克服医疗条件不足的困难。她们用良好的形象、和蔼可亲的态度、温馨体贴的语言、端庄文雅的举止，消除老年患者对医院及病区的陌生感，使老年人有一个良好的心理状态。她们注重使用简单、少花钱的方式，护理和治疗老年人的疾病。一些老年人面对市场经济所产生的一些商品诱惑，有的人感到很失落，有的人长叹人情冷漠、世态炎凉。这些护士们就注意吸收古代贤者的智慧思想，"行小变而不失其大常也，喜怒哀乐不入于胸次。"①引导老年人不大喜过望，也不悲痛欲绝，更不哀伤绝望，保持一种安宁、恬静的心理环境，这样有利于减轻疾苦和促进疾病的康复。这种方式较为成功，老年人很满意。一批年轻的护士用自己热情的工作、关爱的举止，为老年人护理。尽其所为，帮助于人，这是医生的职责，中国传统文化提倡这种为人之美。

（二）助力建设和谐社会

建设和谐社会，让人们在自然美好的环境与轻松自由的条件下快乐地生活，这是现代中国经济文化发展指向的伟大目标。医院是人民群众健康所系、生命相托的地方，也是社会上恪守高标准卫生条件并宣示为标杆的地方，因此，维护和谐医院的形象，不仅是为了某个单位的利益，而且是构建和谐社会

①姚汉荣、孙小力、林建福撰：《庄子直解》，上海：复旦大学出版社，2000年，第545页。

的重要组成部分。防病看病,解除患者的痛苦,为社会播撒欢乐,让人们携手共进,这些是医疗机构每天的日常工作。一个医院是否通过这些行业行为完全达到预期的让社会和谐的目标,并不是一件容易的事情,医患矛盾的出现就是一个反证。

一个和谐医院,要求医务人员首先通过自己精湛技术,用优良的医疗质量,让病人早日康复。因为,医道是"至精至微之事",习医之人必须"博极医源,精勤不倦"。①医疗技术高超,医治疾病彻底,迅速解除病痛,患者和亲友们才会高兴,大家欢乐、祥和。人间疾病层出不穷,医生的工作就是主动地向病魔进攻,在疑难险症面前,不畏艰险,善待每一位病人。在疾病面前,生命无贵贱之分,医务工作者的职责是神圣而崇高的,要永远把病人的生命和健康放在第一位,只有献出无条件的爱,才能做到真正的善待。

美国哈佛医学院社会医学系教授拜伦·古德(Byron Good)曾经表述了这样一种观点,疾病虽然绝对真实,但是出于生活中的疾病只能通过某种创造性的概念来表达,而那种以生物医学为典型代表的实证主义与经验主义疾病观应当予以批驳。在治疗患者的疾病时,应当将病患作为嵌于地方道德世界、政治关系、时间之流等中的"审美对象"予以解读,如同欣赏一幅画作品一样,对那些形式上不确定的东西进行一种审美反应,从事一番积极的、综合的努力创造,才能达到最佳的治病救人的效果。由于无论医生还是患者,大家都在应对病患及其威胁的斗争中投入很多,因而临床治疗不能被置于孤立的地位。拜伦·古德进一步比喻说,医学与病患双方均参与了一场救死扶伤的努力,是一番对话,也是一曲舞蹈,甚至是一项基本的人权。②在甘肃省的很多公立与非公立医院内,护士们用温和、真挚的情感为病人服务,这些护士与医生对待病人满脸微笑,认真地观察病人的生理、心理变化,尔后适时、恰当地用温馨、轻松的话语开导心情沮丧的患者,而且时刻注意使病房保持清洁、雅静,让病人心情愉快、精神放松,这些治疗方式的应用有节奏、有条理,效果明显。这些有着"妙手天使"称号的医疗团队的工作的确犹如一曲舞蹈,热情有

---

①(唐)孙思邈著,焦振廉等校注:《大医精诚》,《备急千金要方》,北京:中国医药科技出版社,2011年。

②[美]拜伦·古德著,吕文江、余晓燕、余成普译:《医学、理性与经验:一个人类学的视角》,北京:北京大学出版社,2010年。

序,让快乐气息在病房原本沉闷的空气中浮现。许多这样的医疗团队的工作表明,用真诚坦然的心态面对他人的误解,建立和谐医院的目标就能实现。因为,如果每一个人都能如此工作,发心行善,工作效果虽然未明显来到,但是失误和事故却已在暗中远离了。帮助他人,这是中国社会的传统优秀文化的组成部分,现在的社会也不缺这种美好事物的因子,需要的是用诚恳、勤奋的工作达到更美的境界,坚持这样做事,定能感动天地,迎来皆大欢喜的和谐局面。

二、自然环境和社会生态改进双赢

保护环境就是化解人与自然之间不和谐的因素,改善环境就是不断提升人与自然和谐相处的水平,最后实现的目标就是人民生活幸福、健康长寿。

(一)健康的体魄与积极的奋进

人与自然的关系反映着人类文明和自然演化的相互作用及其结果,人类的生存和发展依赖于自然。古罗马帝国唯一的一位哲学家皇帝马可·奥勒留曾说:"让你的愿望符合实际。不论好坏,生命和自然都由我们无法改变的法则所掌控。越快接受这一点,我们就能更加平静。"[①]无数历史演变的事例说明,人们必须对生活中那些可能带来压力的变动和挑战处之泰然,在意图改变世界之前先改变自己对世界的态度。敬畏大自然,人类文明就能顺利发展,反之,则人们会备受磨难。同时文明的进步也影响着自然的结构、功能和演化。身体是人的根本。随着环境污染日益严重,现代人越来越重视自己的健康。健康的身体,充沛的精神,旺盛的体力,这些是现代社会大众公认的最好的财富!谁也不会愿意做个又弱又病、一干工作就感到累的人,没有好的身体什么事情也做不成。特别是面对各种压力,无论是在工作岗位上,还是在处理家庭事务上,人们拼的就是体力与精力,谁身体好,精力足,谁就是老大,谁就能挑大梁,因而,大家都想将健康维持在巅峰状态。

民众的需要从政治方面来讲就是社会发展的精神向导力量,这样的需要在经济方面也是推进传统生产结构升级转型的物质力量,因而,理念与生产的力量合力是巨大的,可以形成一种社会前进时发生积极作用的"倒逼机制",推动着环境保护的发展,顺眼历史潮流。生产要素的边际报酬递减规律

---

① [古罗马]马可·奥勒留著,何怀宏译:《沉思录》,北京:中央编译出版社,2009 年。

也表明,在高耗能、高污染的发展模式下,经济增长率的空间相对狭小,难以持续。于是,这个压力逆向前进,最后可以传导到结构调整和经济转型上来,由此能够发挥独特作用,更好地推动整个社会走上生产发展、生活富裕、生态良好的文明发展道路。中国在经济改革中更多的是采用积极的方针政策,政府部门制定和实施了一系列正面发回作用的政策,创造条件,实现了倒逼机制曾指向的目标。例如,2011年,环境保护部颁发文件强调指出,加强农村环境保护,是贯彻落实科学发展观,构建和谐社会,保障和改善民生,促进农村经济社会协调发展的必然要求和重大任务。①东部一些发达地区积极行动,让天更蓝、水更绿、家园更优美,在城乡优美环境方面取得新突破。不少地方满腔热情地为民众服务,办好根治环境污染的项目②。于是,几年来,百姓们看到了更多的蓝天,呼吸到更加清洁的空气。实践表明,以保护环境、多做好事为平台,以回归自然的运动、比赛为载体,以加强和谐社会、服务人民的思想作风建设为目的,这样的做法是人民欢迎的。

(二)民族魂

加大环境保护力度,推进生态文明建设,不仅是现代社会的要求,同样也是自古以来中华优秀传统文化的精髓。在中华民族伟大的创业史上,自始至终都反映了生态治理和环境保护的思想。在某种程度上,中华文明的起源就是包含着中国生态学的起源。中国古代贤者孟子就有极其相似的论述:“不违农时,谷不可胜食也;数罟不入洿池,鱼鳖不可胜食也;斧斤以时入山林,材木不可胜用也。谷与鱼鳖不可胜食,材木不可胜用,是使民养生丧死无憾也。养生丧死无憾,王道之始也。”③孟子的这段论述十分精辟,他形象、生动地阐释了人们的生产生活与环境保护的关系。少数西方发达国家在过去短短是200多年的时间就消耗了大量的资源能源,排放了大量温室气体,使全球面临着气候变化和资源环境的巨大压力,这使得世界各国现有的发展模式面临着转型的抉择。

---

① 环境保护部:《关于进一步加强农村环境保护工作的意见(环发〔201129号〕)》,北京,2011年。

② 金建明、葛玉荣、刘影:《江苏:让天更蓝、水更绿、家园更优美》,《中国政协》,2011年第19期。

③ 万丽华、蓝旭译注:《孟子》,北京:中华书局,2006年,第5页。

中国正在大力建设宜人家园,提高居民生活质量,促进城市可持续发展,建设新的乡村山庄。这些建设表现了绿色文明思想,充分地尊重了民众在生理和心理上的多层次、多样化的需求,显示了以人为本的政策方针的贯彻与实施,其最终的目标和本质均体现在人文关怀上。毫无疑义,良好的环境虽然非药非针,但是其作用"无为之益也"。总之,精神恢复、环境改善的治疗在关爱之下显示了独特的作用,使病人自身体、心理上得到全面康复。这种做法体现了中国传统文化中最根本的精神,或者本身就是传统文化与医疗方法。中国传统医德历史悠久,源远流长,他们深受广大劳动人民欢迎。在进行 21 世纪的工业化建设中,继承和发扬中国医德,吸收国际医学精华,会使人民健康长寿。因而,创建绿色生产生活方式,实现经济社会与人口、资源、环境的全面协调发展,中国将会更加兴旺发达。

学习思考题

1. 经济迅速发展与医疗水平提高的重要联系表现在哪些方面?
2. 保障医疗效果的重要环境条件表现在哪些方面?
3. 阐述医疗护理与空巢老人的主要联系。
4. 简述《黄帝内经》提出的若干重要的理念
5. 简述希波克拉底誓言表现的一些重要理念。
6. 简述藏医藏药的神奇魅力。
7. 为什么说中国传统医德的最经典表述是"医乃仁术"与"大医精诚"?
8. 如何理解庄子提出的"安时而处顺,哀乐不能入"的观点?
9. 阿瑟·克莱曼提出的"道德体验"的主要含义是什么?
10. 为什么说护理患者时的"润物细无声"式的轻声细语能提高医疗效果?
11. 分析导致医患冲突的重要缘由。
12. 为什么说医学与病患双方的互动如同一曲舞蹈?

第十四章　绿色食品与绿色餐饮业

内容提要　"仓廪实而知礼节,衣食足而知荣辱。"[1]饮食是人类生存的基础,也是民族文化得以发展的前提。从古到今,勤奋智慧的中华各族人民重视饮食,研究饮食,创造了自己独特的饮食文化。中华饮食文化源远流长,是中华文化的组成部分。饮食问题可以归结为两个问题:第一,吃什么?第二,怎么吃?也就是食品与加工两个方面。本章通过对食品问题的概述,以绿色食品为中心,以发展绿色餐饮业为重点,以"中华老字号"餐饮企业为案例,展望了我国绿色食品与餐饮业今后的发展,指明其对中华饮食文化可持续发展的作用。

摄取食物是一切生物维持生存的前提,对人类而言,则更是关系种族延续、国家昌盛、社会繁荣,谋求社会发展的基础。公元前1064年,周武王克商后,为避免重蹈商朝亡国覆辙,向商朝的旧臣箕子请教治国之策,箕子向其建言治国"八政",其中"一曰食",即第一就是吃饭问题(《尚书·洪范》)。[2]无论何时,人类活动最基础性的目标就是保障社会有足够和优质食品供应。有了这一前提,才谈得上人兴、家和、国安这些更高境界的目标。

第一节　食品与食品产业

无粮不稳。自古以来的政治家无不以解决粮食问题为经邦纬国之第一要务。任何一届封建王朝,牢守这项国策就会国势强盛,违背这个定律就遭到了倾覆的噩运。泱泱中华大国,粮食是一切问题的基础。

---

①(汉)司马迁著,(索引)司马贞,(正文)张守节:《史记》,北京:中华书局,1982年。
②王世舜、王翠叶译注:《尚书》,北京:中华书局,2012年。

一、民以食为天

民以食为天，这是自古至今中华文化的一个核心思想。"烹调活动是天与地、生与死、自然与社会之间的中介。"①这是世界著名的人类学结构主义大师克劳特·列维·施特劳斯的名言。中外两种文化对吃饭问题的阐述虽然修辞不同，但对其重要性的认识具有高度的一致性。

（一）中国告别饥荒

"王者以民为天，而民以食为天。"（《汉书·郦食其传》)②在中国漫长的古代社会，剥削阶级统治使得大众百姓一直处于贫困、饥饿之中，吃饱肚子始终是首要的生活目标。著名史学家邓拓先生曾指出："我国灾荒之多，世罕其匹，就文献所可征者言，则自西历纪元前十八世纪，直至纪元后二十世纪之今日，此三千数百余年间，几于无年无灾，从亦无年不荒；西欧学者，甚有称我国为'饥荒之国度'者，诚非过言。"③饥饿，这是人们在旧中国最普遍的遗传记忆；饥饿恐惧，这也是历史遗留给人们的最具典型性的一种心理焦虑。但是，这个统治中国数千年的剥削阶级没有解决的大事情，在中国共产党的努力下，通过改革开放解决了。1982~1991年10年间，中国社会主义经济建设快速发展，粮食产量大幅度增加，粮食产量每年增长8%，成为世界上最大粮食生产国之一。其中，1984年，中国粮食产量历史性地突破了4000亿千克，同年，全国大陆人口达到104357万人。正是在这一年，中国政府首次向联合国粮食及农业组织（Food and Agriculture Organization of the United Nations，FAO）宣布，中国基本解决了温饱问题。④中国用仅占世界不到10%的耕地和5%的淡水资源，解决了占世界22%人口的吃饭问题，成就举世瞩目。自1984年至今，中国已经逐渐地向全面建设小康社会前进。国家统计局公布的数据显示，2011年，全国城镇居民人均总收入达到23979元人民币；人均可支配收入中位数为

---

① ［法］克劳特·列维·施特劳斯著，周昌忠译：《神话学：生食和熟食——列维·施特劳斯文集（3）》，北京：中国人民大学出版社，2007年。

② （汉）班固撰，曾宪礼标点：《汉书》，长沙：岳麓书社，2008年。

③ 邓云特：《中国救荒史》，上海：商务印书馆，1937年11月，第1页。该书初版时用的是文言文，很快被译成日文印行。1957年，三联书店重印此书之际，邓拓将其改成了语体文。1998年9月，北京出版社又再版了该书的语体文版大字单行本。——著者注

④ 唐敏：《粮食生产60年变迁——中国政府基本解决了人民温饱问题》，《瞭望》（新闻周刊），2009年8月31日。

19118 元,比上年增加 2279 元,增长 13.5%。当代中国人民的食品需求,已经从吃得饱变为吃得好、吃得健康绿色、吃得有品位。对比在我们这个星球上,现在每 5 秒就有一个儿童死于饥饿、每年有超过 500 万人因为饥饿而死亡、每天晚上有 8.5 亿人饿着肚子睡觉的现状,中国的这一成就更具世界意义,它使全球五分之一的人口免受饥饿之苦。

（二）食物与食品

食物与食品是两个不同的概念,在市场经济条件下,它们的功能各不相同。

1. 食物

食物是指经人类口腔所摄取,能够满足人类机体正常生理和生化需求,提供其生存与活动所需能量的所有物质。大多数人体中不可缺少的维持生命的营养素(维生素)必须从食物中获取,它们与酶类一起参与肌体的新陈代谢。食物主要是由碳水化合物、脂肪、蛋白质和水构成的有机物组成,自然界只有极少量的无机物可直接食用,如盐。广义的食物,还包括动物的食物。食物主要包括谷物、蔬菜、水果、肉类等。谷物泛指稻、麦、玉米、小米等粮食类植物种子;蔬菜泛指一株植物的不同部分,可以做菜、烹饪成为食品、除了粮食以外的其他植物(多属于草本植物),又可分为叶菜类、瓜类、豆类、根茎类;水果为一棵植物中带有种子的植物器官或对部分供食用的含水分较多的植物果实的统称,种类有鲜果、坚果和干果等;肉类泛指畜类(猪、牛、羊等)、禽肉(鸡、鸭、鹅等)和水产品鱼类等,是动物的皮下组织及肌肉的可食部分。

2. 食品与文明

食品指经人类生产、加工而来的食物,包括生食和熟食食品。食物与食品的本质区别在于,食品不是直接来自自然界,而是经人为种植、养殖和加工后获得的可食物,是一种"生产品"。一般用语中,人们并不将两种概念仔细区分甚至混称。

"食品"的出现,代表着人类文明的起源。早期人类主要靠狩猎与采集"食物"为生,所以无法掌握自己的命运。农业的出现标志着人类有了"食品"——可以自己生产小麦、稻米等,即有了不直接依靠自然、能够自己掌握的稳定食物来源。从此,人类的生存几率大大提高,变由可能为必能,也有了发展文明的基础。世界文明的发源地,无一例外,都是早期的农耕中心:小亚细亚文明起源的两河流域,是大麦、小麦、小扁豆的原产地;中华文明起源的黄河流域是小米的原产地;玛雅文明起源的中美洲墨西哥地区,是玉米、豆类、马铃薯等作物原产地。从这一意义上,说明"食品"的出现,是人类摆脱野蛮状态走向文明的标志,它以农业为基础,明显地带有自然地理环境特征的烙印。

二、食物与环境相伴

人们每日消费的食物均来自大自然,主要来源于自然界可以直接或者间接食用的各种自然生命体。食物与环境息息相关。

(一)环境生成食物

构成人类食物的元素虽然多种多样,但是它们均取决于地上、地下和空中的环境。环境造就食物,环境对食物的影响是决定性的。环境本身具有地域差异,导致食物品种千差万别。北方出五谷桑麻,人类食用黍、麦为生;南方多泽国湿地,居民"饭稻羹米";东临湖、海则捕鱼捉蟹;西居草原乃啖肉饮奶。每种生命体的生长环境、生理机制、生存方式不同,其特定动植物食品或食材在类别上有所不同,它们均产出于特定的环境。以甘肃兰州为例。

1. 兰州的瓜果

甘肃省省会兰州市位于中国地理版图的几何中心,有"陆都心脏"之称,这里干旱少雨,光照资源丰富,昼夜温差大,属于温带半干旱大陆性季风气候,特别适合瓜果生长。久负盛名的白兰瓜,又叫"金城蜜瓜"或者"兰州蜜瓜",是兰州著名土特产之一。白兰瓜以外形美观、瓜糖蜜口驰名全国,在国际市场上也享有较高声誉。兰州市城关区青白石乡是白兰瓜最著名的产地,该乡位于黄河北岸,四周是重叠的山峦,阳光充足,降雨量小,土壤中多沙砾,并不适宜谷物生长,却十分适合白兰瓜的生长。独特的小气候条件,加之当地民众多年辛勤劳作,青白石乡成为甘肃省最负盛名的"白兰瓜之乡"。金秋时节,兰州市大街小巷遍布出售卖甜瓜的商店和零售摊位,浓郁的瓜香味终日飘逸。游人来兰,无不大饱口福。有无数人曾尝试将白兰瓜移植引种它地,最终"橘变为枳",徒然费力。

2. 兰州百合

兰州市生长的另一种特有食物是百合,又名蒜脑薯、喇叭筒,属百合科多年生草本植物。百合地下鳞茎呈球形,鳞片白色,数十瓣鳞片重重叠叠,紧紧相抱,故以"百片合成"而得名,是一种罕见的蔬菜原料。成书于中国东汉时代(公元25年~220年)、现存历史上最早的药物学专著《神农本草经》中记载百合曰："主邪气腹胀、心痛。利大小便,补中益气"①。现代研究证明,百合富含蛋白质、脂肪、淀粉、糖及维生素 B_1、维生素 B_2 和维生素 C 等成分,有较高的营养价值,是一种良好的强身滋补品。兰州百合又以产于兰州市七里河区西果园乡的一片浅山地带(二阴山地)为最佳。该地山脉海拔在 2000~2600 米,属黄土高原地貌,土层深厚,土质疏松,气候冷凉温润,昼夜温差大,干旱缺水,自然条件恶劣,常见的小麦、玉米等作物难以生长。但是,却极其适合百合生长,出产的百合色泽如玉,味极甜美,纤维很少又毫无苦味,品位极高,不但闻名全国,亦堪称世界第一。国家工商总局已将"兰州百合"商标授予七里河区,国家质检总局要对兰州百合原产地域进行长期保护,兰州百合产业化也被列为"国家山区农业产业化试点示范项目"。兰州地区民间食用百合历史悠久,用百合做菜,更是颇为广泛。同样,百合也被成功移植引种它地,但无论怎样努力,七里河的百合品质始终无出其右者,以致许多外地百合不得不以"兰州百合"销售。

(二)食品质量受制于环境质量

很多事实表明,无论现在人类拥有的工业化生产方式多么先进,食品生产依然受制于环境。

1. 环境质量决定食物质量和种类

在国际社会,例如埃及,那里虽终年少雨,但并不缺乏灌溉之水。空气干燥而土中有水,对小麦生长极为有利,使小麦高产质优。在中国,由于水热条件的不同,我国北方以种植小麦为主,南方以种植水稻为主,故形成了"北面南米"的格局。充分说明食物来自自然界,而自然界又充满差异,使特定的食物与特定的环境状况紧密相关,才有了千差万别的食物品种与质量。春秋时期著名政治家、齐国宰相晏婴曾说"婴闻之:橘生淮南则为橘,生于淮北则为枳,叶徒相似,其实味不同。所以然者何? 水土异也"②。"橘枳之易"的故事诠释了环境的质量直接关乎食物的质量。

众所周知,蔬菜,尤其是有色蔬菜含有丰富的维生素,蔬菜是人体所需维生素的主要来源之一,人体必需的维生素 C 的 90%、维生素 A 的 60%均来自

---

① (清)孙景衍、孙冯翼辑:《神农本草经》,太原:山西科学技术出版社,2010 年。
② 陈涛译注:《晏子春秋·杂下第六》,北京:中华书局,2007 年,第 299 页。

蔬菜。蔬菜中还有多种虽然不是维生素但对人体的作用与维生素类似的天然物质"类维生素",如生物类黄酮、叶绿素等。此外,蔬菜中还含有矿物质、微量元素、碳水化合物、纤维素等非维生素类营养成分。蔬菜对健康的作用非常重要,果蔬中的多种营养物质可以有效预防一些慢性、退行性疾病。但需要强调的是,这是在无污染环境下生产的新鲜蔬菜所具有的功效。

当环境受到污染后,蔬菜、瓜果等食物就会随之受到农药、硝酸盐、重金属等污染,质量下降,甚至对人类健康产生危害。

2. 环境污染影响食物与人类

自然环境是人类生存和活动的场所,也是向人类提供生产与消费所需的自然资源的供应基地,包括大气、水、海洋、土地、矿藏、森林、草原、野生动物,乃至城市和乡村等。但随着产业革命出现以及工业化进程的不断加快,到 20 世纪 50 年代以后,包括资源短缺、生态破坏、环境污染等环境问题日益凸显。

全球工业化在显示出历史性巨大进步的同时,由于大量使用石化类物质诸如煤炭、石油等作为能源,大量使用化肥和农药培育作物,它们向环境中释放了大量的二氧化碳等有害的化学物质,致使陆地被污染、海洋被污染、空气被污染。动植物生长在被污染的环境中,不仅普遍失其味、变其型,作为食品原料的食材大范围变质,营养功能大打折扣,而且重金属含量超标,药物残留,因营养性下降而危害性提高,不再"绿色"。这些有害物质通过食物链的聚集、浓缩,最后到达食物链的顶端——人体,在人体内富集,严重威胁人体健康。例如,1968 年 3 月,日本发生了米糠油事件,很多人的健康因此遭受了巨大的损失。这件事情引起了世界公众的震惊,人类由此意识到自己生存的食物链成了一个不安全链。

我国环境污染相当严重,据环境保护部提供的数据,2011 年我国十大水系、湖泊、水库、部分地区地下水和近岸海域已受到不同程度的污染,农村环境问题日益显现,农村地表水为轻度污染,农村土壤样品超标率为 21.5%,农田、菜地周边土壤污染较重。[1]在污染水体中生长的生物如水藻、鱼虾、贝、蟹等同样会被污染,人类使用后会引起急性或慢性中毒,甚至祸害子孙后代。即环境质量决定食物质量,食物质量会直接影响身体健康。

---

①环境保护部:《2011 年中国环境状况公报》,北京,2012 年 6 月 5 日。

提高食品质量必须提升环境质量,已成为国际社会共识。环境的不良变化已经对食品质量产生了根本性的影响。仍以兰州百合为例,它的质量近些年来很不稳定,某些方面品质的下降就是因为环境的影响。兰州市是一个工业大城市,工业的快速发展也使城市面临诸多环境退化问题,例如城市热岛效应导致兰州局部气候的改变,气温日渐升高;严重的空气污染减少了有效的日光照射时间;空气中有害颗粒物的沉降,过量使用农药、化肥等,使位于兰州近郊的百合主产区土壤成分发生变化,对百合生长极为不利。百合出现球茎变小、腐烂、糖分降低等问题,甚至出口世界的百合相当部分是打着兰州百合旗号的外地百合。如不采取积极应对措施,将会从根本上毁掉"兰州百合"和兰州的百合产业。食物以环境为根,食品质量与环境的状况密不可分,食品与环境的关系成为改善食品质量、保障人体健康的焦点。

如何使更多民众少受、免受因环境问题引发的疾病缠绕,如何解决因环境污染产生大量氧自由基(是人体的代谢产物,可以造成生物膜系统损伤以及细胞内氧化磷酸化障碍,是人体疾病、衰老和死亡的直接参与者)的问题日益受到人们关注。在医学不断发展的同时,一个新学科即食品环境学已经在国内外建立,成为科学教育体系建设中的一项新专业。该学科研究的内容主要包括自然环境与食品原料的关系、环境污染与食品安全的关系、食品加工环境与食品安全的关系以及食品加工环境的监测、中国食品生产环境标准以及认证管理、食品环境质量评价体系及其评价方法、风险分析等。环境与食品关系分析、食品生产、绿色食品研究等,已经成为国内外科学研究领域的一个热门。

(三)优质食品抵御环境恶化的作用

中国悠久的中医学素有"药食同源"之说,又称为"医食同源"理论。中国隋唐时代著名医书《黄帝内经太素》表述曰:"空腹食之为食物,患者食之为药物"[1],清晰、简洁地说明了"药食同源"的道理。

药食同源理论认为,许多食物既是食物也是药物,食物和药物的合理搭配能够防治人类的某些疾病。在神州大地漫长的历史进程中,我们的先祖早已在寻找食物的过程中发现了许多食物的药用价值和许多药物的食用价值,

---

[1](唐)杨上善撰注,李云点校:《黄帝内经太素》,北京:学苑出版社,2007 年。

多种食物和药物的性味和功效往往融合一体,两者之间很难严格区分。历史实践反复证明中医学药食同源的理论与治疗的正确性。现代中国,政府与民间都更加重视继承、弘扬优秀中医学传统文化,造福民生大众。为进一步规范保健食品原料管理,根据《中华人民共和国食品卫生法》,卫生部 2002 年 2 月 28 日颁发了《关于进一步规范保健食品原料管理的通知》(卫法监发〔2002〕51号文件)。这份文件连同三份附件同时下发,它们分别是《既是食品又是药品的物品名单》、《可用于保健食品的物品名单》和《保健食品禁用物品名单》。著名的兰州百合位列附件一《既是食品又是药品的物品名单》中的第 22 位(按笔画顺序排列)。此外,还有甘肃省境内负有盛名的其他植物,如甘草,位列 17 位;杏仁,位列 27 位;沙棘,位列 28 位。毫无疑义,摄入这些材料加工的食品,不仅获取了低盐、低脂的维生素,而且获得了矿物质微量元素以及相关的植物化学物质酶等,在人体内生成可抗击一些疾病的预防能效。

在不同的污染环境中,可以选择进食适当的蔬菜等食物有效地抵抗污染,减轻危害。蔬菜可以清除氧自由基的主要前身产物,也就是超氧负离子,超氧负离子减少,氧自由基也就相应减少,由此可以延缓人的衰老。所以,经常食用新鲜的蔬菜与水果,亦可延缓衰老,降低肿瘤等疾病发生几率特别是消化道肿瘤的发病率。如兰州百合,不仅味道鲜美,且营养极其丰富,在富含蛋白质、粗脂肪、维生素、胡萝卜素的基础上,还含有多种生物碱及钙、磷、铁、锌等微量元素,药用价值同样很高。中医认为百合性微寒平,具有清火、润肺、安神的功效,其花、鳞状茎均可入药,药食兼用;现代医学研究证明,百合中的百合甙 A、百合甙 B、秋水仙碱、秋水仙胺植物碱有抗衰老、醒酒护肝、抗癌等作用。如胡萝卜,富含糖类、脂肪、挥发油、胡萝卜素、维生素 A、维生素 B_1、维生素 B_2、花青素、钙、铁等营养成分,是一种质脆味美、营养丰富的家常蔬菜,素有"小人参"之称,它具有加快排出人体内汞离子的功能,可将其作为经常接触汞的人们的保健食品之一。

三、中国的食品工业与食品安全问题

中国食品工业近些年来发展迅速,业绩明显,同时,由于多种原因,食品安全方面存在着一些严重问题,必须予以彻底解决。

(一)中国的食品工业

食品工业是保障民生的基础性产业,包括农副食品加工业、食品制造业、

饮料和酿酒业、精制茶制造业、烟草制造业等四大行业,承担着为中国 13.39 亿人提供安全放心、营养健康食品的重任,是我国国民经济的重要产业部门。"增加粮食生产,保障食品供给",这是新中国建立之初中央政府政务院列为第一的大事,我国的食品工业也因此得以迅速发展。自 1978 年起始,经过 30 多年的改革开放,中国曾经一度十分严重的温饱问题得以解决,食品工业发展进入快车道,"十一五"期间,年均增长 24.7%,增幅比"十五"时期提高 5.3 个百分点,每天可生产和提供多达 2 万种以上的食品,成为国民经济各部门中增长最快的部门之一。2010 年,我国食品工业实现工业总产值 6.1 万亿元,占整个工业总产值比重的 8.8%,与农业总产值之比为 0.88:1,产品销售收入超过百亿元的企业有 27 家,其中两家超过千亿元,一家企业进入了世界 500 强。食品产品供应丰富,品种齐全,销售平台增加,食品供应商诚信度加强,食品工业已发展成为一个规模宏大,对国民经济具有支柱意义的产业。

伴随着全国食品工业飞速发展,出现了一些急需完善和优化的问题,主要表现在食品安全保障、自主创新能力、产业链建设、产业发展方式以及企业组织结构等方面,特别是食品安全问题成为食品行业不得不面对的严峻挑战。人民群众对食品安全更为关注,食以安为先的要求更为迫切,全面提高食品安全保障水平已成为我国经济社会发展中一项重大而紧迫的任务。依据国家发展和改革委员会等部门颁布的《食品工业"十二五"发展规划》,"十二五"期间,我国要把食品安全作为首要问题认真考虑,要大幅降低食品安全事故发生率,显著提高人民群众对食品的满意度,确保消费者吃得放心,过得安心。①

(二)食品安全问题

国以民为本,民以食为天,食以安为先。食物既是人类赖生存和发展的基础物质条件,又是国家安定、社会发展的根本要求。在任何一个国家,食品及其安全性都是全国上下共同关注的一个永恒主题。食品安全是指食品无毒、无害,符合应有的营养要求,对人体健康不造成任何急性、亚急性或者慢性危害。就是说,安全的食品应具有安全、营养和食欲三个基本要素。根据世界卫

①《国家发展改革委 工业和信息化部关于印发食品工业"十二五"发展规划的通知》(发改产业〔2011〕3229 号),北京:2011 年 12 月 31 日。

生组织（World Health Organization，WHO）的定义，食品安全需要解决的是"食物中有毒、有害物质对人体健康影响的公共卫生问题"。由此，专门探讨在食品加工、存储、销售等过程中确保食品卫生及食用安全，降低疾病隐患，防范食物中毒的一个跨学科领域诞生并得到发展。

我国是一个食品生产和消费大国，虽然党和政府对涉及民生、关乎生存的食品安全问题高度重视，但由于环境问题、人口压力、企业诚信问题、食品生产中科学技术不当手段的运用等原因，近年来我国的食品安全事件仍接连不断。

1. 三鹿毒奶粉等食品安全事件

2008年9月11日，卫生部发出了慎用三鹿牌婴幼儿奶粉的公开警示，一起新中国成立以来罕见奶粉食品质量事件被完全揭示了出来。涉案企业河北省三鹿集团股份有限公司是当时全国最大的奶粉生产企业，早已发现奶粉出现严重问题，却捂住盖子秘而不宣，直到卫生部公开提示消费者，才被迫承认产品质量问题，宣布召回当年8月1日以前生产的产品。此时，全国因食用其有毒奶粉罹病的婴幼儿已达约6万名，其中有6人死亡。严重态势迫使国务院直接介入，紧急启动国家重大食品安全事故一级响应机制，宣布对所有受害婴幼儿免费治疗。

当时实施的《中华人民共和国食品卫生法》第七条明确规定："专供婴幼儿的主、辅食品，必须符合国务院卫生行政部门制定的营养、卫生标准"，而涉及此案的奶制品中危害最大的正是专供婴幼儿使用的"三鹿"等品牌"婴幼儿配方奶粉"。事故由奶粉中含有三聚氰胺引起。三聚氰胺俗称"蛋白粉"，能在人体内形成结石，危害消费者的人身乃至生命健康，牲畜使用都会导致严重后果。这是一起典型的食品安全质量事件，震惊世界。三鹿毒奶粉事件的爆发，表明我国食品安全方面隐患重重。

2. 政府解决食品安全的措施

为了切实解决影响食品安全的突出问题，应按照《食品工业"十二五"发展规划》确定的指导思想和基本原则，按照积极采取有效措施对食品安全问题加以遏制和解决，力保我国食品工业持续健康发展。

第一，加强食品安全监管责任。2010年2月，国务院食品安全委员会成立，该委员会由卫生部、农业部、国家质量监督检验检疫总局和国家工商行政管理总局等 15 个中央部委局组成。从此,从中央到地方,保障食品安全成为政府责任,标志着国内食品安全工作进入新阶段。同时,针对食品工业能耗物耗的特点,政府主管部门引导企业提高资源综合利用能力,实施清洁生产,淘汰落后产能,保障全国食品安全形势总体稳定并保持向好趋势,产品质量稳步改善,产品总体合格率不断提高。例如,全国范围内的 23 大类 3800 多种加工食品质量国家监督抽查批次抽样合格率不断上升, 其数值由 2005 年的 80.1% 提高到 2010 年的 94.6%,提高了 14.5 个百分点,出口食品合格率一直保持在 99% 以上。截至 2010 年底,已完善了 1800 余项国家标准、2500 余项行业标准和 7000 余项地方标准及企业标准, 公布新的食品安全国家标准 176 项。①这些法律法规实施之后,均为保障食品安全奠定了良好基础。

第二,明确规定国务院卫生行政部门承担食品安全综合协调职责。卫生行政部门的食品安全综合协调职责主要包括:负责食品安全风险评估、食品安全标准制定、食品安全信息公布、食品检验机构的资质条件认定和检验规范的制定、组织查处食品安全重大事故等。国务院质量监督、工商行政管理和国家食品药品监督管理部门依照法律法规和国务院规定的职责,分别对食品生产、食品流通、餐饮服务等过程实施监督管理,改变多龙治水、群龙无首的状况;加快推进食品工业企业诚信体系建设,帮助企业落实主体责任,将食品安全风险关口前移,建立食品安全长效机制;引导合理饮食,倡导适度加工,促进对食品的科学、健康消费。

第三,提高食品行业准入门槛,全面实行审核进入制度。控制行为,不如控制行为人。为了保障食品安全,国家对食品生产经营全面实行许可制度,制定准入条件,规范投资行为,保障产品质量安全,促进行业合理布局。凡从事食品生产、食品流通、餐饮服务等均应依法取得食品生产许可、食品流通许可、餐饮服务许可,并将资质审查分为三大类,细化准入标准,以提高从业资质,同时应规范和加强食品重点行业的外资准入管理,公平市场竞争环境,保障国内食品产业安全;应支持有条件的企业到境外投资建设原料基地、生产工厂等食品产业,提高企业国际竞争力。许可制度是最严格的市场准入管理

①国家发展和改革委员会、工业和信息化部:《食品工业"十二五"发展规划》(2011 年 12 月),北京,2011 年 12 月。

制度,意味着对市场全面禁入,从业者须逐个审查通过,将许可制度扩大到与食品有关的领域,有助于从源头维护食品安全。

第四,完善并修订食品安全相关法律,依法治理食品安全。严峻的食品安全形势表明,食品安全问题远不是一个"卫生"问题,而是涉及生命安全、稳定团结的大事。以《中华人民共和国食品卫生法》为主的食品卫生相关法律、法规,已经远不能适应新形势的需要,必须进一步提高法律的规范力度,加强制度建设,以保障食品安全为目的制定更为严格可行的制度,将食品安全纳入依法治理轨道,长期依法对食品产业加以规范。为此,在《中华人民共和国食品卫生法》《中华人民共和国环境保护法》的基础上,《中国环境保护21世纪议程》《绿色食品标志管理办法》《农产品安全质量产地环境要求》(GB/T18407-2001)《中华人民共和国农产品质量安全法》《中华人民共和国食品安全法》《国务院关于加强食品安全工作的决定》(国发〔2012〕20号)《关于加强食品农产品安全监督管理的特别规定》等一系列相关食品、环保等行业的标准、政策、法律法规先后颁布实施,以保障民众食品安全。

四、《中华人民共和国食品安全法》

2009年2月8日,《中华人民共和国食品安全法》(以下简称《食品安全法》)在第十一届全国人民代表大会常务委员会第七次会议上,以158票高票通过,是迄今世界最新的食品安全单行法。该法吸取了国内外食品安全的经验与教训,规定了一系列新的食品安全监管措施与制度。

(一)《食品安全法》适用领域全面扩大

实施法制管理食品生产,这是一个国家最终完成现代化建设目标的必要条件,这是解决当前食品安全方面出现的一些问题的重要手段。

1. 适用范围涵盖第一、第二、第三产业

《食品安全法》第二条规定:"供食用的源于农业的初级产品(以下称食用农产品)的质量安全管理,遵守《中华人民共和国农产品质量安全法》的规定。但是,制定有关食用农产品的质量安全标准、公布食用农产品安全有关信息,应当遵守本法的有关规定。"根据此规定,本法的适用领域被延伸至第一产业,适用范围涵盖了整个第一、第二、第三产业。

2. 适用领域扩展至生产前到消费后的全部过程

《食品安全法》规定:"食品生产者采购食品原料、食品添加剂、食品相关产品,应当查验供货者的许可证和产品合格证明文件……食品原料、食品添加剂、食品相关产品进货查验记录应当真实,保存期限不得少于二年"(第三十六条)。"食品经营者采购食品,应当查验供货者的许可证和食品合格的证明文件……食品进货查验记录应当真实,保存期限不得少于二年。"说明本法的监管领域从生产前移到原料,并延伸到消费后。根据这些规定,本法的监管对象从食品扩大到食品设备、添加剂以及与食品相关的产品,本法的适用领域从食品成品扩大到原料、生产、流通经营与消费全过程。

3. 食品安全风险监测、风险评估、风险警示制度能更好保证食品安全

依据《食品安全法》的规定,国家建立了"食品安全风险监测"(第十一条)制度、"食品安全风险评估"(第十三条)制度、"食品安全风险警示"(第十七条)制度,这些条款对于提高我国的食品安全水平、保证食品安全、保障公众的生命健康权利能够发挥重大作用。例如,"食品安全风险监测"条款规定,对食源性疾病、食品污染以及食品中的有害因素进行监测,掌握和了解食品安全状况,以有针对性地对食品安全进行监管,并将监测与风险评估的结果作为制定食品安全标准、确定检查对象和检查频率的科学依据。再如,"食品安全风险警示"制度的内容包括,根据食品安全风险评估结果、食品安全监督管理信息,对食品安全状况进行综合分析,对可能具有较高安全风险的食品由国务院卫生行政部门及时提出食品安全风险警示,并予以公布。这些条款是进行食品安全管理的重要法规,有助于全面做好食品安全工作。

4. 食品召回制度充分保障消费者的身体健康和生命安全

国家建立"食品召回"(第五十三条)制度,主要指食品生产者、经营者发现其生产或经营的食品不符合食品安全标准,应当立即停止生产或经营,并立即召回,体现食品生产经营者是保障食品安全的第一责任人,提高政府监管效能,变被动为主动,以充分保障消费者的身体健康和生命安全。

(二)《食品安全法》实施食品经营邻接主体的连带责任制

《食品安全法》第五十二条指出:"集中交易市场的开办者、柜台出租者和展销会举办者,应当审查入场食品经营者的许可证,明确入场食品经营者的食品安全管理责任,定期对入场食品经营者的经营环境和条件进行检查,发现食品经营者有违反本法规定的行为的,应当及时制止并立即报告所在地县级工商行政管理部门或者食品药品监督管理部门。集中交易市场的开办者、

柜台出租者和展销会举办者未履行前款规定义务,本市场发生食品安全事故的,应当承担连带责任"。法律的剑锋所指深得人心。由此,扩大了监管力量,有利于预防食品事故风险,又极大的方便消费者的维权道路。

(三)《食品安全法》空前提高违法的经济处罚力度

谋求暴利是危害食品安全的最大诱导力,而暴利往往与不法行为相连,有效遏制的方法之一就是让其无利可图并付出高昂代价。例如,《食品安全法》第八十四条规定:"违反本法规定,未经许可从事食品生产经营活动,或者未经许可生产食品添加剂的,由有关主管部门按照各自职责分工,没收违法所得、违法生产经营的食品、食品添加剂和用于违法生产经营的工具、设备、原料等物品;违法生产经营的食品、食品添加剂货值金额不足一万元的,并处二千元以上五万元以下罚款;货值金额一万元以上的,并处货值金额五倍以上十倍以下罚款。"十倍的罚款额度是包括刑法罚金在内的民、行、刑三大部门法迄今规定的最高赔偿率,体现出法律为维护食品安全、严厉打击违法行为,不惜让违法者倾家荡产的严肃态度。

(四)《食品安全法》的惩罚性赔偿制度成为消费者的维权利器

民事赔偿原则属于"填补",因侵权或违约等行为遭受损失,损失多少,责任人赔偿多少,补足即可。我国《消费者权益保护法》第四十九条规定:"经营者提供商品或者服务有欺诈行为的,应当按照消费者的要求增加赔偿其受到的损失,增加赔偿的金额为消费者购买商品的价款或者接受服务的费用的一倍",即著名的"假一赔二",突出了倾向消费者的鲜明法律立场。《食品安全法》第九十六条则规定:"违反本法规定,造成人身、财产或者其他损害的,依法承担赔偿责任。生产不符合食品安全标准的食品或者销售明知是不符合食品安全标准的食品,消费者除要求赔偿损失外,还可以向生产者或者销售者要求支付价款十倍的赔偿金",即"假一赔十"。从此,食品安全不法行为人将不仅面对十倍率的政府行政罚款——惩罚性损害赔偿制度,还有随后而至的受害人的十倍民事索赔。

第二节　中国绿色食品经济的发展

1972 年 6 月,联合国在瑞典首都斯德哥尔摩召开首次人类环境会议,发表《人类环境宣言》,相继提出"生态农业的发展战略"和"食品安全"的思想,提倡生产无公害、无污染的食品。多数英语国家称这种无公害、无污染的食品为有机食品（Organic Food），北欧地区的芬兰、瑞典等国称生态食品（Ecological Food），日本称其为自然食品（Natural Food）等，叫法不同，但基本含义相同。中国政府因循国际社会对保护环境习惯冠以"绿色行动"的主流标识，为了突出这类食品产自良好的生态环境和严格的加工程序，统一称其为"绿色食品"。

绿色象征着生命，象征着春天。随着人们环境保护意识的增强和环境保护事业的深入发展，国际社会兴起了一股经久不衰、声势日益浩大的绿色浪潮。我国在 20 世纪末基本解决温饱问题之后，将大力发展绿色食品产业与绿色餐饮业作为当代中国食品行业的既定方针。

一、绿色食品

在某个名词前冠以"绿色"，一般表明某一经济活动或行业、产品、技术等能保护环境、益于环境或对环境无害。在食品前冠以"绿色"，即"绿色食品"，是指经专门机构认定，许可使用绿色食品标志的无污染、安全、优质的营养食品。绿色食品突出了它产自良好的生态环境和严格的加工程序，应具备以下条件：产品或产品原料产地必须符合绿色食品生态环境质量标准；农作物种植、畜禽饲养、水产养殖及食品加工必须符合绿色食品生产操作规程；产品必须符合绿色食品质量和卫生标准；产品外包装必须符合国家食品标签通用标准，符合绿色食品特定的包装、装潢和标签规定。

（一）绿色食品的标志

绿色食品标志是由中国绿色食品发展中心在国家工商行政管理局商标局正式注册的质量证明商标，用于证明绿色食品无污染、安全、优质的品质特征。绿色食品标志由三部分构成，即上方的太阳、下方的叶片和中心的蓓蕾。标志为正圆形，意为保护；颜色为绿色，象征着生命，农业、环保；整个图形描绘了一幅明媚阳光照耀下的和谐生机，告诉人们绿色食品出自纯净的自然生态环境，安全无污染，能给人们带来蓬勃的生命力。绿色食品标志提醒人们要保护环境，通过改善人与环境的关系，创造自然界新的和谐；作为一种产品质量证明商标，其商标专用权受《中华人民共和国商标法》保护。该标志由中国绿色食品协会认定颁发，企业经许可依法使用。随着人们环保意识的提高，对绿色食品的认可和追捧，其使用范围已经扩展到肥料等与绿色食品相关联的其他产品。绿色食品标志不仅仅是绿色食品的证明，它还起到提醒人们要改善人与环境关系、保护环境和防止换环境污染的警示作用。

(二)绿色食品的等级

绿色食品分 A 级绿色食品和 AA 级绿色食品两种。其中：

A 级绿色食品标志及字体为白色，底色为绿色，用于在生态环境质量符合规定标准的产地、生产过程中允许限量使用限定的化学合成物质，按特定的生产操作规程生产、加工，产品质量及包装经检测、检查符合特定标准，并经专门机构认定，许可使用 A 级绿色食品标志的产品上。

A 级绿色食品标志　　　　AA 级绿色食品标志

AA 级绿色食品标志与字体为绿色，底色为白色，用于在生态环境质量符合规定标准的产地，生产过程中不使用任何有害化学合成物质，按特定的生产操作规程生产、加工，产品质量及包装经检测、检查符合特定标准，并经专门机构认定许可使用 AA 级绿色食品标志的产品。AA 级绿色食品也等同于"有机食品"。

二、绿色食品的养生功能

中华饮食养生魅力无穷，发掘与弘扬这类饮食文化，这是时代的需要，是民众的期盼。

(一)食品与养生

食品最基本的作用和功能为养生健体，"饮食养生"是中国饮食文化的传统理念。成书于春秋战国(公元前 770 年~公元前 221 年)的多卷本医学典籍《黄帝内经》，其《素问·五常政大论》篇就已提出"谷肉果菜，食养尽之"的饮食养生思想。其《素问·藏气法时论》篇指出："五谷为养，五果为助，为益，五菜为充，气味合而服之，以补精益气"，并在《灵枢·口问》篇章中明确指出："夫百病之始生也，皆生于……饮食居处"，即"病从口入"，与饮食不当直接相关①。

---

①(战国)佚名著，《国学典藏书系》丛书编委会主编：《黄帝内经》，长春：吉林出版集团有限责任公司，2011 年。

秦代以后,虽然战乱连绵不断,然而饮食养生理论与实践在中国代代相传,没有中断,内容与形式日渐丰富。例如,唐朝高宗永徽四年(公元 653 年)颁行的《唐律疏议》记载,唐代法律规定,一旦某种食物变质并已经让人受害,那么该食物的所有者必须立刻将其焚烧,否则要被杖打九十;如果未毁有害食物,反而送人甚至出售,致人生病,该食物所有者要被判处徒刑一年。[①]

五谷、五果与五畜等良好的食材交相配合,经过适度调味,加热烹调,去其粗渣、异味,保留营养成分,增强其可吸收性,就能很好地起到强身健体之作用。"五谷"指粟、豆 、麻、麦、稻,是古人所指的五种谷物,所谓五谷为养;"五果"指枣、李、栗、杏、桃,所谓五果为助;"五畜"指牛、犬、羊、猪、鸡等五种畜类肉,所谓五畜为益。以著名的北京烤鸭为例,作为食材的鸭子,中国明代万历二十三年(公元 1596 年)正式刊行的《本草纲目》中就有记载,鸭肉"主大补虚劳,最消毒热,利小便,除水肿,消胀满,利脏腑,退疮肿,定惊痫"。成书于清代咸丰十一年(公元 1861 年)的《随息居饮食谱》,是一部列有 331 种食物的营养学专著,书中指出"鸭肉能溢五脏之阴、消虚劳之热、补血行水,养胃生津"[②]。现代科学检验后用数据表明,鸭肉所含 B 族维生素和维生素 E 较其他肉类多,能有效抵抗脚气、神经炎和多种炎症,还能抗衰老。[③]再经过祖传秘方烤制后,色香味俱全,易于人体吸收,大补于人,尽显神奇与完美,体现了中华饮食养生的魅力。

数千年来,从神农尝百草开始,中华民族生生不息,从自然界淘选出各类养生食材数千种,推出数万种菜肴,演绎出了数百个菜系流派,中华养生文化秉承《黄帝内经》核心理论传承发展,形成了完备的理论和方法体系。

(二)绿色食品具有养生功效

正如绿色食品标志图案反映和告诉人们的,绿色食品出自纯净和良好的生态环境,是安全、无污染食品,能给人们带来蓬勃的生命力。人类的食物来自自然环境,虽经千百年的选择与淘汰而逐渐丰富,但"食物"具有的养生功能仍是基于其"天然性"。一旦其天然性遭到破坏,不仅养生功能降低或消失,甚至会危害生命。所以,最大限度地保留食物的"天然性",不使其受到环境污

---

①钱大群:《唐律疏义新注》,南京:南京师范大学出版社,2007 年。
②(清)王士雄著,刘筑琴译:《随息居饮食谱》,西安:三秦出版社,2005 年。
③(明)李时珍著,周成编:《本草纲目》,昆明:云南人民出版社,2011 年。

染,就是体现"绿色"的含义,就是保留食物的养生功能。即:首先,不含任何经人为改变了基因的成分;其次,食材的生长环境保持自然状态或对生长环境的人为改变仅限于最低状态,例如,给庄稼只施农家肥而不用化肥;第三,成长过程中未经任何人工激素催化,不得因任何途径沾染任何生长类荷尔蒙成分;第四,生产过程不使用任何农药、杀虫剂或掺杂含有合成材料、污泥、生物工程技术或电离辐射的肥料;第五,不以任何方法、途径使用任何抗生素类药物,肉、蛋和乳制品均来自没有使用过抗生素或生长类荷尔蒙的动物;第六,食品在加工过程中不使用任何化学添加剂;第七,食品的贮藏、运输、包装过程杜绝一切可能的污染,不添加作为防腐剂的亚硝酸盐类保鲜;第八,不用任何人为方式延长食品的有效期,过期即弃之等。

所以,大力提倡、建设绿色食品产业,关系到人类基本生存或生存质量是否得到保障。由于现代环境污染严重,在全球性的环境问题面前,我们大多数人在大多数时间所摄入的食品,已经越来越多地丧失了其养生作用,要想获得符合上述条件的绿色食物就要下大力气保护生态环境和自然资源,以开发无污染食品为突破口,将保护环境、发展经济、增进人们健康紧密地结合起来,促成环境、资源、经济、社会发展的良性循环。

三、国家通过政策与措施支持绿色食品产业的发展

为了大力发展安全、优质、无污染的绿色食品和蔬菜,让绿色食品和蔬菜真正进入寻常百姓家,摆上老百姓的餐桌,让人民吃到放心食品,为进一步提高我国绿色食品标志的国际知名度,为我国绿色食品进入国际市场奠定基础,党中央、国务院从中国农业生产实际出发,制定政策并采取有效措施支持绿色食品产业的发展。

(一)建立功能健全、高效的农产品安全生产与监督体系

通过健全机构、完善农产品安全生产与监督体系,对绿色食品在生产、加工、流通及销售的全过程进行监督、检查和管理,确实保护绿色食品产业和消费者的双重利益。国务院食品安全委员会、商业部、农业部等中央机构通过制定政策,进一步建设与完善农产品安全生产方面的法律法规,制定《农产品安全质量产地环境要求》和《中华人民共和国农产品质量安全法》、《关于加强食品农产品安全监督管理的特别规定》以及相关《农副产品安全生产技术规程》、《农药合理使用标准》、《农药残留检测标准》,使绿色食品生产走制度化、

法制化之路。

同时,国家还对孕妇、婴幼儿及儿童、临床病人等特殊群体的食品要求,出台了产品生产和加工中必须遵守的明确、严格的法律法规和政策条文。例如,婴幼儿往往大量食用工厂生产的奶、乳食品,这类食品常常是要加入一些可食用菌种,以便利用这些天然生物的活性,使婴幼儿食品既环保又营养。为了确保食物安全,卫生部于 2011 年 10 月 24 日颁发公告,公布了已进行安全性评估的"可用于婴幼儿食品的菌种名单",包括菌种的汉语名称、拉丁学名、菌株号、嗜酸乳杆菌使用范围界定如"仅限用于 1 岁以上幼儿的食品"[1]等。

(二)建立健全国家农药残留监测体系

在制定绿色食品生产等标准的过程中,结合中国实际,积极着手在全国范围内建立健全农药残留监测体系,提高并强化农药残留检验手段,力争在已有速测技术的基础上,研制对新型农药、有毒有害物质的速测技术;改进原有仪器检测技术,缩短检测时间,提高蔬菜中农药、有毒有害物质检测的灵敏度和精确度。

(三)加大科技投入力度,淘汰高毒、高残留农药的运用

在绿色食品生产过程中,加大科技力量的投入,不断降低成本,完善蔬菜安全生产技术,加强无污染、无公害生产资料的开发和推广,提高生物农药产品的品质和稳定性,通过研究开发有机肥料、有机无机混合肥、腐植酸类肥料、矿质肥料及其掺和肥料,逐渐杜绝对人体危害大的高毒、高残留农药施用。同时,加强农药施用器械的研究,针对不同靶标生物选用不同的施药方法和药械。

(四)重点开发适合不同人群的营养食品

强调在绿色食品的生产中,要以城乡居民日常消费为重点,开发适合不同人群的营养食品。例如,依据中国老龄化社会已经出现的实际情况,大力发展老年人食品,坚持以科学研究为指导,研究开发食物新资源,深入认识生物活性物质及其功能、功效成分的构效和量效关系,探寻生物利用度、代谢效应机理等。同时,开发适宜老年人生理特征的营养与保健食品,向利于补脑益智、改善睡眠和听力、防治脑动脉硬化、养颜美容抗衰老等方面关注,满足老年人对

---

[1]卫生部:《关于公布可用于婴幼儿食品的菌种名单的公告(卫生部公告 2011 年第 25 号)》,北京,2011 年 10 月 24 日。

饮食的多方面需求,使面向老年人的食品在质量与数量上均达到高标准。

(五)加快绿色食品国际认证步伐,扩大我国的绿色食品出口贸易

充分研究、掌握世贸组织规则,针对我国绿色食品出口重要贸易伙伴的相关技术规定和检测标准及方法,坚持和完善绿色食品标准体系建设,严格把握认证标准,提高绿色食品在国际市场上的声誉,使绿色食品的产品标准和认证准则得到世界各国的认可,采取积极的应对措施,扩大我国的绿色食品出口贸易。例如在2001年日本出台《改正日本农林水产规格(JAS)》规定后,我国及时推广相应的认证制度,保证了对日本出口贸易的稳定。同时,充分利用市场准入规则,吸引国外著名的农业公司到中国来组织生产绿色食品,在标准化生产的基础上,依靠国外公司的网络优势和市场品牌,更顺利地进入国际市场。

(六)建立绿色食品产业保护框架,增加政府对农业的投入

在国家层面加快建立健全农业保险体系,设立灾害保险补偿金,建立绿色食品产业保护框架,在农民收入损失、自然灾害损失等方面给予保险补贴,保护农民利益和生产积极性;建立农业结构调整基金,专门用于扶持农民调整产业结构,特别是加大对贫困、西部地区的政府补贴力度,发展畜牧、水产和农产品加工业,减少对环境的过度利用,同时又使农民在结构调整中获益;加大政府投入特别是绿色食品生产方面的科研资金投入,积极进行绿色食品的开发研制,为绿色食品生产、储运提供新技术的支持;加大对绿色食品生产证书培训的投入,提高农业生产者、企业工人、管理者对绿色食品生产标准的认知水平,保证严格按照绿色食品生产标准生产;加大农技推广服务体系建设的投入,健全农技推广组织和覆盖网络;鼓励环境污染较轻或没有污染的西部地区人民,按照绿色食品原材料标准生产。

四、绿色食品发展战略

随着中国经济的不断增长、国民收入的显著增加,随着民众消费观念、健康观念的变化,食品工业的发展方向只能定位于"绿色"发展。即食品工业的发展战略在今后相当长时期内,必须是通过食品的优质化、营养化、功能化,发展绿色食品工业。

(一)提升食品质量,保障食品安全

国以民为本,民以食为天,食以安为先。这十五个字精辟地总结了人与食

物之间的关系,道出了食品质量或者说食品安全的极端重要性。食品安全是食品工业自始至终都要保证的生产底线和道德底线。质量优良的食品无毒无害,不会对人体造成任何急性、亚急性或者慢性危害。食品优质化实际上就是"绿色食品"化,就是要生产符合标准的安全食品,坚决杜绝重大食品安全事件发生,严防食源性疾病和群体食物中毒,进一步降低食品行业质量不合格、不达标的比例,消灭食品与保健食品行业虚假、误导消费者的一切行为。

(二)大力发展营养食品,推动食品工业升级换代

健康意识的觉醒和增强,刺激了消费者对营养产品的需求,当今世界食品业发展的一个重要特点就是营养食品产业的急剧扩大。我国营养产业起步晚,营养素补充食品、营养强化食品、富营养食品三大类营养食品的市场需求日益增长,研制具有不同营养特性的系列化专用营养食品在我国具有良好市场空间,能满足食品专一化和个性化的细分要求。例如,不同用途面粉的细分、推广碘盐等。营养食品已经成为食品行业又一发展方向。

(三)实现食品功能化,积极开发功能性食品

现代社会,人体普遍对热量、脂肪的摄入量达标甚至超量,但人体所必需的各种维生素、矿物质、膳食纤维却不同程度缺失,70%的慢性疾病就与这种缺失有关。世界卫生组织将营养素摄入不足或营养失衡称之为"隐性饥饿",解决这种"隐性饥饿",开发具有补肾、补血、补钙、补脑等特殊保健功能的食品,正是食品工业面临的另一个考验和巨大发展机遇。

著名经济学家、连任两届美国总统经济顾问的保罗·皮尔泽教授,在《第五波财富》未来五年世界与中国财富大趋势中,提出健康产业将领跑全球经济的著名论断。他指出:"中国将是健康产业的核心地带!"我国绿色食品产业开发功能性食品面临一个高速发展的契机,通过优质化、营养化、功能化三大发展步骤,实现传统食品向营养化、功能化转变,将使中国食品工业在提高经济效益、促进国民经济发展、提高国民健康营养水平方面发挥重要作用。

第三节 绿色餐饮业

《礼记·礼运》曰:"饮食男女,人之大欲存焉"①。中华民族重视饮食,中国

---

① 朱正义、林开甲译注:《礼记选译》,北京:凤凰出版社,2011年。

餐饮历史悠久,历经数千年发展,独具特色的烹饪艺术在两千多年前就已经达到相当高的水平。周王朝存在的时间从公元前11世纪至前256年,是中国社会从奴隶制走向封建制的转折时期,对中华文化的形成具有极其重要影响,各种思想、理论、学说以及实用技术、工艺等在这一时期井喷式发展。成书于这一时期的《礼记》中《周礼·天官冢宰》篇记载,直接管理周天子饮食的官员就有"膳夫"、"庖人"、"内饔"、"外饔"等,分工细致,各司其职。天子饮食非常复杂:"凡王之馈,食用六谷,膳用六牲,饮用六清,羞用百有二十品,珍用八物,酱用百有二十瓮",可一窥当时之烹调水平,见当时饮食之丰富。餐饮在中国不是个生活俗事,"治大国,若烹小鲜",生活在周朝晚期的老子在其著作《道德经》中,甚至把烹调术与治国之策相提并论。餐饮成为一种思想,一种艺术,一种文化,与中华民族紧密联系在一起,内涵丰富,代代传承。

一、餐饮业的发展

餐饮业是中国的传统服务性行业,如今,这个行业在当代社会拉动消费、促进经济结构转型方面又扮演了重要角色。

(一)餐饮业

餐饮业是向消费者专门提供各种即时加工、制作、处理过的食品以及酒水、进餐场所和设施,以满足顾客的饮食及精神需求,从而获取相应服务收入的食品生产经营行业。根据国家统计局2008年9月正式出版的《国民经济行业分类注释》定义,餐饮业是指"在一定场所,对食物进行现场烹饪、调制,并出售给顾客主要供现场消费的服务活动",行业分类代码为"67",包括正餐服务、快餐服务、饮料和冷饮服务及其他餐饮服务四个小类别。

(二)我国餐饮业发展现状

餐饮业作为我国第三产业中的传统服务性行业,经历了改革开放起步、数量型扩张、规模连锁发展和品牌提升战略四个阶段,取得突飞猛进的发展。餐饮业在中国的增长率要比其他任何行业平均高出10个百分点以上。1978年的改革开放初期,全国餐饮业经营网点仅不到12万个。30年之后的2008年,全国餐饮业经营网点增长了30多倍,迅速增长为400多万个。

中国餐饮产业首部蓝皮书《中国餐饮产业发展报告(2009)》统计表明,1981年~2008年,中国餐饮业连续18年保持两位数的高速增长。2005年,中国人均餐饮消费680元,比1978年增长了118.4倍;2008年,中国人均餐饮消费首次突破千元大关,达到 1158.5 元,比 2007 年增加 243.5 元。2008 年,中国新增住宿和餐饮外资企业 633 家,实际利用外资 9.4 亿美元,餐饮业全年零售额达到 15404 亿元,同比增长 24.7%,比 2007 年同期增幅高出 5.3%,占社会消费品零售总额 14.2%,拉动社会消费品零售总额增长 3.41%,对社会消费品零售总额的增长贡献率为 15.83%。

"十一五"期间,餐饮产业的发展进一步加快。据《中国餐饮产业发展报告(2011)》统计显示,有 50% 的消费者除工作餐外,每周外出就餐次数在 1 至 3 次;每周外出就餐 4 至 6 次的消费者占到 26.47%;每天都会外出就餐的比例也接近 15%。①目前,中国每年传统大节春节的除夕年夜饭,很多家庭也选择在餐馆举行。

餐饮业作为一个传统的服务性行业,如今已经成为一个占据中国国民经济重要地位的"大"产业。2010 年,全国餐饮业收入 17636 亿元,同比增长 18.0%,占全社会消费品零售总额的 11.4%;2011 年,餐饮业实现收入 20635 亿元,同比增长率 16.9%,占社会消费品零售总额的比重为 11.2%,对社会消费品零售总额增长的贡献率为 11.10%,产业规模首次突破 2 万亿大关;2012 年上半年,全国餐饮业收入已实现 10837 亿元,增长 13.2%,占社会消费品零售总额的 11.04%,半年首次突破万亿元大关。餐饮消费持续成为消费市场的一大亮点,餐饮业质量和内涵也正在发生重大变化,明显地产生着联动扩展效应,辐射带动了种植业、养殖业、食品加工业、建筑装潢业、制造业、房地产业、教育培训业等诸多相关产业发展。

二、绿色餐饮业

由于全球生态环境的日益恶化,保护环境、保障人类健康已受到全世界的关注。各国、各地区、各行业都颁布了相应的法律、法规,出台了各种政策、措施,制定了相应的行业准则,以约束并促进组织的环境行为。因此,各类组织越来越重视自身活动、产品和服务对环境的影响。

餐饮业的发展必须依赖于当地的环境状况,在有效保护环境和合理利用资源方面的努力直接关系到一个地区旅游业、绿色食品产业的健康发展,并影响到社会的可持续发展。

---

①杨柳:《中国餐饮产业发展报告(2011)》,北京:社会科学文献出版社,2011 年。

（一）绿色餐饮业的概念

如何给消费者放心安全的饮食和餐饮环境，成为餐饮业现今发展的主题。根据"绿色饭店国家标准（GB/T21084-2007）"，绿色餐饮业是指在规划、建设和经营过程中，以节约资源、保护环境、安全健康为理念，以科学的设计和有效的管理、技术措施为手段，以资源效率最大化、环境影响最小化为目标，为消费者提供安全、健康服务的餐饮企业。可见，运用环保、健康、安全理念，倡导绿色消费是现今餐饮业的发展趋势。绿色餐饮的提出其实也是社会文明程度的进步，是一个新的餐饮文化理念，且绿色餐饮必将成为时尚，给投资绿色餐饮业带来发展契机。

（二）绿色餐饮业的基本条件

绿色餐饮业的实质就是为宾客提供符合环境保护要求的高质量的餐饮产品和就餐环境。同时，在经营过程中，应追求节约能源和资源、减少排放、防止环境污染、不断提高产品质量。所以，作为绿色餐饮业应满足以下基本条件：

1. 严格依法经营

餐饮业在经营过程中，必须严格遵守国家有关食品、卫生、防疫、环保、节能、消防、安全、规划等法律法规和标准的要求。坚持绿色的方向和目标，以可持续发展为理念，开展清洁生产和烹饪作业与餐饮服务，倡导绿色消费，保护生态环境。

2. 制定环境方针，保持安全、健康、环保的特点

作为绿色餐饮企业，应制定环境方针，明确绿色行动目标和可量化指标，并有完善的经营管理制度保障执行。其基本原则就是"4R"原则——减量化原则（Reducing）、再使用原则（Reusing）、再循环原则（Recycling）、替代原则（Replacing），使创建绿色餐饮企业成为人们自觉自愿的行为，树立强烈的社会责任感，以保护环境、节约能源、持续发展为己任，并通过我们的努力，带动宾客的环保行为，进而创造社会效益、经济效益和环境效益。同时，尽快与国际餐饮业接轨，满足日益增多的绿色消费者的需要，推动餐饮业的可持续发展，提升人们的生活质量和幸福指数，为构建社会主义和谐社会、为人地关系的协调发展作贡献。

3. 组织机构健全，进行绿色行动的考核及奖励制度

要求绿色餐饮企业的最高管理者或法人承诺持续改进环境绩效和污染预

防,组建本餐饮企业的绿色管理组织,形成管理网络,并指派一名管理者分管此项工作,定期检查各部门的运行情况,特别是相关的节能减排情况,有记录、有考核、有奖励。由此,确保本餐饮企业在不影响产品及服务质量的前提下,尽量用较少的原料和能源等成本投入,从而实现经济效益和环境效益双赢。

4. 加强培训,强化绿色环保意识

绿色餐饮企业应有关于绿色环保以及食品安全方面进行培训的计划和行动,至少每年能为员工提供绿色餐饮企业相关知识的教育和培训,包括:节气、节水、节电等环境保护技术及理念,消防教育,职业安全教育和食品安全教育等。以此强化员工的环保意识,建立能耗定额、考核制度及奖惩办法等。

5. 后勤人力、财力支持到位

巧妇难为无米之炊。既然要打造绿色餐饮企业,前期需一定的人力物力投入作为绿色行动的预算资金及人力资源支持。如:水净化设施、水处理设施、绿色节能照明器具或分区域照明、在餐饮服务过程中使用环保型的设施和用具、倡导绿色适度消费及餐后剩余食品打包带回、购进原料或食材应属于绿色食品、有机食品、厨房安装油烟净化装置,要建立完备的台账等,以环保健康理念,坚持绿色管理,实现可持续发展。

6. 营造绿色消费环境与氛围

绿色餐饮企业需有倡导节约资源、保护环境和绿色消费的宣传行动(彩页、菜单、话语等),关注节能环保,以营造绿色消费环境与氛围,对消费者的节约、环保消费行为能够提供多项鼓励措施。

7. 未发生安全和环境污染事故

作为绿色餐饮企业,不仅在近三年内无安全事故和环境污染超标事故,还应自觉选择绿色设施、设备及用品,推广绿色食品,不销售以保护动物的肉类或身体部位制成的所谓“野味”菜肴,不销售不利于生态保护采掘的所谓“山珍”菜肴等。例如,不再出售“发菜”制成的菜品“发菜鱼丸汤”、“肉松发菜扒豆腐”、“金钱发菜”等,因为国务院于 2000 年 6 月 14 日下达文件《国务院关于禁止采集和销售发菜,制止滥挖甘草和麻黄草有关问题的通知》(国发〔2000〕13 号),这份文件严禁发菜的采集、收购、加工、销售和出口。

(三)建设绿色餐饮企业的具体要求

对于餐饮企业来说,必须保证食品生产和消费过程的绿色化。围绕绿色

化产品及生产制作过程,有如下具体要求:

1. 绿色设计

打造绿色餐饮企业,最佳时期应从设计之初开始。在设计阶段就应将环境因素和预防污染的措施与材料纳入绿色餐饮企业的建设中,将环境性能作为餐厅环境的设计出发点,力求使产品对环境的影响最小,包括室内设计、建筑设计、设施配置、装修材料、风格式样以及要充分考虑能源节约和生态环境保护与协调,采用先进的技术和材料,使之符合绿色的相应标准。

2. 绿色营销

饭店或餐厅须有专人负责"绿色任务",积极采用现代经营方式和服务技术,推行绿色品牌,严格遵守国家有关环保、节能、卫生、防疫、食品等法律法规;有"绿色计划",明确环境目标和行动措施,健全有关节能、环保和降耗的规章制度,并且按绿色环保要求不断更新和发展;全员参与绿色环保,每年至少召开一次以绿色环保为主题的员工大会,开展一次以节能为主题的绿色活动,实现环保任务;有顾客参与绿色环保活动,对顾客提出绿色消费的希望,使顾客关心绿色行动,且顾客在大堂和包厢内可以看见绿色饭店活动的资料和标准;建立绿色饭店的文件档案。

3. 绿色采购

饭店或餐厅必须保证食品原料的安全与环保。在采购环节就应坚持环保标准,选购的货物或食材必须来自合法的、安全的货源,尤其不能以采购野生动物作为吸引消费者的卖点,严格蔬菜、果品等原材料的进货渠道,确保食品安全,货物的数量与储备水平一定要与企业的生产和经营规模相适应,杜绝浪费;购置设备用品尽量选购环保产品或者是绿色供应商的产品。

4. 全过程绿色生产

饭店或餐厅在生产环节必须保证绿色化。由于餐饮业生产性质的特殊性,在生产过程中消耗着大量的能量,产生了大量的垃圾等污染,所以生产环节的绿色化于绿色餐饮构建而言非常重要。企业的食品生产中方法要确保营养与卫生;生产过程要注意运用绿色技术组织生产;生产过程全面实行节能减排管理,厨房清洁和餐具清洗等各主要用水部门要节约用水,有用水的定额标准和责任制,用水总量每月至少登记一次,厕所水厢每次冲水量、水龙头每分钟水的流量、小便池的用水量、洗碗机的用水量等有明确的标准并执行,尽量使用新型节水设备,以达到最少的用水量,严禁水龙头跑、冒、滴、漏;要有能源管理体系报告,每月至少一次对电能总消耗进行监测,各主要部门有电、煤(油)能耗定额和责任制,通风设备的热交换器表面以及暖气和空调表面,每年至少定期清理一次,排风装置中的过滤器必须根据需要每周清洁一次,采用通风调节装置,冰箱、冷藏柜、热橱柜装有完整的气流排除器,积极采用节能新技术,有条件的企业应使用可再利用的能源(太阳能供热装置、地热等)系统;积极采用绿色食品、有机食品和无公害蔬菜与原料,在餐厅至少有一道菜是获权威部门认可的名菜,至少有一道菜使用的是符合生态标准的原料,保证出售检疫合格的肉食品。

5. 绿色服务

当客人点餐时,服务员要本着"经济实惠、合理配置、减少浪费"原则推荐食品并尽量介绍绿色健康的食品及饮品。服务员与食品直接接触时必须带上一次性手套保证食品的卫生及安全;餐厅装饰应采用环保无污染材料;为顾客提供一个安静、舒适的就餐环境,摆放绿色植物;洗手间的小香皂、卫生纸及时填充,以充足够用但不浪费为前提,取消塑料封套,使用无污染、可再生的替代品;如果重新装修或维护,要重点考虑室内的气候;餐厅设无烟区,有无烟标志;不使用一次性发泡塑料餐具、一次性木制筷子,积极减少使用一次性毛巾;制订绿色服务规范,倡导绿色消费,提供剩余食品打包服务和存酒服务;不出售国家禁止销售的野生保护动物。总之,使服务环节全面绿色化。

6. 环境保护

饭店或餐厅对于污水处理、锅炉烟尘排放、废热气排放、厨房大气污染物排放、噪音排放等均需达到国家有关标准;洗浴与洗涤用品的使用和用量正确,对于环境的影响降到最低;纸巾与洗手间用纸是由非氯漂白的纸制成,为环保商标产品;冰箱、空调、电视等积极采用环保型用品;室内绿化与环境相协调,无装饰装修污染,空气质量符合国家标准;室外可绿化地进行绿化覆盖;控制和减少垃圾数量,对垃圾进行分类,建立垃圾收集点以便回收利用;对顾客做好分类处理垃圾的宣传,废电池能统一收集。

总之,绿色餐饮是在为顾客奉献绿色食品服务,是在倡导生态、节能、环保的健康生活方式。随着人们环保意识的提高,绿色餐饮将与时俱进,越来越受欢迎。

第四节　中华老字号餐饮业艰难奋进的发展历程

马克思指出："生产表现为起点,消费表现为终点。"任何一种产品,都必须"在消费中才证实自己是产品,才成为产品"。①消费是再生产循环中不可缺少的环节,已经逐步成为国家经济的强劲引擎。近些年来,我国社会零售总额增长势头强劲,餐饮业功不可没。现代餐饮场所是人们交流思想、沟通感情的桥梁,面向社会,为顾客创造最适宜、最和谐、最独特、最优惠、最惬意的感受,应是现代餐饮服务的根本宗旨。

一、中华老字号企业

为了进一步提高与日常生活消费有关的企业的经营水平与产品质量,2006年4月,商务部发布了《"中华老字号"认定规范(试行)》"振兴老字号工程"方案,在全国范围内认定1000家"中华老字号"企业,并以中华人民共和国商务部的名义授予牌匾和证书。原"中华老字号"企业由中华人民共和国国内贸易部1991年在中国大陆全行业的老牌企业中认定,有1600余家企业被授牌。商务部再次启动"中华老字号"评选活动,是中国实施民生为主政策的具体体现,是改善民生,促进消费一项重大措施。

(一)"中华老字号"企业含义

每天都有新的酒店开张营业,以新的姿态迎接客人;每天也有老的酒店关门停业,推出市场竞争。在残酷的市场竞争中,一些"中华老字号"企业仍生机勃勃。中华老字号(China Time-honored Brand)是指历史悠久,拥有世代传承的产品、技艺或服务,具有鲜明的中华民族传统文化背景和深厚的文化底蕴,取得社会广泛认同,形成良好信誉的品牌企业。它们在长期的生产经营活动中,沿袭和继承了中华民族优秀的文化传统,具有鲜明的地域文化特征,赢得了良好商业信誉。

(二)"中华老字号"的标志

商务部公布的"中华老字号"新的企业标示为篆刻的形式,带有浓烈的金石和印章的味道,颜色选用最能代表中国文化特色的红色,增强了色彩在明

---

①马克思:《"政治经济学批判"导言》,《马克思恩格斯全集》(第46卷上册),北京:人民出版社,1979年,第28页。

度与色相上的识别性,易于在各种材质上的应用。图形外形轮廓依据中国印章造型进行深化,副形巧妙地连接成两个汉字"字"、"号"的组合——紧密结合,自成一体,显示中华文化的博大精深,也预示传统文化的魅力在现代社会继续延续的旺盛活力;图形上下融会贯通,体现出商业流通与老字号之间相互共同影响发展的美好前景。通过该标志,似乎可以感受到老字号企业的历史厚重感和其久远悠长的历史韵味与时间积淀。

（三）"中华老字号"的范围

涉及百货、中药、餐饮、服装、调味品、酒、茶叶、烘焙食品、肉制品、民间工艺品和其他商业、服务行业等。全国各行业共有老字号商家一万多家,到今天仍在经营的不到千家。它们中的老字号餐饮企业包括:北京的全聚德(集团)股份有限公司(注册商标:全聚德)、天津狗不理集团有限公司(注册商标:狗不理)、沈阳老边饺子馆(注册商标:老边)等,基本家喻户晓。

（四）"中华老字号"的申报条件

"中华老字号"品牌具有极大的市场魅力,而获得这个称号则要符合一系列标准,包括拥有商标所有权或使用权;品牌创立于 1956 年(含)以前;传承独特的产品、技艺或服务;有传承中华民族优秀传统的企业文化;具有中华民族特色和鲜明的地域文化特征,具有历史价值和文化价值;具有良好信誉,得到广泛的社会认同和赞誉;中国国内资本及港澳台地区资本相对控股,经营状况良好,且具有较强的可持续发展能力等。

二、老字号餐饮企业——悦宾楼

自商务部实施"振老字工程"之后,国内各省、自治区与直辖市相继通过审查、建设与命名等系列化严格程序,恢复与再创建一大批中华老字号餐饮企业。这些老字号餐饮企业的优质产品不仅满足了国内外顾客的需求,而且弘扬了中华饮食文化。例如甘肃省兰州市的悦宾楼餐饮娱乐有限公司、马子禄牛肉面有限公司、景扬楼餐饮公司等。

（一）悦宾楼餐饮公司简介

甘肃省兰州市中华老字号企业悦宾楼,始建于清代宣统三年(公元 1911 年),由北京满族人王志壮与山东省烟台汉族人于秀延在北京创建。翌年,悦宾楼迁至上海市湖北路。在沪营业 44 载,可谓日日宾朋满座。新中国成立之后,为了支援西北建设,1956 年 10 月,兹楼整体搬迁甘肃省兰州市,落脚于城关区庆阳路一座年久失修的贸易客栈。虽然当时条件简陋,但却是声名鹊起,食客如积。十年浩劫期间,一些身怀绝技的老厨师遭受了不公正的对待,由此产生的最直接的恶果是,顾客们十分喜爱的特色菜肴变了味,质量下降。曾一度改名为"红卫兵菜馆",1976 年又改名"庆阳路菜馆",几年后再与其他餐厅合并且称为"兰州餐厅"。1980 年,国家实施大力支持中华民族传统文化的政策,"悦宾楼"名称被正式恢复了。而且,在兰州市城关区繁华的中心闹市张掖路的一座三层建筑上高挂起店名的金字招牌"中华老字号悦宾楼"。悦宾楼制作的菜肴属于京菜,而京菜最早源于鲁菜,后又结合蒙古族菜、满族菜和扬州菜等知名菜系发展而来。在上海营业多年,再汲取了浙菜、苏菜的精华。菜肴用料天然,原汁原味,烹调方法以炸、溜、爆、烤、烧为主,口味以咸、淡、脆、香、酥、嫩、鲜为主,特色鲜明。

（二）悦宾楼的特色

一处小小的中华老字号兰州悦宾楼餐饮企业,其日常烹调菜肴中却是海纳了中国东西南北辽阔地域的不同环境特征,继承与弘扬了中国数千年的不同烹饪与民俗文化。

1. 烹调中精心维护地方食材的天然养分

中国古代圣贤孔子曰:"食不厌精,脍不厌细。"[1]由于绿色蔬菜中的营养素在烹调过程中不可避免地会有不同程度的流失,所以,兰州悦宾楼的一大重要特色就是选好地方食材作为烹调原料,十分注意保持食品原料的天然养分。兰州百合作为兰州市的一种特色蔬菜,自然成为悦宾楼的一个招牌菜系。拥有"中国烹饪大师"荣誉称号的特级厨师段学昆等,通过不断继承、创新,探索出一套加工百合的有效的方法。百合使用前须妥善保管,加工时先洗后切,大火快炒,少加盐、碱等调料,使得百合这种很容易在烹调中损失所含营养大

---

[1]张燕婴译注:《论语》,北京:中华书局,2006 年,第 140 页。

幅度减少,创制出一套独家具有的百合菜系,包括热炒菜西芹百合、冷甜品蜜汁百合等数十个品种,很受顾客欢迎。客人进入悦宾楼,常常要点的一个品牌菜就是百合菜系,总是慕名而来,满意而归。百合菜系名声远扬。

2012 年 3 月 2 日上午,由兰州百合产业链延伸出的百合鸡、百合花、百合花蕾、百合芽菜等产品品评会在悦宾楼举行,甘肃省轻工业研究院、甘肃农业大学食品学院、兰州理工大学生命科学院等科研院校专家、国家级特级厨师及省、市、区相关部门领导、兰州电视台等新闻媒体记者共 40 多人参加了品评会。兰州百合产业链延伸产品,特别是百合鸡得到了嘉宾的一致好评。

2. 代际传承产生良好效益

美食需要传承,很多名菜脍炙人口,关键性的因素是代代相传。很多中华老字号餐饮酒楼都有自己的招牌名菜,其中相当比例有着显著的传承背景和文化内涵。兰州悦宾楼的菜肴名声在外,更是离不开代际相传的绝技积淀与发展。如特级厨师段学昆的母亲周菊英女士,就是悦宾楼的一位老资格的面点名厨,身怀制作面点美食的绝技。在中国一些属于非物质文化遗产范畴的传统特色技艺人员队伍之中,这样的代际传承是较为普遍的。百年老店正是由此在食客心中建立起"老品牌、新风尚"的品牌特色。 在不断的代际传承中,积累出地域特产与特殊原料的烹调技法。

3. 色、香、味、形、器的完美结合中渗透地域文化

当代中国社会,"食"已经慢慢地成为了一种生活享受,一种情趣。悦宾楼顺应时代需求,重视满足消费者欲望,制作菜肴时注重色、香、味、型的结合,烹调一个菜品,就如塑造一件艺术品,精益求精。首先要先保证"色"的鲜亮,因为颜色能对人的心理与食欲产生第一位的影响。一方面,美丽鲜艳之色,令人欢喜兴奋,又刺激人的食欲;另一方面,菜色又以自然色为最美,绿色的菜肴就应当保持绿色,以达到赏心悦目之最佳效果。"香"具有强烈的诱食力,分为清香、浓香和醇香等,这些香气均要达到一个标准:香味纯正,浓淡相宜。香气四溢不仅能增加菜肴的滋味,去腥解腻,还可以提高食品的原味,使之更加适合品尝。"味"是指对于每种菜肴都应保留其特定的味道,再以适量调味品消除原料中的异味,使之鲜美,这样能够利于提高食物的消化和吸收率。"形"是讲突出菜肴的造型,精美的造型能提升菜肴的档次,增加品尝中的乐趣,给人以美的艺术享受。

中国人讲究美食与美器的有机结合在这里得以充分体现。因食配器，锦上添花，达到一种文化境界。此"器"包括餐具、酒具、茶具、炊具甚至包括餐厅空间的艺术布局，它们的巧妙结合生成中华烹饪艺术之美。

4. 养生的最高境界是日常餐饮

悦宾楼不迎合消费者盲目贪图排场的虚荣心理，依据百年老店代际相传的精湛技术，将日常餐饮服务与弘扬中华饮食文化紧密结合起来，引导和提倡健康、绿色、节约餐饮，面向大众，外学内创，倚重地方风味，不断推出品类丰富的特色美味菜肴，为餐厅增添了既具有浓郁乡土气息又融汇其他菜系精华的新菜品。餐厅菜品一直按季节变化推出，体现鲜明环境特色。冬天味醇味浓，夏天清淡凉爽；冬天多炖焖煨，夏天多凉拌冷冻。一些菜肴表现的特点是醇香、鲜嫩、味纯，同时带有宫廷御膳的特色；另一些菜肴具有浓厚的乡土气息，显示出鱼香、麻辣口味，而且富于变化；还有一些菜肴追求生猛，煲汤淡香，滋味清鲜，口感滑软；有的菜肴色调美观，尤显"糟"色，刻意求新。从烹调学术角度分析，这些不同的佳肴可以归属于鲁、川、粤、苏等"八大菜系"中，它们形、色、味、艺搭配，内涵丰富，贴近日常饮食习惯而广受欢迎。2011年7月1日，甘肃省商务厅、甘肃省旅游局在兰州宁卧庄宾馆举办了"全省精品陇菜认定会"，根据评委现场打分情况，经省发展精品陇菜领导小组办公室研究，将兰州悦宾楼餐饮娱乐有限公司参评的菜肴"清汤糊羊"、"团圆百合"、"悦宾元宝肉"、"双味清炸里脊"认定为精品陇菜。

三、中华老字号餐饮企业的发展

老字号不仅是一种商贸景观，更重要的还是一种历史传统文化现象。中国的消费者之所以看重"老字号"餐饮企业，它代表一种传统、一种文化，一种割舍不断的记忆。但是，一些曾经辉煌的老字号企业，跟不上时代的发展，加之离退休人员等负担普遍较重，背上了沉重的机制包袱，使得发展后劲明显不足，甚至破产、倒闭。老字号照样会被市场淘汰。老字号餐饮企业必须树立明确的品牌战略意识，与时俱进，不断创新，才可永葆青春。

（一）全心全意服务大众，让"中华老字号"青春永葆

品牌价值是老字号餐饮企业的发展优势所在，"老字号"的品牌本身就是一笔巨大的无形资产，是一种特有的"竞争实力"或说"地域影响力"。作为绿色餐饮企业，这种品牌价值须以真正的餐饮实力作后盾。拥有品牌，并不等于永远拥有竞争实力。品牌需要不断充值,老字号必须找出自己的不足之处,在服务质量、品牌形象和品牌文化内涵方面下功夫,为顾客服务。马克思、恩格斯对于如何认识人与了解人的需求有这样的阐述:"……我们不是从人们所说的、所设想的、所想象的东西出发,也不是从口头说的、思考出来的、设想出来的、想象出来的人出发,去理解有血有肉的人。我们的出发点是从实际活动的人,而且从他们的现实生活过程中还可以描绘出这个生活过程在意识形态上的反射和反响的发展。"[①]百姓就餐的目标是快乐生活,"中华老字号"餐饮企业运行的目标就是不断巩固、改进自己的特色名优食品质量,为顾客提供爽口的佳肴,保证营养丰富又经济实惠。顾客得到满意,企业营业利润就能上升,产业就能做大做强。

(二)强化商标意识,重视商标权、冠名权的价值利用

"老字号"经过几百年的风霜洗礼,本身是具有品牌价值的,面对新的市场竞争,应善于利用品牌自身的广告和资产效应,通过转让、有偿有期使用、联合使用等,盘活、发挥老字号的无形资产作用,进行投资嫁接,扩大品牌食品的知名度和市场占有率,使"老字号"焕发新的生机,金字招牌取得应有的量化效益。

(三)调查分析市场,创新产品与服务

消费者的要求随着时代不断变化,餐饮市场的细分已经成为一种新的消费趋势。"老字号"必须重视市场研究,转变观念,要对不断更新换代的消费者进行品牌情感的持续培育,对消费者的构成及变化进行研究,了解消费者的需求,划分消费群体,细分消费人群,准确对自己的产品进行市场定位。要审时度势,发挥自有优势,大胆进行产品创新,通过技术进步和技术改造,培育更多绿色食品品牌。在市场上领先的企业,都是那些及时进行产品创新和服务创新的企业。不要仅仅把眼光停留在产品上,更要有针对性地对不同消费者提供不同档次、不同内容的服务。

(四)加大打假和防伪力度,维护品牌权益

受利益驱使,个别假冒老字号的经营活动一直猖獗,不仅损害了企业的

[①]马克思、恩格斯:《德意志意识形态》,《马克思恩格斯文集》第 1 卷,北京:人民出版社,2009 年,第 525 页。

利益,同时也使消费者丧失对品牌的信任。老字号餐饮企业必须注意运用一切合法、合理手段,维护自己品牌的合法权益,打击假冒和以次充好、以假乱真行为,运用自己独特的质量体系作为强大的市场号召力,密切注视市场动态,及时发现并采取措施,而且应当从内部提高防伪能力。同时,不断创新产品,以市场的变化而采取相应的策略,接受更大挑战。

第五节　绿色食品与餐饮企业的发展

我国的食品工业与餐饮业密切结合,有过辉煌历史并在改革开放中得到长足发展。随着社会经济发展,全球一体化的加速,现代人生活水平的提高,日趋激烈的市场竞争,要满足人民群众不断增长的食品消费和营养健康需求,必须不懈努力。

一、绿色食品与餐饮业发展目标

根据国家发展改革委员会、工业和信息化部《食品工业"十二五"发展规划》,我国食品工业应以"安全卫生,营养健康;科技支撑,创新发展;统筹兼顾,协调发展;综合利用,绿色发展"为原则,构建质量安全、绿色生态、供给充足的中国特色现代绿色食品工业。

（一）明显提升食品安全和营养水平

绿色食品与餐饮业需完善食品工业标准体系,加强食品质量安全标准体系建设,制(修)订国家和行业标准 1000 项;完善食品安全管理制度体系,规模以上食品生产企业普遍推行良好操作规范(GMP);食品生产企业 60%以上达到危害分析和关键控制点(HACCP)认证要求;普遍建立诚信管理体系(CMS);食品质量抽检合格率达到 97%以上,人民群众对食品满意度显著提高。

（二）保持较快增长速度

到 2015 年, 食品工业总产值达到 12.3 万亿元, 增长 100%, 年均增长 15%;利税达到 1.88 万亿元,增长 75%,年均增长 12%。食品工业总产值与农业总产值之比提高到 1.5:1。

（三）资源利用和节能减排成效显著

到 2015 年,食品工业副产品综合利用率提高到 80%以上;单位国内生产总值二氧化碳排放减少 17 %以上,能耗降低 16 %;主要污染物排放总量减少

10%以上。由此使绿色餐饮企业打造与绿色食品工业相结合。

（四）区域结构布局更加合理

利用东部地区技术优势和中西部地区资源优势、名优特色食材优势，形成东、中、西部食品工业协调发展的新格局；鼓励和支持食品加工企业向产业园区集聚。到2015年，中西部和东北地区食品工业产值占全国比重提高到60%左右，全国建成数百个具有一定规模和较强区域影响力的现代食品产业园区。

二、主要措施

采取多种有效措施，加快特色传统食品加工等的工业化进程，这是当前发展绿色经济的重要条件。

（一）强化食品质量安全

提高重点行业准入门槛，按照《"十二五"期间国家食品安全监管体系规划（2011–2015）》要求，建立健全符合我国国情的食品安全监管体制、机制，明晰食品安全监管部门职责，落实地方政府责任，提高监管能力；完善食品标准体系，加快制（修）订食品安全标准和相关标准，健全食品加工技术标准体系，完善食品安全标准、基础通用标准、重点产品标准和检测方法标准，加强对国际标准的参与程度及对相关国家标准的追踪研究；加强检（监）测能力建设，完善企业内部质量控制、监测系统和食品质量可追溯体系；加强监管部门的检验检测能力，加强队伍能力建设；健全食品召回及退市制度，建立和完善不符合食品安全标准和超过保质期的食品主动召回、责令召回及退市制度；健全食品质量安全申诉投诉处理制度，完善企业内部质量控制、监测系统，重点加强农药残留、重金属、真菌毒素、微生物等项目检测，建立食品质量可追溯体系；健全食品不合格产品追溯制度，建立健全食品工业企业诚信信息公共服务平台，完善诚信激励和失信惩戒措施；健全食品安全监督机制，尊重消费者监督权利，保障监督渠道畅通，促进社会监督。

（二）推进产业结构调整

支持骨干企业做强、中型企业做大、小型企业做精；坚持市场化运作，引导和推动优势企业实施强强联合、跨地区兼并重组，提高产业集中度；培育新兴食品产业和新的食品经济增长点，加快推动传统主食品工业化，培育壮大方便食品、功能食品等产业，增强品牌企业实力，造就一批具有国际竞争力的新兴食品工业企业群体；淘汰落后产能，依法淘汰一批技术装备落后、资源能源消耗高、环保不达标的落后产能。

（三）加快企业技术进步

1. 采用新技术，实现技术进步和产业结构升级

提高企业技术装备水平和核心竞争力，鼓励和支持食品加工企业采用新技术、新工艺、新设备，支持小企业改善生产条件，提高技术水平，实现技术进步和产业结构升级；加快推进企业信息化建设，推行先进质量管理，支撑产业转型升级；完善以企业投入为主体的多渠道、多元化投融资体系，增加食品科技领域的投入。

2. 增强自主创新能力，完善自主创新机制

探索多种形式的产、学、研、用联合创新机制，建立以企业为应用主体、科研院所和大专院校为技术依托的创新战略联盟，逐步解决大企业技术和市场需求与大专院校和科研院所的技术研发脱节、中小企业缺乏科技支撑的问题，促进科技与产业的有机衔接；推进关键技术自主创新与产业化，以中国传统食品工业化自主创新为重点，加强食品原料质量控制、食品品质与营养、有害物迁移规律等基础研究，支持食品物性修饰技术等前沿技术研究，推进食品非热加工技术等关键技术研究；努力突破大宗食用农产品、特色传统食品加工等工业化、现代化重大关键技术。

3. 提高装备研制水平

建立基础理论研究、重大共性关键技术研发、产业化开发相融合的投资格局，以提高食品装备制造能力、自主化水平，支撑食品工业发展方式转变和产业结构调整升级为目标，坚持自主开发与引进吸收相结合，提高集成创新和引进消化吸收再创新的能力；突破食品装备数字化设计与先进制造、智能控制与过程检测、节能减排、质量控制、监测与检测、安全卫生共性技术与标准等关键装备与配套技术，加快装备自主化进程，满足食品工业发展的需求。

（四）促进产业集聚发展

优化企业组织结构，加快发展食品产业集群，培育形成一批辐射带动力强、发展前景好、具有竞争力优势的大型食品企业和企业集团，提高重点行业的生产集中度；在具有资源优势、物流和消费集中的地区，推广产业集群示范，形成功能完善、布局合理、资源节约、特色突出的现代食品产业集群；鼓励

食品工业企业积极向上、下游产业延伸和相互协作,建立从原料生产到终端消费各环节在内的全产业链,促进各环节有效衔接,加快产业链间的集成融合,实现优势互补、信息共享、协调发展。

三、加强政府监管与指导

依据中国的国情,充分发挥政府对市场经济活动的管理和指导作用,这是推进食品工业不断快速稳健发展的正确道路。

(一)严格市场准入

对于食品行业的玉米深加工项目继续实行核准制;乳制品项目继续从严核准;大豆压榨及浸出项目从严控制;提高市场准入门槛,对大米加工、小麦粉加工、食用植物油加工、肉及肉制品加工以及饮料、水产品、果蔬加工等关系国计民生的敏感行业制定严格的行业准入条件。

(二)发挥政府引导作用

继续发挥中央和地方财政对食品工业的引导和支持作用,支持关键技术创新与产业化、重点装备自主化、食品及饲料安全检(监)测能力建设、节能减排和资源综合利用、食品加工产业集群以及自主品牌建设等重点项目建设。

(三)推进节能减排

制定和实施重污染食品工业污染防治最佳可行技术导则,有效引导企业实施清洁生产,节能减排,采用先进的工艺技术与设备,改善管理、综合利用,从源头削减污染,提高资源利用效率,减少或者避免生产、服务和产品使用中污染物的产生和排放,以减轻或消除对人类健康和环境的危害。

(四)强化安全监管

我国作为一个食品生产和消费大国,必须打好维护群众生命健康和切身利益、维护中国产品信誉和国家形象的绿色战役,应进一步加大对食品安全监测能力建设的支持,加大对产品质量和食品安全的专项整治力度,健全食品质量安全监管体系,完善食品质量追溯制度,加强食品标准体系建设。将大中城市的农产品批发市场100%纳入质量安全监测范围;食品生产加工企业100%取得食品生产许可证;小作坊100%签订食品质量安全承诺书;县城以上城市的市场、超市100%建立进货索证索票制度;乡镇、街道、社区食杂店100%建立食品进货台账制度;食堂和县城以上城市的餐饮单位100%建立原料进货索证制度;县城以上城市进点屠宰率实现100%;县城以上城市所有市场、超市、集体食堂、餐饮单位销售和使用的猪肉 100% 来自定点屠宰企业;非法进口的肉类、水果、废物 100% 退货或销毁;出口食品原料基地 100% 得到清查;出口食品运输包装 100% 加贴检验检疫标志等 12 个"100%"。

（五）维护产业安全，促进境外投资

严格按照《外商投资产业指导目录》和项目核准有关规定，加强对豆油、菜籽油、花生油、棉籽油、茶籽油、葵花籽油、棕榈油等食用油脂加工、玉米深加工等行业外资准入管理;支持有条件的企业通过绿地投资、并购、参股、交叉换股等多种方式，到境外投资建设原料生产基地、生产工厂、物流设施、购销网络、装备等产业。

（六）提高企业诚信，引导健康消费

餐饮企业的产品主要是被宾客所食用的产品，关乎百姓身体健康，必须重质量讲诚信。所以，要加强社会信用管理体系建设，加快推进食品工业企业诚信体系建设，引导和支持企业建立诚信制度，实施国家标准，塑造无假货商品的信誉形象;健康生活从绿色饮食开始，倡导适度加工，引导健康消费，服务社会，服务大众。

四、中国餐饮业的发展方向

伴随着政府拉动消费的政策影响、城乡居民收入较快增长和消费观念更新等因素，未来餐饮业发展引人注目。2011 年年底，商务部在《"十二五"期间促进餐饮业科学发展的指导意见》中提出，"十二五"期间，餐饮业要力争保持年均 16% 的增长速度，到 2015 年零售额突破 3.7 万亿元，并培育一批特色突出、营业额 10 亿元以上的品牌餐饮企业集团。

（一）餐饮业最具发展潜力的方向

为了保持餐饮业的高速增长势头，实现预期目标，餐饮业应着力挖掘新的发展领域和空间，弘扬中华饮食文化。

1. 展现中华老字号餐厅的独特魅力

现代社会的消费者已经告别了"吃一日三餐在家里"的传统生活方式，餐厅已经成为新的面向家庭的私人消费增长的场所。顾客走进餐厅，品尝一种菜点，也是了解一种地方生活风俗。美国餐饮业著名企业家菲利普·J·罗曼诺（Philip J. Romano）曾说过:"顾客们在走进我的饭店时忍不住说'哇'，他们起初惊奇的是他们看到的，但是后来他们惊奇的是那些食物。否则,他们不会再回来。我的餐馆和那些烹饪都必须让人们的脸上出现笑容和惊奇!"①所以,餐厅产出自己烹调的特色菜肴,它们不仅仅是一种食物,而且是一种历史文化的载体。我国不少城市均有中华老字号餐厅酒楼,那里供应着一些有百年、数百年甚至上千年历史的名菜,因为具有地方特色的食材经中华老字号烹饪大师精心烹调,出锅的菜肴是鲜美醇香、声名远扬,它们已成为浓缩中国地域特征、历史传统、民族习俗的精品,不但具有很高的商业价值,同时富有中华文化特色。在这样的餐厅里,时常可以看到这样的场景,外国朋友前来就餐,他们看到精品菜肴,往往发出一阵阵"啊!啊!"或者"太美了"的惊呼。这些菜肴的造型、颜色、香味均各显风流,堪称一种艺术品,魅力四射,于是,海外游客们纷纷拍照,尽情地欣赏这些艺术品。因而,要不断发掘中华老字号餐饮企业的潜力,那里越是宾客盈门,中华饮食文化就越能得到发扬光大。

2. 供给保健养生的绿色餐饮

随着人们对环境污染、生态平衡、自身健康等问题的关心程度日益提高,生态农业、绿色养生的食品、环境将更为人们所重视,因为"饮食养生"自古就是中国传统饮食文化的优秀理念。例如,《本草纲目》收载了千余种药物,其中有200余种保健医疗性质的食物,养生食疗方剂也有数百种之多。②当代社会,无公害、无污染的绿色食品、保健食品更加受到广大消费者的欢迎,具有保健养生功能的绿色餐饮已经成为一种时尚。近些年来,国内越来越多的餐厅不断弘扬历史悠久的中华民族特色的饮食养生传统,推出了系列化的养生食品。这类食品首先是绿色菜肴,没有受到污染,符合人们崇尚回归自然的时尚追求。同时,这类食材内富含营养成分,能够补养人们的身体,在保障人民健康方面有着积极作用。例如,一些餐馆酒楼的菜肴内时常佐配以黑木耳,颇受顾客的喜爱。黑木耳是一种营养丰富的食用菌,被誉为著名山珍,老百姓在餐桌上久食其而不厌,可是它的价格却不贵。黑木耳又有"素中之荤"之美誉,在世界上被称为"中餐中的黑色瑰宝",因而又是中国传统的保健食品和出口商品,所以,来餐厅品尝的外国游客也喜欢这样的配菜。常年实施这样的营业

①[美]菲利普·詹姆斯·罗曼诺(Philip J. Romano)著,李雨及、何子龙译:《餐饮经营遇上了创意:一个概念赚一个亿》,上海:上海人民出版社,2010 年。
②高金国编著:《本草纲目养生经》,北京:化学工业出版社,2009 年。

宗旨,满足了最广大的消费者的需求。

(二)加快餐饮业发展的具体对策

中国餐饮业虽然取得了一些成绩,然而,这个行业依然存在一些弱项。为此,需要深化餐饮业的改革。企业经营的成功在很大的程度上依靠组织管理去实现,管理出效益,管理育人才。

1. 加强心灵交往式的管理方式

世间事物是由人做的,提高员工的认识,给他们精神关怀,这是一个企业成功的基础。以人为本,这是中国的治国方略,也是餐饮业的经营方针。在市场经济已经基本确立的当代中国,商业经营中出现的一类现象是,卖产品不如卖服务,经营商道不如经营人道。在拥挤得人看不见人的城市,只有用心的人才能真正了解谁对谁更重要。服务不够尽力,很快就会被挤到绝境的边缘。更近一步,唯有先培养教育好从事餐饮业的工作人员,才能做好服务项目。①企业培养教育职工,就是提高人的觉悟,增强人的技能,做好人的工作。同时,引导人摒弃陈腐理念,掌握知识,树立为公众服务的意识。为此,最重要的途径是开启人的心灵之窗。心智的变化,思想的闪烁,会引导知识的会聚。在国内一些餐厅,对从业人员的培养,尤其是对骨干人员的培训,总是实施传统的"一对一"式的师傅带徒弟模式,中华老字号悦宾楼就是如此。

这个餐厅有获得"中国烹饪大师"荣誉称号、具有"特级厨师"职称的厨师,他们有一套堪称绝技的烹调好手艺。这些掌勺的高级厨师又通过"一对一"的方法培养出来一批年轻的接班人,每天都为顾客提供着数百种美味佳肴。这个中华老字号企业采用了一种直指心灵的培养人员的方式,颇有成效。世界著名的精神分析学派创始者西格蒙德·弗洛伊德（Sigmund Freud, 1856–1939年）曾提出过一个人格结构理论,他认为影响人们行动的心灵驱动力由本我(id)、自我(ego)和超我(super-ego)构成。"本我",就是本能的我,"自我"是面对现实的我,"超我"是道德化了的我。②"一对一"的训练表面上是很严格

————————

①中国就业培训技术指导中心编:《餐厅服务员(第2版)》,北京:中国劳动社会保障出版社,2010年。

②[奥地利]弗洛伊德著,林尘、张唤民、陈伟奇译:《自我与本我》,上海:上海译文出版社,2011年。

的,但徒弟似乎是弱势的服从者,时常有委屈的感觉,"本我"心灵与行动常会出现一些冲突。这是因为餐饮市场竞争激烈,师傅往往承担着扩大经营、提升利润等责任,工作的压力很大,自然督促徒弟刻苦学艺,徒弟也在日常学习、工作中深刻地感受到商业竞争的残酷、企业生存的艰难,明白了学艺人代代相传的俗语"不打不成材"的真实含义,徒弟的"自我"逐渐认识到服从严师的益处,师傅的"自我"也在很多方面改进了教学方法。随着教与学的工作成绩明显, 生活中的交往也日渐深厚, 师徒之间就出现了很多的温情,"超我"成为意识和行为的主流。徒弟感恩师父,师父欣赏徒弟,相互理解与支持,餐厅经营越来越好。这种中国传统的传艺方式具有的效果、魅力迄今为止不能取代。

2. 突出餐饮与休闲结合的温馨环境

中国社会的饮食之道,也是人情融合之道,尤其在当代国家经济实力增强、温饱问题总体解决的新形势之下,餐厅品尝佳肴更是成为亲友聚会、家庭团圆的重要方式。例如一个普通的酒楼内的亲朋聚会,就是一个经典的生活场景,往往洋溢着欢乐、祥和、亲近的气氛,相互内心都非常温暖,大家分享在一起的幸福。即便是一场商业性质的饭局,也是志同道合的宴请,表示大家彼此政治互信、经济合作、关系亲密,众人一起发财,共同致富。因而,餐厅环境的档次与特点是很重要的,检验着是否对公众具有很强的吸引力。国内有些餐厅时常开办午宴,厅堂灯光明亮,放置着黄色、红色、粉色的花卉,鲜艳耀眼,使人兴奋。有些餐厅常常经营晚宴,室内灯光暗淡,放置着蓝色、紫色等深色花瓶,令人感到稳重。有些餐厅高悬中国字画,尽显博大深厚的国学特性,表达了中华饮食文化的胸怀。有的餐厅内有一些绿色植物,餐厅的一角或窗台上适当地摆放着几盆繁茂的花卉,使得餐厅生机盎然,令人胃口大开。有的桌面中间放置一盆(瓶)绿色赏叶类或观茎类植物,它们给餐厅注入生命和活力。所以,中国人的饭局的精妙之处是,其不在"饭"而尽在"局"也。饭局千古事,得失寸唇知。一个小小的餐厅,要通过饭局的服务供给,去显示中国源远流长、内容丰富的民族文化。为了做好这件事,要在任何一个细节之处,均有注重贯彻以人为本的理念。例如,用餐桌椅的制作与配置要符合人体工程学,舒适便利,美观大方。餐厅中放置着一些圆桌,可以显示出和谐的气氛。中间过道可以放几张方桌,既充分利用了限定性空间,而且又能尽显雅致柔和。要配置色彩柔和的灯光、清爽的绿色植物、舒适的餐桌布局,这些人工设计的目的只有一个,就是要突出温馨气氛,提高用餐者的情绪,突出中国饮食文化中的和睦与亲情。

3. 不断完善与实施化解市场萧条的方法

2008 年,美国华尔街制造的金融危机冲击了世界各国的商业市场,中国包括餐饮业在内的整个服务行业受到全球经济市场变化的影响和冲击。华尔街贪婪的大亨们制造了金融危机,抢夺了世界人民的血汗钱。在金融危机面前,中国人民齐心协力,不等不靠,努力奋斗,表现出战胜任何困难和危机的强大力量,经济持续稳健发展。海潮浪潮不如人潮。继续大力发展国内消费,这是保障经济持续发展的重要因素。餐饮行业要将以客人为本贯彻到每一个细微之处,要以美味菜肴服众,以丰富营养吸引宾客,以绿色食品保障饮食安全,全心全意地服务于人民群众。在兰州、银川、乌鲁木齐等西部地区的省会城市,很多餐饮企业的职工勇敢面对挑战,紧紧抓住机遇,勇于探索和调整经营策略,实施了一整套新的经营方式,包括充满新颖色彩的食品种类、独具匠心的营销方法和菜单设计、周到完善的点菜上菜及宴会服务、迎送服务、外卖服务等。同时,很多酒楼饭店又不失时机地推出了一些低碳项目,用以贯彻建设资源节约型、环境友好型社会方针。因为,餐饮业作为大众消费场所,是一个资源集中消耗产业,每天需要大量的资源,同时排放大量大气污染物,产生大量餐厨垃圾,成为一个高碳排放源。例如,在一些酒楼,有些顾客吃饭喜欢"有余",一桌菜浪费三分之一的情况时常可见。暴殄天物,这是一种丑陋的恶习。因此,餐饮企业应该积极引导顾客按人点餐、减少浪费、适可而止;饭后如有剩余食物,应当建议客人打包带走。要引导顾客转变陈旧消费观念与理性消费,既要让顾客吃得开怀,更要为顾客的荷包"减负",还要有效减少餐厨垃圾,践行低碳经济。

总之,人类追求富裕文明的脚步不会停止,大众对绿色食品的要求更加强烈,吃美食、求健康,人民共享改革开放的富裕与幸福。

学习思考题

1. 环境与食品之间的关系是什么?

2. 什么是绿色食品?

3. "中华老字号"餐饮企业应当如何进一步发展？

4. 试述餐饮企业的发展方向。

5. 简述绿色餐饮业与环境的关系。

6. 举例说明加强心灵交往的管理方式。

7. 如何突出中国饮食文化中的和睦与亲情？

第十五章　未来展望

内容提要　中国工业化发展水平目前属于工业化中期的后半阶段，由于多种原因，环境问题显得尤为突出，一些环境问题引发的群体事件发人深省。因而，应用博弈理论等，深入分析现实难题，意义重大。特别是从国际市场竞争的角度思考问题，寻找解决这些问题的方式，并对未来走向作出分析，这就是本章的核心理念。

环境保护事业充满转型的艰难和利益博弈的张力，中国的环境态势在"十一五"规划纲要实施时期是喜忧交集。为此，需要处理好政府、居民、企业三方不同的客观要求或者平衡不同的利益倾向。中国建设中的焦炭生产、出口贸易的曲折和其他产品出口遇到技术壁垒事例均具有鲜明的典型意义。必须正确认识欧盟三个带有环境保护因素的指令，才能真正应对国际竞争中的严峻挑战。中国积极参加联合国框架下的气候谈判，作出了很多贡献。展望未来，中国环境保护与经济建设前景光明。

人类活动与自然环境相互作用，影响着世界的发展，而随着社会的发展，此类关联性更加广泛。保护环境的事业需要创新精神，需要大量的专利技术，不断地在经济生产中制造出优质产品。然而，由于历史发展是曲折前进，因而在环境方面存在着较多的利益博弈，而且在很多场合下总是出现纳什均衡[1]。

---

[1]纳什均衡(Nash Equilibrium)，又称为非合作博弈均衡，是博弈论的一个重要术语，以美国数学家约翰·福布斯·纳什(John Forbes Nash Jr.1928年~)命名。1994年，纳什与其他两位学者共同获得诺贝尔经济学奖。纳什均衡证明，在一个策略组合内，当每个博弈者的均衡策略都是为了达到自己期望收益的最大值，与此同时，其他所有博弈者也遵循这样的策略。纳什均衡理论具有普遍意义，能够深刻阐述经济、文化领域内的许多问题及其原因。——著者注

解决问题的建议,需要不断完善、制定法律法规,正确处理国家、企业和个人的利益纠纷,为保护环境作不懈地努力。中国的环境保护不仅涉及国内情况,而且与国际环境保护相关联。在复杂的国际气候变化谈判中,中国一直在联合国框架内进行谈判,积极发挥着自己应有的负责任的大国作用。

第一节 创新活动引领环境保护建设

由于传统大机器工业生产方式的长期存在,沿袭的保守思想意识四处飘荡,因而,为了牟取私利而掠夺资源,为了追求利润而牺牲环境,这样的经济行为在现实社会中随处可见。于是,生态环境在全球范围内不断恶化,人类文明发展面临危机。打破这种恶性循环式的糟糕局面,先决条件就是创新。诚然,创新是非常艰难的,其过程是一个非常严肃而且充满曲折的历程。

一、改革开放推动环境保护事业实现创新大发展

在中国久远的历史上,创新是社会前进的动力源泉,而且中国封建社会出现的以四大发明为代表的创新不仅惠及中华民族,更是造福于全人类。伟人马克思高度赞扬了火药、指南针、印刷术等伟大的创新,认为它们开启了人类社会的新时代。马克思说:"火药、指南针、印刷术——这是预告资产阶级社会到来的三大发明。火药把骑士阶级炸得粉碎,指南针打开了世界市场并建立殖民地,而印刷术则变成新教的工具,总的来说变成科学复兴的手段,变成对精神发展创造必要前提的最强大的杠杆。"①四大发明特别对欧洲文艺复兴时期的进步起到了巨大的推动作用,这些进步包括的领域是科学文化、生产技术与社会政治。

新中国成立以后,特别自改革开放以来,创新得到各级政府的大力支持。邓小平高度重视科学理论与技术改造,认为这是提高社会生产力的唯一途径。邓小平指出:"引进技术改造企业,第一要学会,第二要提高创新。"②如何掌握新技术、提高生产效率呢?邓小平明确说:"掌握新技术,要善于学习,更

① 马克思:《机器·自然力和科学的应用》,《马克思恩格斯全集》(第47卷),北京:人民出版社,1979年,第427页。

② 邓小平:《用先进技术和管理方法改造企业》,《邓小平文选》(第2卷),北京:人民出版社,1994年,第129页。

要善于创新。"①在新思想的指引下,全国创新活动蓬蓬勃勃地持续了数十年。

(一)科研机构与专利申请大幅增长

创新活动的实施需要物质基础,社会经济生活中的科学研究机构就是创新基地,发明专利就是典型的创新成果。在2000~2010年的两个五年规划纲要实施期间,中国的创新基地量与专利申请量都大幅度增加。"到2010年,国家依托工业企业设立了127个国家工程研究中心,建立了国家级企业技术中心729家,是'十一五'初期的2倍;省级企业技术中心达5532家,比2007年增加1500多家。国家认定企业技术中心2010年研发经费投入共计超过1800亿元,是'十一五'初期的4.2倍,按相同口径计算,5年间年平均增长21.4%。大中型工业企业科技活动人员达到246.82万人,占从业人员的比重达到5.19%。"②由于大批各级科技研究中心的建立与大量科技人员及业务量的增加,全国专利申请量井喷式的放射出来。统计数据显示,"十一五"期间,中国专利申请量快速增长,其中发明专利申请145.1万件,这是"十五"期间的2.6倍。2010年发明专利申请超过39.1万件,居世界第二位。"十一五"期间,中国实用新型和外观设计专利申请分别是128.9万件和155.4万件,这是"十五"时期的2.4倍和3.1倍,继续保持世界第一。"十一五"期间,国家知识产权局共授予中国专利金奖50项,其中含5项中国外观设计金奖,还有中国专利优秀奖525项,其中含32项中国外观设计优秀奖。③在专利技术的支持下,国家经济快速发展,人民群众享用了大批优质、绿色产品,生活水平得到提升。

(二)国际专利申请量连年增幅位居世界首位

中国创新活动跨越国界,走向了世界。通过世界各国公认的《专利合作条约》(*The Patent Cooperation Treaty* ,*PCT*) 途径提交的国际专利申请量体现了一个国家、区域或企业的创新能力,显示了创新主体拥有的技术价值和市场价值。世界知识产权组织(World Intellectual Property Organization,WIPO)2012

---

①邓小平:《办好经济特区增加对外开放城市》,《邓小平文选》(第3卷),北京:人民出版社,1993年,第51页。

②国务院:《关于印发工业转型升级规划(2011~2015年)的通知》(国发〔2011〕47号),北京,2011年12月30日。

③王茜:《2010年中国发明专利申请量居世界第二位》,新华网,2011年3月29日,http://news.xinhuanet.com/2011-03/29/c_13803258.htm。

年 3 月 6 日公布的统计数据表明，中国 PCT 国际专利申请量从 2009 年起增幅明显，已连续 3 年增速位居世界首位。中国 2011 年的 PCT 国际专利申请量增长率高达 33.4%，比当年增速居第 2 位的日本高出 12 个百分点。2004 年，中国的 PCT 国际专利申请量为 1706 件，位于世界前 10 名之后；2011 年，中国的 PCT 国际专利申请量为 1.6406 万件，进入世界第 4 位[①]。2011 年，发端于美国华尔街的国际金融危机的深层次影响继续显现，欧洲主权债务危机不断发酵，北美、欧洲等西方发达国家的经济发展面临困境。相比之下，新兴国家发展势头强劲。世界经济的这一发展态势，在 PCT 国际专利申请量变化情况中就得以体现。

（三）环境保护科学技术创新出成果

创新业绩在环境保护领域十分突出，科学技术优秀成果不断涌现。无论是知识产权创造、环境科学基础研究与管理技术创建等，还是节能减排、水污染治理与大气污染防治等，均都出现了大批的科研成果。统计资料表明，在"十一五"期间，全国环境保护科学技术成果中共有 227 项成果获得国家级奖项。其中，2006 年有 36 项科技成果获奖，2007 年有 41 项获奖，2008 年有 48 项获奖，2009 年有 62 项获奖，2010 年有 40 项获奖。在这些获奖成果中，一等奖共 21 项，二等奖共 78 项，三等奖共 128 项。这些奖项涉及的领域有水、大气、土壤、固废、生态、农村、噪声、核辐射等，还有环境应急、环境监测、环境信息系统、环境风险评价等。这些技术创新项目既有针对流域、区域重点环境问题的联合攻关重大科研项目成果，也有解决具体技术问题的企业自主创新成果；既有直接为环境管理服务的制度、技术法规和标准研究成果，也有"控源减排"关键技术、关键设备和成套装备。

西部地区科研机构人员刻苦攻关，一批获奖技术成果脱颖而出。例如，"贵州省小城镇新一代一体化氧化沟污水处理技术研究与开发应用"项目，其设计了新型污水处理设施，调整了工艺运行参数，提高了污水处理效率。"高寒地区生活污水处理工艺及回用技术研究与示范工程"项目，其构建了耐冷生物菌群体系，在低温条件下仍可保证出水的水质达到一级 A 标准，与同类

---

①赵建国：《中国 PCT 国际专利申请增速连续 3 年世界居首》，国家知识产权局网站，2012 年 3 月 15 日，http://www.sipo.gov.cn/yw/2012/201203/t20120314_651914.html。

技术相比,土地面积可减少 30%,投资可节省 25%,运行成本能降低 20%。"我国跨界河流水污染事件风险与对策研究"项目,其构建出多目标决策计算机模型和规范化的投入效益评价体系,提出了用于跨界河流水污染事件风险分析方法,为我国环境外交政策和战略研究奠定了方法论基础[1]。这些获奖项目效果显著,他们为解决重大环境问题、提高环境管理和环境科技水平作出了突出贡献。

二、经济建设过程中的环境问题依然严峻

新中国成立之后,改变国家沿袭数千年小农经济面貌,建设现代工业化强国,这是全国各界人士一直奋斗的方向,而且已经取得了显著的业绩。中国社会科学院经济学部、中国社会科学院工业经济研究所的学者通过长时间的研究,通过评价了一些综合指标并分析后认为,"十五"规划纲要实施期末,中国工业化发展水平属于工业化中期的后半阶段,或者重化工业化阶段中的高加工度化时期[2]。"十一五"规划纲要实施的后半期,中国工业现代化水平综合指数超过 36.7,这意味着中国工业现代化的整体水平已经超过了国际上最先进水平的 1/3,即在国家现代工业化的道路上走过了 1/3 的历程[3]。不过,世界很多学者认为,依据一些工业发达国家的历史经验,这个阶段之后的工业化发展将会有很多困难,进程更加艰巨。导致这些困难的原因很多,其中有客观原因,也有主观原因。

中国虽然地大物博、劳动力资源丰富,然而也是一个人均自然资源拥有量相对贫乏的大国。中国水资源总量占世界水资源总量的 7%,居第 6 位。但人均占有量仅有 2400m³,为世界人均水量的 25%,居世界第 119 位,是全球13 个贫水国之一。由于人口因素的作用,中国人均耕地与草地资源面积是世界平均水平的的 1/3;人均森林资源是世界平均水平的 1/5。因为历史遗留下来的经济结构不合理和管理体制不完善的缺陷,中国工业化存在着技术水平低、结构组合失调的弱项,这必然导致效益的低下、资源的耗竭和环境的破

①赵英民、任官平:《十一五环境保护科学技术奖汇编(套装上下册)》,北京:中国环境科学出版社,2012 年。
②陈佳贵、黄群慧、钟宏武、王延中等:《中国工业化进程报告(1995~2005 年)——中国省域工业化水平评价与研究》,北京:中国社会科学出版社,2007 年。
③陈佳贵等:《中国工业化报告(2009)》,北京:社会科学文献出版社,2009 年。

坏,因为这样的结构性、技术性的失调不是造成生产中的消耗增加,就是产品的大量积压,或是生产设备的闲置,从而形成资源的直接浪费。相比而言,中国矿产和水资源综合利用率只有发达国家综合利用率的 25% 左右;铁、木材、水泥的消耗强度分别为发达国家的 3~5 倍、4~7 倍、8 倍。中国大宗矿产储量的耗损速度远大于储量的年增长速度,生产矿山的开采储量日趋枯竭;全国有 2/3 有色金属矿的主金属生产已到了中晚期,使得矿山开发规模与生产能力的发挥受到严重制约。中国人均相对资源占有量低、生产消耗强度大、管理理念与方式陈旧落后,这样造成的结局是,全国建设中因为对生态和环境破坏而造成的损失很大,按照价值量计算的数额惊人,其比例占国民生产总值的比重在本世纪初超过了 9%。综合考虑环境资源的无形损失、治理污染已经付出或将要付出成本以及从环境资源经济学的角度来评估,经济增长在一些方面甚至可以称之为负增长。

　　最近几年,随着环境问题的日益突出和人们环保意识的提高,环境污染问题不仅成为制约国家工业化的重要限制因素,而且也已成为引发群体性事件的一个新的诱因。对全国环境纠纷状况的不完全统计资料表明,1995 年群众来信总数是 58678 封, 到了 2006 年, 群众的来信总数已经达到了 616122 封,11 年之间环境信访的数量增长了 10 倍之多[①]。一些信访问题没有得到合理的解决,其中部分转化为群体性事件。2009 年 8 月,陕西省凤翔县长青镇铅锌冶炼企业——陕西东岭冶炼公司因为长期超过安全标准的铅排放,结果酿成环境污染的大祸。该企业的违规导致了周围的长青镇马道口村和孙家南头村 731 名儿童中有 615 人血铅超标,邻近个别村庄也有同样的病症儿童。后经权威检测,总计共有 851 名 14 岁以下儿童血铅超标,其中血铅含量超过每升 250 微克的 174 名儿童属中度、重度铅中毒。2009 年 8 月 16 号上午,东岭冶炼公司附近的数百愤怒的村民冲击了东岭厂区,厂区铁路专用线近 300 米的围墙被掀翻,十多辆外省送煤的大货车、工程车的挡风玻璃被砸烂。当地警方百人进驻事发区维持秩序[②]。事件发生之后,陕西省、宝鸡市、凤翔县各级政

---

　　①杨东平主编:《中国环境的危机与转机(2008)》,北京:社会科学文献出版社,2008 年,第 149~156 页。

　　②佚名:《陕西凤翔血铅事件事态扩大》,新华网陕西频道,2009 年 8 月 17 日,http:// www.sn.xinhuanet.com/2009-08/17/content_17422020.htm。

府及东岭公司对患病儿童进行积极救治、经济补偿，并且投资 3 亿元，对"铅威胁区"内 425 户村民实施一次性卫生防护距离内的整体异地搬迁工程，安置村民居住到距离厂址 1350 米以外的"安全地带"①。这件事情不是毫无先兆的，事实上在爆出儿童铅中毒事件之前，长青镇的村民已与当地行政管理部门、东岭冶炼公司有过多次"冲突"，但是最终因为那家企业能上缴大笔利税而不了了之，这是典型的被人们批评的见利忘义行为。

中国的环境污染问题不仅因为扰动了工业化进程，故而一直深受国内舆论所诟病，而且也影响了中国的国际形象。经济合作与发展组织（Organisation for Economic Co-operation and Development，OECD）是一个由 34 个市场经济国家组成的政府间国际经济组织，该组织曾在 2007 发布的报告中称："中国的经济在向发达国家迅速靠拢，但环境水平却与世界上最贫穷的国家近似。" 2009 年，美国《福布斯》（Forbes）杂志曾经刊载一篇报道，题目是《中国百姓难容孩子受污染之害》。该文表述："中国已成为世界工厂，但许多地方却没有推行环保措施。结果是煤炭工厂附近的农村污染十分严重，刚停放的汽车挡风玻璃上就会蒙上一层灰尘。中国的许多河流也遭到污染，不再适宜用作工业用水，更不用说饮用水了。"日本、韩国等国的媒体经常拿"中国的环境污染"说事，极力把中国塑造成一个"肮脏的邻居"。在这些国家的一些民众看来，中国的沙尘暴飘洋过海到了韩国、日本。英国《每日电讯报》（The Daily Telegraph）发表了一篇文章，其标题是毫无英国人常常自豪的绅士风度的渲染语言："中国在接管世界之前是否会被自己排放的废水淹死？"②对于国外的这些大失体统、有明显偏激的舆论，中国人要有正确的态度。一方面，坦诚地面对质疑；另一方面，明确表达自己的观点。中国环境污染严重是事实，但是一些在华外国企业也逃不了干系。例如，日本很多企业目前只做产品设计和生产结束后营销类"低污染，高附加值"的商务，而把中间高污染的环节设立在中国。许多欧洲、北美国家的企业已经把某些高污染、高排放的产品生产过程转移到中国，这在客观上形成的一个状况是，中国在为他们承担环境责任。

简单概括，中国的环境态势在"十一五"规划纲要实施时期是喜忧交集。

---

①梁娟：《陕西凤翔儿童血铅含量下降"铅威胁区"搬迁顺利》，新华社，2009 年 12 月 24 日。
②漆菲：《中国崛起需跨越"环保门"》，《国际先驱导报》，2009 年 8 月 28 日。

中国的诸多呈现出来的令人兴奋的亮点是,"节能减排"初见成效,污染物排放量首次下降,北京绿色奥运建设实现了既定的目标等。可是,一些环境现象却令人忧虑。例如,水是生命之源。然而,环境保护部、国家发展和改革委员会、财政部、水利部公布的资料表明,直到 2010 年,中国的水环境依然不容乐观,"辽河、黄河中上游属重度污染,海河、巢湖环湖河流、滇池环湖河流属重度污染。"①一些学者分析后认为,以 2007 年江苏省太湖蓝藻污染爆发事件为标志,表明了中国江河湖泊污染已经到了一个危险的临界点,颠覆了以往靠牺牲环境追求 GDP 增长的发展模式, 涉及环境问题的群体事件数量明显增多。其原因是,滞后的传统经济发展模式尚有强大的消极惯性,一些地方的本位主义形成的特殊利益集团自私自利,而且因为不愿意放弃"好处"而继续掠夺式地开发自然资源②。总之,中国的环境还是没有摆脱危机的困扰,一些深层次的矛盾不断暴发,环境保护事业充满转型的艰难和利益博弈的张力扰乱。

深入研究围绕环境问题的多方利益博弈,找出问题的症结所在,这将十分有利于保护环境与提高建设发展速度。

第二节　环境保护事业中的利益诉求

中国经济建设特别是改革开放后的实践表明,在推进经济快速发展中必须高度重视环境保护的需求。具体讲,就是要处理好政府、居民、企业三方不同的客观要求或者说平衡不同的利益倾向。因为虽然在社会主义体制内三者的根本利益是一致的,但是也因为所处的具体位置不同,各方都有一些特别活动与追求。采用博弈方式深入分析,可以找到各方利益的集成点③。这种做法很有效果,将有利于经济建设与环境保护协调一致。

一、分析环境保护建设中的多方利益诉求

目前,中国面临处于环境问题高发的阶段,一些资源过度消耗、生态环境

---

①国务院:《关于重点流域水污染防治规划（2011~2015 年）的批复》(国函〔2012〕32号),北京,2012 年 4 月 16 日。

②杨东平主编:《2006 年:中国环境的转型与博弈》,北京:社会科学文献出版社,2007 年。

③［法］朱·弗登博格、让·梯若尔著,姚洋校、黄涛等译:《博弈论》,北京:中国人民大学出版社,2010 年。

污染现象十分严重。这是历史、地理、管理等多方面的原因所致,而其中不同利益群体的博弈是一个重要因素。

(一)厂商保护环境的博弈分析

一些企业在过多地考虑自身利益,加之"市场失灵"因素的存在,于是,这些企业往往不愿意为环境保护投资。例如:在现实的经济生活中,时常发生这样的情况:甲方、乙方分别为两个规模不大的厂商,他们均有投资保护环境和不保护环境两种方案选择。假设甲、乙双方都不进行环境保护的收益分别为 R_1 和 R_2,而他们投资环境保护时的收益为 N_1 和 N_2。进行了保护投资,环境会得到改善[1]。由于环境改善的长期性和正的外部性存在,这就使得环境保护的投资往往大于从其中得到的短期收益,即 $R_1>N_1,R_2>N_2$。可以应用经济学中的博弈理论,以一个收益矩阵表示(见表 15.1)。很明显,由于目前实际的经济活动中存在着法制不完善的客观情况,而在没有制度性的强制约束之下,受"经济人"追求利益最大化的规律的驱使,无论甲选择哪种决策,乙的占优决策均为不保护($R_2>N_2$);反之,无论乙采取保护还是不保护,甲的占优策略同样是不保护($R_1>N_1$),即均衡为不保护。

表 15.1　厂商之间的博弈

项　　目		厂商乙	
		保护	不保护
厂商甲	保护	N_1, N_2	N_1, R_2
	不保护	R_1, N_2	R_1, R_2

(二)居民面对环境污染的博弈分析

同样处于目前法制不完善的条件下,一些地方的居民也缺乏环境保护的自觉性,有人怕麻烦,怕招惹是非,不愿意付出,更不愿意担责任,他们对出现的一些环境污染现象听之任之。

由于采取行动需花费一定成本,代价设为 c。如果两人同时参与保护环境的行动,每人支付 c/2 的成本,而两个人的收益为增加的总福利 w 的 1/n,即w/n。假如两方都持无所谓的态度,每个人的得益都为 0(见表 15.2)。在此收

---

[1]王冬梅、李万庆:《博弈论在环境保护中的应用》,《城市环境与城市生态》,2004 年第 5 期。

益矩阵显示的经济活动的博弈之中，如果居民甲采取行动去防治废水污染，则居民乙的占优策略是不行动；假如居民甲采取不理睬的态度，则居民乙的占优策略同样是不行动，因为 w/n-c<0。这就是说，不管居民甲采取哪种行动，居民乙的最优选择均为不行动，即不参与废水防治，这是一个占优策略。反之，无论居民乙的选择如何，居民甲的最优策略是不理睬、不行动。因此，结果是不理睬，双方都不会出面防治废水污染，由此使得污染持续影响环境，影响人们的生活。

表 15.2　居民之间的博弈

项　　目		居民乙	
		理睬	不理睬
居民甲	理睬	w/n-c/2, w/n-c/2	w/n-c, w/n
	不理睬	w/n, w/n-c	0,0

（三）厂商与居民之间的博弈

在生产和生活实际中，企业与居民在环境问题上都有混合的利益诉求，两个利益群体会表现出不一样的行为方式。假设，厂商和居民分别为两个参与人。厂商从事生产活动时，有污染环境和不污染环境两种战略选择：当其选择污染时，可以不考虑产量限制和治理成本等问题，收益为 R；当其采取措施不污染时，正常收益为 N（容易判断出 R>N）。居民也有两种选择：要么向有关部门投诉或自己参与污染治理，要么听之任之，不参与环境保护。假设，环境改善后给人们带来的总福利为 w，附近共有 n 个居民，每个居民可分得的利益为 w/n，参与保护需付出 T 单位的成本（见表 15.3）。这个收益矩阵表示，由于居民制止厂商污染或直接参与保护付出的代价往往大于从中得到的直接收益，即 w/n-T<0；可以看出居民的最优策略是不保护，厂商的最优策略是污染。因此，博弈的均衡为污染，不保护。

表 15.3　厂商与居民之间的博弈

项　　目		居　民	
		参与保护	不保护
厂　商	不污染	N, w/n	N, w/n
	污染	R, w/n-T	R,0

由于中国目前的市场经济体制尚不完善,一些经济主体不顾一切的牟利行为十分突出,因而,在处理环境问题时,很多"经济人"都只计较钱,不顾后果。上述博弈不是坐而论道,而是切实地存在于现实之中。

二、企业环保投资与政府监督之间的博弈分析

从上述分析可以得出,在完全市场或者政府不干涉情况下,企业将在环境保护问题上采取非合作博弈,即双方之间趋于不共同保护环境,因而环境保护这种正外部效益很强的公共物品的提供是低效率的,即出现"市场失灵"。可以说,市场失灵给政府干预提供了机会和理由,政府干预这只"看得见的手"需要发挥作用。一旦政府对企业环境保护行为进行相应的监督,企业与政府之间将面临着企业投资保护与政府监督的博弈。这种评析也不是坐而论道,在中国实际的经济生活中,从国务院到县级政府,多年来制定了大量的法律法规,采取了很多执政行动,引导、督促企业保护环境。以下从理论方面进一步分析这类问题。

（一）企业承担经济责任

假设企业在环境项目投资保护和不保护方面所涉及的成本为 C;企业投资保护所发生的全部成本为 C_1;企业逃避投资保护行为被发现后,必须承担的处罚金而且被追究法律责任,从而使社会形象受损,其所涉及的处罚成本为 C_2。若是政府实行监督时,企业不保护行为被发现并受惩处的概率为 P（0≤P≤1）,罚金为 X,则此时 $C_2=P\cdot X$,其反映了政府的监督效率与执法力度。另设政府的监督费用为 K。此处涉及企业投资保护与政府监督的问题,属于完全信息静态博弈范畴(见表 15.4)[1]。在这个收益矩阵中,用 θ 代表企业进行投资保护的概率,以 γ 代表政府实行监督的概率。

表 15.4　企业与政府之间的博弈

项　目		企业	
		保护	不保护
政府	监督	C_1- k, - C_1	P·X-K, -P·X
	不监督	C_1,- C_1	0,0

---

①凤亚红、李永清:《环境保护的博弈分析》,《西安科技学院学报》,2003 年第 12 期。

给定 θ,政府选择监督(γ=1)和不监督(γ=0)的期望收益分别为:

$$\prod g(1,\theta)=(C_1-K)\cdot\theta+(PX-K)\cdot(1-\theta)=\theta\cdot C_1+(1-\theta)\cdot PX-K \qquad (1)$$

$$\prod g(0,\theta)=C_1\cdot\theta+0\cdot(1-\theta)=\theta\cdot C_1 \qquad (2)$$

令 $\prod g(1,\theta)=\prod g(0,\theta)$,得出博弈均衡时企业进行投资保护的最优概率为:

$$\theta^*=1-K/PX \qquad (3)$$

即:如果 $\theta\in[1-K/PX,1]$ 时,政府的最优选择是不监督;如果 $\theta\in[0,1-K/PX]$ 时,政府的最优选择是监督;如果 $\theta=\theta^*$ 时,政府随机选择监督或不监督。

给定 γ,企业选择投资保护(θ=1)和不保护(θ=0)的期望收益分别为:

$$\prod e(\gamma,1)=-C_1\cdot\gamma-(1-\gamma)\cdot C_1=-C_1 \qquad (4)$$

$$\prod e(\gamma,0)=-PX\cdot\gamma+0\cdot(1-\gamma)=-\gamma PX \qquad (5)$$

令 $\prod e(\gamma,1)=\prod e(\gamma,0)$,得出博弈均衡时政府进行监督最优的概率为:

$$\gamma^*=C_1/PX \qquad (6)$$

即:如果 $\gamma\in=[C_1/PX,1]$ 时,企业的最优选择是进行投资保护;如果 $\gamma\in[0,C_1/PX]$ 时,企业的最优选择是不进行投资保护;如果 $\gamma=\gamma^*$ 时,企业随机选择投资保护或不保护。因此,该博弈的混合战略纳什均衡是:

$$\theta^*=1-K/PX,\gamma^*=C1/PX$$

在这个博弈中,其纳什均衡与企业投资保护成本 C_1,企业处罚金 X,政府的监督成本 K 和政府的监督效率 P 有关。政府的监督效率越高,处罚金越大,企业投资保护的概率就越大;反之政府的监督成本越大,企业投资保护的概率就越小。为促使企业能够自觉地进行投资保护环境,政府的有关管理部门需要做到,一方面,要加大处罚力度,即要提高 X;另一方面,要提高管理效率,这个管理效率来自于其监督效率 P 的不断提高,还有监督成本 K 的不断下降。

(二)政府承担经济责任

上述分析表明,政府部门执政之中,其处罚力度和管理效率之状况,对企业进行投资保护环境的行为具有重要作用。除了这两种状况对企业进行投资保护环境行为有较大的影响之外,政府部门在监督失职中若能承担其经济责任,例如,企业不进行投资保护环境且政府部门未能发现这种失职,则对环境进行投资保护的费用要由政府部门来承担,即政府应增加承担 C_1 的费用。那么,这种制度安排将发挥效力,其对进一步促进企业保护环境行为有积极推动作用。当政府部门的失职责任被加以考虑时,表 15.4 中的原有收益矩阵将被调整为一个新的收益矩阵(见表 15.5)。

表 15.5　政府与企业之间的收益矩阵(政府承担经济责任)

项　目		企　业	
		保护	不保护
政　府	监督	$C_1-k,-C_1$	$P \cdot X-K-(1-P)C_1,-P \cdot (C_1+X)$
	不监督	$C_1,-C_1$	$-C_1,0$

同理,表 15.5 的博弈问题的混合战略如下,这是一种纳什均衡:

$$\gamma^*=C_1/P(X+C_1) \tag{7}$$

$$\theta^{**}=1-K/P(X+C_1) \tag{8}$$

比较公式(6)与(7),还有(3)与(8),可得

$$\gamma^{**}<\gamma^*,\theta^{**}>\theta^*$$

由此可见,一旦政府部门能够承担失职的经济责任,即使这仅仅是一种口头的承诺,这种行为也会对环境保护带来积极效果。一方面,将提高企业进行投资保护环境的概率($\theta^{**}>\theta^*$);另一方面,能扩大企业选择投资保护环境的决策判断区间[$\gamma^*,1$]与[$\gamma^{**},1$]。由此说明,即使企业认为政府监督可能性不大时,其也不敢轻易对环境保护置之不理。在这种情况下,人与自然便得到了和谐发展的条件。

理论研究表明,政府与企业在博弈过程之中,政府要有一定的执行力,确定承诺处罚的可信性,从而发挥政府的先行者优势。同时,面对人民对绿色产品的需求,企业应该调整自己的经营对策,加大环境保护投入,从而确定企业绿色经济的持续发展。当然,在社会主义制度框架内,各方博弈的目的是求同存异,实现人与自然的和谐。

三、在创新思想指导下保护环境

保护环境,发展经济,这是改革开放以来国家一直实施的战略方针。虽然市场经济中存在不同利益集团之间的博弈,但是,在实际推进的建设事业中,齐心协力,努力实现环境保护与经济建设双赢,这是社会的主流。以下用北京市的一个实例,说明万众归一的现实情况。

一段时期,人们大量消耗碳能源,致使温室气体排放量与日俱增,同时,

对资源过度开发也导致了生态环境急剧恶化。于是,在世界范围内,低碳经济这一概念及其应用出现了。低碳经济是以低能耗、低污染、低排放为基础的经济模式,是人类社会继农业文明、工业文明之后的又一次重大进步。低碳经济首先出现在英国政府于 2003 年发表的能源白皮书《我们未来的能源——创建低碳经济》(*Our Energy Future–Creating a Low Carbon Energy*)中,其很快得到了世界的响应[1]。低碳经济的实质是转变现有能源消费、经济发展和人类生活方式,以实现经济社会的可持续发展的基本目标。

北京作为中国首都,率先提出了建设"人文北京,科技北京,绿色北京"的政策,集中体现了创新发展的战略指导思想,特别是近年来积极探索低碳经济发展之路,已经取得了良好的成绩。"十一五"期间,北京市政府先后制定与颁布了《北京市振兴新能源产业实施方案》、《绿色北京行动计划》等措施,实施低碳出行奖励制度和财政补贴政策,极大地促进了北京市低碳经济的发展。"十一五"规划纲要实施的前四年,北京市就使万元 GDP 能源消耗下降率连续 4 年超过 5%,累计下降 23.34%,提前超额完成"十一五"节能减排目标。其中,2008 年,北京市万元 GDP 能耗累计降低度和"十一五"节能目标完成进度两项指标均排名全国第一。然而,北京是经济生产、人员往来的集中城市,碳能源消耗量大,因而,真正全面实现低碳经济目标,依然要走很长一段路。

应用生态足迹分析法,可以较为精确地评价北京市需要继续解决的过量碳能源消耗问题。其方法是,通过计算区域为满足当地人口消费的资源和消化他们排出的废物所需的土地,并将计算所得的土地面积与当地所能提供的土地面积相比较,确定区域消费是否超出其承载力,进而判断区域的发展是否可持续[2]。具体使用的判断公式为:

生态盈余=生态足迹-生态承载力

参照相关文献,先搭建生态足迹分析框架[3]。特别是要直接采纳与北京情况相对联系密切的研究方式,例如魏静等人对河北省低碳经济的分析结

①UK Energy White Paper. *Our Energy Future–Creating a Low Carbon Energy*,U.S.A., Feb,2003.

②Wackernagel M, Rees W. *Our Ecological Footprint: Reducing Human Impact on the Earth*, Gabriola Island: New Society Publishers,1996:375–390.

③陈东景、徐中民、程国栋等:《中国西北地区的生态足迹》,《冰川冻土》,2001 年第 23 卷第 2 期,第 164~169 页。

果①。接着,以孙久文等人的研究成果做直接参照物②。最后,提出关于北京市碳足迹的具体分析步骤。所有研究所需要的数据,均来自权威的统计年鉴。关于北京市 2010 年的生态足迹计算,可见以下结果(见表 15.6)。

表 15.6　北京市 2010 生态承载力情况表

土地类型	现有面积(hm)	产量因子	调整因子	调整后面积(hm)
耕地	231688	1.66	2.82	1084578
草地	198161.3	0.19	0.54	20331
林地	897738.7	0.91	1.14	931314
水域	20860	1.00	0.22	4589
化石燃料用地	–	–	–	
建筑用地	337715	1.66	2.82	1580911
合计	–	–	–	3621723

资料来源:

1. 北京市统计局编:《北京统计年鉴2008》,北京:中国统计出版社,2009 年,第15~20 页。

2.《北京统计年鉴2009》,第110~120 页。

3.《北京统计处鉴2010》,第250~255 页。

通过计算得知,北京市 2010 的生态负荷水平为:

生态足迹–生态承载力×0.88=6640–362.1723×0.88=6640–318.712

=6321.28(万公顷)

注:系数 0.88 的含义是,为了满足生物多样性的需求,留下 12%的生态土地,用以动植物的生活所需。

北京市 2010 年的生态足迹为同期生态承载力的 20 倍左右,这也可以表明,北京市自身的资源生产能力远远不能满足其生产和生活需要。人口、经济和消费模式对自然的需求已远远超过这个城市的生态系统的承受能力,已经出现了资源紧张、生态环境恶化的不良后果。因此,在发展过程中,需要进一步量化指标,使生态足迹不至于超过生态承载力,导致出现生态赤字。

①魏静、冯忠江、郑小刚、刘晓丽:《1995~2004 年河北省生态足迹分析与评价》,《干旱区资源与环境》,2008 年第 22 卷第 6 期,第 22~29 页。

②孙久文、罗标强:《北京山区资源环境的生态承载力分析》,《北京社会科学》,2007 年第 6 期,第 53~57 页。

未来一段时间,要从两个方面努力:其一,在控制需求上,要严格控制人口增长,提高人口素质,增强生态服务意识;改变生活消费和生产方式,减少资源消费,建立节约、集约、高效的生产和消费体系。其二,从增加供给角度上,大量采用先进科学技术,提高单位面积资源生产量和效率,以求提高土地生态承载能力。通过艰苦工作,使自然资源得到合理利用,向人与自然和谐发展的目标前进。

第三节 确认导致环境恶化的原因

中国工业化刚刚走完了三分之一的路程,总体水平还较为落后。同时,受到思想认识尚不解放的局限,国家经济建设在发展中走了一些弯路。另外,国际市场经济竞争十分激烈,一些工业发达国家为了利益而表里不一。国际因素与国内因素又往往相互交织,形成一些负面作用,中国建设中的焦炭生产、出口贸易的曲折和其他产品出口遇到技术壁垒就是典型事例。贸易赢利与环境恶化,这个矛盾目前表现得十分突出,表明了中国产业必须找准正确的方向,及时改正错误,才能持续发展。如同一艘大船航行在波涛汹涌的海洋上,把握航向、辨别风浪,才能不断前进。

一、历史进程中的曲折

中国是一个发展中的大国,工业化水平并不高,很多产品的生产与出口贸易均处于低端层次,这是一个国家壮大发展中不可避免的历史阶段。然而,走过这个初级阶段是不容易的,特别是受国际社会复杂激烈的政治、经济竞争影响,中国民众在前进中遇到了很多严峻的挑战。

(一)见利忘义的恶果

任何一个国家在工业化进程的前期所生产的产品都不是高端水平,都要大量生产低端产品。21世纪初期,中国曾经大量生产焦炭做出口贸易,积累资金。1985年,中国出口焦炭是600余万吨。2003年,全国焦炭产量达到1.78亿吨,当年出口为1300万吨,成为世界上第一大焦炭生产国与出口国,产量占世界生产总量的45%,出口量占世界贸易量的60%。焦炭生产给中国带来了利润。自2003年开始,国内焦炭的市场价格从每吨300元人民币上涨到每吨1300元人民币。同样,受供求关系的影响,国际市场上的焦炭价格从2003年平均每吨200美元左右,飙升至2004年第一季度的每吨400多美元。一段时间,这种市场价格及利润指标的诱惑力量十分强劲。于是,一些企业为了获取高额利润而盲目扩大生产,盲目投资建设焦化项目,导致重复投资现象严重。一些未经审批自行上马的焦化项目到处都是。2003 年,中国焦炭产量 1.8 亿吨,2004 年焦炭产量突破 2 亿吨。大量资金继续进入焦化行业。2005 年,全国约有 700 多家规模炼焦企业,有大中小各类焦炉 1900 多座,其中,技术落后的小"土焦"炉产量就达到 4000 多万吨。由于焦炭价格持续上涨,没有任何污染处理措施的小土焦炉生产持续升温,中国焦炭产能不断增加。2005 年末,全国焦炭年产销量 3 亿吨左右,而生产能力超过了 4 亿吨以上,产能严重过剩。焦炭产业快速发展,焦炉产能迅速膨胀,焦化行业非常态、超高速增长,其原因只有一个,焦炭价格高扬。

(二)污染严重的"两高一资"行业

炼焦是高能耗、高污染和资源性的典型的"两高一资"行业。中国炼焦技术装备水平不及发达国家,对炼焦副产品加工利用落后,从而形成了严重污染。在中国现有的条件下,2 吨煤才能炼 1 吨焦炭,由此而消耗了大量能源。依据检测,生产 1 吨焦炭会产生约 400m³ 煤气,炼焦过程中会有大量粉尘、一氧化碳与有毒气体排放到大气中,其中含有多种致癌、致人畸形的物质;炼焦排出了焦油、废水,它们同样含有大量有毒物质,渗入地下后将长期污染地下水。然而,为了牟取利润,一些地方大量土焦炉不停地生产。这些小土焦炉生产技术落后,造成严重的资源浪费与环境污染。

以山西省为例,"十一五"初期的 2006 年,全省生产焦炭 9202 万吨,占全国产量的 33%。山西省自营出口和外贸出口焦炭 1303 万吨,占中国焦炭贸易量的 89.8%,占世界焦炭贸易的 40.5%。但是,焦化行业是典型的高污染、高消耗产业,炼焦过程中会产生大量的废气、废水和固体废物,因而是环境污染最严重的行业之一。2006 年 9 月,原国家环境保护总局公布,全国有 43 个城市空气质量劣于三极标准,其中山西省占到了 16 个。山西焦化行业对大气和水环境污染负荷分别占全省总污染负荷的 40% 和 30%,劣 V 类水质占 70% 以上,远高于全国 44% 的平均水平。焦炭给山西带来了经济利益,同时也带来了资源耗损和环境污染。作为昔日粮仓的山西汾河谷地,由于工艺落后的焦炭生产方式特别是小土焦、改良焦的生产方式运作,结果造成了这一地区黑烟滚滚,大气污染严重,水源污染严重,使那里可以耕种的田地越来越少。一段时期,在山西,有许多空气严重污染的连片地区,在无风或微风状态下,污染导致的天空昏暗、气味熏人的状态持续存在,严重影响了生态环境和当地人的身心健康。

(三)认清贸易争端的实质

与之形成鲜明对比的是,西方发达国家为保护自身环境而大量削减焦炭产量,甚至不顾本国钢铁工业发展,关闭大量焦化厂。据了解,从 1996 年到 2000 年 4 年间,焦炭生产在美国减产 10.17%,同期在日本减产 9.9%、德国减产 7% 和英国减产 18.3%。澳大利亚是铁矿石、炼焦煤富余的资源大国,出于对环境成本的考虑,该国并不在本土大力发展钢铁、焦炭行业,而只是出口铁矿石和炼焦煤。1998~2004 年,全世界已经关闭总生产能力近 1800 万吨的焦化厂,其中大部分在欧洲和美国。欧洲国家由于关闭了大量技术落后的焦煤生产厂,于是当地焦炭产能进一步萎缩。钢铁企业发展所必需的焦炭资源严重依赖中国出口,这样的事情较多地出现于欧洲联盟(European Union,EU,简称欧盟)。2003 年,欧盟从中国进口焦煤约 440 万吨,占欧盟钢铁业焦炭年消耗量的 31%。

发达国家将自己的焦化厂大量关闭,却把焦炭生产与污染负荷转移到了中国。正是如此,欧盟曾对中国焦炭出口的态度来了一个 180 度的大拐弯。2003 年,欧盟还把来自中国的进口焦炭列为反倾销产品之列,征收每吨 32.6 欧元的反倾销税。时过境迁,2004 年之初,中国有关部门提出,当年焦炭出口配额将减少 300 万吨。2004 年 5 月 7 日,欧盟因中国限制焦煤出口的行动,发出威胁要向 WTO 申诉。最后,中国出于战略考量,使当年出口量不少于 2002 年的 1400 万吨,这才没有引发更大的贸易纠纷[1]。

2009 年 6 月 23 日,美国和欧盟在 WTO 框架内又向中国提出贸易争端请求,指责中国 9 种原材料出口违规。中方再三强调采取配额制是"出于保护可用尽自然资源环境的需要"。遗憾的是,2011 年 7 月 5 日,WTO 仍初步裁决"中国违规"。随后,中方对初裁结果提出了上诉。但 WTO 上诉专家小组维持了初步裁定的核心内容,即中国对多种工业原材实施出口税和配额违背了 WTO 规则,并驳回了中国基于环境保护或供应短缺就初步裁定提出的上诉请

---

[1]杨利宏:《焦炭争端:产业调控引发国际贸易冲突》,《中国经营报》,2004 年 5 月 14 日。

求。2012年1月30日,WTO就中国限制9种原材料出口一案再次作出裁决:维持2011年7月初裁中的核心判罚内容,即确认"中国对钢铁和化工产业原材料实施出口税和出口配额限额违背了国际贸易法则,必须加以改正"①。

事情的来龙去脉很清楚,中国一方面受发展历史阶段限制,不得不生产"两高一资"产品;另一方面当依法消减这些产品的生产时,却立即招致了工业化国家的无端指责。相反,一些工业化国家利用历史机遇、技术优势,停止或者转移了高污染产品,却要让发展中国家生产这类低端产品,他们则在高端消费。"落后就要挨打",这是个通俗的表述,也是一个深刻的道理。中国人民要保持平常心态,奋起直追,和平崛起。

二、应对三个指令的挑战

焦炭生产与出口的经历仅是一种中国人民在建设中遇到的磨难,在高科技时代,还有更多的难关需要闯过去。

(一)技术标准的重要意义

低碳经济是当今世界发展的大趋势,也是市场竞争非常激烈的场所。环境因素在低碳经济领域表现得十分突出,由此,中国的发展面临了更多的挑战。一些学者研究表明,传统经济向低碳经济转型,实现预计的重要目标,需要有62种关键的专门技术和通用技术的支撑。主要由于历史原因,在其中的42种关键技术中,中国目前并不掌握核心技术。例如,有关专家测算,中国目前能源利用效率只有33%,相比国际先进水平低10个左右百分点。电力、钢铁、有色金属、石化等8个主要耗能工业的单位产品能耗较高,超出世界先进水平40%以上。导致这种情况出现的原因是,一些关键的核心技术没有掌握。焦炭生产与出口遇到的困境实际上就是技术、管理方面的滞后,例如,技术装备水平不高、生产工艺落后、环境保护治理不得力等。就是在一个最基础的衡量产品的质量优劣方面,目前依然存在着管理、技术方面的缺陷。例如,中国标准化工作基础仍然薄弱,与国际先进水平相比存在差距,包括标准总体水平低、制定速度慢、高技术标准缺乏、安全标准体系不健全、资源节约标准滞后等,这些已经无法适应国家经济社会协调发展的要求。面对严峻的国际国

---

①佚名:《限制出口被裁违规　多家焦炭上市公司受影响》,《证券日报》,2012年2月2日。

内形势,加快标准化事业的发展已经成为一项十分紧迫的任务。

(二)新标准:三个挑战性指令

衡量事物的标准及其制定看似简单,其实不然。中国"十一五"期间,欧洲议会(European Parliament)和欧盟部长理事会(Council of the European Union)通过了三项具有环境保护内容且影响国际贸易的指令,俗称环保指令。这些标准提出之后,中国一些生产企业立即置身于严峻的挑战之中。

"报废电子电气设备指令(*Waste Electrical and Electronic Equipment*, 2002/96/EC,WEEE)",其在 2005 年 8 月 13 日生效。WEEE 指令核心内容:欧盟市场上流通的电子电气设备的生产商必须在法律上承担起支付报废产品回收费用的责任。

"关于在电子电气设备中限制使用某些有害物质指令(*The Restriction of the Use of Certain Hazardous Substances in Electrical and Electronic Equipment 2002/95/EC*)",简称"限制有害物质指令(*Restriction of Hazardous Substances*, RoHS)",其在 2006 年 7 月 1 日生效。RoHS 指令核心内容:新投放欧盟市场的电子电气设备中有 6 种物质的含量不得超标,它们是铅、镉、汞、六价铬 4 种重金属与聚溴二苯醚(PBDE)、聚溴联苯(PBB)2 种溴化物阻燃剂。

WEEE 与 RoHS 指令对机电产品提出了很高的环境标准,欧盟市场禁止不达标准的产品进入。中国机电出口企业实际上由此受到的冲击很大,波及了上万家企业的 20 多万种产品。受指令影响的产品占中国出口欧盟机电产品的 71%,总值约为 370 亿美元。

"为规定用能产品的生态设计要求建立框架并修订第 92/42/EEC 欧洲议会和欧盟理事会指令(*Establishing a Framework for the Setting of Ecodesign Requirements for Energy-using Products and Amending Council Directive 92/42/ EEC of the European Parliament and of the Council*,2005/32/EC)",简称"耗能产品指令(*Energy-using Products*,EuP)",2005 年 8 月 11 日生效。2007 年 8 月 11 日前,欧盟各国完成了符合本指令所需的国内立法及行政规定,正式转换为欧盟各国的法律并强制实施。EuP 指令对中国家电产品出口影响也很大,初步计算,其约给中国家电业带来人民币 500 亿元损失。

欧盟 25 国先后实施了这三项指令,它们实际上对包括中国在内的广大发展中国家形成了国际贸易的技术壁垒,或称绿色壁垒(Green Barriers,

GBs)①。这三项指令制造的绿色壁垒现在依然存在,而且产生了超出欧盟范围的连锁反应,它们对中国机电产品出口的影响非常严重。

第四节　实现人与自然和谐的综合策略

人类目前进入了历史上最快、最有前景的发展阶段,科学技术与管理方式都发生了堪称奇迹的变化,无数被视为梦幻的事情今日成为了普通的事物。处理好眼下尚存在的不足,向着美好的未来前进,这就是最重要、最贴近现实的工作。

一、认识和迎接挑战

无论焦炭生产、出口中遇到的困难,还是欧盟新指令造成的挑战,都需要用科学、严谨的态度处理。不能仅看到绿色壁垒的一面,而不能同时也认识它们的合理性,那样将会直接妨碍决策,导致不能战胜挑战。知己知彼,百战不殆。

(一)认识科学研究与检验结果

2006 年 12 月 27 日,欧洲议会和欧盟部长理事会联合发布《关于限制全氟辛烷磺酸销售及使用的指令》(2006/122/EC)。该指令是对理事会《关于统一各成员国有关限制销售和使用禁止危险材料及制品的法律法规和管理条例的指令》(76/769/EEC)的第 30 次修订。欧盟发布 2006/122/EC 指令不是偶然的,而是既经历有科学检验、生产实践、生活消费的过程,也通过了认真的法律审查程序。

PFOS 是具备疏油、疏水且化学性质非常稳定等特性的有机化合物,被广泛应用于各个领域。在表面处理方面,它可应用于地毯、服装、皮革、纺织品、室内装潢等材料;在纸张保护方面,它用于与食品接触物品、非食品接触物品等;另外,在工业清洗剂、防火泡沫、石化工业表面活性剂、金属电镀的抑酸雾剂、照相平板印刷术、液压油、地板抛光剂、洗发香波、涂料、杀虫剂等产品之中,也会使用到该物质。但是,有关研究表明,PFOS 是目前世界上发现的最难降解的有机污染物之一,具有很高的生物蓄积性、多种毒性及远距离环境传输的能力。根据一些国际科学机构与经济组织

---

①段珊珊:《如何应对欧盟 RoHS\WEEE 和 EuP 环保指令》,北京:中国标准出版社,2007 年。

的危害性评估结果,生物体一旦摄取 PFOS,它会主要分布在血液和肝脏中,而且它很难通过生物体的新陈代谢而分解,它在人体的"半排出时间"需要 8.7 年。英国环境食品和农村事务部门（Department for Environment, Food and Rural Affairs ,DEFRA）曾派出人员对 PFOS 进行了 PBT 的独立评估①。其结果与 OECD 的评估一致,在毒性的研究方面,确认它会导致 R48②的风险。就是说,长时间接触 PFOS,人体健康将会被严重伤害。

（二）深刻了解法律程序审查

2002 年 12 月,国际间的经济合作与发展组织（Organisation for Economic Co-operation and Development,OECD,简称经合组织）召开了第 34 次化学品委员会联合会议,这次会议将 PFOS 定义为持久存在于环境、具有生物储蓄性并对人类有害的物质。依据欧盟部长理事会（Council of European Union, CEU）793/93 号《关于评估和控制现有物质危险性的法规》,英国向欧盟委员会提交了 PFOS 危险评估报告和减少 PFOS 危害的策略以及该策略的影响评估。欧盟健康与环境危险科学委员会 （Scientific Committee on Health and Environmental Risks, SCHER）对英国所提交的策略进行了科学性的审查,并于 2005 年 3 月 18 日确认了 PFOS 的危害性。2005 年 12 月 5 日,欧盟唯一有权起草法令的机构欧盟委员会（European Commission,EC,简称欧委会）提出动议,制定关于限制全氟辛烷磺酸销售及使用的建议和指令草案,并对该建议实施的成本、益处、平衡性、合法性等方面进行了评估。 2006 年 10 月 30 日,欧盟两院制立法机关的下议院欧洲议会（European Parliament）进行了投票,以 632 票对 10 票通过了该草案。2006 年 12 月 12 日,该指令草案最终获得部长理事会批准。2006 年 12 月 27 日,该指令正式公布并同时生效。

其他国家也制定了法律,严格禁止、限制产品中这种化合物的比例。例如,2007 年初, 加拿大环境部发布有关全氟辛烷磺酸及其盐和某些其他化合

---

①PBT,即 Persistent, Bioaccumulation and Toxic（PBT）chemical substances 缩写,含义:持久性、生物累积性和毒性化学物质。——著者注

②R48,意思为 Risk Phrases,简写为 R-phrases,这是警示性质标准词,是《欧联指导标准 67/548/EEC 附录 III:有关危险物品与其储备的特殊风险性质》里的定义,在该附录 III 刊载的列表排序于第 48 位,表达方式是,R48:长期接触严重危害健康。再如,R41:对眼睛有严重伤害。这个列表集中并再出版于指导标准 2001/59/EC。该列表刊载的标准并不只是局限于欧洲,而是国际通用。——著者注

物的法规提案,该法规提案禁止生产、使用、销售和进口任何 PFOS 类物质或含有此类物质的产品(少量豁免除外)。2008 年,该提案被采纳,相关规定被写入《加拿大环境保护法 1999》(*Canadian Environmental Protection Act*, 1999),并于 2008 年 5 月 29 日生效。

深入了解这些研究审查、法律程序,可以开阔人的思路。

二、突破阻碍发展的难关

针对实际存在的问题,提出切实可行的解决方案,是推进环境保护与经济建设共同发展的正确做法。

(一)坚决执行国家法制

要认真贯彻国家法制,淘汰落后产能,保护环境。必须进一步落实《国务院关于进一步加强淘汰落后产能工作的通知》(国发〔2010〕7 号),发挥行政手段配置资源的基础性作用,应用法律法规的约束作用和技术标准的门槛作用,淘汰煤炭、钢铁、水泥、焦炭、造纸、印染等行业落后产能。一定要关闭不具备安全生产条件、不符合产业政策、浪费资源、污染环境的小煤矿,并把淘汰落后产能目标完成情况纳入地方政府绩效考核体系。要严格执行《焦化行业准入条件(2008 年修订)》和相关环保政策,贯彻"总量控制、调整结构、节约能(资)源、保护环境、合理布局"的可持续发展原则,完成国家淘汰焦炭业落后产能的目标。

(二)加强环境产品的出口管理

为了扩大对外开放与积累建设资金,继续扩大外贸出口,同时对于一些带有明显环境因素的产品出口,必须加强管理,这是中国的战略方针。在限制焦炭出口方面,国家行政主管部门就多次上调了焦炭出口关税。2004 年 5 月,中国取消焦炭出口退税后,出口关税屡次上调,从 2006 年 11 月的 5% 提高到 2007 年 6 月的 15%,再到 2008 年 1 月的 25% 和 8 月份的 40%,一直维持至今。实践表明,关税调整遏制了一些地方的盲目投资,制止了为了牟利而廉价"出口"自己家乡生态环境的短视行为。当然,经济手段的使用要适度,有利有节,避免可能发生的所谓向 WTO 投诉、仲裁等事件。一些海外商人贪婪无度,得了便宜又卖乖,不能让他们得逞。

(三)资源税改革势在必行

2007 年 1 月 29 日,财政部、国家税务总局颁布《关于调整焦煤资源税适用税额标准的通知》(财税〔2007〕15 号),调整了焦煤的资源税,将主要用于炼焦炭的焦煤资源税适用税额标准确定为每吨 8 元,焦煤被列为第一个实施新资源税的调整品种,显示出该资源在市场上的稀缺性。2010 年,国家开始在新疆维吾尔自治区进行资源税改革试点工作,对原油和天然气按照从价计征的方式征收 5% 的资源税。虽然这类改革目前还没有涉及煤炭,但实行这项改革是必然趋势,这样有利于形成成本完备和资源有偿使用的格局。然而,资源税作为煤炭级差地租的一种重要的调节手段,目前的从量计征方式和低税率却不利于提高资源开采效率。为了更好地通过价格杠杆作用来抑制煤炭消耗快速增长,也使焦炭行业能够更好地发展,需要积极推动焦炭期货。这样,有关交易所就能在制定焦炭合约时,尽量倾向于高端焦炭产品,这将有利于促进保护我国的焦炭高端技术和资源。

（四）破解绿色壁垒

欧盟 RoHS 指令于 2006 年 7 月 1 日已经生效,该法律限制电子电气产品中含有的 4 种重金属的量,其标准十分严格。该指令规定的最高限量分别为:其一,铅（Pb）<1000mg/Kg;其二,汞（Hg）<1000mg/Kg;其三,镉（Cd）<100mg/Kg;其四,六价铬（Cr6+）<1000mg/Kg 等。独立评估证明,人体接触这四种重金属过度,健康就会受到损害。例如,铅使中枢神经系统受影响;镉造成骨骼、肾脏及呼吸系统的伤害;汞影响中枢神经及肾脏系统;六价铬造成遗传性基因缺陷等。

英国、美国、欧盟等国家和国际组织对 PBT 化学物质鉴别以及风险管理的时间较长,已经积累了一些经验并形成了某些制度[1]。可以借鉴先进方法并创新,采用独立评估方式,对国内重要的、有需求的产品进行 PBT 化学物质的评价。依据评价结果,制定既能于国际接轨又能推动国内绿色产品发展的规则,这样将有效地促进国内生产高质量机电产品,也能有利于破解绿色壁垒。

三、加强植树造林与森林碳汇交易

发展低碳经济,节能减排,美化环境,实际上有两条重要的措施:第一条是工业的减排,叫做直接减排;第二条是森林碳汇,叫做间接减排。据第七次全国森林资源清查（2004~2008 年）,中国人工造林保存面积达到 0.62 亿公

① 王宏、杨霓云、闫振广等:《我国持久性、生物累积性和毒性（PBT）化学物质评价研究》,《环境工程技术学报》,2011 年第 1 卷第 5 期,第 414~419 页。

顷,居世界第一;全国森林面积达到 1.95 亿公顷;森林覆盖率从 20 世纪 90 年代初期的 13.92%提高到 20.36%。据中国林业科学院就本次清查结果和森林生态定位监测结果作出的评估,我国森林植被总碳储量达到了 78.11 亿吨。森林生态系统年涵养水源量达到了 4947.66 亿立方米,年固土量达到了 70.35 亿吨,年保肥量达到了 3.64 亿吨,年吸收大气污染物量达到了 0.32 亿吨,年滞尘量达到了 50.01 亿吨。仅固碳释氧、涵养水源、保育土壤、净化大气环境、积累营养物质及生物多样性保护等 6 项生态服务功能就能创造财富,年价值达 10.01 万亿元[1]。加大植树造林力度,发展森林碳汇交易,意义重大而深远。

为此, 要继续贯彻落实全国人大十一届四次会议于 2011 年 3 月审议通过的《国民经济和社会发展第十二个五年规划纲要》。该部法规明确把森林覆盖率、森林蓄积量两个林业指标作为约束性指标纳入国家经济社会发展规划。同时,国家林业局于 2012 年对两个约束性指标的考核也作了具体部署,已成为国家层面对各地方政府进行综合考核的重要内容。

四、积极参与国际应对气候变化行动

在全球范围内减少温室气体排放,最适宜的途径是参加联合国主导下的国际应对气候谈判、行动。中国一直参加国际气候谈判活动,并且发挥了积极的作用。2007 年 6 月,中国政府在发展中国家中第一个制定了《应对气候变化国家方案》。当年,中国积极参加了印尼巴厘岛联合国气候变化谈判会议,为"巴厘路线图"的形成作出了实质性贡献。中国在大会上提出了三项建议,其中有坚持向发展中国家提供资金和技术转让的规定要落到实处等,这些得到了与会各方的认可,最终被采纳到该路线图中。2009 年,中国积极参加哥本哈根会议谈判,公布了《落实巴厘路线图——中国政府关于哥本哈根气候变化会议的立场》,提出了中国关于哥本哈根会议的原则、目标,为打破谈判僵局,推动各方形成共识发挥了关键性作用。2010 年,中国全面参与墨西哥坎昆会议谈判与磋商,坚持维护谈判进程的公开透明、广泛参与和协商一致。在联合国坎昆会议召开前, 中国在天津市承办了一次联合国气候变化谈判会议,为推动坎昆会议取得积极成果奠定了基础。中国积极参与相关国际科技合作计

---

[1]国务院新闻办公室新闻发布会:《国家林业局公布第七次全国森林资源清查结果》,北京,2009 年 11 月 17 日。

划,如地球科学系统联盟框架下的世界气候研究计划、国家地圈—生物圈计划、国家全球变化人文因素计划、全球对地观测政府间协调组织、全球气候系统观测计划等,相关研究成果为中国应对气候变化政策的制定提供了有益参考。中国与美国、欧盟、意大利、德国、挪威、英国、法国、澳大利亚、加拿大、日本等国家和地区建立了气候变化领域对话和合作机制,签署了相关联合声明、谅解备忘录和合作协议等,将有关气候变化作为双方合作的重要内容。

中国政府多次声明并具体行动,表明今后要继续坚持《联合国气候变化框架公约》和《京都议定书》双轨谈判机制,坚持缔约方主导、公开透明、广泛参与和协商一致的规则,积极发挥联合国框架下的气候变化国际谈判的主渠道作用,坚持"共同但有区别的责任"原则,积极建设性参与谈判,加强与各方沟通交流,促进各方凝聚共识,为联合国气候谈判取得务实成果多作贡献。

地球是人类在宇宙中的唯一家园,保护地球环境,就是保护人类生存与发展的条件。环境人类学研究涉及很多方面,最终的目标就是一个,实现人与自然和谐。

学习思考题

1. 创新在环境保护事业中的作用是什么?
2. 举例说明喜忧交集的环境状况。
3. 举例阐述环境保护事业中的博弈现象。
4. 如何解决环境问题引发的群体事件?
5. 举例说明什么是生态足迹?
6. 焦炭行业出现的问题说明了什么?
7. 阐述欧盟三个包含环境保护因素指令的含义。
8. 为什么要遏制"两高一资"企业? 这些企业如何污染环境?
9. 如何正确认识绿色壁垒?
10. 为什么要进行资源税改革?
11. 举例说明促进人与自然和谐的方案。

后记

　　这本书的编写工作经历了一个较长的思考、研讨与调查的过程，期间得到了许多学者、领导与实际工作者的支持。在从事上述研究的过程中，编写人员得到了很多学术界人士、公务人员的大力支持，受益匪浅。

　　中国藏学研究中心丹增伦珠研究员，中央民族大学王月欣教授、史锦华副教授、萨茹拉副教授、李峻峰副教授、魏全华副教授、贾旭杰副教授申请了国家社科基金特别委托项目和教育部规划基金等，从资金拨付、指导思想等多个方面大力支持了我们的系列研究，参与了本书的研究与探讨，从而形成本书的核心内容。

　　原宁夏回族自治区环境保护厅厅长邸国卫，宁夏回族自治区招商局副局长王健、宁东环境保护局局长司继涛、宁夏回族自治区环境科学设计研究院教授级高级工程师童云峰、工程师马涛等，通过不同的方式参与了本书的研究与写作，对本书的重要理念的形成提出了很多宝贵建议，有些建议十分深刻且符合西部民族地区的实际情况。宁夏回族自治区环境保护厅不仅在研究经费方面给予了大力支持，而且在实践调查、交通工具等方面给予全面支持。

　　兰州理工中等专业学校教师王君实为我们编写此书收集、整理了一批与西部民族地区经济社会文化相关的最原始的信息和资料，并就应当如何认识和把握未来西部民族地区的环境保护与经济发展问题提出了一些宝贵建议，对我们撰写本书具有很高的参考价值。

　　上述各界人士中有的为我们提供了研究资金、创造了研究条件，有的为我们提供了大量珍贵资料。在与他们的交流中我们获取了很多宝贵的信息，使执笔人员深受启发并得到灵感。没有这些宝贵支持，本书是无法完成的。

　　本书主编王天津，法学硕士，中央民族大学经济学院教授；田广（回族），人类学博士,美国莫代尔学院(Medaille College)终身教授。其他编写人员还有:王天津,法学硕士,青岛滨海学院教授;马跃武(回族),高级教师,兰州旅游职业学校副校长;卫玮(满族),宁夏银川市政协委员、独立研究人员;白澔(满族),广东深圳市独立研究人员;另外,刘玉龙、兰健(畲族)、爨玮、张颖、张丽娜、钟澜、孙晓辉7位中央民族大学人口、资源与环境经济学硕士研究生参与了本书的编写工作。编写人员各自承担的撰写任务如下:

第一篇绪论,其中,第一章由王天津、田广编写,第二章由王天津编写,第三章由兰健编写,第四章由刘玉龙编写,第五章由白澔、田广编写。第二篇为经济发展与环境,其中,第六章由田广、爨玮编写,第七章由田广、张颖编写,第八章由卫玮、王天津编写,第九章由王天津、张丽娜编写。第三篇为社会发展与环境,其中第十章由王天津、钟澜编写,第十一章由王天兰编写,第十二章由王天津编写,第十三章由田广编写,第十四章由马跃武编写,第十五章由王天津、孙晓辉编写。

中央民族大学经济学院人口、资源与环境经济学的硕士生曹向东、马坤、徐均、曾诚参加了本书的资料收集与整理工作。刘玉龙做了一些协调和部分技术性编辑工作,王天津教授对全书文字进行了统一修订。

最后,我们要特别感谢黄河出版传媒集团的领导、编辑人员,尤其是宁夏人民出版社民族历史编辑部主任李秀琴女士,她从多方面全力支持本书的编写工作,为本书的早日出版提供了很多便利条件。在此,我们从事具体写作的人员衷心地表达自己的敬意,真诚地感谢所有支持本书写作的人士。

王天津　田　广

2012 年 9 月 12 日